航空航天新兴领域高等教育教材

弹道与轨道基础

(第3版)

张雅声　张学阳　王　训　王卫杰
程文华　周海俊　李延艳　于沫尧　著

U0255611

電子工業出版社
Publishing House of Electronics Industry
北京·BEIJING

内 容 简 介

弹道导弹、运载火箭和航天器在飞行中按照特有的力学规律运动，这些力学规律直接影响它们的使用方法和使用效能，从事弹道导弹和航天器发射、测控与运行管理的工程技术人员及航天器运用人员必须掌握弹道与轨道的基础知识。

本书旨在系统阐明弹道导弹、运载火箭和航天器的运动所涉及的基本概念和基础知识，创新性地以航天飞行器的发射段、运行段、返回段为主线，通过实际应用与理论知识的映射，构建内容体系，主要包括以空间直角坐标系、天球坐标系和时间系统为基础，以飞行器受力分析（引力、推力、控制力、气动力）为支撑，分别对飞行器的主动段（弹道部分）、自由段（轨道部分）和返回再入段的动力学和运动学特性进行了详细介绍。

本书适合作为航天领域各专业的本科生教材，也可以作为航天领域专业技术人员的基础知识参考书。

图书在版编目（CIP）数据

弹道与轨道基础 / 张雅声等著. —3版. —北京：电子工业出版社，2024.8

ISBN 978-7-121-47572-6

Ⅰ. ①弹… Ⅱ. ①张… Ⅲ. ①导弹弹道－高等学校－教材②卫星轨道－高等学校－教材 Ⅳ. ①TJ013 ②V412.4

中国国家版本馆CIP数据核字（2024）第061552号

责任编辑：刘小琳　　特约编辑：张思博
印　　刷：天津嘉恒印务有限公司
装　　订：天津嘉恒印务有限公司
出版发行：电子工业出版社
　　　　　北京市海淀区万寿路 173 信箱　　邮编：100036
开　　本：787×1092　1/16　印张：20.5　字数：525 千字　彩插：8
版　　次：2007 年 6 月第 1 版
　　　　　2024 年 8 月第 3 版
印　　次：2025 年 1 月第 2 次印刷
定　　价：105.00 元

凡所购买电子工业出版社图书有缺损问题，请向购买书店调换。若书店售缺，请与本社发行部联系，联系及邮购电话：（010）88254888，88258888。

质量投诉请发邮件至 zlts@phei.com.cn，盗版侵权举报请发邮件至 dbqq@phei.com.cn。

本书咨询联系方式：liuxl@phei.com.cn，（010）88254538。

前　言

随着太空技术的发展，在太空中运行的各种各样的飞行器与社会民生、国防军事结合得越来越紧密。航天器、运载火箭和弹道导弹是在太空中飞行的三种典型飞行器，它们所运行的弹道或轨道具有独特的力学运动规律，这些运动规律会直接影响它们的使用方法和使用效能。为了能够准确掌握这些飞行器的运动特性，不仅要了解它们的力学基本原理，还要了解它们的动力学与运动学方程，通常称为弹道与轨道理论。本书所介绍的弹道与轨道基础知识正是弹道与轨道理论中的基本概念和基础知识。这些知识是从事弹道导弹和航天器发射、测控与运行管理的工程技术人员及航天器运用人员必须掌握的专业基础知识。

本书旨在系统阐明弹道导弹、运载火箭和航天器的运动所涉及的基本概念和基础知识，结合航天发射、测控工程、航天指挥和任务运用实践需要，从运载火箭、航天器的飞行全过程入手，分段研究其弹道与轨道的力学问题。本书注重内容的基础性、理论性和实用性，紧密结合最新的弹道与轨道力学研究成果，不仅有经典理论，而且有先进的应用实例。本书创新性地以航天飞行器的发射段、运行段、返回段为主线，通过实际应用与理论知识的映射，构建了三层、三模块的内容体系，共 14 章。其中，三层是指基础知识层、受力分析层和运动理论层，而运动理论层又包含三个模块，即发射段模块、运行段模块和返回段模块。具体章节内容如下：

第 1～4 章为基础知识。第 1 章介绍了力学基础，包括天体力学的发展过程，基本定律和一般定理，矢量导数关系，变质量力学的基本原理；第 2 章介绍了空间直角坐标系统及其转换，包括空间直角坐标系之间的转换矩阵，常用的空间直角坐标系，常用空间直角坐标系之间的转换；第 3 章介绍了天球坐标系，包括天球与球面三角形，常用的天球坐标系，天球坐标系之间的转换，天球坐标系对应的空间坐标系；第 4 章介绍了时间系统，包括时间计量系统的要求，天体的周日视运动，基于天体周日视运动的时间系统，轨道计算中常用的时间系统及其转换，以及恒星年、回归年与儒略年。

第 5～7 章为受力分析。第 5 章介绍了地球及其引力，包括地球的形状与地面点坐标，地球的运动，引力场位函数，以及引力与重力；第 6 章介绍了推力、控制力与控制力矩，包括火箭发动机推力，发动机的附加力矩，火箭姿态控制系统；第 7 章介绍了空气动力与空气动力矩，包括地球大气、空气动力和空气动力矩。

第 8 章介绍了飞行器的主动段运动，对应航天器的发射段，包括弹道分段，地心惯性坐标系中的动力学方程，地面发射坐标系中的空间弹道方程，地面发射坐标系中的空间弹道计算方程，速度坐标系中的空间弹道计算方程，以及主动段运动特性分析。

第 9～13 章为轨道部分，对应航天器的运行段。第 9 章介绍了二体运动，包括 N 体问题及其初积分，二体问题的一般解，二体运动的一般特性，位置与时间之间的关系，圆型限制性三体问题；第 10 章介绍了飞行器自由段弹道特性，包括飞行器自由段弹道方程，关机点参数与弹道的关系，飞行时间的计算，射程计算与落点误差；第 11 章介绍了飞行器的轨道运动及其特性，包括轨道要素，轨道要素与位置速度的转换关系，星下点轨道，卫星轨道分类，常用轨道类型；第 12 章介绍了轨道摄动，包括摄动的定义，密切轨道与摄动方程，地球非球形摄动，大气阻力摄动，三体引力摄动，太阳光压摄动；第 13 章介绍了轨道机动，包括轨道机动的含义，轨道调整，轨道改变，轨道转移，调相机动，以及轨道拦截。

第 14 章介绍了飞行器的返回与再入，对应航天器的返回段，包括返回轨道，再入段运动，以及着陆段运动。

本书是在《发射弹道与轨道基础》和《弹道与轨道基础》两版教材的基础上修改完善的第 3 版教材，重点优化调整了基础知识部分及轨道部分的内容，增加了北斗时、圆型限制性三体问题等实践中关注的新知识，此外在每章的开始部分还增加了基本概念、基本定理或重要公式，并增加了部分课后习题，以帮助读者更好地掌握每章的重点知识。另外，针对部分应用较多或者难以理解的知识点，作者还录制了系列微课，利用数字技术将抽象的概念形象化展示，以便读者课后学习和强化理解。这些微课通过二维码的方式插入对应的章节中，读者可以直接扫码观看。

本书参考了任萱教授、贾沛然教授、肖业伦教授、郗晓宁教授等弹道与轨道理论界专家所编写的相关书籍，在此，谨致以衷心的谢意！本书获得了军兵种统编教材建设项目、航天工程大学“双重”建设项目、“金课”建设工程及学科育新工程的资助，电子工业出版社责任编辑刘小琳对全书进行了耐心细致的编辑，在此一并表示感谢！

由于作者水平有限，书中难免存在疏误，恳请读者予以指正。

作者

2024 年 7 月

目　录

注：标*章节表示含微课。

微课目录

符号对照表

符　号	含　义	法定单位
G	万有引力常数	$m^3/(kg\cdot s^2)$
m	质量	kg
$\boldsymbol{I}$	惯量矩（惯性张量）	$kg\cdot m^2$
$\boldsymbol{J}$	动量矩	$kg\cdot m^2/s$
r	位置	m
V	速度	m/s
$\boldsymbol{\omega}$	角速度	rad/s
F'_{rel}	附加相对力	N
F'_k	附加哥氏力	N
$\boldsymbol{M}'_{\mathrm{rel}}$	附加相对力矩	N
$\boldsymbol{M}'_k$	附加哥氏力矩	N
$\boldsymbol{\omega}_e$	地球自转角速度	rad/s
g	引力加速度	$kg\cdot m/s^2$
g	重力加速度	$kg\cdot m/s^2$
t	时间	s
J_n	地球带谐项系数	—
α_e	地球扁率	—
P	推力	N
P_{st}	静推力	N
ρ	密度	kg/m^3
$\dot{m}$	质量秒耗量	kg/s
u_e	燃气排出速度	m/s
P_{SP}	比冲	s
$\delta_\varphi,\delta_\psi,\delta_\gamma$	舵偏角	rad
Ma	马赫数	—

续表

符　号	含　义	法定单位
x_g	质心到飞行器头部理论尖端的距离	m
x_c	控制力压心到飞行器头部理论尖端的距离	m
x_p	气动力压心到飞行器头部理论尖端的距离	m
X	空气阻力	N
Y	空气升力	N
Z	空气侧力	N
C_x	空气阻力系数	—
C_y	空气升力系数	—
C_z	空气侧力系数	—
X_1	轴向力	N
Y_1	法向力	N
Z_1	横向力	N
C_{x_1}	轴向力系数	—
C_{y_1}	法向力系数	—
C_{z_1}	横向力系数	—
$\boldsymbol{M}_{\mathrm{st}}$	稳定力矩	N·m
$\boldsymbol{M}_{\mathrm{d}}$	阻尼力矩	N·m
$\boldsymbol{M}_{\mathrm{c}}$	飞行器的控制力矩	N·m
Θ	当地速度倾角	rad
r_k	关机点地心距	m
V_k	关机点速度	m/s
Θ_k	关机点当地速度倾角	rad
$\boldsymbol{h}$	单位质量动量矩	m^2/s
a	半长轴	m
e	偏心率	—
p	半通径	m
γ	航迹角	rad
V_c	圆周速度	m/s

续表

符　号	含　义	法定单位
V_∞	逃逸速度	m/s
V_r	径向速度	m/s
V_θ	圆周速度	m/s
r_a	远地点地心距	m
r_p	近地点地心距	m
V_a	远地点速度	m/s
V_p	近地点速度	m/s
ν_k	关机点能量参数	—
i	轨道倾角	rad
Ω	升交点赤经	rad
τ	过近地点时刻	s
η	总攻角	rad

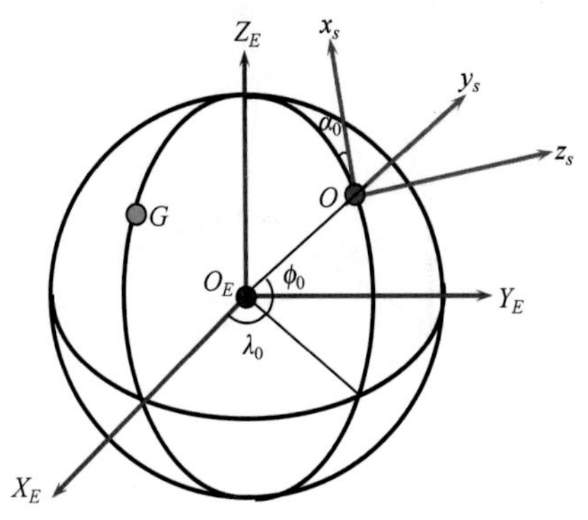

图 2-14　地心坐标系与发射坐标系的关系图

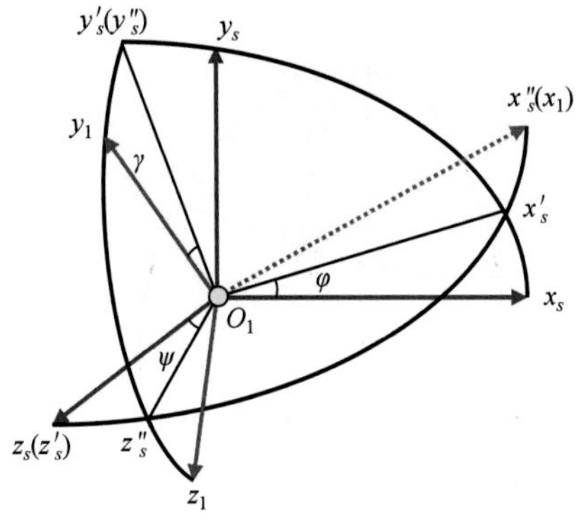

图 2-15　发射坐标系与箭体坐标系的关系图

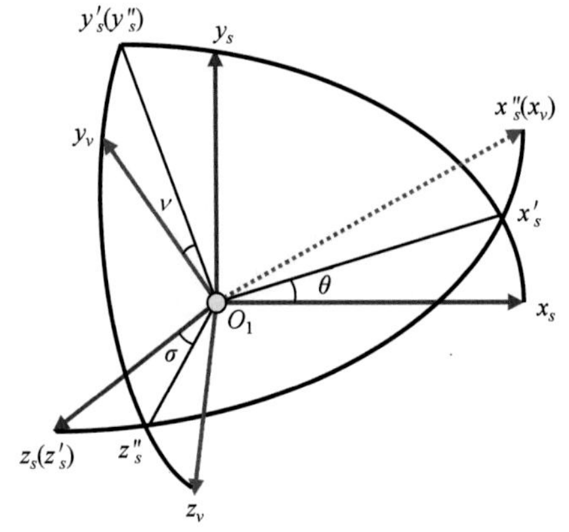

图 2-16　发射坐标系与速度坐标系的关系图

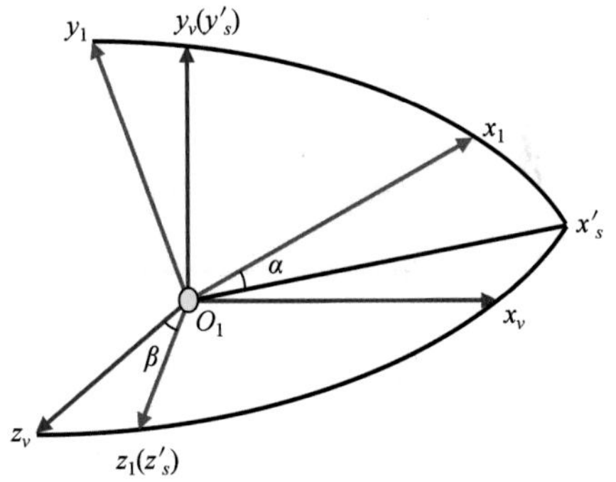

图 2-17　速度坐标系与箭体坐标系的关系图

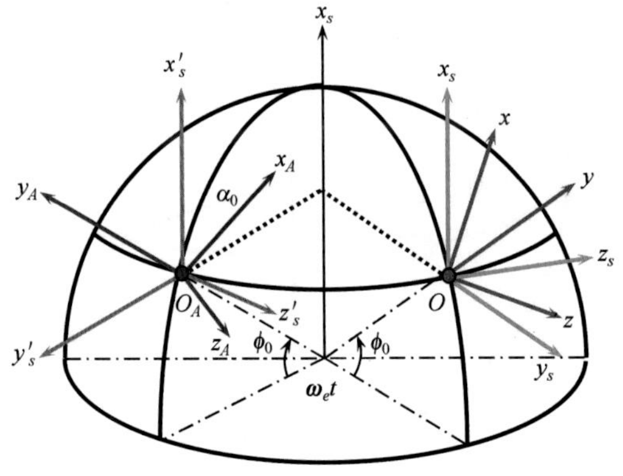

图 2-18　发射惯性坐标系与发射坐标系的关系图

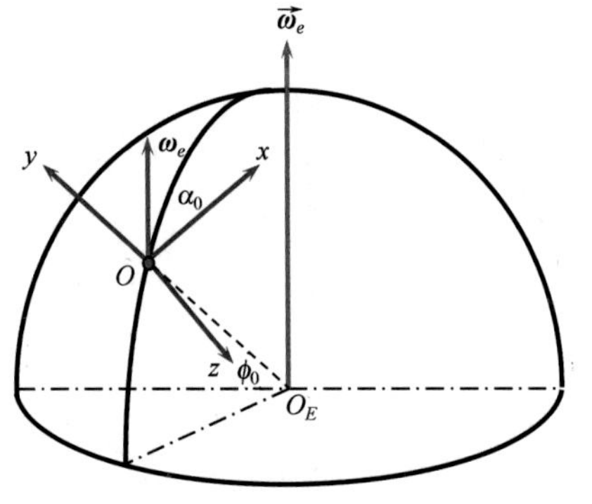

图 2-19　ω_e 在发射系中的投影

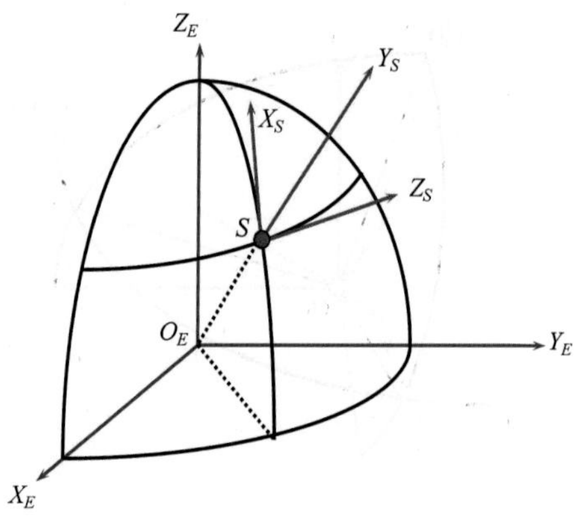

图 2-20　测站坐标系与地心坐标系的关系图

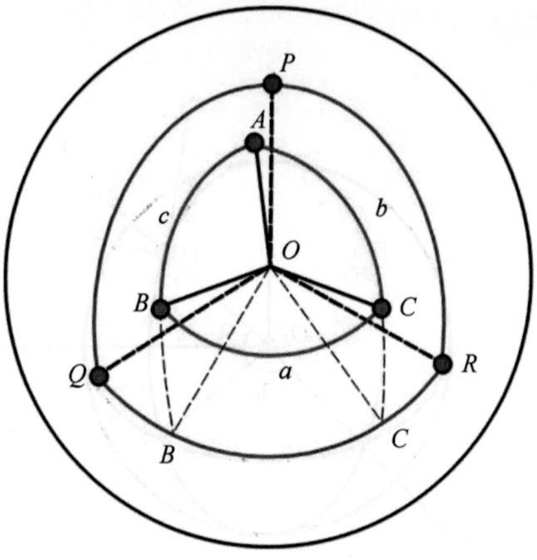

图 3-3　极三角形

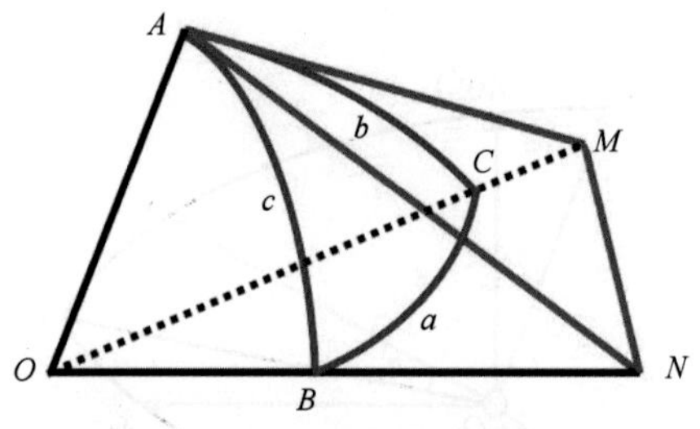

图 3-4　球面三角形的余弦公式

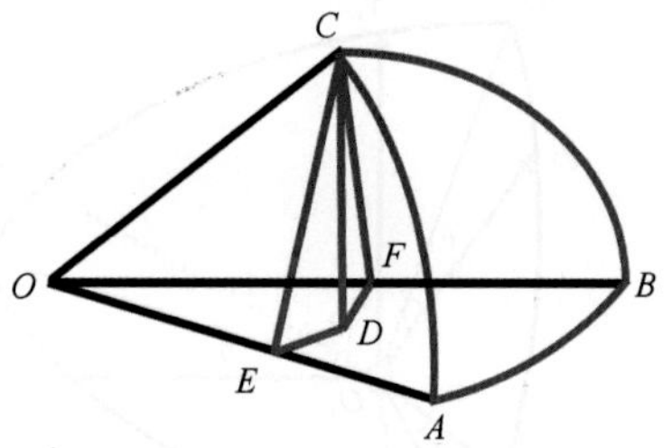

图 3-5　球面三角形的正弦公式

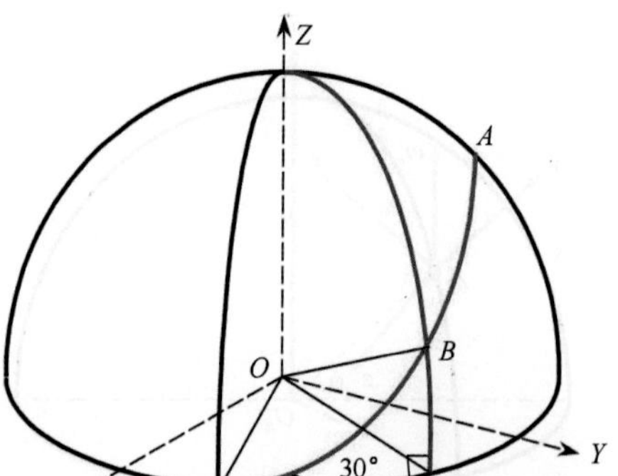

图 3-8　星下点轨迹在地心天球上的投影

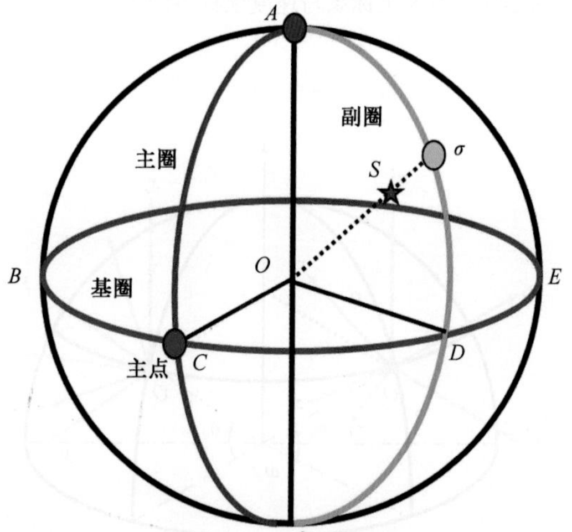

图 3-10　天球坐标系的构成

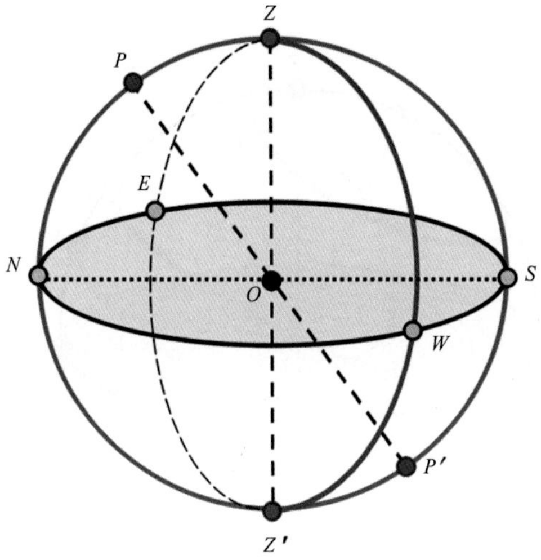

图 3-11　天球上的圈和点（1）

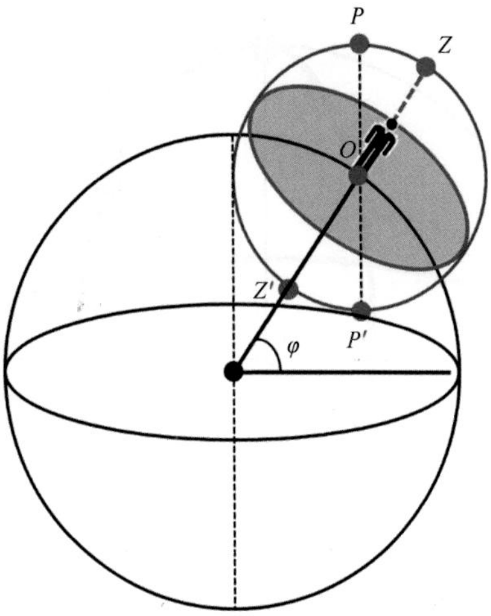

图 3-12　天顶与北天极之间的夹角

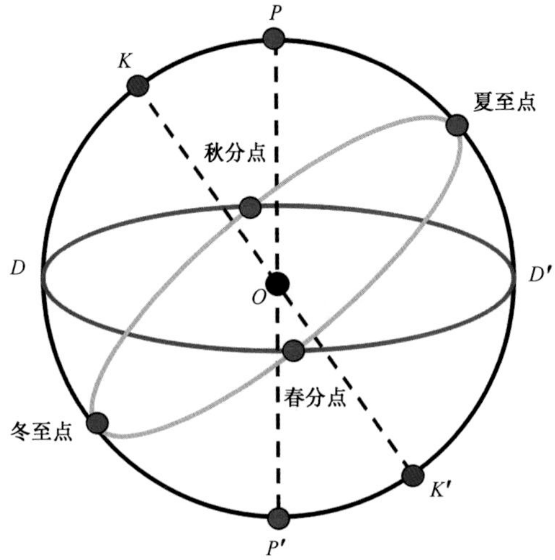

图 3-13　天球上的圈和点（2）

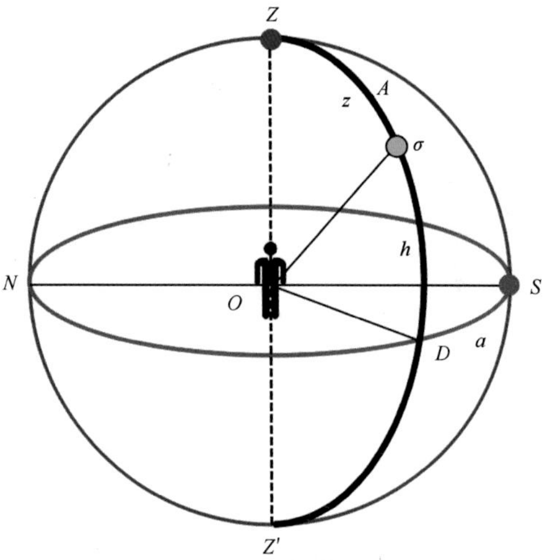

图 3-14　地平坐标系

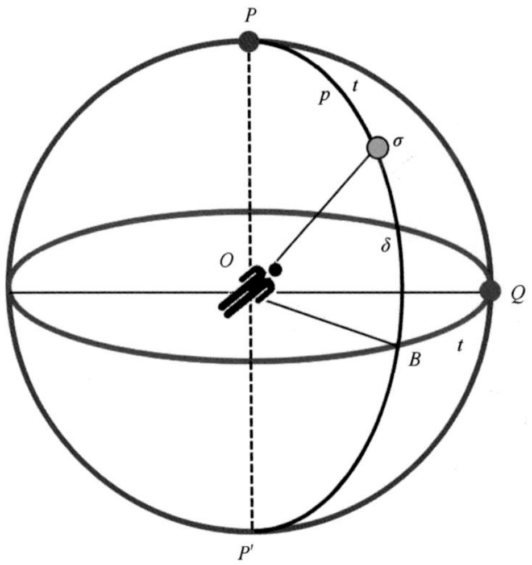

图 3-15　时角坐标系

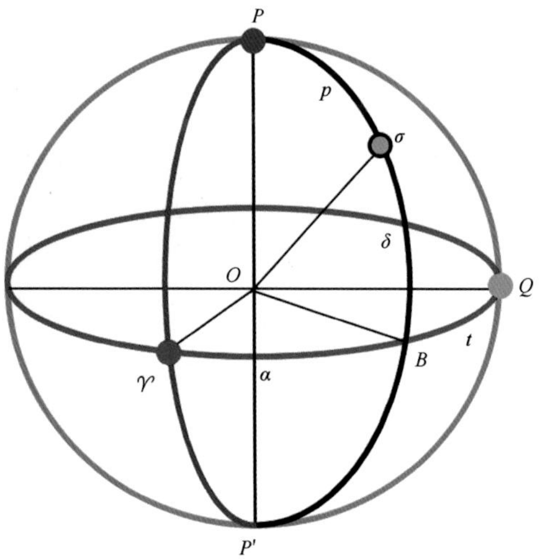

图 3-16　赤道坐标系

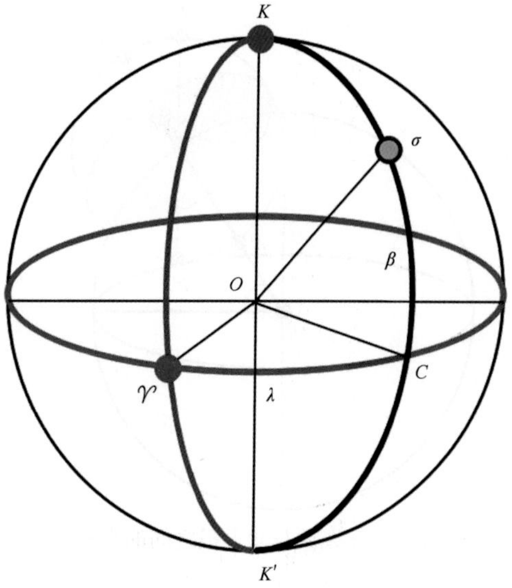

图 3-17　黄道坐标系

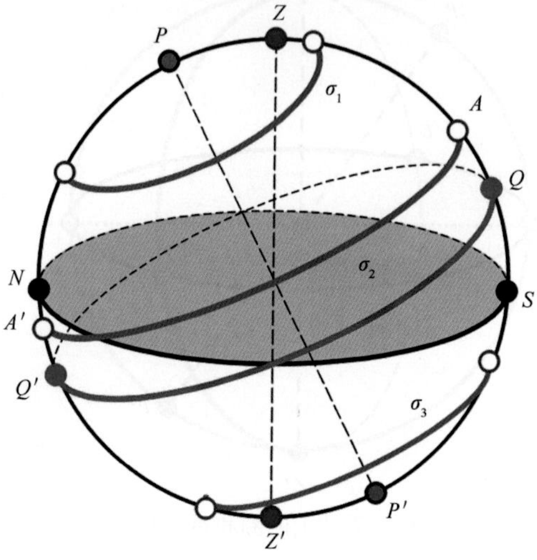

图 4-1　天体的中天

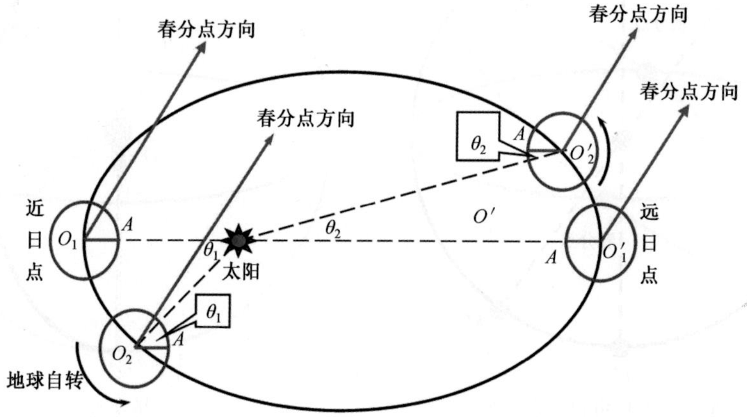

图 4-2　真太阳日与恒星日

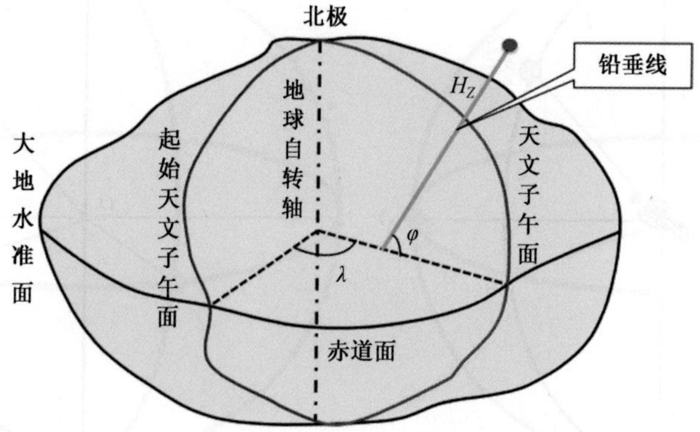

图 5-1　天文坐标系

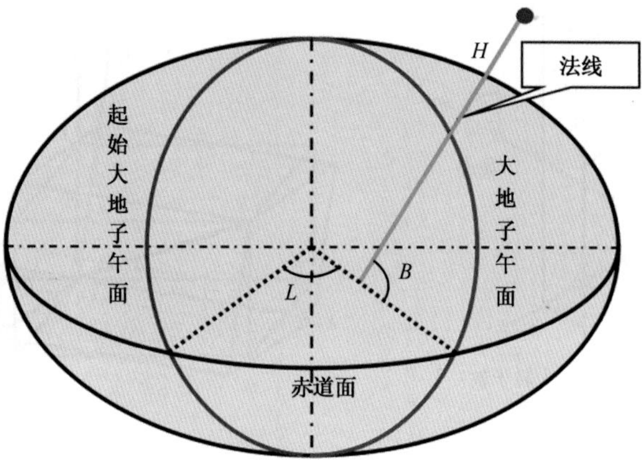

图 5-2　大地坐标系

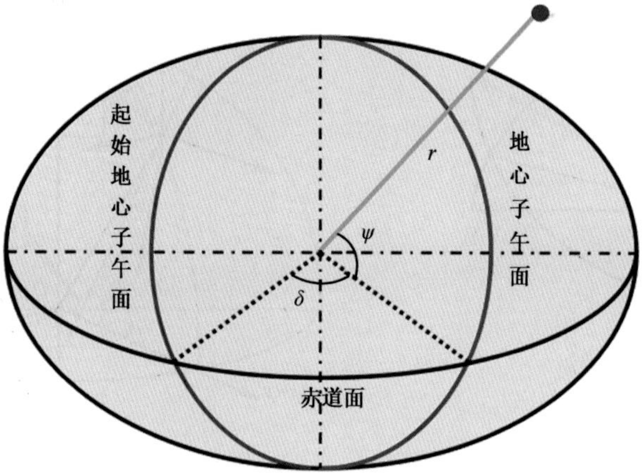

图 5-3　地心坐标系

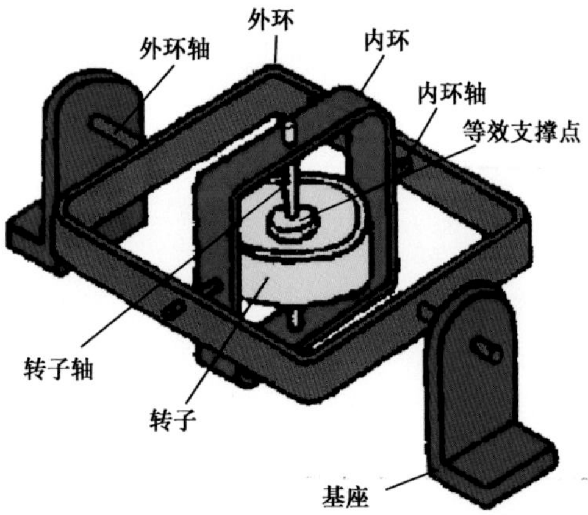

图 6-7　二自由度陀螺仪结构示意图

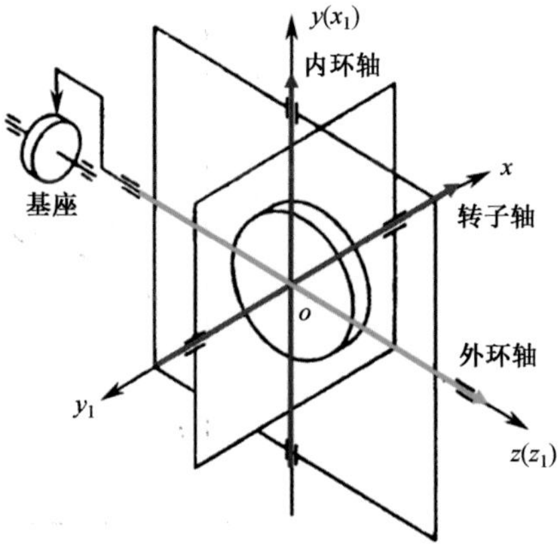

图 6-8　水平陀螺仪安装示意图

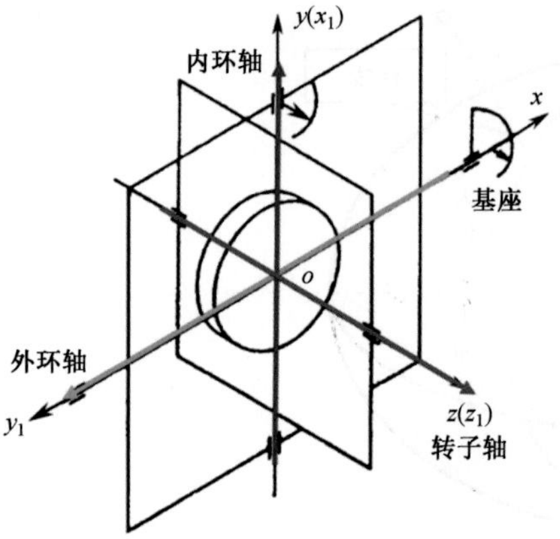

图 6-9　垂直陀螺仪安装示意图

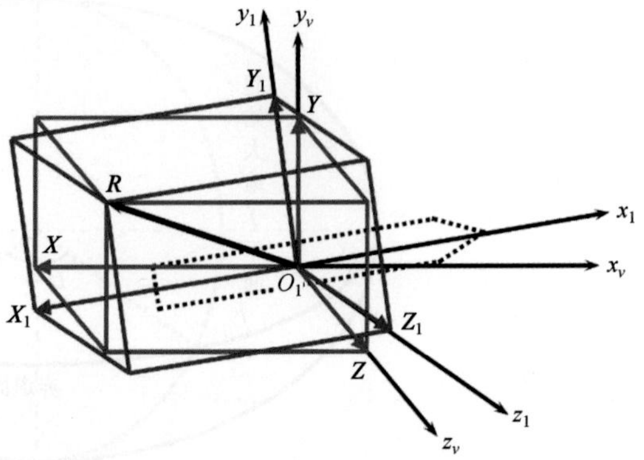

图 7-3　空气动力沿速度坐标系和箭体坐标系分解

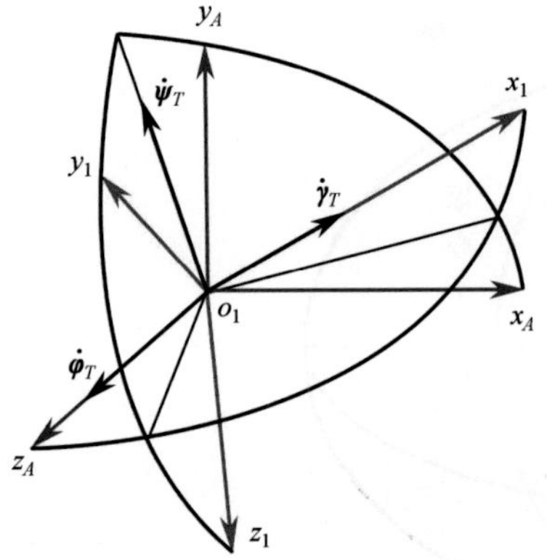

图 8-3　箭体坐标系相对惯性坐标系的
转动角速度示意图

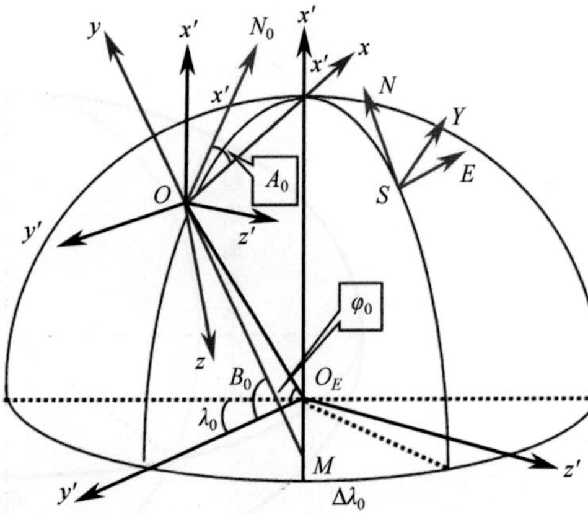

图 8-4　计算经度差用的地心坐标系
及其与发射坐标系的转换

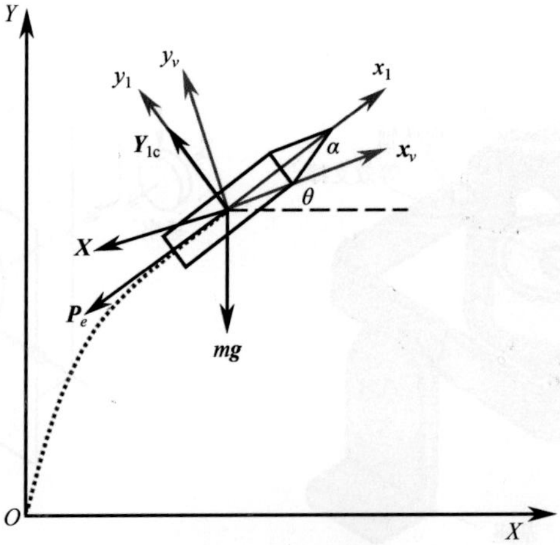

图 8-5　飞行器纵向运动受力情况

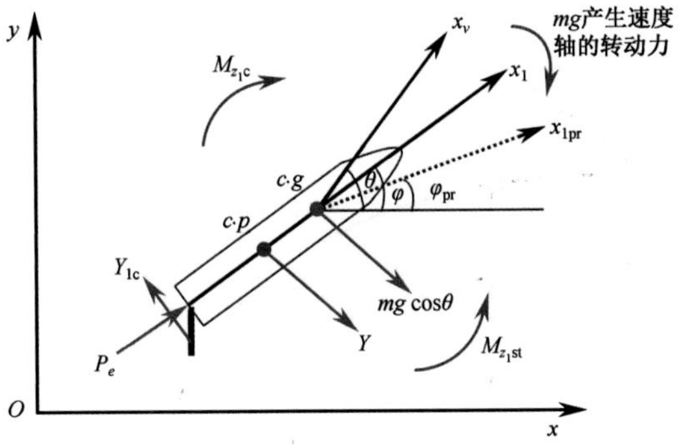

图 8-7　静稳定火箭转弯段情况

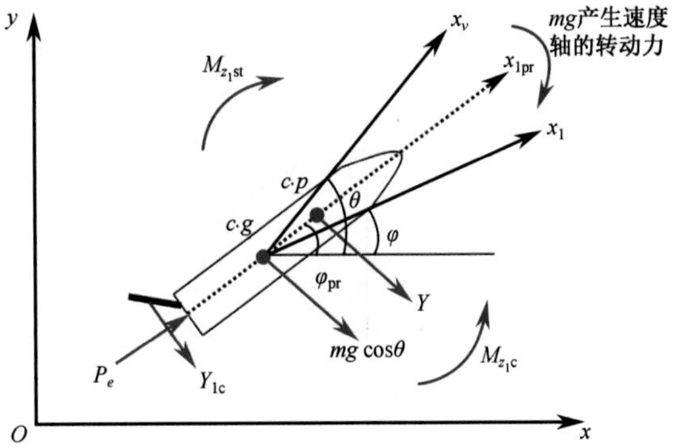

图 8-8　静不稳定火箭转弯段情况

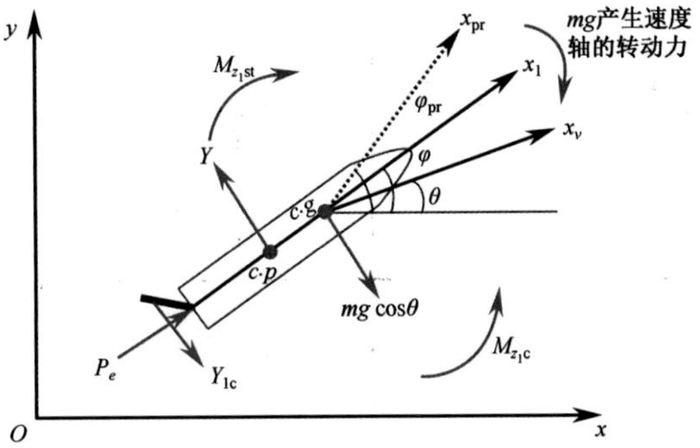

图 8-9　静稳定火箭瞄准段情况

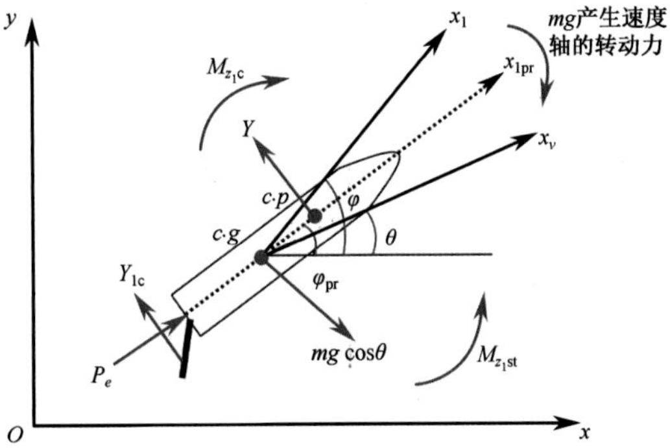

图 8-10　静不稳定火箭瞄准段情况

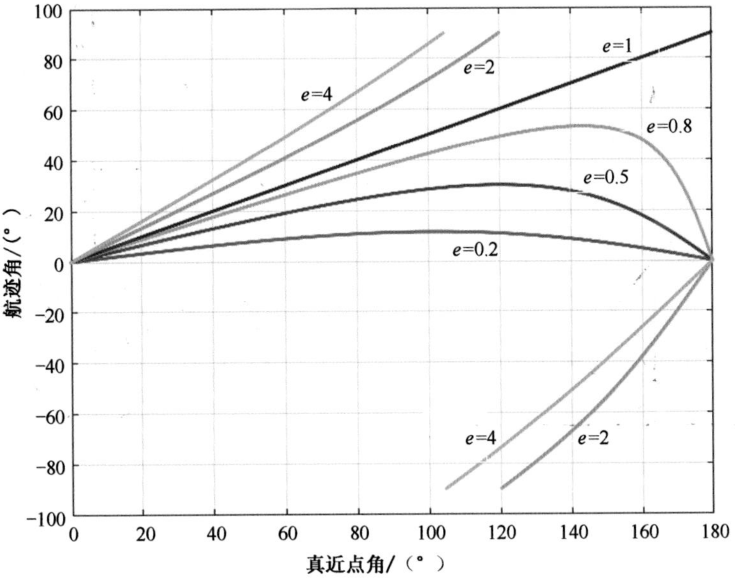

图 9-3　不同类型轨道航迹角与真近点角之间的关系

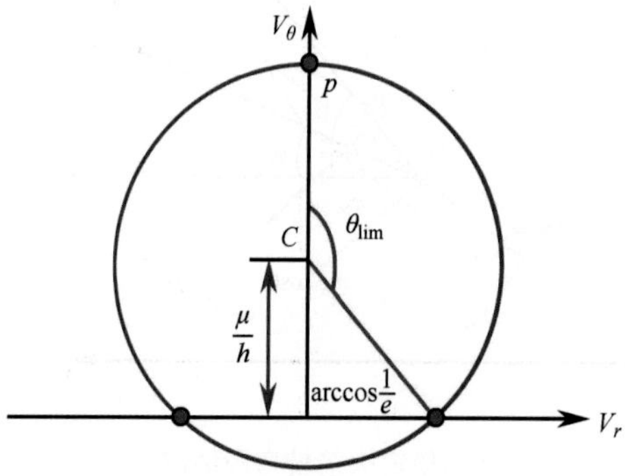

（a）双曲线 $e>1$

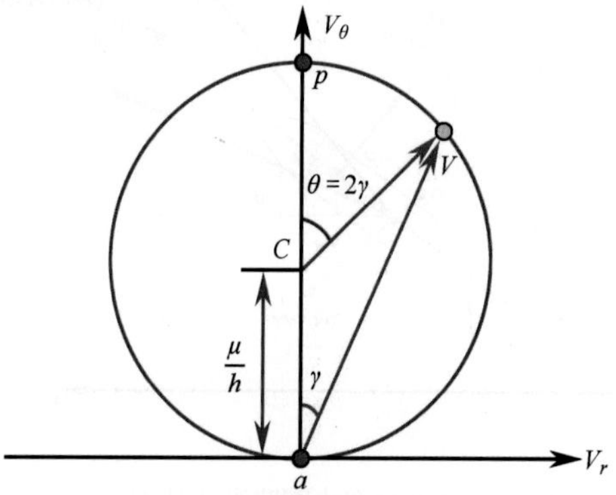

（b）抛物线 $e=1$

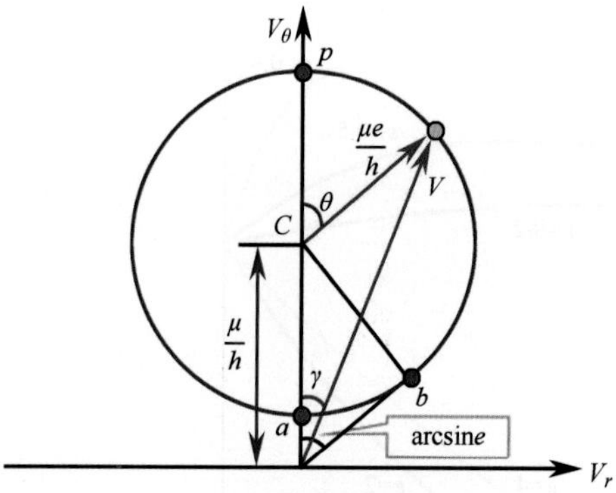

（c）椭圆 $0<e<1$

图 9-4　V_r 和 V_θ 的速度图

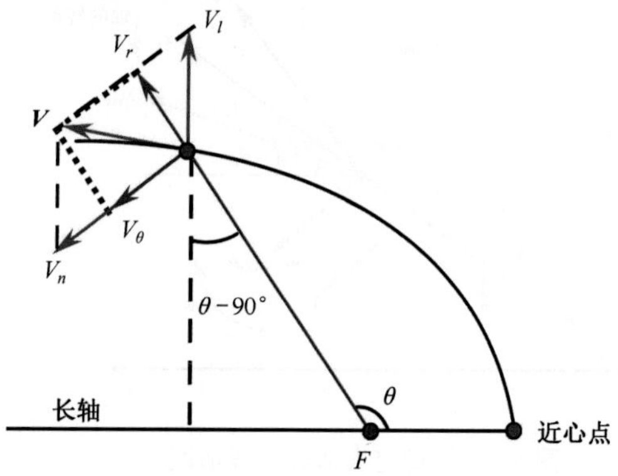

图 9-5　速度分量

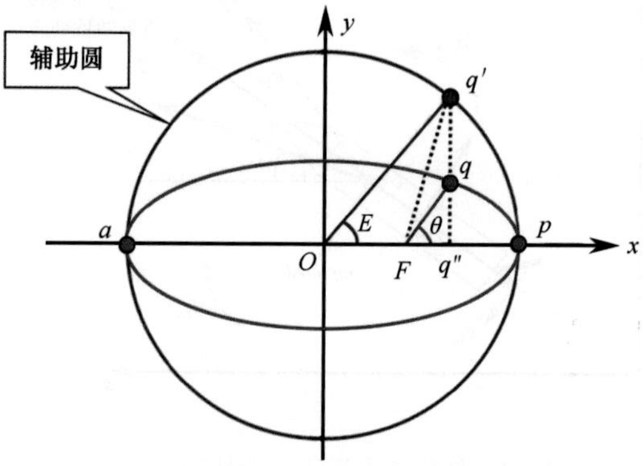

图 9-7　辅助圆

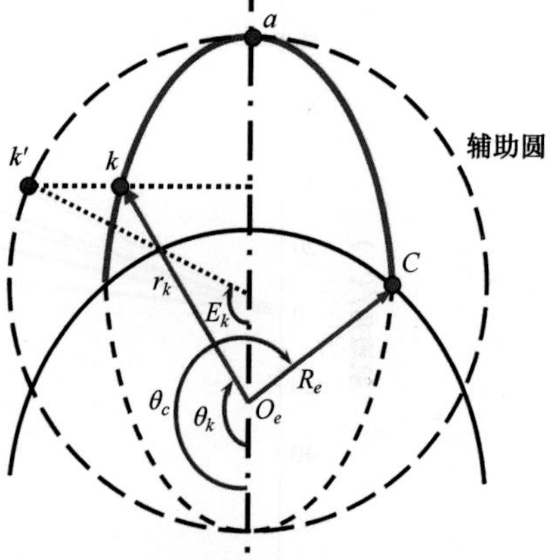

图 10-3　求飞行时间的参考图

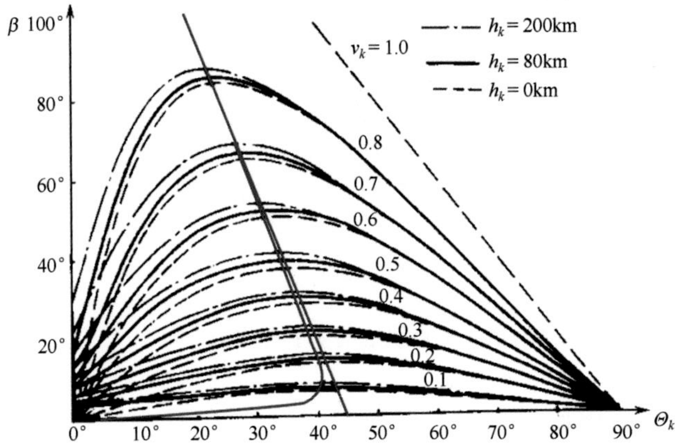

图 10-5　射程角β与关机点参数v_k,Θ_k之间的关系曲线

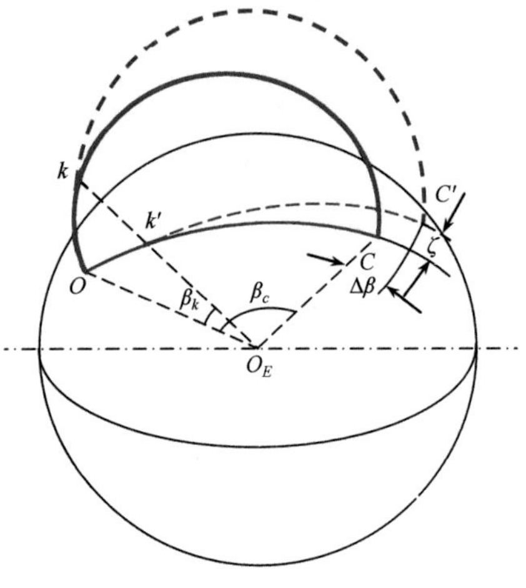

图 10-8　落点偏差示意图

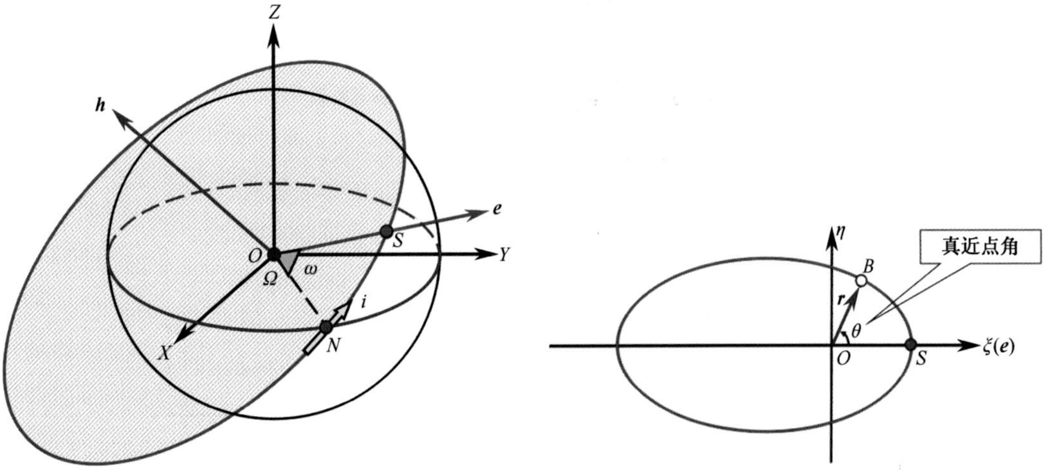

（a）椭圆轨道在空间的方位

（b）航天器在椭圆轨道上的位置

图 11-1　椭圆轨道空间布局图

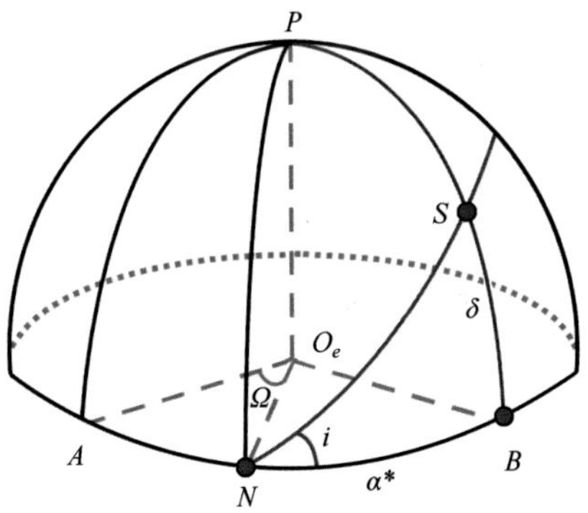

图 11-3　星下点的几何关系

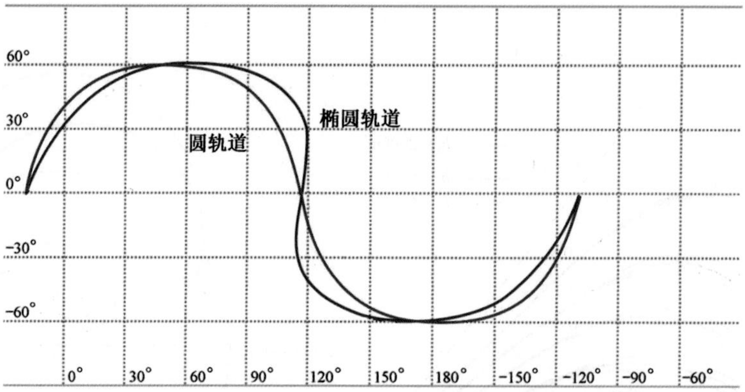

图 11-8　旋转地球上的圆轨道和椭圆轨道星下点轨迹的墨卡托投影

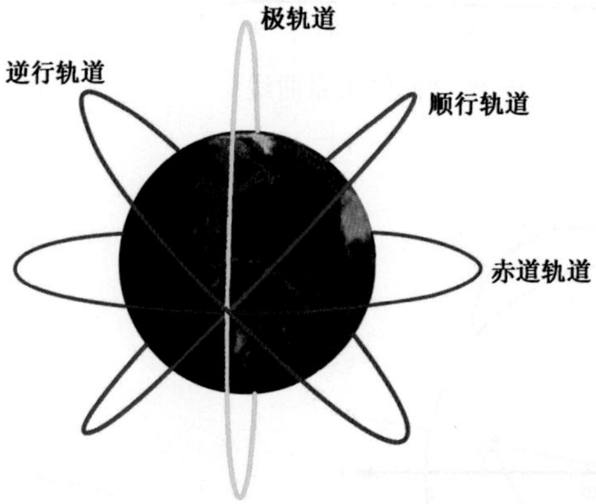

图 11-9　不同轨道倾角的卫星轨道

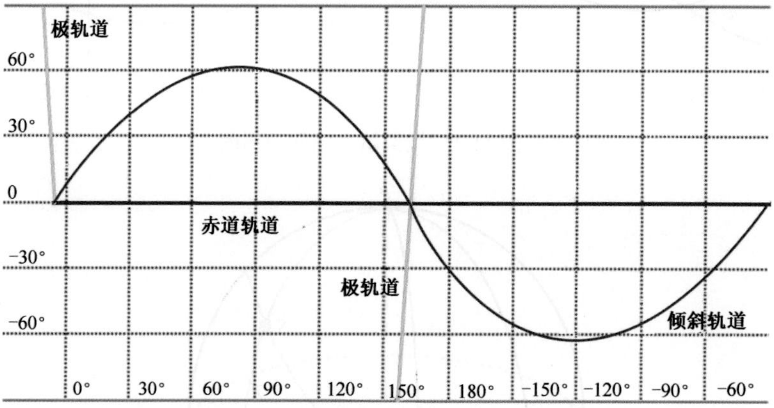

图 11-10　不同轨道倾角星下点轨迹的墨卡托投影

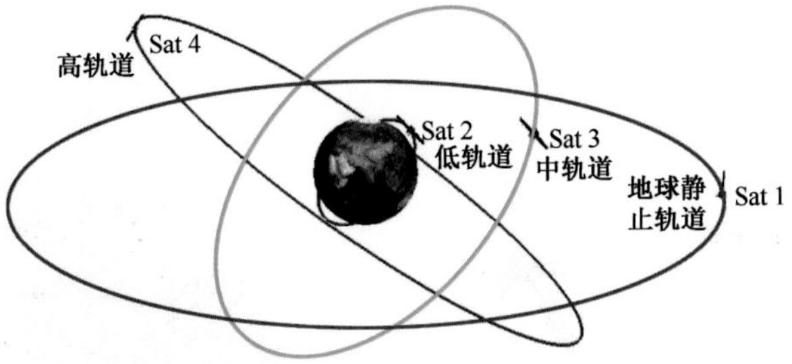

图 11-11　不同高度的卫星轨道

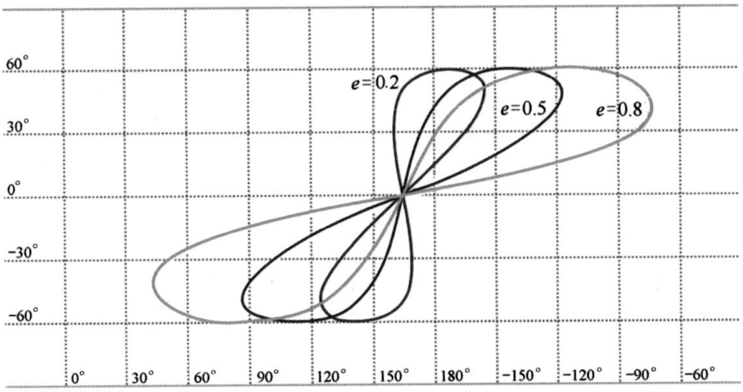

图 11-13　不同偏心率时旋转地球同步轨道上星下点轨迹的墨卡托投影

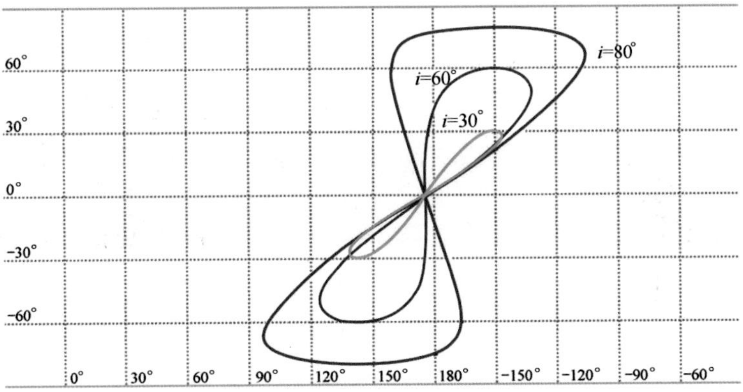

图 11-14　不同轨道倾角时旋转地球同步轨道上星下点轨迹的墨卡托投影

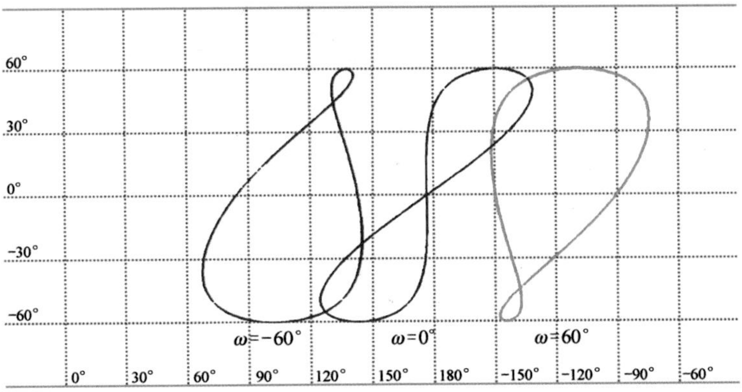

图 11-15　不同近地点幅角时旋转地球同步轨道上星下点轨迹的墨卡托投影

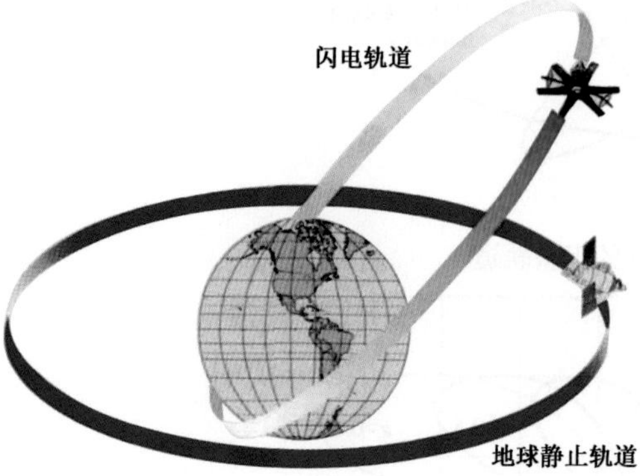

图 11-17　闪电轨道

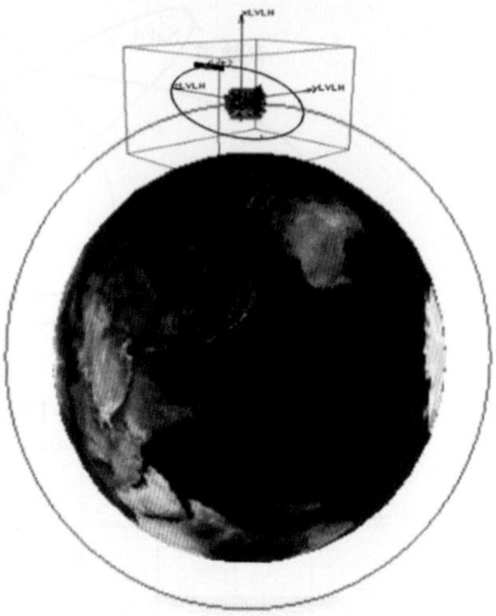

图 11-18　伴随轨道示意图

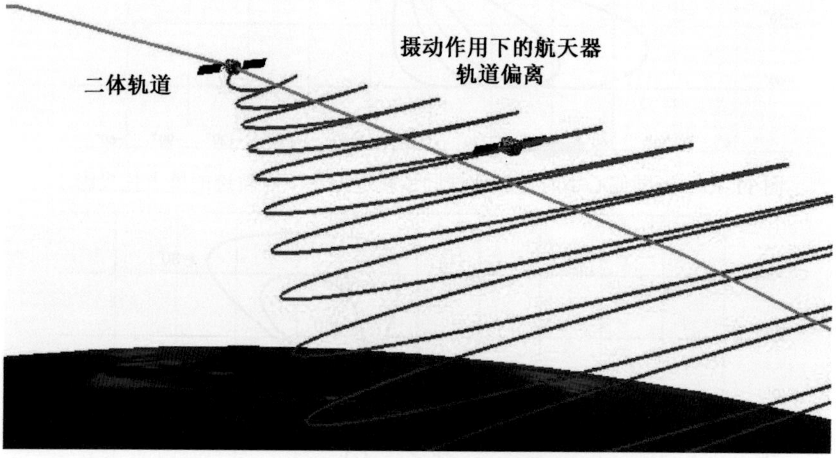

图 12-1　摄动作用下的航天器轨道偏离

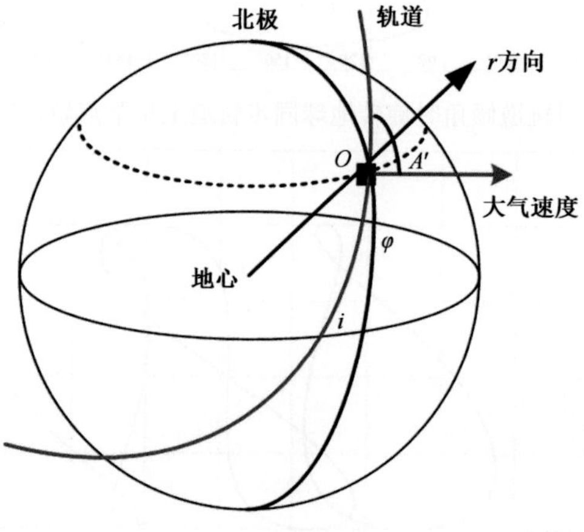

图 12-7　大气速度在轨道坐标系 *O-rth* 中的分解

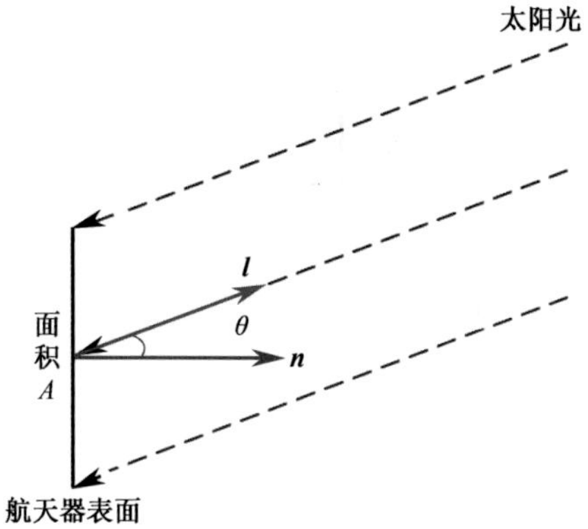

图 12-11　太阳光对航天器的照射

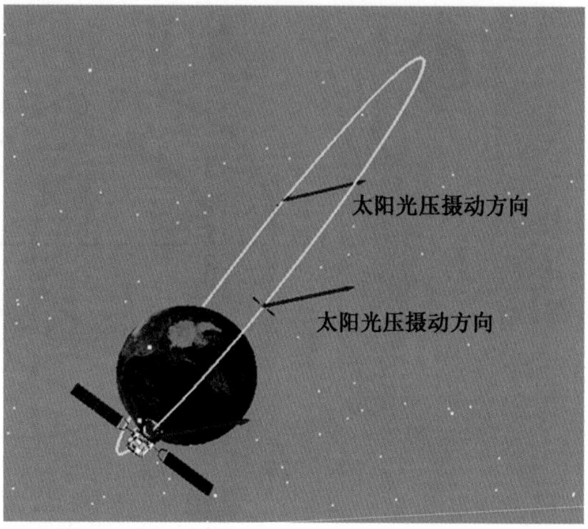

图 12-12　轨道周期内的太阳光压摄动方向

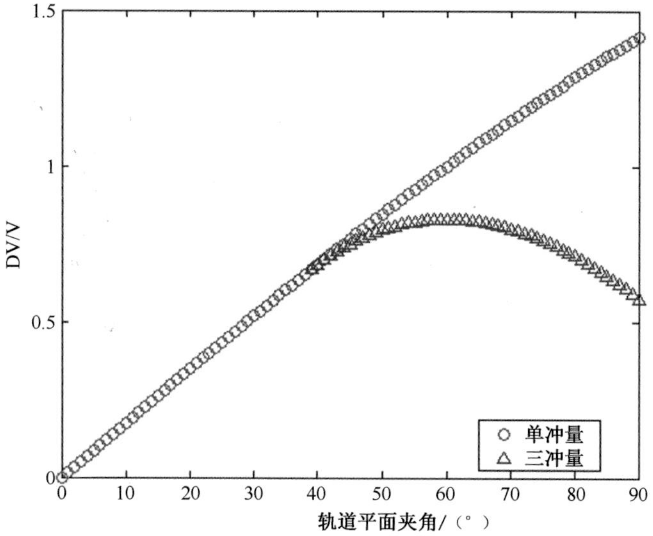

图 13-10　单冲量轨道改变和三冲量非共面轨道转移所需速度增量关系图

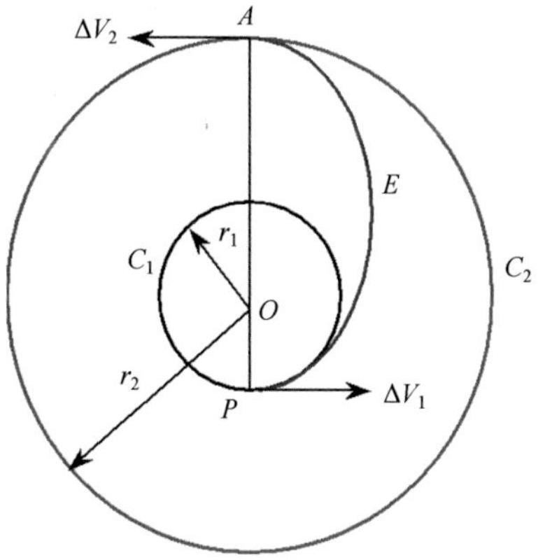

图 13-11　霍曼转移示意图

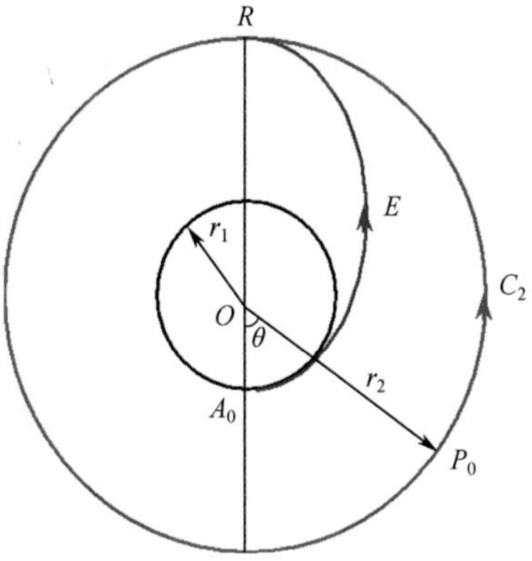

图 13-12　霍曼转移用于交会

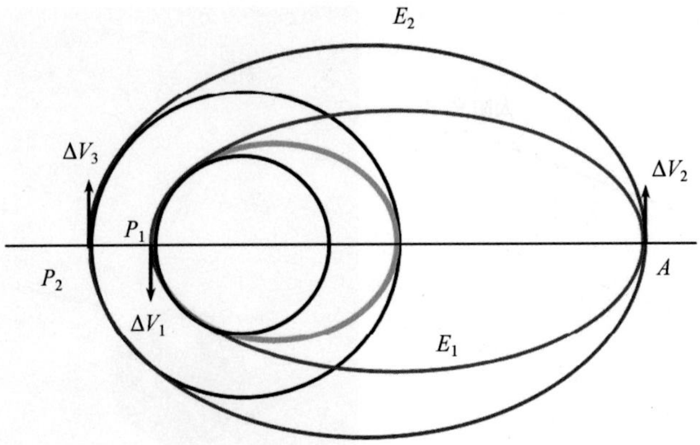

图 13-13　共面圆轨道的三冲量转移

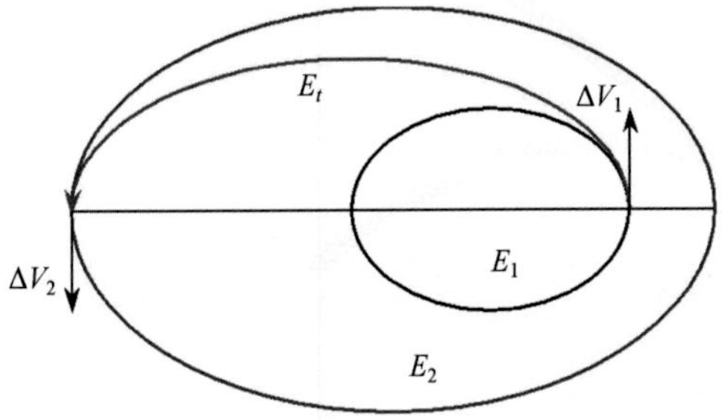

图 13-14　两个椭圆轨道大小不同，拱线方向相同

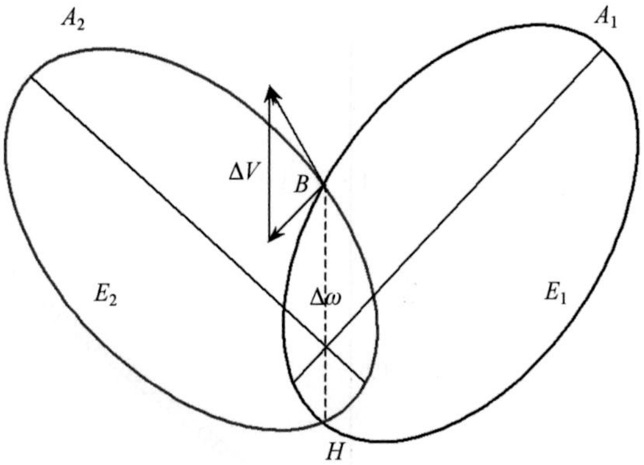

图 13-15　两个椭圆轨道大小相同，拱线方向不同

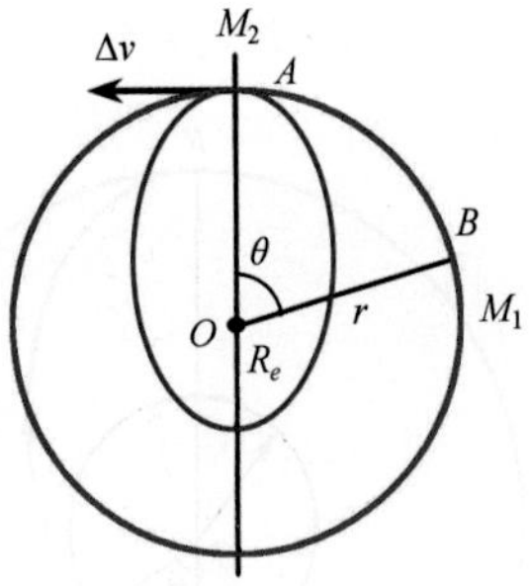

（a）目标超前追踪航天器

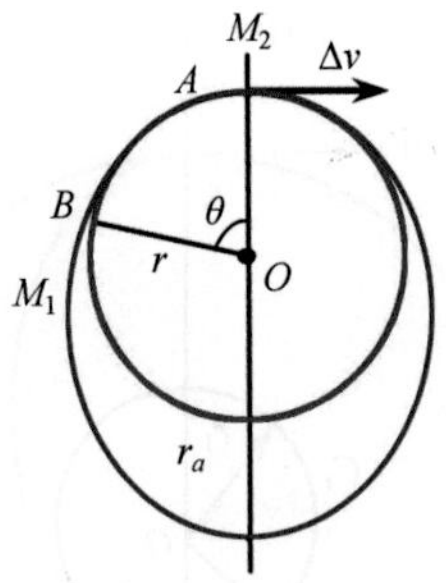

（b）目标滞后追踪航天器

图 13-16　同轨道调相策略

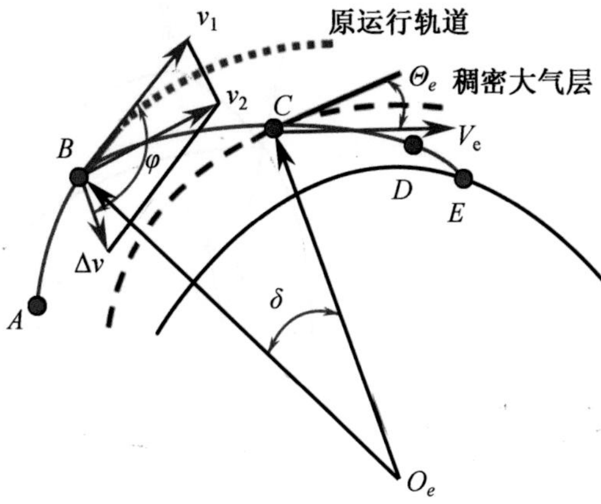

图 14-2　制动速度的获得

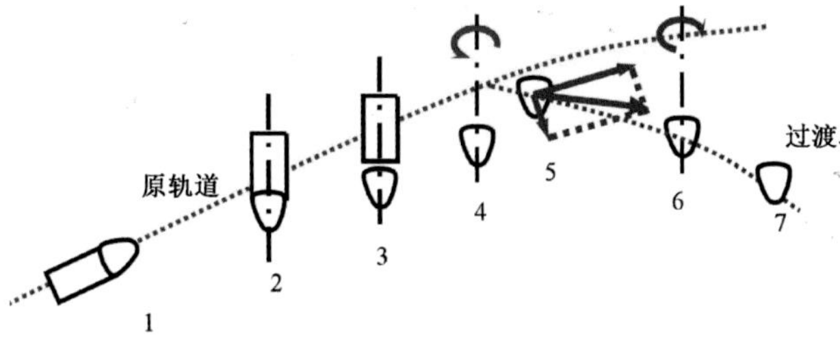

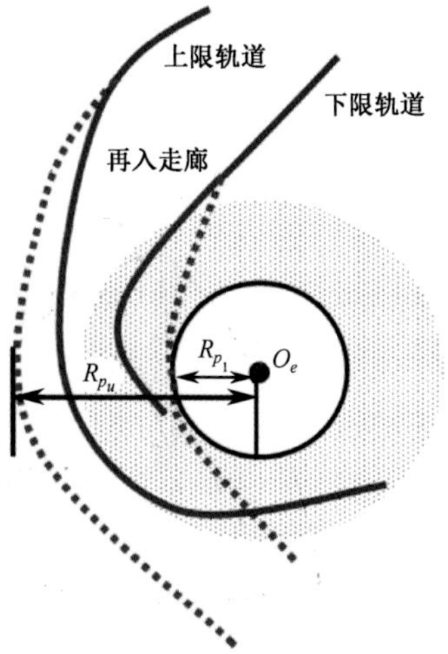

图 14-3　用自旋稳定方法维持制动姿态的航天器脱离原轨道的姿态调整　　图 14-4　再入走廊示意图

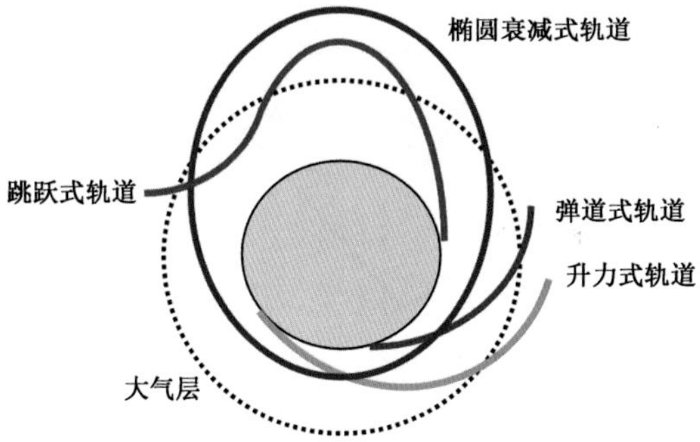

图 14-5　返回轨道的类型

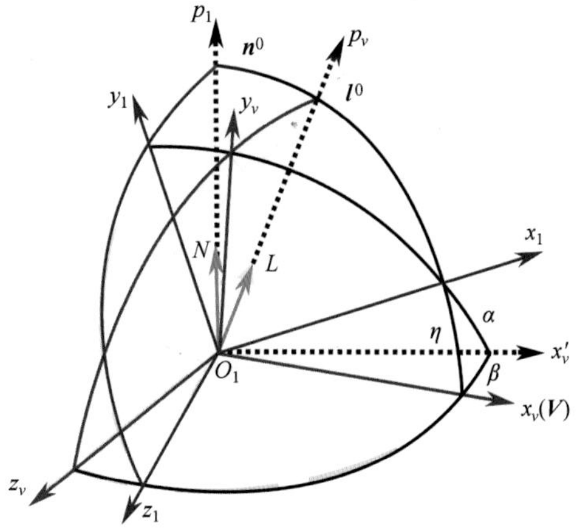

图 14-6　总攻角 η 、总法向力 N 与总升力 L

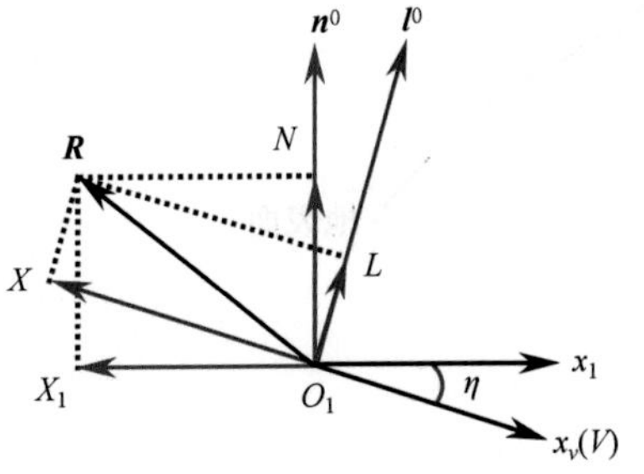

图 14-7　轴向力 X_1、总法向力 N 与阻力 X、总升力 L 之间的关系

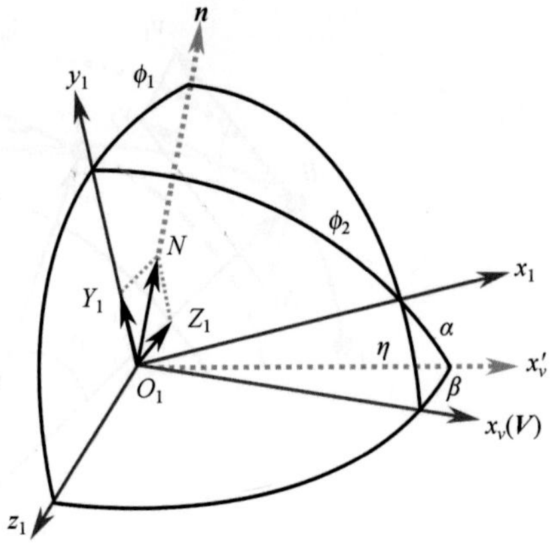

图 14-8　总法向力 N 与法向力 Y_1、横向力 Z_1 的关系

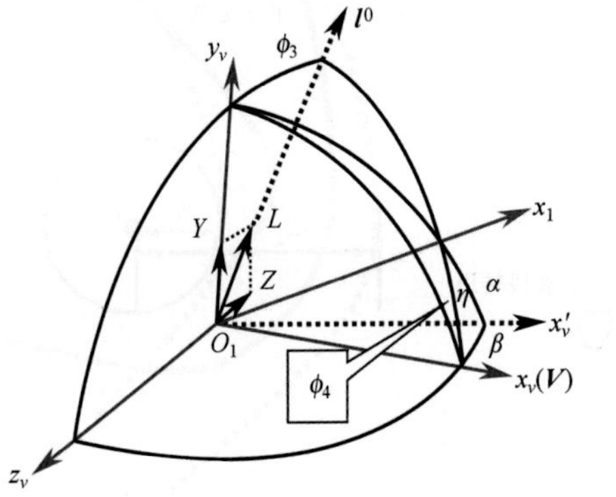

图 14-9　总升力 L 与升力 Y、侧力 Z 的关系

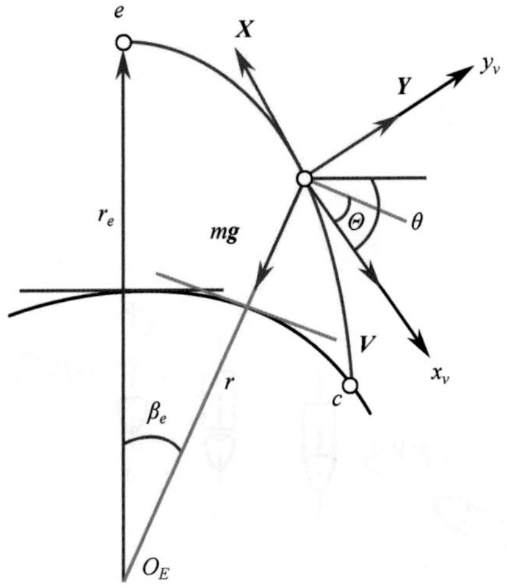

图 14-10　再入段受力示意图

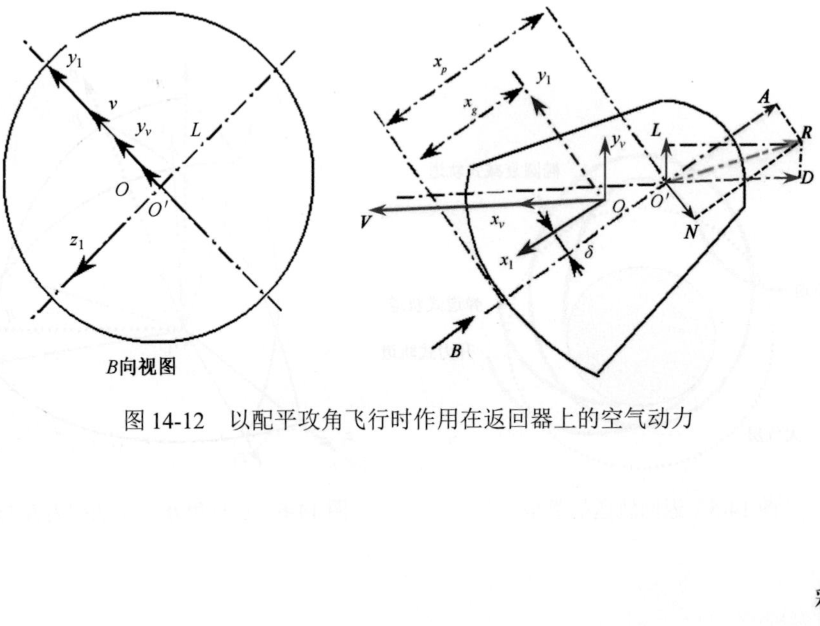

图 14-12　以配平攻角飞行时作用在返回器上的空气动力

第1章　力学基础

☞　**基本概念**

相对导数（局部导数）、绝对导数、附加哥氏力、附加相对力、附加哥氏力矩、附加相对力矩

☞　**基本定理**

开普勒三大定律、牛顿三大定律、万有引力定律、引力中心运动定理、动量矩定理、动能定理、刚化原理

☞　**重要公式**

矢量导数关系式：式（1-10）

密歇尔斯基方程：式（1-16）

齐奥尔科夫斯基公式：式（1-23）

对于弹道导弹和航天飞行器而言，分析它们在飞行过程中的受力情况是研究其运动特性的基础。本章将简要介绍力学中的一些基本定律、定理。由于导弹和飞行器都是变质量物体，因此本章还详细介绍了变质量质点系的力学基本原理。

1.1　天体力学的发展过程

天体力学是一门基础科学，是天文学中较早形成的一个分支学科，它主要研究天体的形状及其力学运动。天体力学的研究对象包括各种自然天体和人造天体。例如，太阳系的大量小行星及其天然卫星、彗星等自然天体，人造卫星、航天飞机、空间站等人造天体。天体的力学运动包括天体质心在空间的运动及其绕质心的转动，这两种运动是相互影响的。目前，天体力学已经在编历、航海、航空、导航、航天、大地测量、军事、经济等众多领域得到了广泛的应用。

人类对天体运动的研究可以追溯到公元前1000多年，那时中国和其他文明古国已经开始观测和研究太阳、月亮和大行星的视运动与一年四季交替的关系。但是，直到1678年，牛顿出版了《自然哲学的数学原理》一书才开始应用力学原理来阐述天体运动，自此对天体力学的研究进入了一个新的历史时期，牛顿也因此被世界公认为天体力学的创始人。

天体力学就是用牛顿力学原理研究天体的运动。牛顿力学包括牛顿三大定律、万有引力定律和时空观，300多年来它们是研究天体力学的基础。后来，爱因斯坦提出的相对论改进了牛顿力学的研究结果，提高了研究天体运动的精确性。按照研究对象和研究基本方法的发展可以将天体力学的发展过程分为以下3个时期。

1. 奠基时期

自天体力学创立到19世纪后期是天体力学的奠基时期。在这个时期，天体力学逐步形成了自己的学科体系，称为经典天体力学。这个时期的研究对象主要是大行星和月球，研

究方法主要是经典分析方法，即摄动理论。牛顿和莱布尼茨共同创立的微积分学是天体力学的数学基础。18世纪，欧拉（L. Euler）、达朗贝尔（J. R. D'Alembert）和拉格朗日（J. L. Lagrange）等数学家应航海事业对月球和亮行星精确位置的需求，创立了分析力学，它是天体力学的力学基础。后来，拉普拉斯（P. S. Laplace）集其大成，他5卷（共16册）的巨著《天体力学》成为经典天体力学的代表作，他在1799年出版的第1卷中首先提出了“天体力学”这个学科名称，并阐述了这个学科的研究领域，同时他还对天体形状的理论基础——流体自转时的平衡形状理论进行了详细论述。

2. 发展时期

19世纪后期到20世纪50年代是天体力学的发展时期。在研究对象方面，增加了对太阳系内大量小天体（小行星、彗星和卫星等）的研究。在研究方法方面，除了继续改进分析方法，还增加了定性方法和数值方法。定性方法是由庞加莱（J. H. Poincare）和李雅普诺夫创立的，数值方法包括科威耳（P. H. Cowell）方法和亚当斯方法，但是这两种数学方法在计算机出现以前应用并不广泛。这个时期也称为近代天体力学时期，代表作为庞加莱于1892—1899年出版的3卷本《天体力学的新方法》。

3. 新时期

20世纪50年代以后，由于人造天体的出现和计算机的广泛应用，天体力学进入了一个新时期。研究对象在原来的基础上又增加了各种类型的人造天体及成员不多的恒星系统。在研究方法方面，数值方法有了快速发展，不仅用于解决问题，还与定性方法和分析方法结合起来进行各种理论问题的研究。

1.2 基本定律和一般定理

在承认牛顿关于质量的概念和惯性参考系的前提下，有如下基本的力学定律和定理。

（1）开普勒第一定律：各行星的轨道均为椭圆形，太阳位于它们的一个焦点上。

（2）开普勒第二定律：行星与太阳的连线在相等的时间内扫过的面积相等。

（3）开普勒第三定律：行星运动周期的平方与行星至太阳平均距离的三次方成正比。

（4）牛顿第一定律：任一物体都将保持其静止或匀速直线运动的状态，除非有作用在物体上的力迫使其改变这种状态。

（5）牛顿第二定律：动量变化率与作用力成正比，方向与作用力的相同。

（6）牛顿第三定律：对每一个作用力，总存在一个大小相等的反作用力。

（7）万有引力定律：任何两个物体之间均有一个相互吸引的力，这个力与它们的质量乘积成正比，与两个物体之间距离的平方成反比，即

$$F = G\frac{mM}{r^2} \tag{1-1}$$

式中，G为万有引力常数，m和M分别为两个质点的质量，r为两个质点之间的距离。

（8）引力中心运动定理：质点系引力中心的运动就好像整个系统的质量集中在这个中心上，而所有的外力都作用在该中心上，即

$$m\frac{\mathrm{d}^2\boldsymbol{r}_C}{\mathrm{d}t^2}=\sum\boldsymbol{F}_i^{(\mathrm{e})} \tag{1-2}$$

式中，m 为质点系的总质量，$\boldsymbol{r}_C$ 为质点系引力中心 C 在惯性参考系中的位置矢量，$\boldsymbol{F}_i^{(\mathrm{e})}$ 为作用于质点系上的外力。

（9）动量矩定理：质点系对任一固定中心 O 点的动量矩对时间的导数，在任何时刻都等于诸外力对同一中心 O 点的力矩矢量和，即

$$\frac{\mathrm{d}\boldsymbol{J}}{\mathrm{d}t}=\sum(\boldsymbol{r}_i\times\boldsymbol{F}_i^{(\mathrm{e})})=\boldsymbol{M} \tag{1-3}$$

式中，$\boldsymbol{J}$ 为质点系动量矩，$\boldsymbol{M}$ 为诸外力对同一中心 O 点的力矩矢量和。

（10）动能定理：质点系在 t_0 至 t_1 时间间隔内动能的变化等于在同一期间内作用在此系统上的内力和外力所做的功的总和，即

$$\sum\frac{1}{2}m_i\boldsymbol{v}_i^2(t_1)-\sum\frac{1}{2}m_i\boldsymbol{v}_i^2(t_0)=\sum\int_{t_0}^{t_1}\left[\boldsymbol{F}_i^{(\mathrm{i})}(t)+\boldsymbol{F}_i^{(\mathrm{e})}(t)\right]\boldsymbol{v}_i(t)\mathrm{d}t \tag{1-4}$$

式中，$\boldsymbol{F}_i^{(\mathrm{i})},\boldsymbol{F}_i^{(\mathrm{e})}$ 分别为作用于质点 i 上的合内力和合外力。

1.3 矢量导数关系

假设有两个右手直角坐标系 Q 和 P，其中坐标系 Q 相对于坐标系 P 以角速度 $\boldsymbol{\omega}$ 转动。设坐标系 Q 中的任意矢量 $\boldsymbol{A}$ 可以表示为

$$\boldsymbol{A}=a_x\boldsymbol{x}^0+a_y\boldsymbol{y}^0+a_z\boldsymbol{z}^0 \tag{1-5}$$

式中，$(\boldsymbol{x}^0,\boldsymbol{y}^0,\boldsymbol{z}^0)$ 为坐标系 Q 的单位矢量。将式（1-5）微分，得

$$\frac{\mathrm{d}\boldsymbol{A}}{\mathrm{d}t}=\left(\frac{\mathrm{d}a_x}{\mathrm{d}t}\boldsymbol{x}^0+a_x\frac{\mathrm{d}\boldsymbol{x}^0}{\mathrm{d}t}\right)+\left(\frac{\mathrm{d}a_y}{\mathrm{d}t}\boldsymbol{y}^0+a_y\frac{\mathrm{d}\boldsymbol{y}^0}{\mathrm{d}t}\right)+\left(\frac{\mathrm{d}a_z}{\mathrm{d}t}\boldsymbol{z}^0+a_z\frac{\mathrm{d}\boldsymbol{z}^0}{\mathrm{d}t}\right) \tag{1-6}$$

已知

$$\begin{cases}\dfrac{\mathrm{d}\boldsymbol{x}^0}{\mathrm{d}t}=\boldsymbol{\omega}\times\boldsymbol{x}^0\\[2mm]\dfrac{\mathrm{d}\boldsymbol{y}^0}{\mathrm{d}t}=\boldsymbol{\omega}\times\boldsymbol{y}^0\\[2mm]\dfrac{\mathrm{d}\boldsymbol{z}^0}{\mathrm{d}t}=\boldsymbol{\omega}\times\boldsymbol{z}^0\end{cases} \tag{1-7}$$

则

$$\begin{aligned}a_x\frac{\mathrm{d}\boldsymbol{x}^0}{\mathrm{d}t}+a_y\frac{\mathrm{d}\boldsymbol{y}^0}{\mathrm{d}t}+a_z\frac{\mathrm{d}\boldsymbol{z}^0}{\mathrm{d}t}&=a_x(\boldsymbol{\omega}\times\boldsymbol{x}^0)+a_y(\boldsymbol{\omega}\times\boldsymbol{y}^0)+a_z(\boldsymbol{\omega}\times\boldsymbol{z}^0)\\&=\boldsymbol{\omega}\times a_x\boldsymbol{x}^0+\boldsymbol{\omega}\times a_y\boldsymbol{y}^0+\boldsymbol{\omega}\times a_z\boldsymbol{z}^0\\&=\boldsymbol{\omega}\times(a_x\boldsymbol{x}^0+a_y\boldsymbol{y}^0+a_z\boldsymbol{z}^0)\\&=\boldsymbol{\omega}\times\boldsymbol{A}\end{aligned} \tag{1-8}$$

令

$$\frac{\delta\boldsymbol{A}}{\delta t}=\frac{\mathrm{d}a_x}{\mathrm{d}t}\boldsymbol{x}^0+\frac{\mathrm{d}a_y}{\mathrm{d}t}\boldsymbol{y}^0+\frac{\mathrm{d}a_z}{\mathrm{d}t}\boldsymbol{z}^0 \tag{1-9}$$

将式（1-8）和式（1-9）代入式（1-6），可得两坐标系间矢量导数关系式：

$$\frac{\mathrm{d}\boldsymbol{A}}{\mathrm{d}t}=\frac{\delta \boldsymbol{A}}{\delta t}+\boldsymbol{\omega}\times\boldsymbol{A} \tag{1-10}$$

式中，$\frac{\delta \boldsymbol{A}}{\delta t}$表示当观察者处于转动坐标系 Q 内时，所见到的矢量 $\boldsymbol{A}$ 随时间的变化率，称为局部导数或相对导数；$\frac{\mathrm{d}\boldsymbol{A}}{\mathrm{d}t}$表示当观察者处于定坐标系 P 内时，所见到的矢量 $\boldsymbol{A}$ 随时间的变化率，称为绝对导数；$\boldsymbol{\omega}\times\boldsymbol{A}$ 表示坐标系 Q 相对于坐标系 P 转动引起的矢量 $\boldsymbol{A}$ 随时间的变化。

1.4　变质量力学的基本原理

我们知道要想将重达几百吨的导弹在较短的时间内推进到相当高的高度，并获得比声速大几倍到几十倍的飞行速度，需要火箭发动机在主动段连续工作以产生较大推力。因为发动机工作需要消耗大量燃料，而这些燃料通常是火箭自带的（占其自重的8/10～9/10），所以发动机工作的过程也就是导弹质量不断变化的过程。另外，姿态控制动力装置、再入大气层后的末制导的动力装置及气动加热对壳体的烧蚀等都将引起导弹质量的变化。因此，导弹是质量随时间不断变化的变质量物体，即变质量质点系，因此在对其运动进行分析时，应用变质量力学理论更为合理。

为了以后建立火箭的运动方程，下面先讨论变质量质点及变质量质点系的一些基本原理。

1.4.1　变质量质点系的基本方程

设某一质量随时间变化的质点系 P 在 t 时刻的质量为 $m(t)$，并具有绝对速度 $\boldsymbol{V}$，则此时质点系的动量为

$$\boldsymbol{Q}(t)=m(t)\cdot\boldsymbol{V} \tag{1-11}$$

假设在 $\mathrm{d}t$ 时间内，有外力 $\boldsymbol{F}$ 作用于质点系 P 上，且使 P 以相对速度 $\boldsymbol{V}_r$ 向外射出质量 $-\mathrm{d}m$（$\mathrm{d}m<0$），如图1-1所示。

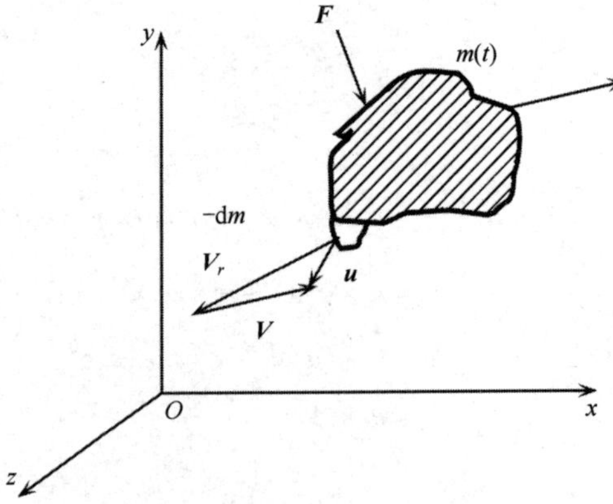

图1-1　变质量质点系示意图

则

$$-\mathrm{d}m = m(t) - m(t+\mathrm{d}t) \tag{1-12}$$

假设在 $\mathrm{d}t$ 时间内质点 $m(t+\mathrm{d}t)$ 获得速度增量 $\mathrm{d}\boldsymbol{V}$ ，那么在 $t+\mathrm{d}t$ 时刻，整个质点系的动量应为

$$\begin{aligned}\boldsymbol{Q}(t+\mathrm{d}t) &= \left[m(t)-(-\mathrm{d}m)\right](\boldsymbol{V}+\mathrm{d}\boldsymbol{V})+(-\mathrm{d}m)(\boldsymbol{V}+\boldsymbol{V}_r)\\ &= m(t)\boldsymbol{V}+m(t)\mathrm{d}\boldsymbol{V}+\mathrm{d}m\boldsymbol{V}+\mathrm{d}m\mathrm{d}\boldsymbol{V}-\mathrm{d}m\boldsymbol{V}-\mathrm{d}m\boldsymbol{V}_r\\ &\approx m(t)(\boldsymbol{V}+\mathrm{d}\boldsymbol{V})-\mathrm{d}m\boldsymbol{V}_r\end{aligned} \tag{1-13}$$

比较式（1-12）和式（1-13），可知质点系 P 在 $\mathrm{d}t$ 时间内的动量变化为

$$\boldsymbol{Q}(t+\mathrm{d}t)-\boldsymbol{Q}(t)=\mathrm{d}\boldsymbol{Q}=m\mathrm{d}\boldsymbol{V}-\mathrm{d}m\boldsymbol{V}_r \tag{1-14}$$

对于整个质点系而言，利用常质量质点动量定理，则有

$$\frac{\mathrm{d}\boldsymbol{Q}}{\mathrm{d}t}=\boldsymbol{F} \tag{1-15}$$

则

$$m\frac{\mathrm{d}\boldsymbol{V}}{\mathrm{d}t}=\boldsymbol{F}+\frac{\mathrm{d}m}{\mathrm{d}t}\boldsymbol{V}_r=\boldsymbol{F}+\boldsymbol{P}_r \tag{1-16}$$

式（1-16）称为**密歇尔斯基方程**，这就是变质量质点系的基本方程。其中，$\boldsymbol{P}_r$ 为作用在质点系 P 上的另一个力，称为喷射反作用力。显然，对于质量不变的质点系有 $\frac{\mathrm{d}m}{\mathrm{d}t}=0$ ，则式（1-16）可改写为

$$m\frac{\mathrm{d}\boldsymbol{V}}{\mathrm{d}t}=\boldsymbol{F} \tag{1-17}$$

可见式（1-16）符合牛顿第二定律。

对于质点系 P 而言，$\frac{\mathrm{d}m}{\mathrm{d}t}<0$，故 $\boldsymbol{P}_r$ 的方向与 $\boldsymbol{V}_r$ 的方向相反，$\boldsymbol{P}_r$ 是一个加速力。由此可得出如下结论：要使物体发生运动状态的变化，除施加外界作用力外，还可通过物体本身向所需运动的反方向喷射物质来获得加速度，这就是直接反作用原理。

设质点系 P 不受外力作用，即 $\boldsymbol{F}=0$ ，则由密歇尔斯基方程可得

$$m\frac{\mathrm{d}\boldsymbol{V}}{\mathrm{d}t}=\frac{\mathrm{d}m}{\mathrm{d}t}\boldsymbol{V}_r \tag{1-18}$$

若设 $\boldsymbol{V}$ 与 $\boldsymbol{V}_r$ 正好相反，则有

$$m\frac{\mathrm{d}\boldsymbol{V}}{\mathrm{d}t}=-\boldsymbol{V}_r\frac{\mathrm{d}m}{\mathrm{d}t} \tag{1-19}$$

则

$$\mathrm{d}\boldsymbol{V}=-\boldsymbol{V}_r\frac{\mathrm{d}m}{m} \tag{1-20}$$

设喷射出质点的速度 $\boldsymbol{V}_r$ 为定值，则对式（1-20）积分得

$$\boldsymbol{V}-\boldsymbol{V}_0=-\boldsymbol{V}_r\ln\frac{m}{m_0} \tag{1-21}$$

式中，m_0 为开始时刻质点系 P 所具有的总质量，$\boldsymbol{V}_0$ 为开始时刻 P 的速度。设 m_k 为 P 的结构质量，m_T 为全部可喷射物质的质量，则

$$m_0 = m_k + m_T \tag{1-22}$$

假设$\boldsymbol{V}_0 = 0$、$m = m_k$，即可喷射物质全部喷射完时，P的速度为

$$\boldsymbol{V}_k = -\boldsymbol{V}_r \ln \frac{m_k}{m_0} \tag{1-23}$$

式（1-23）即为著名的**齐奥尔科夫斯基公式**，且称$\boldsymbol{V}_k$为理想速度。分析式（1-23）可得以下结论：

当质点系不受外力作用，且质点系总质量m_0一定时，若喷射速度一定，则可喷射物质占总质量的比例越大，质点系P获得的理想速度越大；若可喷射物质占总质量的比例一定，则喷射速度越大，质点系P获得的理想速度越大。因此，为了使火箭能够获得更大的速度，只需增加箭载燃料或提高喷射速度即可。

【例 1-1】设某飞行器起飞时所携带的燃料占总质量的 80%，已知燃气喷出的相对速度为 5km/s，求燃料一次消耗完可以使飞行器获得多大的速度增量。

解：由条件可知该飞行器的结构质量占总质量的 20%，即

$$\frac{m_k}{m_0} = 0.2$$

又已知

$$\boldsymbol{V}_r = 5(\text{km/s})$$

则当燃料耗尽时，该飞行器可以获得的速度增量为

$$\boldsymbol{V}_k = -5 \times \ln(0.2) = 8.0472(\text{km/s})$$

1.4.2 变质量质点系的质心运动方程

假设研究的变质量质点系是一个由无数个具有无穷小质量的质点组成的连续系统。设系统S对惯性坐标系有转动速度$\boldsymbol{\omega}_T$，且系统S的质心C的矢径为$\boldsymbol{r}_{c\cdot m}$，则质点系矢量关系图如图 1-2 所示。

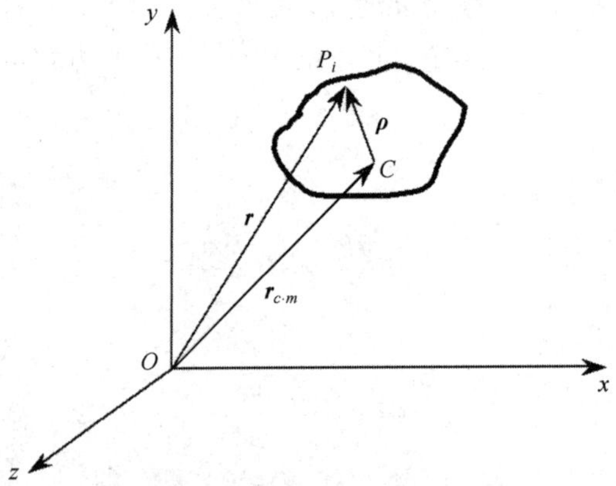

图 1-2 质点系矢量关系图

设系统S中任一质点元P_i的矢径为$\boldsymbol{r}$，则

$$\boldsymbol{r} = \boldsymbol{\rho} + \boldsymbol{r}_{c\cdot m} \tag{1-24}$$

式中，ρ 为 P_i 到质心 C 的距离，则利用矢量导数关系式（1-10）可得质点元 P_i 的绝对速度

$$\frac{\mathrm{d}\boldsymbol{r}}{\mathrm{d}t}=\frac{\mathrm{d}\rho}{\mathrm{d}t}+\frac{\mathrm{d}\boldsymbol{r}_{c\cdot m}}{\mathrm{d}t}=\frac{\delta\rho}{\delta t}+\boldsymbol{\omega}_T\times\rho+\frac{\mathrm{d}\boldsymbol{r}_{c\cdot m}}{\mathrm{d}t} \tag{1-25}$$

则

$$\begin{aligned}\frac{\mathrm{d}^2\boldsymbol{r}}{\mathrm{d}t^2}&=\frac{\mathrm{d}^2\boldsymbol{r}_{c\cdot m}}{\mathrm{d}t^2}+\frac{\mathrm{d}}{\mathrm{d}t}\left(\frac{\delta\rho}{\delta t}+\boldsymbol{\omega}_T\times\rho\right)\\&=\frac{\mathrm{d}^2\boldsymbol{r}_{c\cdot m}}{\mathrm{d}t^2}+\frac{\delta^2\rho}{\delta t^2}+\boldsymbol{\omega}_T\times\frac{\delta\rho}{\delta t}+\frac{\delta\boldsymbol{\omega}_T}{\delta t}\times\rho+\boldsymbol{\omega}_T\times\left(\frac{\delta\rho}{\delta t}+\boldsymbol{\omega}_T\times\rho\right)\\&=\frac{\mathrm{d}^2\boldsymbol{r}_{c\cdot m}}{\mathrm{d}t^2}+\frac{\delta^2\rho}{\delta t^2}+\frac{\delta\boldsymbol{\omega}_T}{\delta t}\times\rho+2\boldsymbol{\omega}_T\times\frac{\delta\rho}{\delta t}+\boldsymbol{\omega}_T\times(\boldsymbol{\omega}_T\times\rho)\end{aligned} \tag{1-26}$$

已知理论力学中介绍的连续质点系运动方程为

$$\begin{cases}\boldsymbol{F}_s=\int_m\frac{\mathrm{d}^2\boldsymbol{r}}{\mathrm{d}t^2}\cdot\mathrm{d}m\\ \boldsymbol{M}_s=\int_m\boldsymbol{r}\times\frac{\mathrm{d}^2\boldsymbol{r}}{\mathrm{d}t^2}\mathrm{d}m\end{cases} \tag{1-27}$$

且由质心的定义可知 $\int_m\rho\mathrm{d}m=0$，故式（1-27）可写为

$$\boldsymbol{F}_s=\frac{\mathrm{d}^2\boldsymbol{r}_{c\cdot m}}{\mathrm{d}t^2}m+2\boldsymbol{\omega}_T\int_m\frac{\delta\rho}{\delta t}\mathrm{d}m+\int_m\frac{\delta^2\rho}{\delta t^2}\mathrm{d}m \tag{1-28}$$

令

$$\boldsymbol{F}_k'=-2\boldsymbol{\omega}_T\times\int_m\frac{\delta\rho}{\delta t}\mathrm{d}m \tag{1-29}$$

$$\boldsymbol{F}_{\mathrm{rel}}'=-\int_m\frac{\delta^2\rho}{\delta t^2}\mathrm{d}m \tag{1-30}$$

式中，$\boldsymbol{F}_k'$ 称为系统 S 的附加哥氏力，$\boldsymbol{F}_{\mathrm{rel}}'$ 称为系统 S 的附加相对力。则式（1-28）可以改写为

$$m\frac{\mathrm{d}^2\boldsymbol{r}_{c\cdot m}}{\mathrm{d}t^2}=\boldsymbol{F}_s+\boldsymbol{F}_k'+\boldsymbol{F}_{\mathrm{rel}}' \tag{1-31}$$

式（1-31）即为任意变质量物体的质心运动方程。

1.4.3 变质量质点系的绕质心转动方程

由于变质量质点系 S 在力 $\boldsymbol{F}$ 作用下的力矩方程可以根据选择的转动中心的不同而不同，而通常研究导弹在空中的姿态变化是以绕质心的转动来进行的，所以选择绕系统 S 的质心 C 的力矩方程为研究对象，则有

$$\boldsymbol{M}_{c\cdot m}=\int_m\rho\times\frac{\mathrm{d}^2\boldsymbol{r}}{\mathrm{d}t^2}\mathrm{d}m \tag{1-32}$$

将式（1-26）代入式（1-32），可得

$$\boldsymbol{M}_{c\cdot m}=2\int_m \boldsymbol{\rho}\times\left(\boldsymbol{\omega}_T\times\frac{\delta\boldsymbol{\rho}}{\delta t}\right)\mathrm{d}m+\int_m \boldsymbol{\rho}\times\frac{\delta^2\boldsymbol{\rho}}{\delta t^2}\mathrm{d}m+ \\ \int_m \boldsymbol{\rho}\times\left(\frac{\mathrm{d}\boldsymbol{\omega}_T}{\mathrm{d}t}\times\boldsymbol{\rho}\right)\mathrm{d}m+\int_m \boldsymbol{\rho}\times\left[\boldsymbol{\omega}_T\times(\boldsymbol{\omega}_T\times\boldsymbol{\rho})\right]\mathrm{d}m \tag{1-33}$$

令

$$\boldsymbol{M}'_k=-2\int_m \boldsymbol{\rho}\times\left(\boldsymbol{\omega}_T\times\frac{\delta\boldsymbol{\rho}}{\delta t}\right)\mathrm{d}m \tag{1-34}$$

$$\boldsymbol{M}'_{\mathrm{rel}}=-\int_m \boldsymbol{\rho}\times\frac{\delta^2\boldsymbol{\rho}}{\delta t^2}\mathrm{d}m \tag{1-35}$$

式中，$\boldsymbol{M}'_k$ 称为系统 S 的附加哥氏力矩；$\boldsymbol{M}'_{\mathrm{rel}}$ 称为系统 S 的附加相对力矩。则

$$\int_m \boldsymbol{\rho}\times\left(\frac{\mathrm{d}\boldsymbol{\omega}_T}{\mathrm{d}t}\times\boldsymbol{\rho}\right)\mathrm{d}m+\int_m \boldsymbol{\rho}\times\left[\boldsymbol{\omega}_T\times(\boldsymbol{\omega}_T\times\boldsymbol{\rho})\right]\mathrm{d}m=\boldsymbol{M}_{c\cdot m}+\boldsymbol{M}'_k+\boldsymbol{M}'_{\mathrm{rel}} \tag{1-36}$$

利用矢量叉乘法则，即

$$\boldsymbol{a}\times(\boldsymbol{b}\times\boldsymbol{c})=\boldsymbol{b}\times(\boldsymbol{a}\times\boldsymbol{c})+\boldsymbol{c}\times(\boldsymbol{b}\times\boldsymbol{a}) \tag{1-37}$$

可得

$$\int_m \boldsymbol{\rho}\times\left[\boldsymbol{\omega}_T\times(\boldsymbol{\omega}_T\times\boldsymbol{\rho})\right]\mathrm{d}m=\int_m\left\{\boldsymbol{\omega}_T\times\left[\boldsymbol{\rho}\times(\boldsymbol{\omega}_T\times\boldsymbol{\rho})\right]+(\boldsymbol{\omega}_T\times\boldsymbol{\rho})\times(\boldsymbol{\omega}_T\times\boldsymbol{\rho})\right\}\mathrm{d}m \\ =\boldsymbol{\omega}_T\times\int_m \boldsymbol{\rho}\times(\boldsymbol{\omega}_T\times\boldsymbol{\rho})\,\mathrm{d}m \tag{1-38}$$

令

$$\boldsymbol{H}_{c\cdot m}=\int_m \boldsymbol{\rho}\times(\boldsymbol{\omega}_T\times\boldsymbol{\rho})\,\mathrm{d}m \tag{1-39}$$

式中，$\boldsymbol{H}_{c\cdot m}$ 称为刚体对质心的总角动量。

在系统 S 的质心 C 建立一个与 S 固联的任意直角坐标系 $C\text{-}xyz$，显然，该坐标系为动系，则系统 S 的转动角速度 $\boldsymbol{\omega}_T$ 在该坐标系的投影为

$$\boldsymbol{\omega}_T=\begin{bmatrix}\omega_{Tx} & \omega_{Ty} & \omega_{Tz}\end{bmatrix}^{\mathrm{T}} \tag{1-40}$$

设 $\boldsymbol{\rho}$ 在该动坐标系中的投影为

$$\boldsymbol{\rho}=[x\quad y\quad z]^{\mathrm{T}} \tag{1-41}$$

利用矢量叉乘法则，即式（1-37），可将式（1-39）改写为

$$\boldsymbol{H}_{c\cdot m}=\int_m[\boldsymbol{\omega}\cdot(\boldsymbol{\rho}\cdot\boldsymbol{\rho})-\boldsymbol{\rho}\cdot(\boldsymbol{\omega}\cdot\boldsymbol{\rho})]\mathrm{d}m \tag{1-42}$$

将式（1-40）和式（1-41）代入式（1-42），得

$$\boldsymbol{H}_{c\cdot m}=\boldsymbol{I}\cdot\boldsymbol{\omega}_T \tag{1-43}$$

令

$$\boldsymbol{I}=\begin{bmatrix}I_{xx} & -I_{xy} & -I_{xz}\\ -I_{yx} & I_{yy} & -I_{yz}\\ -I_{zx} & -I_{zy} & I_{zz}\end{bmatrix} \tag{1-44}$$

$$\begin{cases} I_{xx} = \int_M (y^2 + z^2)\mathrm{d}m \\ I_{yy} = \int_M (z^2 + x^2)\mathrm{d}m \\ I_{zz} = \int_M (x^2 + y^2)\mathrm{d}m \end{cases} \tag{1-45}$$

$$\begin{cases} I_{xy} = I_{yx} = \int_M xy\mathrm{d}m \\ I_{xz} = I_{zx} = \int_M zx\mathrm{d}m \\ I_{yz} = I_{zy} = \int_M yz\mathrm{d}m \end{cases} \tag{1-46}$$

式中，$\boldsymbol{I}$ 称为惯性张量；I_{xx}, I_{yy}, I_{zz} 称为转动惯量；$I_{xy}, I_{yx}, I_{xz}, I_{zx}, I_{yz}, I_{zy}$ 称为惯量积。

将式（1-43）代入式（1-38），则

$$\int_m \boldsymbol{\rho} \times [\boldsymbol{\omega}_T \times (\boldsymbol{\omega}_T \times \boldsymbol{\rho})]\,\mathrm{d}m = \boldsymbol{\omega}_T \times (\boldsymbol{I} \cdot \boldsymbol{\omega}_T) \tag{1-47}$$

同理，可得

$$\int_m \boldsymbol{\rho} \times \left(\frac{\mathrm{d}\boldsymbol{\omega}_T}{\mathrm{d}t} \times \boldsymbol{\rho} \right) \mathrm{d}m = \boldsymbol{I} \cdot \frac{\mathrm{d}\boldsymbol{\omega}_T}{\mathrm{d}t} \tag{1-48}$$

则式（1-36）可以改写为

$$\boldsymbol{I} \cdot \frac{\mathrm{d}\boldsymbol{\omega}_T}{\mathrm{d}t} + \boldsymbol{\omega}_T \times (\boldsymbol{I} \cdot \boldsymbol{\omega}_T) = \boldsymbol{M}_{c \cdot m} + \boldsymbol{M}_k' + \boldsymbol{M}_{\mathrm{rel}}' \tag{1-49}$$

式（1-49）即为系统 S 的绕质心运动方程。

可见，变质量系统的质心运动方程式（1-31）和绕质心运动方程式（1-49）在形式上与刚体的质心运动方程和绕质心运动方程相似。因此，引入一条重要的原理——刚化原理，即在一般情况下，任意一个变质量系统在 t 瞬时的质心运动方程和绕质心运动方程，能用一个刚体方程来表示，这个刚体的质量等于系统在 t 瞬时的质量，而它受的力和力矩除真实的外力及其力矩外，还要增加两个附加力和两个附加力矩，即附加哥氏力、附加相对力和附加哥氏力矩、附加相对力矩。

练 习 题

1. 简述开普勒三大定律。
2. 举例说明绝对导数与相对导数的关系。
3. 结合齐奥尔科夫斯基公式阐述火箭飞行理想速度的影响因素。
4. 已知某飞行器沿着赤道以 3km/s 的速度飞行，飞行高度为 50km，求飞行器相对于惯性空间的绝对速度。

第 2 章　空间直角坐标系及其转换

☞　**基本概念**

方向余弦阵、10 个常用空间直角坐标系、射击平面（射面）、箭体主对称面、8 个欧拉角

☞　**基本定理**

方向余弦阵的正交性与传递性

☞　**重要公式**

初等转换矩阵：式（2-12）、式（2-13）、式（2-14）

常用空间直角坐标系之间的转换矩阵：式（2-23）、式（2-25）、式（2-27）

欧拉角联系方程：式（2-44）

众所周知，自然界中的一切物体都在不停地运动着。运动是绝对的，静止是相对的。对于物体永远运动这一客观事实，尽管相对于不同的坐标系（参考系），对运动形式及运动规律的描述不同，但绝不会因选择的参考系不同而改变其固有的运动特性。正如一定长度的物体，绝不会因选用度量它的尺度的不同而改变其客观长度。因此，对于飞行器这一特定的运动物体，合理且恰当地选择参考系会使描述物体运动规律的数学模型大为简化，否则将使问题复杂化，甚至陷入无法处理的困境。因此，正确定义和恰当选择参考系是研究飞行器运动规律的一项重要工作。

在研究飞行器的运动特性和运动规律时，还必须将不同坐标系所描述的同一物理量统一到同一个坐标系中，所以如何确定两个坐标系之间的关系也非常重要。本章将介绍利用方向余弦阵表示坐标系之间的关系；同时，还将介绍研究弹道和轨道时常用的一些三维直角坐标系及它们之间的转换关系。

2.1　空间直角坐标系之间的转换矩阵

2.1.1　方向余弦阵

设 $O\text{-}x_p y_p z_p$ 及 $O\text{-}x_q y_q z_q$ 为两个原点重合、坐标轴不重合的右手直角坐标系，分别用字符 P 和 Q 表示。令 $\boldsymbol{E}_P$ 为 P 系 x_p, y_p, z_p 坐标轴的单位矢量，$\boldsymbol{E}_Q$ 为 Q 系 x_q, y_q, z_q 坐标轴的单位矢量，即

$$\boldsymbol{E}_P = \begin{bmatrix} \boldsymbol{x}_p^0 & \boldsymbol{y}_p^0 & \boldsymbol{z}_p^0 \end{bmatrix} \qquad \boldsymbol{E}_Q = \begin{bmatrix} \boldsymbol{x}_q^0 & \boldsymbol{y}_q^0 & \boldsymbol{z}_q^0 \end{bmatrix} \tag{2-1}$$

则 $\boldsymbol{E}_P$ 与 $\boldsymbol{E}_Q$ 为正交矩阵，它们的逆等于其转置。

对于位置矢量 $\boldsymbol{A}$，在两个坐标系中有不同的坐标表示：

$$\boldsymbol{A}=a\boldsymbol{x}_q^0+b\boldsymbol{y}_q^0+c\boldsymbol{z}_q^0=\begin{bmatrix}\boldsymbol{x}_q^0 & \boldsymbol{y}_q^0 & \boldsymbol{z}_q^0\end{bmatrix}\begin{bmatrix}a\\b\\c\end{bmatrix}=\boldsymbol{E}_Q\begin{bmatrix}a\\b\\c\end{bmatrix}$$

$$\boldsymbol{A}=e\boldsymbol{x}_p^0+f\boldsymbol{y}_p^0+g\boldsymbol{z}_p^0=\begin{bmatrix}\boldsymbol{x}_p^0 & \boldsymbol{y}_p^0 & \boldsymbol{z}_p^0\end{bmatrix}\begin{bmatrix}e\\f\\g\end{bmatrix}=\boldsymbol{E}_P\begin{bmatrix}e\\f\\g\end{bmatrix}$$

$$\Rightarrow\begin{bmatrix}e\\f\\g\end{bmatrix}=\boldsymbol{E}_P^{-1}\cdot\boldsymbol{E}_Q\begin{bmatrix}a\\b\\c\end{bmatrix}=\boldsymbol{E}_P^{\mathrm{T}}\cdot\boldsymbol{E}_Q\begin{bmatrix}a\\b\\c\end{bmatrix}=\boldsymbol{P}_Q\begin{bmatrix}a\\b\\c\end{bmatrix} \tag{2-2}$$

称 $\boldsymbol{P}_Q$ 为从坐标系 Q 到坐标系 P 的坐标转换矩阵，则有

$$\boldsymbol{P}_Q=\boldsymbol{E}_P^{\mathrm{T}}\cdot\boldsymbol{E}_Q=\begin{bmatrix}\boldsymbol{x}_p^0\cdot\boldsymbol{x}_q^0 & \boldsymbol{x}_p^0\cdot\boldsymbol{y}_q^0 & \boldsymbol{x}_p^0\cdot\boldsymbol{z}_q^0\\ \boldsymbol{y}_p^0\cdot\boldsymbol{x}_q^0 & \boldsymbol{y}_p^0\cdot\boldsymbol{y}_q^0 & \boldsymbol{y}_p^0\cdot\boldsymbol{z}_q^0\\ \boldsymbol{z}_p^0\cdot\boldsymbol{x}_q^0 & \boldsymbol{z}_p^0\cdot\boldsymbol{y}_q^0 & \boldsymbol{z}_p^0\cdot\boldsymbol{z}_q^0\end{bmatrix} \tag{2-3}$$

显然，$\boldsymbol{P}_Q$ 矩阵中的 9 个元素由两个坐标系坐标轴之间夹角的余弦值组成，即

$$\begin{cases}\boldsymbol{x}_p^0\cdot\boldsymbol{x}_q^0=\cos<\boldsymbol{x}_p,\boldsymbol{x}_q>\\ \boldsymbol{x}_p^0\cdot\boldsymbol{y}_q^0=\cos<\boldsymbol{x}_p,\boldsymbol{y}_q>\\ \boldsymbol{x}_p^0\cdot\boldsymbol{z}_q^0=\cos<\boldsymbol{x}_p,\boldsymbol{z}_q>\\ \boldsymbol{y}_p^0\cdot\boldsymbol{x}_q^0=\cos<\boldsymbol{y}_p,\boldsymbol{x}_q>\\ \boldsymbol{y}_p^0\cdot\boldsymbol{y}_q^0=\cos<\boldsymbol{y}_p,\boldsymbol{y}_q>\\ \boldsymbol{y}_p^0\cdot\boldsymbol{z}_q^0=\cos<\boldsymbol{y}_p,\boldsymbol{z}_q>\\ \boldsymbol{z}_p^0\cdot\boldsymbol{x}_q^0=\cos<\boldsymbol{z}_p,\boldsymbol{x}_q>\\ \boldsymbol{z}_p^0\cdot\boldsymbol{y}_q^0=\cos<\boldsymbol{z}_p,\boldsymbol{y}_q>\\ \boldsymbol{z}_p^0\cdot\boldsymbol{z}_q^0=\cos<\boldsymbol{z}_p,\boldsymbol{z}_q>\end{cases} \tag{2-4}$$

故称该矩阵为方向余弦阵。

同理，可得从坐标系 P 到坐标系 Q 的坐标转换矩阵 $\boldsymbol{Q}_P$，即

$$\boldsymbol{E}_P\begin{bmatrix}e\\f\\g\end{bmatrix}=\boldsymbol{E}_Q\begin{bmatrix}a\\b\\c\end{bmatrix}\Rightarrow\boldsymbol{E}_Q^{\mathrm{T}}\cdot\boldsymbol{E}_P\begin{bmatrix}e\\f\\g\end{bmatrix}=\begin{bmatrix}a\\b\\c\end{bmatrix} \tag{2-5}$$

则

$$\boldsymbol{Q}_P=\boldsymbol{E}_Q^{\mathrm{T}}\cdot\boldsymbol{E}_P=\left(\boldsymbol{E}_P^{\mathrm{T}}\cdot\boldsymbol{E}_Q\right)^{\mathrm{T}}=\boldsymbol{P}_Q^{\mathrm{T}} \tag{2-6}$$

由式（2-5）可知

$$\boldsymbol{Q}_P=\boldsymbol{E}_Q^{-1}\cdot\boldsymbol{E}_P=\left(\boldsymbol{E}_P^{-1}\cdot\boldsymbol{E}_Q\right)^{-1}=\boldsymbol{P}_Q^{-1} \tag{2-7}$$

故有

$$\boldsymbol{Q}_P=\boldsymbol{P}_Q^{-1}=\boldsymbol{P}_Q^{\mathrm{T}} \tag{2-8}$$

可见，方向余弦阵是正交矩阵。由式（2-3）可知，方向余弦阵的每行（或列）自身点

乘等于 1，方向余弦阵的行与行（或列与列）之间互相点乘等于 0，故方向余弦阵的 9 个元素中只有 3 个是独立的。

若有 3 个直角坐标系 $O\text{-}x_s y_s z_s$, $O\text{-}x_q y_q z_q$, $O\text{-}x_p y_p z_p$ ，分别记为 S,Q,P ，某矢量在 3 个坐标系下的坐标分别为 $[x_s \quad y_s \quad z_s]^{\mathrm{T}}$, $[x_q \quad y_q \quad z_q]^{\mathrm{T}}$, $[x_p \quad y_p \quad z_p]^{\mathrm{T}}$ ，则根据式（2-2）可得

$$\begin{cases}\begin{bmatrix}x_q\\y_q\\z_q\end{bmatrix}=\boldsymbol{Q}_P\begin{bmatrix}x_p\\y_p\\z_p\end{bmatrix}\\\begin{bmatrix}x_s\\y_s\\z_s\end{bmatrix}=\boldsymbol{S}_Q\begin{bmatrix}x_q\\y_q\\z_q\end{bmatrix}\end{cases}\tag{2-9}$$

则

$$\begin{bmatrix}x_s\\y_s\\z_s\end{bmatrix}=\boldsymbol{S}_Q\cdot\boldsymbol{Q}_P\begin{bmatrix}x_p\\y_p\\z_p\end{bmatrix}=\boldsymbol{S}_P\begin{bmatrix}x_p\\y_p\\z_p\end{bmatrix}\tag{2-10}$$

即

$$\boldsymbol{S}_P=\boldsymbol{S}_Q\boldsymbol{Q}_P\tag{2-11}$$

可见，坐标系之间的方向余弦阵具有传递性。

设两个坐标系的坐标轴中有一组相对应的坐标轴平行，而另外两组坐标轴的夹角均为 θ ，此时两个坐标系之间的方向余弦阵记为 $\boldsymbol{M}_i[\theta]$ （ $i=1,2,3$ ），表示第 i 轴平行，其他相应两轴夹角为 θ ，即

$$\boldsymbol{M}_1[\theta]=\begin{bmatrix}1&0&0\\0&\cos\theta&\sin\theta\\0&-\sin\theta&\cos\theta\end{bmatrix}\tag{2-12}$$

$$\boldsymbol{M}_2[\theta]=\begin{bmatrix}\cos\theta&0&-\sin\theta\\0&1&0\\\sin\theta&0&\cos\theta\end{bmatrix}\tag{2-13}$$

$$\boldsymbol{M}_3[\theta]=\begin{bmatrix}\cos\theta&\sin\theta&0\\-\sin\theta&\cos\theta&0\\0&0&1\end{bmatrix}\tag{2-14}$$

$\boldsymbol{M}_i[\theta]$ 又称为初等转换矩阵，它其实表示了绕坐标轴的旋转变换。

根据欧拉有限转动定理，任意两个坐标系之间的方向余弦阵都可分解为若干个 $\boldsymbol{M}_i[\theta]$ ，最常用的是分解为 3 个。

2.1.2 方向余弦阵的欧拉角表示法

设两个右手直角坐标系原点重合，将其中一个坐标系相对原点旋转 3 次即可与另一个坐标系重合，则可利用 3 次转动的角度作为独立变量来描述这两个坐标系之间的转换关系，

这 3 个角度就称为这两个坐标系的欧拉角。显然，这两个坐标系之间方向余弦阵中的 9 个元素就是这 3 个欧拉角的三角函数。

设 P,Q 两个右手直角坐标系的原点重合，其欧拉角关系如图 2-1 所示。

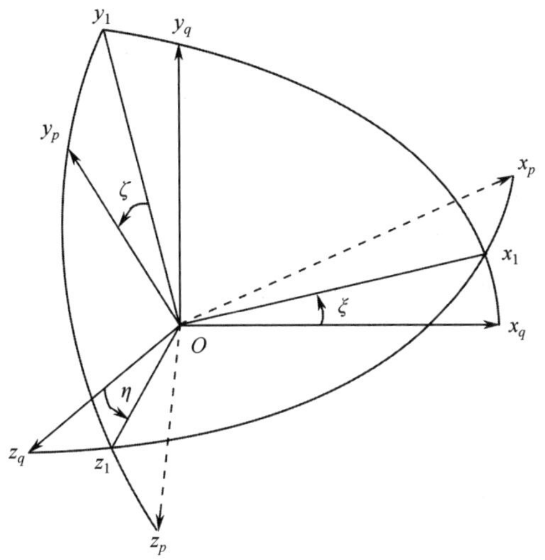

图 2-1　两个坐标系之间的欧拉角关系

可见，Q 坐标系首先绕 z_q 轴逆时针旋转 ξ 角，得到过渡坐标系 $O\text{-}x_1y_1z_q$，即为 S_1；再将过渡坐标系 S_1 绕 y_1 轴逆时针旋转 η 角，得到过渡坐标系 $O\text{-}x_py_1z_1$，即为 S_2；最后将过渡坐标系 S_2 绕 x_p 轴逆时针旋转 ζ 角，得到坐标系 $O\text{-}x_py_pz_p$，即为 P 坐标系。可以将上述旋转过程表示如下：

$$O\text{-}x_qy_qz_q \xrightarrow{\boldsymbol{M}_3[\xi]} O\text{-}x_1y_1z_q \xrightarrow{\boldsymbol{M}_2[\eta]} O\text{-}x_py_1z_1 \xrightarrow{\boldsymbol{M}_1[\zeta]} O\text{-}x_py_pz_p$$

其中，$\boldsymbol{M}_3[\xi]$ 表示绕 z_q 轴逆时针旋转 ξ 角（右手螺旋定则）；$\boldsymbol{M}_2[\eta]$ 表示绕 y_1 轴逆时针旋转 η 角（右手螺旋定则）；$\boldsymbol{M}_1[\zeta]$ 表示绕 x_p 轴逆时针旋转 ζ 角（右手螺旋定则）。根据初等转换矩阵有

$$\left\{\begin{aligned} \begin{bmatrix} x_1 \\ y_1 \\ z_q \end{bmatrix} &= \boldsymbol{M}_3[\xi]\begin{bmatrix} x_q \\ y_q \\ z_q \end{bmatrix} \\ \begin{bmatrix} x_p \\ y_1 \\ z_1 \end{bmatrix} &= \boldsymbol{M}_2[\eta]\begin{bmatrix} x_1 \\ y_1 \\ z_q \end{bmatrix} \\ \begin{bmatrix} x_p \\ y_p \\ z_p \end{bmatrix} &= \boldsymbol{M}_1[\zeta]\begin{bmatrix} x_p \\ y_1 \\ z_1 \end{bmatrix} \end{aligned}\right. \tag{2-15}$$

运用方向余弦阵的递推性，可得由坐标系 Q 到坐标系 P 的方向余弦阵为

$$\boldsymbol{P}_Q = \boldsymbol{M}_1[\zeta]\cdot\boldsymbol{M}_2[\eta]\cdot\boldsymbol{M}_3[\xi] \tag{2-16}$$

经矩阵乘法运算，可得

$$\boldsymbol{P}_Q = \begin{bmatrix} \cos\xi\cos\eta & \sin\xi\cos\eta & -\sin\eta \\ \cos\xi\sin\eta\sin\zeta - \sin\xi\cos\zeta & \sin\xi\sin\eta\sin\zeta + \cos\xi\cos\zeta & \cos\eta\sin\zeta \\ \cos\xi\sin\eta\cos\zeta + \sin\xi\sin\zeta & \sin\xi\sin\eta\cos\zeta - \cos\xi\sin\zeta & \cos\eta\cos\zeta \end{bmatrix} \tag{2-17}$$

上述公式中用到的 ξ,η,ζ 就是欧拉角。显然，由坐标系 Q 通过沿三轴旋转至坐标系 P 可以有 12 种旋转次序，且每种旋转次序中 3 个欧拉角的值是不相同的，但是，两个坐标系之间的方向余弦阵是唯一的。因此，虽然可以通过不同的旋转次序、不同的欧拉角表示出某两个坐标系之间的方向余弦阵，但方向余弦阵中每个元素的值都是唯一的。

【例 2-1】两个共原点的直角坐标系 $O\text{-}x_1y_1z_1$ 和 $O\text{-}x_2y_2z_2$ 如图 2-2 所示，试写出两个坐标系之间的方向余弦阵。

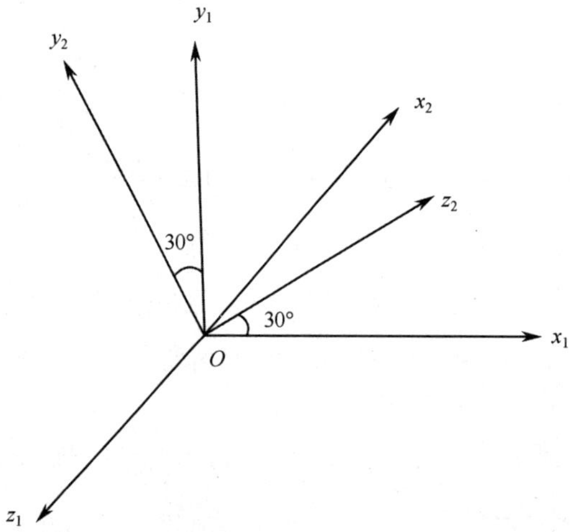

图 2-2　例 2-1 中两个坐标系之间的欧拉角关系

解：由图 2-2 可知，坐标系 $O\text{-}x_1y_1z_1$ 和 $O\text{-}x_2y_2z_2$ 之间的转换关系可以有以下两种方式：①先绕 y_1 轴转动 90°，再绕 x_1 轴反方向转动 30°；②先绕 z_1 轴转动 30°，再绕 y_1 轴转动 90°。它们的方向余弦阵分别为

$$\boldsymbol{G}_1 = \boldsymbol{M}_1[-30°]\cdot\boldsymbol{M}_2[90°] = \begin{bmatrix} 1 & 0 & 0 \\ 0 & \cos(-30°) & \sin(-30°) \\ 0 & -\sin(-30°) & \cos(-30°) \end{bmatrix}\cdot\begin{bmatrix} \cos(90°) & 0 & -\sin(90°) \\ 0 & 1 & 0 \\ \sin(90°) & 0 & \cos(90°) \end{bmatrix}$$

$$= \begin{bmatrix} 0 & 0 & -1 \\ -0.5 & 0.866 & 0 \\ 0.866 & 0.5 & 0 \end{bmatrix}$$

$$
\boldsymbol{G}_2=\boldsymbol{M}_2[90^\circ]\cdot\boldsymbol{M}_3[30^\circ]=\begin{bmatrix}\cos(90^\circ) & 0 & -\sin(90^\circ)\\ 0 & 1 & 0\\ \sin(90^\circ) & 0 & \cos(90^\circ)\end{bmatrix}\cdot\begin{bmatrix}\cos(30^\circ) & \sin(30^\circ) & 0\\ -\sin(30^\circ) & \cos(30^\circ) & 0\\ 0 & 0 & 1\end{bmatrix}
$$

$$
=\begin{bmatrix}0 & 0 & -1\\ -0.5 & 0.866 & 0\\ 0.866 & 0.5 & 0\end{bmatrix}
$$

可见，虽然坐标系 $O\text{-}x_1y_1z_1$ 和 $O\text{-}x_2y_2z_2$ 之间的转换顺序不同，但是求得的方向余弦阵是相同的。

2.2　常用的空间直角坐标系

在飞行力学中，为方便描述影响飞行器运动的物理量及建立飞行器运动方程，可以建立多种坐标系。本节将介绍一些常用的空间直角坐标系及它们之间的转换关系。

2.2.1　地心惯性坐标系

地心惯性坐标系 $O_E\text{-}X_IY_IZ_I$ 如图 2-3 所示。

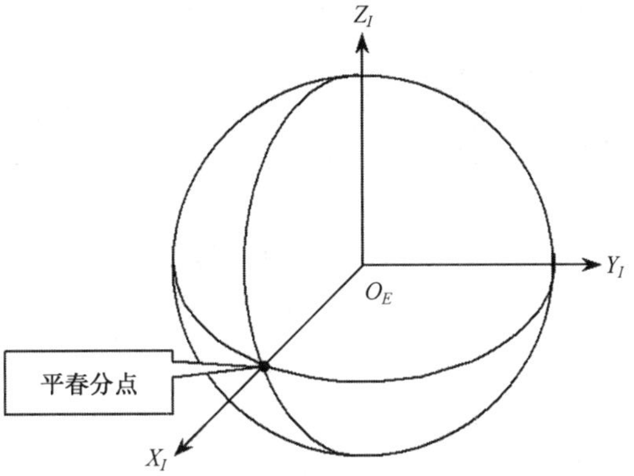

图 2-3　地心惯性坐标系 $O_E\text{-}X_IY_IZ_I$

该坐标系原点位于地心 O_E，各坐标轴的定义如下。

（1）O_EX_I 轴：位于赤道平面内，由地心指向平春分点。由于春分点是随着时间的变化而变化的，所以此处的平春分点规定为 2000 年 1 月 1.5 日的平春分点。

（2）O_EZ_I 轴：垂直于赤道平面，与地球自转轴重合，指向北极。

（3）O_EY_I 轴：位于赤道平面内，其方向满足右手螺旋定则。

由坐标系的定义可知，该坐标系的各坐标轴在惯性空间保持方向不变，是一个惯性坐标系，通常用字符 I 表示。该坐标系可用于描述射程较长的导弹（如洲际弹道导弹）、运载火箭、地球卫星、飞船等的轨迹（轨道）。

2.2.2　地心坐标系

地心坐标系 $O_E\text{-}X_EY_EZ_E$ 如图 2-4 所示。

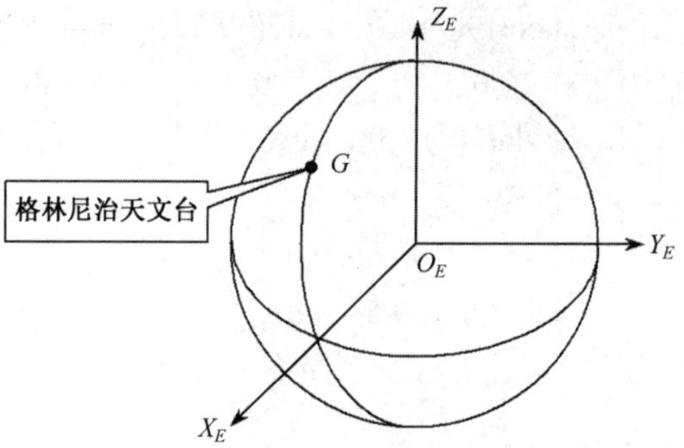

图 2-4　地心坐标系 O_E - $X_EY_EZ_E$

该坐标系原点位于地心 O_E，各坐标轴的定义如下。

（1）O_EX_E 轴：位于赤道平面内，由地心指向某时刻 t_0 的起始子午线（通常取格林尼治天文台 G 所在的子午线），显然该坐标系是随着地球的自转而转动的。

（2）O_EZ_E 轴：垂直于赤道平面，与地球自转轴重合，指向北极。

（3）O_EY_E 轴：位于赤道平面内，其方向满足右手螺旋定则。

由坐标系的定义可知，该坐标系的 O_EX_E 轴和 O_EY_E 轴随着地球的自转而转动，是一个动坐标系，通常用字符 E 表示。该坐标系可用于描述导弹、运载火箭及卫星相对于地球表面的运动特性。

空间任意一点的位置在地心坐标系中的表示方法有以下两种：

（1）极坐标表示法：用该点到地心的距离 r、地心纬度 ϕ（或地理纬度 B）、地心经度 λ 来表示，即 (r,ϕ,λ) 或 (r,B,λ)。

（2）直角坐标表示法：用该点在坐标系中的投影表示，即 (x_E,y_E,z_E)。

2.2.3　发射坐标系

发射坐标系 O - xyz 如图 2-5 和图 2-6 所示。

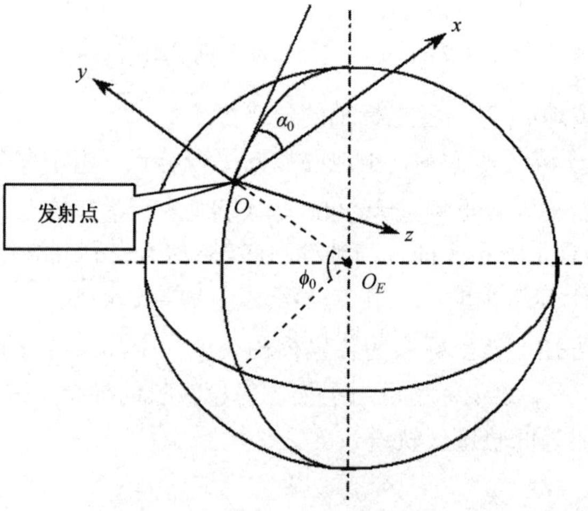

图 2-5　发射坐标系 O - xyz（地球为圆球）

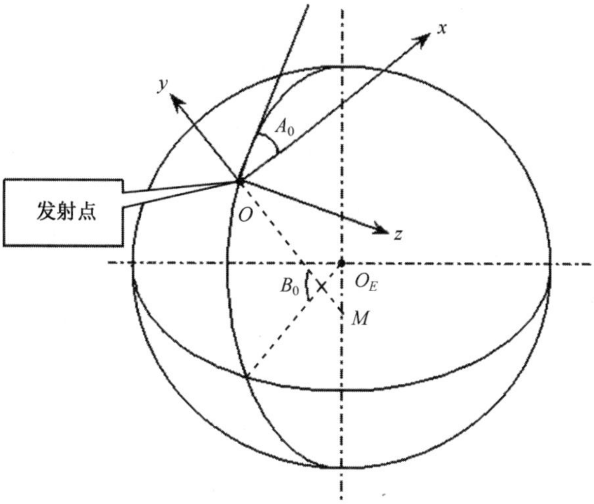

图 2-6 发射坐标系（地球为椭球）

该坐标系原点与发射点O固连，各坐标轴的定义如下。

（1）Ox 轴：位于发射点水平面内，指向发射瞄准方向，Ox 轴与发射点O正北方向的夹角称为发射方位角，记为$\alpha_0(A_0)$。

（2）Oy 轴：垂直于发射点处的水平面，指向上方，通常 xOy 平面称为射击平面，简称射面。

（3）Oz 轴：位于发射点处的水平面内，其方向满足右手螺旋定则。

可见，对地球的形状进行不同形式的建模，该坐标系的定义是不同的。当把地球分别看成圆球或椭球时，该坐标系的具体定义如表 2-1 所示。由图 2-6 可知，椭球表面某点的主法线并不通过球心（除了两极和赤道上的点），而是与地轴交于 M 点。

表 2-1 不同地球模型下的发射坐标系定义

当地球为圆球时	当地球为椭球时
Oy 轴与过 O 点的地球半径 R 重合	Oy 轴与过 O 点的主法线重合
Oy 轴延长线与赤道平面的夹角称为地心纬度 ϕ_0	Oy 轴延长线与赤道平面的夹角称为地理纬度 B_0
在发射点水平面内，Ox 轴与子午线切线正北方向的夹角称为地心方位角 α_0，且对着 y 轴看去，顺时针方向为正	在发射点水平面内，Ox 轴与子午线切线正北方向的夹角称为射击方位角 A_0，且对着 y 轴看去，顺时针方向为正

由坐标系的定义可知，该坐标系的 3 个坐标轴均随着地球的自转而转动，是一个动坐标系，通常用字符 G 表示。该坐标系可用于研究导弹相对于地面发射点的运动规律，建立火箭相对运动方程。

2.2.4 发射惯性坐标系

发射惯性坐标系 O_A - $x_A y_A z_A$ 如图 2-7 所示。该坐标系原点 O_A 在火箭起飞瞬间与发射点 O 重合，各坐标轴与发射坐标系各轴也相应地重合。但是，当火箭起飞以后，该坐标系的坐标原点 O_A 和坐标轴方向在惯性空间保持不变。显然，这是一个惯性坐标系，通常用字符 A 表示。该坐标系常用于建立火箭相对于惯性空间的运动方程。

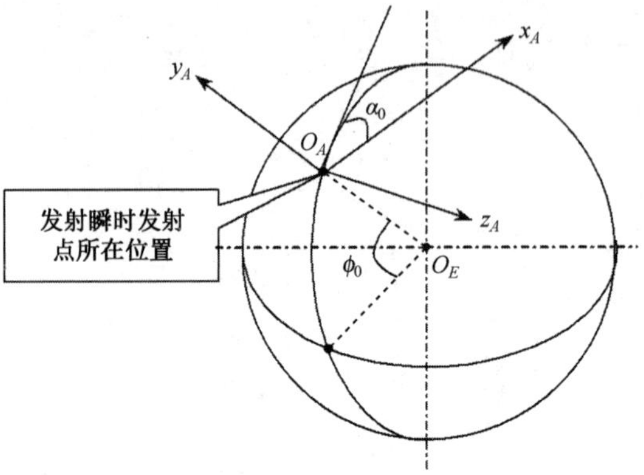

图 2-7　发射惯性坐标系 O_A - $x_A y_A z_A$

2.2.5　平移坐标系

平移坐标系 O_T - $x_T y_T z_T$ 原点 O_T 与发射坐标系原点 O 或火箭质心 O_1 重合，且固连在一起，而 3 个坐标轴与发射惯性坐标系的各轴始终保持平行。平移坐标系通常用字符 T 表示。该坐标系可以用于对惯性器材（如箭载惯性平台）进行对准和调平。

2.2.6　箭体坐标系

箭体坐标系 O_1 - $x_1 y_1 z_1$ 如图 2-8 所示。

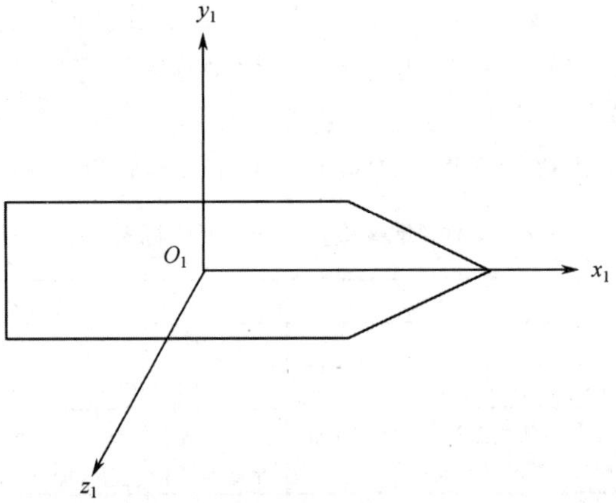

图 2-8　箭体坐标系 O_1 - $x_1 y_1 z_1$

该坐标系原点 O_1 位于火箭的质心，各坐标轴的定义如下。

（1）O_1x_1 轴：与箭体的纵对称轴一致，指向箭体的头部。

（2）O_1y_1 轴：垂直于 O_1x_1 轴，且位于箭体主对称面内，即火箭发射瞬时与射击平面重合的平面内，指向上方。

（3）O_1z_1 轴：满足右手螺旋定则。

显然，该坐标系是一个动坐标系，通常用字符 B 表示。由于该坐标系固连在箭体上，所以，利用其与其他坐标系之间的关系可以反映出箭体在空中的姿态。

2.2.7　速度坐标系

速度坐标系 $O_1\text{-}x_vy_vz_v$ 如图 2-9 所示。

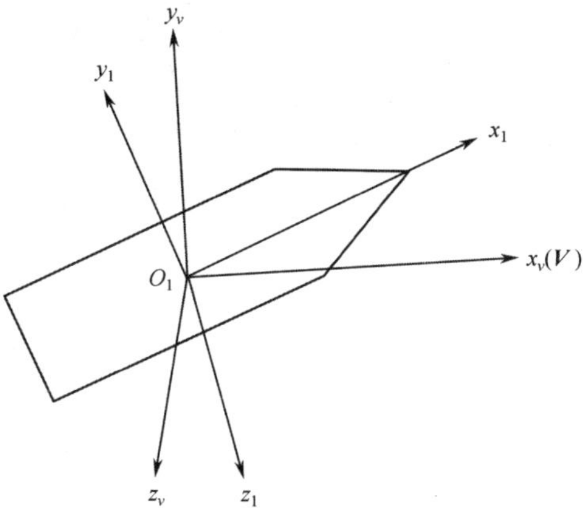

图 2-9　速度坐标系 $O_1\text{-}x_vy_vz_v$

该坐标系原点 O_1 位于火箭的质心上，各坐标轴的定义如下。

（1）O_1x_v 轴：与飞行器的飞行速度方向一致。

（2）O_1y_v 轴：在火箭的主对称面内，垂直于 O_1x_v 轴，通过右手螺旋定则来确定方向。

（3）O_1z_v 轴：垂直于 $x_vO_1y_v$ 平面，顺着飞行方向看去 O_1z_v 轴指向右方。

由于该坐标系的 O_1x_v 轴是由速度矢量 $\boldsymbol{V}$ 决定的，而 $\boldsymbol{V}$ 是随着时间不断变化的，所以速度坐标系是一个动坐标系，通常用字符 V 表示。利用该坐标系与其他坐标系（如箭体坐标系、发射坐标系等）之间的关系可以反映火箭的飞行速度矢量状态。

2.2.8　两类轨道坐标系

1．第一类轨道坐标系

第一类轨道坐标系 $O_E\text{-}\xi\eta\zeta$ 如图 2-10 所示。

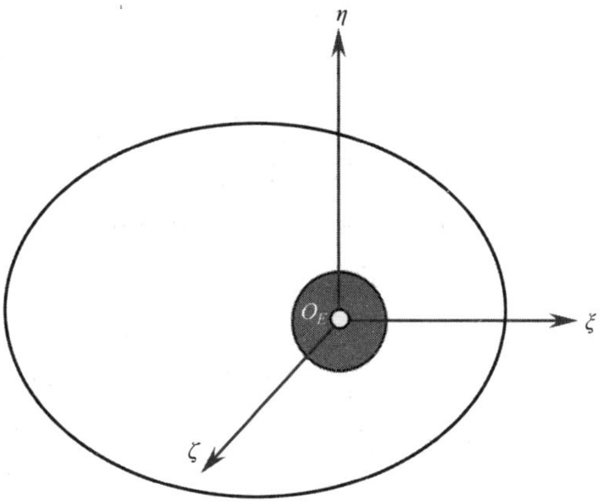

图 2-10　第一类轨道坐标系

该坐标系原点O_E位于引力中心上，对于人造地球卫星轨道而言，坐标原点位于地心，各坐标轴的定义如下。

（1）$O_E\xi$ 轴：由原点指向近地点方向。

（2）$O_E\eta$ 轴：在轨道平面内，垂直于$O_E\xi$ 轴，通过右手螺旋定则来确定其方向。

（3）$O_E\zeta$ 轴：垂直于轨道平面，与轨道平面法线方向一致。

如果不考虑摄动对轨道的影响，该坐标系在惯性空间是固定不变的，它是一个惯性坐标系，通常用字符O表示。利用该坐标系可以反映卫星轨道在空间的位置和方向。

2．第二类轨道坐标系

第二类轨道坐标系O - rth 如图 2-11 所示。

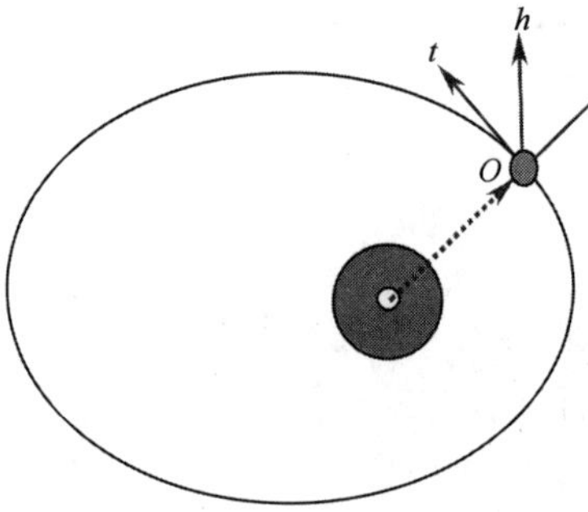

图 2-11　第二类轨道坐标系

该坐标系原点O位于航天器质心上，各坐标轴的定义如下。

（1）Or 轴：由地心指向航天器质心方向。

（2）Ot 轴：在轨道平面内，垂直于Or 轴，通过满足右手螺旋定则来确定方向。

（3）Oh 轴：垂直于轨道平面，与轨道平面法线方向一致。

由于该坐标系是固连在航天器上的，所以会随航天器一起运动，是一个动坐标系，通常用字符O表示。利用该坐标系可以反映卫星在轨道上的运动状态。

2.2.9　测站坐标系

测站坐标系S - $X_SY_SZ_S$ 如图 2-12 所示。

该坐标系原点S位于地球观测站上，各坐标轴的定义如下。

（1）SX_S 轴：位于过观测站的地平面内，指向正北。

（2）SY_S 轴：与过观测站的铅垂线方向一致，指向天顶。

（3）SZ_S 轴：位于过观测站的地平面内，指向正东。

由于该坐标系是固连在地球上的，所以会随地球一起自转，是一个动坐标系，通常用字符S表示。利用该坐标系可以计算出卫星相对于观测站的位置。

根据实际需要，测站坐标系的 3 个坐标轴方向可以分别从天地、南北、东西 3 组中各选一个，然后按照右手螺旋定则即可组成测站坐标系。例如，天东北测站坐标系，只要满足右手螺旋定则即可，如北天东测站坐标系。

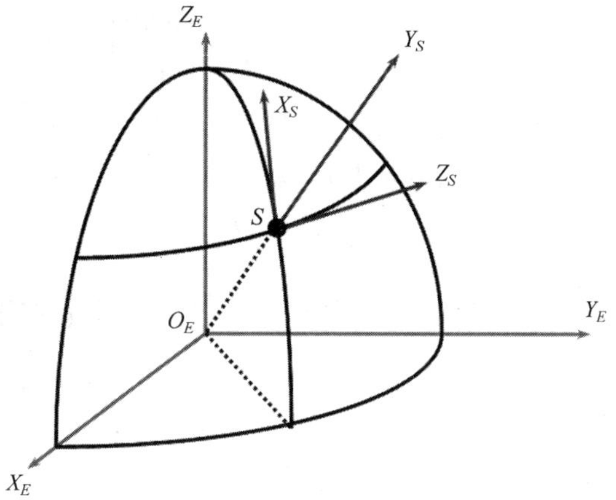

图 2-12　测站坐标系 S - $X_SY_SZ_S$

2.3　常用空间直角坐标系之间的转换

2.3.1　从地心惯性坐标系到地心坐标系的方向余弦阵

地心惯性坐标系与地心坐标系的关系图如图 2-13 所示。

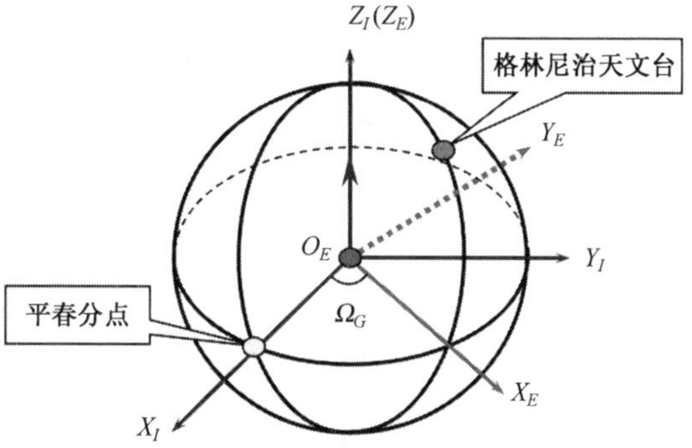

图 2-13　地心惯性坐标系与地心坐标系的关系图

如图 2-13 所示，这两个坐标系的坐标原点和 O_EZ_I 轴，O_EZ_E 轴均重合，而差别在于 O_EX_I 轴指向平春分点，而 O_EX_E 轴指向所讨论时刻格林尼治天文台所在子午线与赤道的交点。这两个坐标轴的夹角可以通过天文年历查算得到，记为 Ω_G。由于 O_EX_I 轴是固定的，而 O_EX_E 轴是随着地球转动的，所以 Ω_G 随所讨论时刻的不同而不同。因此，不难解出这两个坐标系之间转换矩阵的关系为

$$\begin{bmatrix} X_E \\ Y_E \\ Z_E \end{bmatrix} = \boldsymbol{E}_I \begin{bmatrix} X_I \\ Y_I \\ Z_I \end{bmatrix} \tag{2-18}$$

其中，两个坐标系之间的方向余弦阵为

$$\boldsymbol{E}_I = \boldsymbol{M}_3[\Omega_G] = \begin{bmatrix} \cos\Omega_G & \sin\Omega_G & 0 \\ -\sin\Omega_G & \cos\Omega_G & 0 \\ 0 & 0 & 1 \end{bmatrix} \tag{2-19}$$

显然，从地心坐标系 $\boldsymbol{E}$ 转换到地心惯性坐标系 $\boldsymbol{I}$ 的方向余弦阵为

$$\boldsymbol{I}_E = \boldsymbol{E}_I^{-1} = \boldsymbol{E}_I^{\mathrm{T}} \tag{2-20}$$

2.3.2 从地心坐标系到发射坐标系的方向余弦阵

在弹道学中，地面上的发射点、目标点，以及飞行时导弹质心的空间位置、箭下点、落点预示等信息常常是用地心坐标系来确定的（如经度、纬度），而描述导弹质心运动的微分方程组通常又是建立在发射坐标系中的。因此，需要讨论这两个坐标系之间的转换关系。

地心坐标系与发射坐标系的关系图如图 2-14 所示。

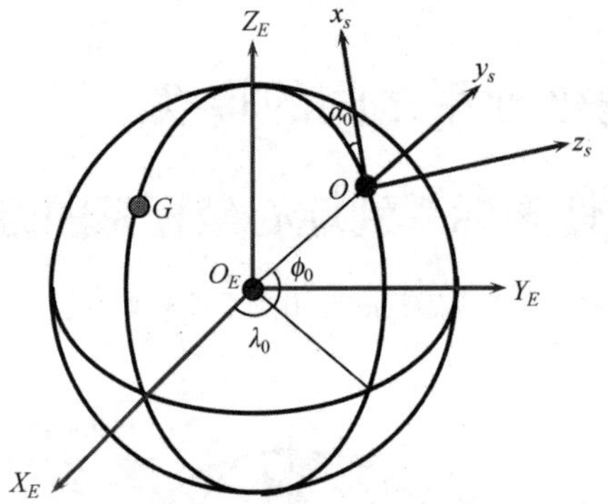

图 2-14　地心坐标系与发射坐标系的关系图（见彩插）

设地球为一圆球，发射点在地球表面的位置可用经度 λ_0、地心纬度 ϕ_0 来表示，发射方向的地心方位角为 α_0，转换步骤如下。

（1）将与地心坐标系重合的辅助坐标系平移至发射点，记为 $O\text{-}x_s y_s z_s$ 坐标系。

（2）第一次旋转：将坐标系 $O\text{-}x_s y_s z_s$ 绕 Oz_s 轴的反方向旋转 $90^\circ - \lambda_0$，即

$$O\text{-}x_s y_s z_s \xrightarrow{\boldsymbol{M}_3[-(90^\circ-\lambda_0)]} O\text{-}x_s' y_s' z_s'$$

（3）第二次旋转：将坐标系 $O\text{-}x_s' y_s' z_s'$ 绕 Ox_s' 轴旋转 ϕ_0，即

$$O\text{-}x_s' y_s' z_s' \xrightarrow{\boldsymbol{M}_1[\phi_0]} O\text{-}x_s'' y_s'' z_s''$$

（4）第三次旋转：将坐标系 $O\text{-}x_s'' y_s'' z_s''$ 绕 Oy_s'' 轴的反方向旋转 $(90^\circ + \alpha_0)$，即

$$O\text{-}x_s'' y_s'' z_s'' \xrightarrow{\boldsymbol{M}_2[-(90^\circ+\alpha_0)]} O\text{-}xyz$$

此时，两个坐标系对应坐标轴平行。综上所述，可得地心坐标系与发射坐标系之间的方向余弦阵为

$$\boldsymbol{G}_E = \boldsymbol{E}_G^{\mathrm{T}} = \boldsymbol{M}_2[-(90^\circ + \alpha_0)] \cdot \boldsymbol{M}_1[\phi_0] \cdot \boldsymbol{M}_3[-(90^\circ - \lambda_0)]$$

$$= \begin{bmatrix} -\sin\alpha_0 \sin\lambda_0 - \cos\alpha_0 \sin\phi_0 \cos\lambda_0 & \sin\alpha_0 \cos\lambda_0 - \cos\alpha_0 \sin\phi_0 \sin\lambda_0 & \cos\alpha_0 \cos\phi_0 \\ \cos\phi_0 \cos\lambda_0 & \cos\phi_0 \sin\lambda_0 & \sin\phi_0 \\ -\cos\alpha_0 \sin\lambda_0 + \sin\alpha_0 \sin\phi_0 \cos\lambda_0 & \cos\alpha_0 \cos\lambda_0 + \sin\alpha_0 \sin\phi_0 \sin\lambda_0 & -\sin\alpha_0 \cos\phi_0 \end{bmatrix} \tag{2-21}$$

由于地心坐标系与发射坐标系的坐标原点不重合，所以将地心坐标系中的坐标转换成发射坐标系中的坐标还需要加入坐标原点的平移量，即

$$\begin{bmatrix} x \\ y \\ z \end{bmatrix} = \boldsymbol{G}_E \begin{bmatrix} x_E \\ y_E \\ z_E \end{bmatrix} + \boldsymbol{R}_0 \tag{2-22}$$

其中，$\boldsymbol{R}_0 = \begin{bmatrix} R_{0x} & R_{0y} & R_{0z} \end{bmatrix}^{\mathrm{T}}$ 为地心在发射坐标系中的坐标。

如果将地球假设为椭球，则只需将方向余弦阵 $\boldsymbol{G}_E$ 中的发射点地心纬度 ϕ_0 和地心方位角 α_0 改为发射点地理纬度 B_0 和发射方位角 A_0 即可。

2.3.3　从发射坐标系到箭体坐标系的方向余弦阵

微课：俯仰角、偏航角和滚动角

发射坐标系所能确定的仅仅是导弹质心在任意时刻相对于地球的位置，却无法确定飞行导弹相对于地球的运动姿态。因此，只有将这两个坐标系联合使用，才可以同时确定导弹的运动姿态和位置。

发射坐标系与箭体坐标系的关系图如图 2-15 所示。

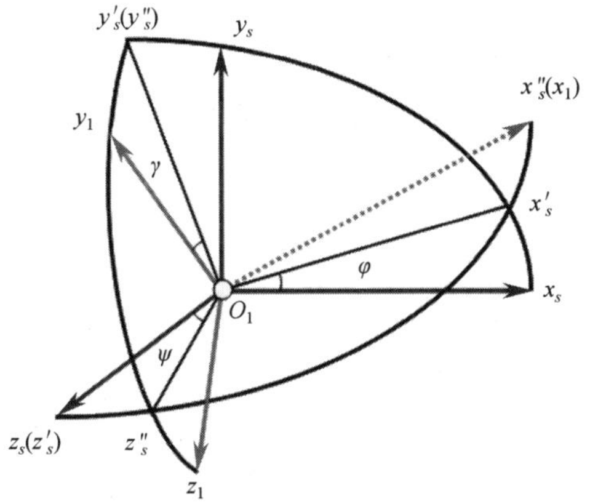

图 2-15　发射坐标系与箭体坐标系的关系图（见彩插）

这两个坐标系之间的关系是用箭体相对于发射坐标系的 3 个姿态角来表示的，如按照 3—2—1 的顺序，转换步骤如下。

（1）将与发射坐标系重合的辅助坐标系平移至箭体质心，记为 $O_1\text{-}x_s y_s z_s$ 坐标系。

（2）第一次旋转：将坐标系 $O_1\text{-}x_s y_s z_s$ 绕 $O_1 z_s$ 轴旋转 φ，即

$$O_1\text{-}x_s y_s z_s \xrightarrow{\boldsymbol{M}_3[\varphi]} O_1\text{-}x_s' y_s' z_s'$$

（3）第二次旋转：将坐标系 $O_1\text{-}x_s' y_s' z_s'$ 绕 $O_1 y_s'$ 轴旋转 ψ，即

$$O_1\text{-}x_s' y_s' z_s' \xrightarrow{\boldsymbol{M}_2[\psi]} O_1\text{-}x_s'' y_s'' z_s''$$

（4）第三次旋转：将坐标系 $O_1\text{-}x_s'' y_s'' z_s''$ 绕 $O_1 x_s''$ 轴旋转 γ，即

$$O_1\text{-}x_s'' y_s'' z_s'' \xrightarrow{\boldsymbol{M}_1[\gamma]} O\text{-}x_1 y_1 z_1$$

此时，两个坐标系对应坐标轴平行。综上所述，可得发射坐标系与箭体坐标系之间的方向余弦阵为

$$\boldsymbol{B}_G = \boldsymbol{G}_B^{\mathrm{T}} = \boldsymbol{M}_1[\gamma]\cdot\boldsymbol{M}_2[\psi]\cdot\boldsymbol{M}_3[\varphi]$$
$$= \begin{bmatrix} \cos\varphi\cos\psi & \sin\varphi\cos\psi & -\sin\psi \\ \cos\varphi\sin\psi\sin\gamma-\sin\varphi\cos\gamma & \sin\varphi\sin\psi\sin\gamma+\cos\varphi\cos\gamma & \cos\psi\sin\gamma \\ \cos\varphi\sin\psi\cos\gamma+\sin\varphi\sin\gamma & \sin\varphi\sin\psi\cos\gamma-\cos\varphi\sin\gamma & \cos\psi\cos\gamma \end{bmatrix} \tag{2-23}$$

由于箭体坐标系与发射坐标系的坐标原点不重合，且箭体坐标系的原点在质心上，该原点是随着导弹的运动而不断变化的，所以将发射坐标系中的坐标转换成箭体坐标系中的坐标还需要加入坐标原点的平移量（每一时刻都不同），即

$$\begin{bmatrix} x_1 \\ y_1 \\ z_1 \end{bmatrix} = \boldsymbol{B}_G \begin{bmatrix} x \\ y \\ z \end{bmatrix} + \begin{bmatrix} x_0 \\ y_0 \\ z_0 \end{bmatrix} \tag{2-24}$$

式中，$\begin{bmatrix} x_0 & y_0 & z_0 \end{bmatrix}^{\mathrm{T}}$ 为发射点 O 在箭体坐标系中的坐标。

上述转换用到的 3 个欧拉角 φ,ψ,γ 称为姿态角，它们的定义及几何意义如下。

（1）φ 称为俯仰角，为火箭纵轴 O_1x_1 在射击平面 xOy 上的投影量与 Ox 轴的夹角，且投影量在 Ox 轴的上方为正。φ 描述了弹体对地下俯（弹体低头，$\varphi<0$）或上仰（弹体抬头，$\varphi>0$）的程度。

（2）ψ 称为偏航角，为轴 O_1x_1 与射击平面 xOy 的夹角，且顺着 Ox 轴正方向看，O_1x_1 在射击平面的左方为正。ψ 描述了弹体偏离射击平面的程度。

（3）γ 称为滚动角，为火箭绕 O_1x_1 轴旋转的角度，且当 γ 与 O_1x_1 方向一致时为正。γ 描述了弹体绕其 O_1x_1 轴旋转的程度。

2.3.4 从发射坐标系到速度坐标系的方向余弦阵

发射坐标系与速度坐标系的关系图如图 2-16 所示。

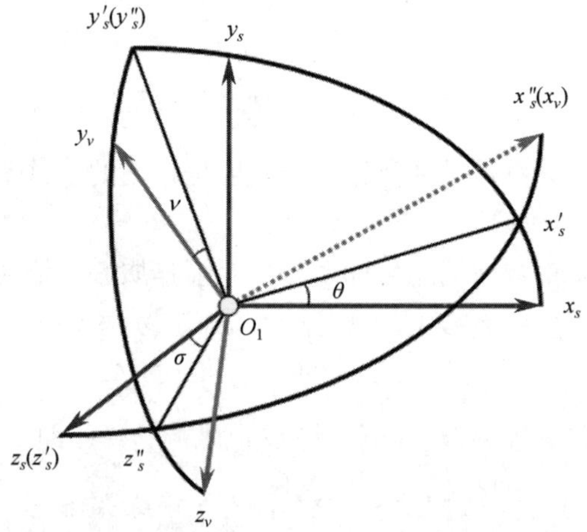

图 2-16　发射坐标系与速度坐标系的关系图（见彩插）

如图 2-16 所示，这两个坐标系之间的关系是用速度相对于发射坐标系的 3 个姿态角来表示的，如按照 3—2—1 的顺序，转换步骤如下。

（1）将与发射坐标系重合的辅助坐标系平移至箭体质心，记为 $O_1 - x_s y_s z_s$ 坐标系。

（2）第一次旋转：将坐标系 $O_1 - x_s y_s z_s$ 绕 $O_1 z_s$ 轴旋转 θ，即

$$O_1 - x_s y_s z_s \xrightarrow{\boldsymbol{M}_3[\theta]} O_1 - x_s' y_s' z_s'$$

（3）第二次旋转：将坐标系 $O_1 - x_s' y_s' z_s'$ 绕 $O_1 y_s'$ 轴旋转 σ，即

$$O_1 - x_s' y_s' z_s' \xrightarrow{\boldsymbol{M}_2[\sigma]} O_1 - x_s'' y_s'' z_s''$$

（4）第三次旋转：将坐标系 $O_1 - x_s'' y_s'' z_s''$ 绕 $O_1 x_s''$ 轴旋转 ν，即

$$O_1 - x_s'' y_s'' z_s'' \xrightarrow{\boldsymbol{M}_1[\nu]} O - x_v y_v z_v$$

此时，两个坐标系对应坐标轴平行。综上所述，可得发射坐标系与速度坐标系之间的方向余弦阵为

$$\begin{aligned}\boldsymbol{V}_G &= \boldsymbol{G}_V^{\mathrm{T}} = \boldsymbol{M}_1[\nu]\cdot \boldsymbol{M}_2[\sigma]\cdot \boldsymbol{M}_3[\theta] \\ &= \begin{bmatrix} \cos\theta\cos\sigma & \sin\theta\cos\sigma & -\sin\sigma \\ \cos\theta\sin\sigma\sin\nu - \sin\theta\cos\nu & \sin\theta\sin\sigma\sin\nu + \cos\theta\cos\nu & \cos\sigma\sin\nu \\ \cos\theta\sin\sigma\cos\nu + \sin\theta\sin\nu & \sin\theta\sin\sigma\cos\nu - \cos\theta\sin\nu & \cos\sigma\cos\nu \end{bmatrix}\end{aligned} \tag{2-25}$$

由于速度坐标系与发射坐标系的坐标原点不重合，且速度坐标系的原点在质心上，该原点是随着导弹的运动而不断变化的，所以将发射坐标系中的坐标转换成速度坐标系中的坐标还需要加入坐标原点的平移量（每一时刻都不同），即

$$\begin{bmatrix} x_v \\ y_v \\ z_v \end{bmatrix} = \boldsymbol{V}_G \begin{bmatrix} x \\ y \\ z \end{bmatrix} + \begin{bmatrix} x_0 \\ y_0 \\ z_0 \end{bmatrix} \tag{2-26}$$

式中，$\begin{bmatrix} x_0 & y_0 & z_0 \end{bmatrix}^{\mathrm{T}}$ 为发射点 O 在速度坐标系中的坐标。

上述转换用到的 3 个欧拉角 θ,σ,ν 的定义及几何意义如下。

（1）θ 称为弹道倾角或速度倾角，为速度矢量 $\boldsymbol{V}$ 在射面 xOy 内的投影与 Ox 轴之间的夹角，且投影在 Ox 轴上方为正。θ 是衡量导弹速度矢量 $\boldsymbol{V}$ 相对发射点水平面倾斜程度的一个标志。

（2）σ 称为航迹偏航角或弹道偏角，为速度矢量 $\boldsymbol{V}$ 与射面 xOy 之间的夹角，且顺着 Ox 轴方向看，速度矢量 $\boldsymbol{V}$ 在射面的左边为正。σ 是衡量导弹速度矢量 $\boldsymbol{V}$ 偏离射面程度的尺度。

（3）ν 称为侧倾角或倾斜角，为 $O_1 z_v$ 轴与平面 $x_v O_1 z$ 之间的夹角，且 $O_1 z_v$ 轴在 $x_v O_1 z$ 平面的下方为正。ν 是衡量处于导弹主对称面内的 $O_1 y_v$ 轴相对射面倾斜程度的一个量。

2.3.5　从速度坐标系到箭体坐标系的方向余弦阵

微课：攻角与总攻角

速度坐标系与箭体坐标系的关系图如图 2-17 所示。

如图 2-17 所示，这两个坐标系之间的关系是用速度相对于箭体坐标系的两个姿态角来表示的，具体转换步骤如下。

（1）第一次旋转：将坐标系 $O_1 - x_v y_v z_v$ 绕 $O_1 y_v$ 轴旋转 β，即

$$O_1 - x_v y_v z_v \xrightarrow{\boldsymbol{M}_2[\beta]} O_1 - x_s' y_s' z_s'$$

（2）第二次旋转：将坐标系 $O_1 - x_s' y_s' z_s'$ 绕 $O_1 z_s'$ 轴旋转 α，即

$$O_1\text{-}x_s'y_s'z_s' \xrightarrow{M_3[\alpha]} O_1\text{-}x_1y_1z_1$$

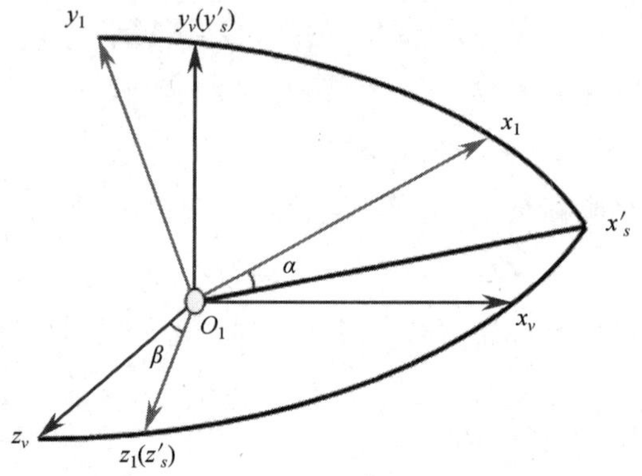

图 2-17　速度坐标系与箭体坐标系的关系图（见彩插）

此时，两个坐标系对应坐标轴平行。综上所述，可得速度坐标系与箭体坐标系之间的方向余弦阵为

$$\begin{aligned}\boldsymbol{B}_V &= \boldsymbol{V}_B^{\mathrm{T}} = \boldsymbol{M}_3[\alpha]\cdot\boldsymbol{M}_2[\beta]\\ &=\begin{bmatrix}\cos\beta\cos\alpha & \sin\alpha & -\sin\beta\cos\alpha\\ -\cos\beta\sin\alpha & \cos\alpha & \sin\beta\sin\alpha\\ \sin\beta & 0 & \cos\beta\end{bmatrix}\end{aligned} \tag{2-27}$$

由于箭体坐标系与速度坐标系的坐标原点重合，都在箭体质心上，所以将速度坐标系中的坐标转换成箭体坐标系中的坐标为

$$\begin{bmatrix}x_1\\ y_1\\ z_1\end{bmatrix} = \boldsymbol{B}_V\begin{bmatrix}x_v\\ y_v\\ z_v\end{bmatrix} \tag{2-28}$$

上述转换用到的 2 个欧拉角 α,β 的定义及几何意义如下。

（1）α 称为攻角，为导弹速度矢量 $\boldsymbol{V}$ 在导弹主对称面 $x_1O_1y_1$ 内的投影与弹体轴 O_1x_1 之间的夹角，且投影在 O_1x_1 轴下方为正。α 是衡量导弹速度矢量 $\boldsymbol{V}$ 相对弹体轴上下倾斜程度的一个标志。

（2）β 称为侧滑角，为导弹速度矢量 $\boldsymbol{V}$ 与弹体主对称面 $x_1O_1y_1$ 之间的夹角，且顺着 O_1x_1 轴正向看，速度矢量 $\boldsymbol{V}$ 在主对称面右边为正。β 是衡量速度矢量 $\boldsymbol{V}$ 相对主对称平面左右偏离程度的一个尺度。

2.3.6　从发射惯性坐标系到发射坐标系的方向余弦阵

假设地球为一圆球，其自转角速度为 ω_e，且从发射瞬间到所讨论时间的时间间隔为 t，则发射坐标系相对于发射惯性坐标系而言绕地球转动了 $\omega_e t$，如图 2-18 所示。

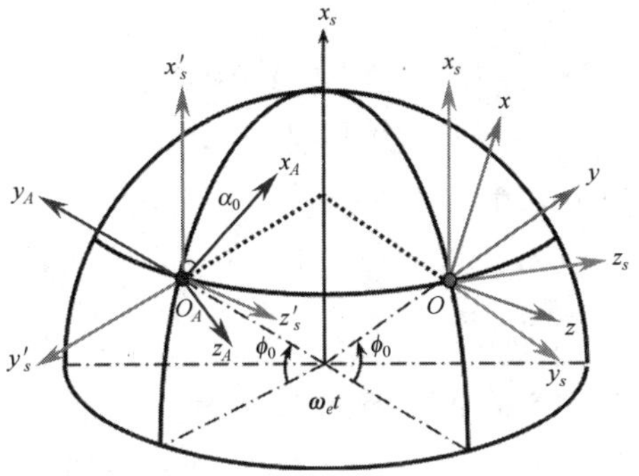

图 2-18　发射惯性坐标系与发射坐标系的关系图（见彩插）

这里需要引入两个过渡坐标系 C,D，即 $O\text{-}x_s y_s z_s$ 和 $O_A\text{-}x'_s y'_s z'_s$，具体转换步骤如下。

第一步：将发射系 $O\text{-}xyz$ 转至 $O\text{-}x_s y_s z_s$。

（1）第一次旋转：将坐标系 $O\text{-}xyz$ 绕 Oy 轴旋转 α_0，即

$$O\text{-}xyz \xrightarrow{M_2[\alpha_0]} O\text{-}x'y'z'$$

（2）第二次旋转：将坐标系 $O\text{-}x'y'z'$ 绕 Oz' 轴旋转 ϕ_0，即

$$O\text{-}x'y'z' \xrightarrow{M_3[\phi_0]} O\text{-}x_s y_s z_s$$

第二步：将发射惯性系 $O_A\text{-}x_A y_A z_A$ 转至 $O_A\text{-}x'_s y'_s z'_s$。

（1）第一次旋转：将坐标系 $O_A\text{-}x_A y_A z_A$ 绕 $O_A y_A$ 轴旋转 α_0，即

$$O_A\text{-}x_A y_A z_A \xrightarrow{M_2[\alpha_0]} O_A\text{-}x'_A y'_A z'_A$$

（2）第二次旋转：将坐标系 $O_A\text{-}x'_A y'_A z'_A$ 绕 $O_A z'_A$ 轴旋转 ϕ_0，即

$$O_A\text{-}x'_A y'_A z'_A \xrightarrow{M_3[\phi_0]} O_A\text{-}x'_s y'_s z'_s$$

将上述转换过程写成转换矩阵的形式，可得

$$\begin{cases}\begin{bmatrix}x_s\\y_s\\z_s\end{bmatrix}=\boldsymbol{M}_3[\phi_0]\boldsymbol{M}_2[\alpha_0]\cdot\begin{bmatrix}x\\y\\z\end{bmatrix}\\[2ex]\begin{bmatrix}x'_s\\y'_s\\z'_s\end{bmatrix}=\boldsymbol{M}_3[\phi_0]\boldsymbol{M}_2[\alpha_0]\cdot\begin{bmatrix}x_A\\y_A\\z_A\end{bmatrix}\end{cases}\tag{2-29}$$

显然，当 $t=0$ 时，坐标系 $O\text{-}x_s y_s z_s$ 和 $O_A\text{-}x'_s y'_s z'_s$ 重合，且 Ox_s 轴和 Ox'_s 轴与地球自转轴的方向一致，故坐标系 $O_A\text{-}x'_s y'_s z'_s$ 绕 Ox'_s 轴旋转 $\boldsymbol{\omega}_e t$，即可与坐标系 $O\text{-}x_s y_s z_s$ 的对应各坐标系平行，即

$$O_A\text{-}x'_s y'_s z'_s \xrightarrow{M_1[\omega_e t]} O\text{-}x_s y_s z_s$$

则有

$$\begin{bmatrix}x_s\\y_s\\z_s\end{bmatrix}=\boldsymbol{M}_1[\boldsymbol{\omega}_e t]\cdot\begin{bmatrix}x'_s\\y'_s\\z'_s\end{bmatrix}\tag{2-30}$$

令

$$\begin{cases} \boldsymbol{A} = \boldsymbol{M}_3[\phi_0]\boldsymbol{M}_2[\alpha_0] \\ \boldsymbol{B} = \boldsymbol{M}_1[\omega_e t] \end{cases} \tag{2-31}$$

根据方向余弦阵的传递性和正交性，可得

$$\boldsymbol{G}_A = \boldsymbol{G}_c \cdot \boldsymbol{C}_D \cdot \boldsymbol{D}_A = \boldsymbol{A}^{-1} \cdot \boldsymbol{B} \cdot \boldsymbol{A} = \boldsymbol{A}^{\mathrm{T}}\boldsymbol{B}\boldsymbol{A} \tag{2-32}$$

令 g_{ij} 表示 $\boldsymbol{G}_A$ 中第 i 行第 j 列元素，则有

$$\begin{cases} g_{11} = \cos^2\alpha_0\cos^2\phi_0(1-\cos\omega_e t)+\cos\omega_e t \\ g_{12} = \cos\alpha_0\sin\phi_0\cos\phi_0(1-\cos\omega_e t)-\sin\alpha_0\cos\phi_0\sin\omega_e t \\ g_{13} = -\sin\alpha_0\cos\alpha_0\cos^2\phi_0(1-\cos\omega_e t)-\sin\phi_0\sin\omega_e t \\ g_{21} = \cos\alpha_0\sin\phi_0\cos\phi_0(1-\cos\omega_e t)+\sin\alpha_0\cos\phi_0\sin\omega_e t \\ g_{22} = \sin^2\phi_0(1-\cos\omega_e t)+\cos\omega_e t \\ g_{23} = -\sin\alpha_0\sin\phi_0\cos\phi_0(1-\cos\omega_e t)+\cos\alpha_0\cos\phi_0\sin\omega_e t \\ g_{31} = -\sin\alpha_0\cos\alpha_0\cos^2\phi_0(1-\cos\omega_e t)+\sin\phi_0\sin\omega_e t \\ g_{32} = -\sin\alpha_0\sin\phi_0\cos\phi_0(1-\cos\omega_e t)-\cos\alpha_0\cos\phi_0\sin\omega_e t \\ g_{33} = \sin^2\alpha_0\cos^2\phi_0(1-\cos\omega_e t)+\cos\omega_e t \end{cases} \tag{2-33}$$

将式（2-33）中含 $\omega_e t$ 的正弦、余弦函数展开成 $\omega_e t$ 的幂级数，并略去三级及三级以上各项，则

$$\begin{cases} \cos\omega_e t = 1-\dfrac{1}{2}(\omega_e t)^2 \\ \sin\omega_e t = \omega_e t \end{cases} \tag{2-34}$$

ω_e 在发射系中的投影如图 2-19 所示。

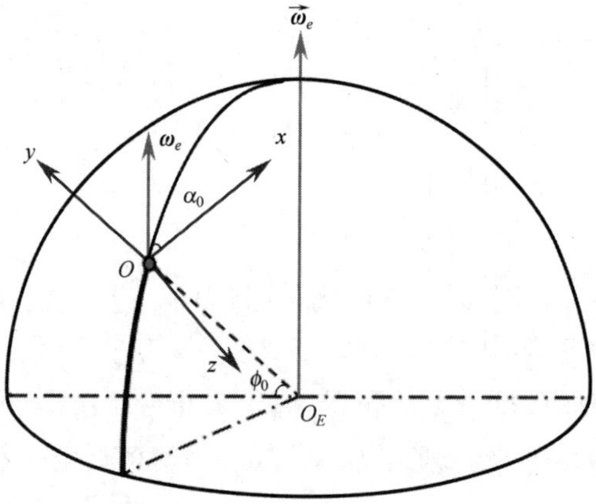

图 2-19　ω_e 在发射系中的投影（见彩插）

由图 2-19 可知，ω_e 在发射坐标系上的投影为

$$\begin{bmatrix} \omega_{ex} \\ \omega_{ey} \\ \omega_{ez} \end{bmatrix} = \omega_e \begin{bmatrix} \cos\phi_0\cos\alpha_0 \\ \sin\phi_0 \\ -\cos\phi_0\sin\alpha_0 \end{bmatrix} \tag{2-35}$$

则

$$\boldsymbol{G}_A=\begin{bmatrix}1-\dfrac{(\omega_e^2-\omega_{ex}^2)t^2}{2} & \omega_{ez}t+\dfrac{\omega_{ex}\omega_{ey}t^2}{2} & -\omega_{ey}t+\dfrac{\omega_{ex}\omega_{ez}t^2}{2}\\ -\omega_{ez}t+\dfrac{\omega_{ex}\omega_{ey}t^2}{2} & 1-\dfrac{(\omega_e^2-\omega_{ey}^2)t^2}{2} & \omega_{ex}t+\dfrac{\omega_{ey}\omega_{ez}t^2}{2}\\ \omega_{ey}t+\dfrac{\omega_{ex}\omega_{ez}t^2}{2} & -\omega_{ex}t+\dfrac{\omega_{ey}\omega_{ez}t^2}{2} & 1-\dfrac{(\omega_e^2-\omega_{ez}^2)t^2}{2}\end{bmatrix} \tag{2-36}$$

将式（2-36）进一步近似为 $\boldsymbol{\omega}_e t$ 的一次项，则可得

$$\boldsymbol{G}_A\approx\begin{bmatrix}1 & \omega_{ez}t & -\omega_{ey}t\\ -\omega_{ez}t & 1 & \omega_{ex}t\\ \omega_{ey}t & -\omega_{ex}t & 1\end{bmatrix} \tag{2-37}$$

由于平移坐标系 T 与发射惯性坐标系 A 各轴平行，所以平移坐标系与发射坐标系之间的方向余弦阵为

$$\boldsymbol{G}_T=\boldsymbol{G}_A \tag{2-38}$$

但是，在进行坐标变换时，从发射惯性坐标系变换到发射坐标系还要加上坐标原点的平移量，而从平移坐标系到发射坐标系的坐标变换则不必考虑。

如果假设地球为椭球，则将上述方向余弦阵中的 α_0,ϕ_0 改为 A_0,B_0 即可。

2.3.7 从地心坐标系到测站坐标系的方向余弦阵

假设地球为圆球，测站坐标系与地心坐标系的关系图如图 2-20 所示。

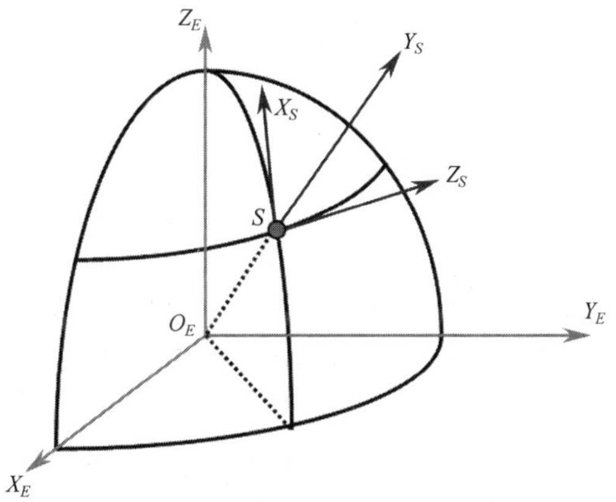

图 2-20 测站坐标系与地心坐标系的关系图（见彩插）

这两个坐标系之间的关系用地面观测站的经度 λ_S 和地心纬度 φ_S 来表示，转换步骤如下。

（1）将与地心坐标系重合的辅助坐标系平移至地面观测站，记为 S - xyz 坐标系。

（2）第一次旋转：将坐标系 S - xyz 绕 Sz 轴的反方向旋转 $(90°-\lambda_S)$，即

$$S\text{-}xyz\xrightarrow{\boldsymbol{M}_3[-(90°-\lambda_S)]}S\text{-}x'y'z'$$

（3）第二次旋转：将坐标系 $S\text{-}x'y'z'$ 绕 Sx' 轴的正方向旋转 φ_S，即

$$S\text{-}x'y'z' \xrightarrow{M_1[\varphi_S]} S\text{-}x''y''z''$$

（4）第三次旋转：将坐标系 $S\text{-}x''y''z''$ 绕 Sy'' 轴的反方向旋转 90°，即

$$S\text{-}x''y''z'' \xrightarrow{M_2[-90^\circ]} S\text{-}X_SY_SZ_S$$

综上所述，可得地心坐标系与测站坐标系之间的方向余弦阵为

$$\begin{aligned}\boldsymbol{S}_E = \boldsymbol{E}_S^{\mathrm{T}} &= \boldsymbol{M}_2[-90^\circ]\cdot\boldsymbol{M}_1[\varphi_S]\cdot\boldsymbol{M}_3[-(90^\circ-\lambda_S)]\\ &=\begin{bmatrix}-\sin\varphi_S\cos\lambda_S & -\sin\varphi_S\sin\lambda_S & \cos\lambda_S\\ \cos\varphi_S\cos\lambda_S & \cos\varphi_S\sin\lambda_S & \sin\varphi_S\\ -\sin\lambda_S & \cos\lambda_S & 0\end{bmatrix}\end{aligned} \tag{2-39}$$

由于测站坐标系与地心坐标系的坐标原点不重合，所以将地心坐标系中的坐标转换成测站坐标系中的坐标还需要加入坐标原点的平移量，即

$$\begin{bmatrix}x_S\\ y_S\\ z_S\end{bmatrix} = \boldsymbol{S}_E\begin{bmatrix}x\\ y\\ z\end{bmatrix}+\begin{bmatrix}x_0\\ y_0\\ z_0\end{bmatrix} \tag{2-40}$$

式中，$[x_0 \quad y_0 \quad z_0]^{\mathrm{T}}$ 为地心 O_E 在测站坐标系中的坐标。

2.3.8 欧拉角的联系方程

1．发射坐标系、箭体坐标系、速度坐标系之间的欧拉角联系方程

在发射坐标系与箭体坐标系和速度坐标系之间的转换关系中，共引出了 8 个欧拉角，即 $\varphi,\psi,\gamma,\theta,\sigma,\nu,\alpha,\beta$，且它们与转换矩阵之间的关系如下：

$$\begin{cases}\boldsymbol{V}_G = \boldsymbol{M}_1[\nu]\boldsymbol{M}_2[\sigma]\boldsymbol{M}_3[\theta]\\ \boldsymbol{B}_V = \boldsymbol{M}_3[\alpha]\boldsymbol{M}_2[\beta]\\ \boldsymbol{B}_G = \boldsymbol{M}_1[\gamma]\boldsymbol{M}_2[\psi]\boldsymbol{M}_3[\varphi]\end{cases} \tag{2-41}$$

利用方向余弦阵的正交性和传递性，可得

$$\boldsymbol{V}_G = \boldsymbol{V}_B\cdot\boldsymbol{B}_G = \boldsymbol{B}_V^{\mathrm{T}}\cdot\boldsymbol{B}_G \tag{2-42}$$

将式（2-42）代入式（2-23）、式（2-25）、式（2-27），并按照不同行或不同列的原则选择 3 个相互独立的方向余弦元素，以此构建欧拉角联系方程，即

$$\begin{cases}\sin\sigma = \cos\alpha\cos\beta\sin\psi+\sin\alpha\cos\beta\cos\psi\sin\gamma-\sin\beta\cos\psi\cos\gamma\\ \cos\sigma\sin\nu = -\sin\psi\sin\alpha+\cos\alpha\cos\psi\sin\gamma\\ \cos\theta\cos\sigma = \cos\alpha\cos\beta\cos\varphi\cos\psi-\sin\alpha\cos\beta(\cos\varphi\sin\psi\sin\gamma-\sin\varphi\cos\gamma)+\\ \qquad\qquad \sin\beta(\cos\varphi\sin\psi\cos\gamma+\sin\varphi\sin\gamma)\end{cases} \tag{2-43}$$

因为 $\alpha,\beta,\sigma,\nu,\gamma,\psi$ 的值均较小，将它们的正弦函数、余弦函数展开为泰勒级数取至一阶项，代入式（2-43）后略去它们的二阶以上各项，则可得简化后的欧拉角联系方程

$$\begin{cases}\varphi = \theta+\alpha\\ \nu = \gamma\\ \psi = \sigma+\beta\end{cases} \tag{2-44}$$

可见，这 8 个欧拉角中只有 5 个是独立的，故只要知道其中独立的 5 个，即可通过

式（2-44）求出其他 3 个欧拉角。

2. 箭体坐标系、发射坐标系、平移坐标系之间的欧拉角联系方程

已知箭体相对于发射坐标系的姿态可以用姿态角 φ,ψ,γ 来描述，但是有时还需要知道箭体相对于惯性空间的姿态情况，如相对于发射惯性坐标系或平移坐标系的姿态。下面将介绍箭体坐标系和平移坐标系之间的姿态角 $\varphi_T,\psi_T,\gamma_T$ 与箭体坐标系和发射坐标系之间的姿态角 φ,ψ,γ 之间的关系。

由方向余弦阵的递推性可知：

$$\boldsymbol{T}_B=\boldsymbol{T}_G\cdot\boldsymbol{G}_B \tag{2-45}$$

式中，$\boldsymbol{T}_B$ 与 $\boldsymbol{G}_B$ 形式相同，只需将方向余弦阵中的 φ,ψ,γ 分别用 $\varphi_T,\psi_T,\gamma_T$ 代替，即

$$\begin{aligned}\boldsymbol{T}_B&=\boldsymbol{G}_B=\boldsymbol{B}_G^{\mathrm{T}}=(\boldsymbol{M}_1[\gamma_T]\cdot\boldsymbol{M}_2[\psi_T]\cdot\boldsymbol{M}_3[\varphi_T])^{\mathrm{T}}\\&=\begin{bmatrix}\cos\varphi_T\cos\psi_T & \cos\varphi_T\sin\psi_T\sin\gamma_T-\sin\varphi_T\cos\gamma_T & \cos\varphi_T\sin\psi_T\cos\gamma_T+\sin\varphi_T\sin\gamma_T\\ \sin\varphi_T\cos\psi_T & \sin\varphi_T\sin\psi_T\sin\gamma_T+\cos\varphi_T\cos\gamma_T & \sin\varphi_T\sin\psi_T\cos\gamma_T-\cos\varphi_T\sin\gamma_T\\ -\sin\psi_T & \cos\psi_T\sin\gamma_T & \cos\psi_T\cos\gamma_T\end{bmatrix}\end{aligned} \tag{2-46}$$

将式（2-23）、式（2-37）、式（2-46）代入式（2-45），考虑 $\psi,\gamma,\psi_T,\gamma_T$ 均为小量，故可将它们的正弦函数和余弦函数进行一阶泰勒级数展开，并略去二阶以上各阶小量，得

$$\begin{aligned}&\begin{bmatrix}\cos\varphi_T & -\sin\varphi_T & \psi_T\cos\varphi_T+\gamma_T\sin\psi_T\\ \sin\varphi_T & \cos\varphi_T & \psi_T\sin\varphi_T-\gamma_T\cos\psi_T\\ -\varphi_T & \gamma_T & 1\end{bmatrix}\\&=\begin{bmatrix}1 & -\omega_{ez}t & \omega_{ey}t\\ \omega_{ez}t & 1 & -\omega_{ex}t\\ -\omega_{ey}t & \omega_{ex}t & 1\end{bmatrix}\cdot\begin{bmatrix}\cos\varphi & -\sin\varphi & \psi\cos\varphi+\gamma\sin\psi\\ \sin\varphi & \cos\varphi & \psi\sin\varphi-\gamma\cos\psi\\ -\varphi & \gamma & 1\end{bmatrix}\end{aligned} \tag{2-47}$$

按照不同行、不同列原则，从上述方向余弦阵中选择 3 个相互独立的元素，即可得到这两组姿态角的联系方程，即

$$\begin{cases}\varphi_T=\varphi+\omega_{ez}t\\ \psi_T=\psi+(\omega_{ey}\cos\varphi-\omega_{ex}\sin\varphi)t\\ \gamma_T=\gamma+(\omega_{ey}\sin\varphi+\omega_{ex}\cos\varphi)t\end{cases} \tag{2-48}$$

显然，这两组姿态角之间的差异是地球自转角速度 $\boldsymbol{\omega}_e$ 使发射坐标系方向轴发生变化引起的。

练 习 题

1. 简述 10 个常用空间直角坐标系的定义、特点和用途。

2. 简述 8 个欧拉角的定义和联系方程。

3. 求速度坐标系到发射坐标系的方向余弦阵。

4. 若先偏航后俯仰再滚动，能否将发射坐标系转到箭体坐标系？若能，则试求其方向余弦阵。

5. 按照 3—2—1 的顺序，分别旋转 30°、−60°和 30°，画出旋转关系图并求解方向余弦阵。

第 3 章　天球坐标系

☞ **基本概念**

天球、球面三角形、天球坐标系、天球上主要的圈和点、地平坐标系、时角坐标系、赤道坐标系、黄道坐标系、天文三角形

☞ **基本定理**

简单球面三角形的基本性质、直角球面三角形与象限球面三角形的求解法则

☞ **重要公式**

观测点的地心纬度和天顶与北天极之间的夹角关系：式（3-55）

天球坐标系的相互转换关系：式（3-56）、式（3-57）、式（3-58）

无论我们站在什么地方，总像站在天穹的中心，这种“天似穹庐，笼盖四野”的感觉，是因为众天体距离我们太远，以至于人眼不能区分它们与我们之间的距离差别，造成了一切天体都与我们等距离的错觉。另外，当我们在地球上的位置发生变化时，天体的位置好像并没有发生变化，这也是天体与我们之间的距离比我们在地球上移动的距离要大得多的原因。本章将以天球为基准介绍一些球面天文学的基础知识。

3.1　天球与球面三角形

3.1.1　天球的概念及特性

在天文学中引入了一个假想的圆球，该圆球以空间任意一点为中心，以任意长度为半径（或半径为无穷大），称为天球。一般将天球中心设置在观测点，称为观测者天球，但为了研究问题方便，常用的还有地心天球和日心天球。

天体在天球上的投影，即天球中心和天体的连线与天球相交的点，称为天体在天球上的位置，又称天体视位置。

因为球面天文学的基础是球面几何学，所以天球具有圆球的一切几何特性，即

（1）通过球心的任意一个平面与球表面所截得的圆称为大圆，大圆的圆心是球心，半径等于球的半径。

（2）通过球面上不在同一直径上的两点只能作一个大圆，且在该大圆上，两点之间较小的弧段是在球面上连接这两点的弧线中最短的。

（3）两个大圆必定相交，相交而成的角称为球面角，而交点是同一直径的两个端点，称为球面角的顶点，大圆弧称为球面角的边。

（4）球面上任意一个圆都有两个极，且极到该圆上任意一点的角距称为极距，圆上任意一点的极距都相等。

（5）大圆的极距为 90°，反之，如果球面上一点至其他两点（不是直径的两端点）的距离都是 90°，则前一点必是过后两点的大圆的极，大圆的极至该大圆上任意一点的大圆弧必与该大圆正交。

此外，天球还具有另一个重要性质，即所有相互平行的直线向同一方向延伸时，都将与天球相交于一点。

3.1.2　球面三角形的定义及定理

将球面上的 3 个点用 3 个大圆弧连接起来所围成的图形称为球面三角形，这 3 个点称为该球面三角形的顶点。由于连接两个顶点的大圆弧有两个不同的弧段，所以球面上的 3 个点可以确定 8 个球面三角形，如图 3-1 所示。图 3-1 中有一个球面三角形的 3 条边都小于半圆周，称为简单球面三角形。本书以后提到的球面三角形都为简单球面三角形。

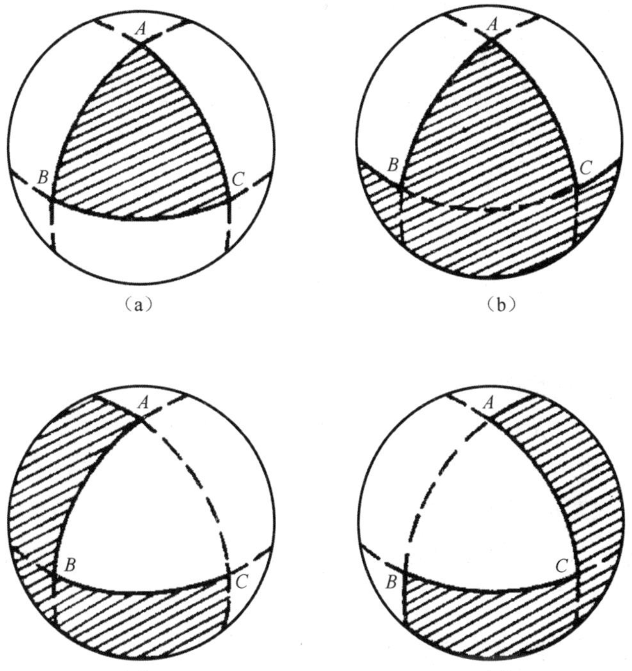

图 3-1　8 个球面三角形

如图 3-2 所示，球面上的 3 个顶点 (A,B,C) 组成了简单球面三角形，由该球面三角形的 3 个大圆弧所在平面构成一个三面角 $O\text{-}ABC$，其顶点为球心 O，棱为由球心到球面三角形 3 个顶点 (A,B,C) 的球半径。

可见，三面角 $O\text{-}ABC$ 的 3 个平面角，可用它们所对应的球面三角形的边来度量，即

$$\angle AOB = c \quad \angle AOC = b \quad \angle BOC = a \tag{3-1}$$

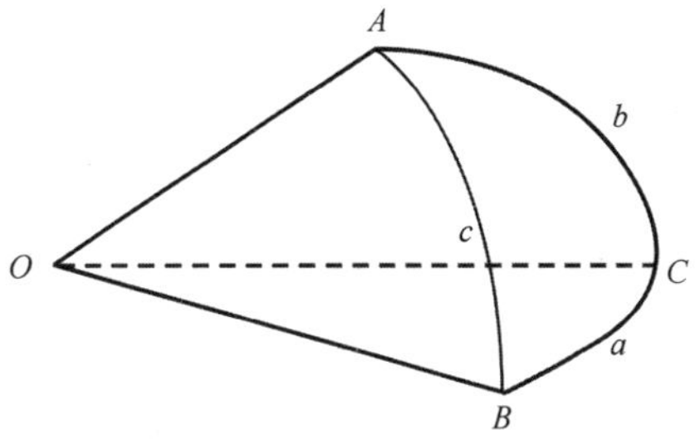

图 3-2　球面三角形及其三面角

而任意两个平面之间的交角即二面角都等于与其对应的球面三角形的球面角，即

$$\begin{cases}\text{平面}AOB\text{与平面}COB\text{之间的夹角} = \measuredangle ABC \\ \text{平面}AOC\text{与平面}BOC\text{之间的夹角} = \measuredangle ACB \\ \text{平面}BOA\text{与平面}COA\text{之间的夹角} = \measuredangle BAC\end{cases} \tag{3-2}$$

极三角形是相对于某个简单球面三角形而言的，其定义为连接该简单球面三角形的每条边所在的大圆所对应的一个极，所构成的简单球面三角形。如图 3-3 所示，(A,B,C) 为一个简单球面三角形，(P,Q,R) 分别为该简单球面三角形中 3 条边 BC,AC,AB 所在大圆的一个极。

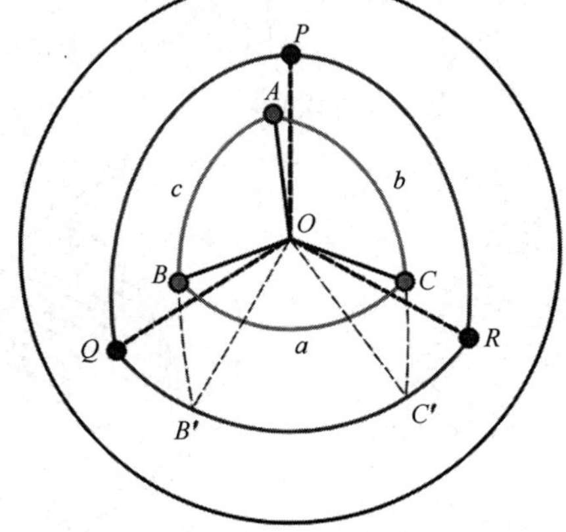

图 3-3　极三角形（见彩插）

下面给出两个定理及其证明。

定理一：简单球面三角形与其极三角形互为极三角形。

证明：如图 3-3 所示，可知 $OA \perp OQ$ 且 $OA \perp OR$，所以 A 是 QR 大圆上的一个极点；又因为 $\angle POA < 90^\circ$，故 A 是球面三角形 PQR 的极三角形的一个顶点。同理，可以证明 B 和 C 是球面三角形 PQR 的极三角形的另外两个顶点。因此，也就证明了球面三角形 ABC 也是球面三角形 PQR 的极三角形。

定理二：极三角形的边是原三角形之对应角的补角，而极三角形的角是原三角形之对应边的补角。

证明：如图 3-3 所示，将 AB 和 AC 两边延长，并分别与 QR 边相交于 B' 点和 C' 点，连接 OB' 和 OC'。已知 R 是 AB 边的一个极点，则有

$$\angle B'OR = \angle B'OC' + \angle C'OR = 90^\circ \tag{3-3}$$

同样，也有

$$\angle C'OQ = \angle B'OC' + \angle B'OQ = 90^\circ \tag{3-4}$$

所以有

$$\angle B'OC' + \angle C'OR + \angle B'OC' + \angle B'OQ = 180^\circ \tag{3-5}$$

即

$$\angle B'OC' + \angle QOR = 180^\circ \tag{3-6}$$

可见，$\angle QOR$ 是 $\angle B'OC'$ 的补角，而 $\angle B'OC'$ 是原三角形中的 A 角。同理，可以证明定

理的后半部分。

推论：如果任意简单球面三角形的边和角满足某种函数关系，即

$$f(A,B,C,a,b,c)=0 \tag{3-7}$$

则其极三角形也满足该描述关系，即

$$f(P,Q,R,p,q,r)=0 \tag{3-8}$$

或

$$f(\pi-a,\pi-b,\pi-c,\pi-A,\pi-B,\pi-C)=0 \tag{3-9}$$

3.1.3 简单球面三角形的基本性质

简单球面三角形具有以下基本性质。

（1）球面三角形的两边之和大于第三边，即 $a+b>c$。

（2）在同一球面三角形中，等边所对的角相等，等角所对的边相等，即

$$a=b \Leftrightarrow A=B$$

（3）在同一球面三角形中，大边对大角，大角对大边，即

$$a>b \Leftrightarrow A>B$$

（4）球面三角形 3 个角之和恒大于 180° 而小于 540°，即

$$180^\circ < A+B+C < 540^\circ$$

（5）球面三角形 3 条边之和大于 0° 而小于 360°，即

$$0^\circ < a+b+c < 360^\circ$$

3.1.4 球面三角形的基本公式

下面通过将球面三角形转化为多个平面三角形的方式，利用平面三角公式和上述定理、推论，推导出球面三角形的基本公式。

1. 边的余弦公式

如图 3-4 所示，A,B,C 为球面上的 3 个点，O 为球心，则 ABC 构成球面三角形，a,b,c 分别为该球面三角形的 3 条边。过 A 点作 b,c 边的切线，分别交 OC,OB 的延长线于 M,N 两点。由此得到两个平面直角三角形 OAM,OAN 和两个平面三角形 OMN,AMN，且 $\angle NAM=A$。

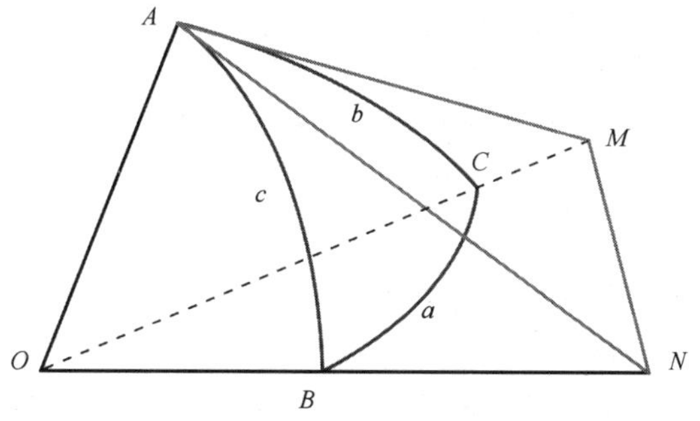

图 3-4 球面三角形的余弦公式（见彩插）

根据平面三角形的余弦定理，即

$$a^2 = b^2 + c^2 - 2bc \cdot \cos A \tag{3-10}$$

则在$\triangle AMN$内有

$$MN^2 = AM^2 + AN^2 - 2AM \cdot AN \cdot \cos A \tag{3-11}$$

同理，对于$\triangle OMN$有

$$MN^2 = OM^2 + ON^2 - 2OM \cdot ON \cdot \cos a \tag{3-12}$$

则

$$AM^2 + AN^2 - 2AM \cdot AN \cdot \cos A = OM^2 + ON^2 - 2OM \cdot ON \cdot \cos a \tag{3-13}$$

式中，AN, ON分别为直角三角形OAN的直角边和斜边，则

$$\begin{aligned} 2OM \cdot ON \cdot \cos a &= (OM^2 - AM^2) + (ON^2 - AN^2) + 2AM \cdot AN \cdot \cos A \\ &= 2OA^2 + 2AM \cdot AN \cdot \cos A \end{aligned} \tag{3-14}$$

整理后，可得

$$\cos a = \frac{OA}{ON} \cdot \frac{OA}{OM} + \frac{AN}{ON} \cdot \frac{AM}{OM} \cdot \cos A \tag{3-15}$$

已知在$\triangle OAM, \triangle OAN$中，有

$$\cos b = \frac{OA}{OM}, \quad \cos c = \frac{OA}{ON}, \quad \sin b = \frac{AM}{OM}, \quad \sin c = \frac{AN}{ON} \tag{3-16}$$

代入式（3-15），可得边a的余弦公式

$$\cos a = \cos b \cdot \cos c + \sin b \cdot \sin c \cdot \cos A \tag{3-17}$$

同理，可得其他两边b,c的余弦公式

$$\cos b = \cos a \cdot \cos c + \sin a \cdot \sin c \cdot \cos B \tag{3-18}$$

$$\cos c = \cos a \cdot \cos b + \sin a \cdot \sin b \cdot \cos C \tag{3-19}$$

式（3-17）、式（3-18）和式（3-19）就是球面三角形边的余弦公式。

2. 角的余弦公式

利用上面给出的推论即可求得角的余弦公式。例如，将式（3-9）代入边的余弦公式（3-17），则有

$$\cos(\pi - A) = \cos(\pi - B) \cdot \cos(\pi - C) + \sin(\pi - B) \cdot \sin(\pi - C) \cdot \cos(\pi - a) \tag{3-20}$$

化简以后即可获得角A的余弦公式，即

$$\cos A = -\cos B \cdot \cos C + \sin B \cdot \sin C \cdot \cos a \tag{3-21}$$

同理，可得角B和角C的余弦公式，即

$$\cos B = -\cos A \cdot \cos C + \sin A \cdot \sin C \cdot \cos b \tag{3-22}$$

$$\cos C = -\cos A \cdot \cos B + \sin A \cdot \sin B \cdot \cos c \tag{3-23}$$

式（3-21）、式（3-22）和式（3-23）就是球面三角形角的余弦公式。

3. 正弦公式

如图 3-5 所示，A,B,C为球面上的 3 个点，O为球心，则ABC构成球面三角形，a,b,c分别为该球面三角形的 3 条边。过C点作OAB平面的垂线，交此平面于D点，再从D点分别向OA,OB引垂线DE,DF，连接CE,CF，则可得 4 个平面三角形，即$\triangle OEC, \triangle OFC, \triangle CED, \triangle CFD$。

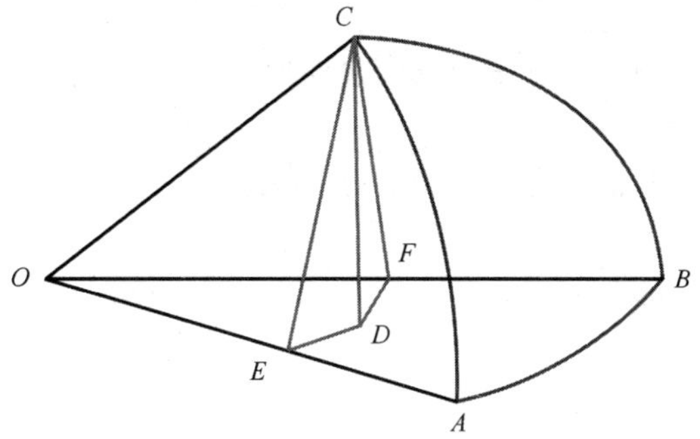

图 3-5　球面三角形的正弦公式（见彩插）

因为 CD 垂直于平面 OAB，所以 CD 垂直于 OAB 中任意一条直线，则 $CD\perp OA$。又因为 $DE\perp OA$，所以 OE 垂直于平面 CED，则 $OE\perp CE$。同理可得 $CF\perp OB$。因此，这 4 个平面三角形 OEC, OFC, CED, CFD 都是直角三角形，并且有

$$\angle CED = A,\quad \angle CFD = B \tag{3-24}$$

式中，A,B 分别为球面三角形 ABC 中的两个角，则在上述 4 个平面直角三角形中分别有

$$\begin{cases} \sin a = \dfrac{CF}{OC} \\ \sin A = \dfrac{CD}{CE} \\ \sin b = \dfrac{CE}{OC} \\ \sin B = \dfrac{CD}{CF} \end{cases} \tag{3-25}$$

则

$$\begin{cases} \dfrac{\sin a}{\sin A} = \dfrac{CF\cdot CE}{OC\cdot CD} \\ \dfrac{\sin b}{\sin B} = \dfrac{CE\cdot CF}{OC\cdot CD} \end{cases} \tag{3-26}$$

可见

$$\frac{\sin a}{\sin A} = \frac{\sin b}{\sin B} \tag{3-27}$$

同理可得其他两个类似公式

$$\frac{\sin b}{\sin B} = \frac{\sin c}{\sin C} \tag{3-28}$$

则

$$\frac{\sin a}{\sin A} = \frac{\sin b}{\sin B} = \frac{\sin c}{\sin C} \tag{3-29}$$

式（3-29）就是球面三角形的正弦公式，它给出了球面三角形中任意两条边与它们所对应的两个角之间的关系。

4. 五元素公式

五元素公式实际上是由多个余弦公式组合而成的。例如，将边 b 的余弦公式（3-18）改写为

$$\sin c \cdot \sin a \cdot \cos B = \cos b - \cos a \cdot \cos c \tag{3-30}$$

将式（3-17）代入式（3-30），得

$$\begin{aligned} \sin c \cdot \sin a \cdot \cos B &= \cos b - \cos c \cdot (\cos b \cdot \cos c + \sin b \cdot \sin c \cdot \cos A) \\ &= \cos b \cdot \sin^2 c - \sin b \cdot \sin c \cdot \cos c \cdot \cos A \end{aligned} \tag{3-31}$$

约去 $\sin c$ 后得

$$\sin a \cdot \cos B = \cos b \cdot \sin c - \sin b \cdot \cos c \cdot \cos A \tag{3-32}$$

可见，式（3-32）中含有5个元素，故称为五元素公式。这5个元素是球面三角形中的3条边、2个角，通常称为第一类五元素公式。同理可得其他第一类五元素公式

$$\sin a \cdot \cos C = \cos c \cdot \sin b - \sin c \cdot \cos b \cdot \cos A \tag{3-33}$$

$$\sin b \cdot \cos A = \cos a \cdot \sin c - \sin a \cdot \cos c \cdot \cos B \tag{3-34}$$

$$\sin b \cdot \cos C = \cos c \cdot \sin a - \sin c \cdot \cos a \cdot \cos B \tag{3-35}$$

$$\sin c \cdot \cos A = \cos a \cdot \sin b - \sin a \cdot \cos b \cdot \cos C \tag{3-36}$$

$$\sin c \cdot \cos B = \cos b \cdot \sin a - \sin b \cdot \cos a \cdot \cos C \tag{3-37}$$

利用前面给出的推论，可以得出关于2条边、3个角的另一组五元素公式，通常称为第二类五元素公式，即

$$\sin A \cdot \cos b = \cos B \cdot \sin C + \sin B \cdot \cos C \cdot \cos a \tag{3-38}$$

$$\sin A \cdot \cos c = \cos C \cdot \sin B + \sin C \cdot \cos B \cdot \cos a \tag{3-39}$$

$$\sin B \cdot \cos a = \cos A \cdot \sin C + \sin A \cdot \cos C \cdot \cos b \tag{3-40}$$

$$\sin B \cdot \cos c = \cos C \cdot \sin A + \sin C \cdot \cos A \cdot \cos b \tag{3-41}$$

$$\sin C \cdot \cos a = \cos A \cdot \sin B + \sin A \cdot \cos B \cdot \cos c \tag{3-42}$$

$$\sin C \cdot \cos b = \cos B \cdot \sin A + \sin B \cdot \cos A \cdot \cos c \tag{3-43}$$

【例3-1】 试推导第二类五元素公式。

解： 以式（3-39）为例，设某简单球面三角形 ABC，其对应的极三角形为 PQR，且由推论可知：

$$\begin{cases} A = 180^\circ - p \\ B = 180^\circ - q \\ C = 180^\circ - r \\ a = 180^\circ - P \\ b = 180^\circ - Q \\ c = 180^\circ - R \end{cases} \tag{3-44}$$

将式（3-44）代入第一类五元素公式

$$\sin a \cdot \cos C = \cos c \cdot \sin b - \sin c \cdot \cos b \cdot \cos A \tag{3-45}$$

可得

$$\sin P \cdot \cos r = \cos R \cdot \sin Q + \sin R \cdot \cos Q \cdot \cos p \tag{3-46}$$

可见式（3-46）与式（3-39）形式相同。

5. 相邻四元素公式

相邻四元素公式又称为余切公式，它们表示的是球面三角形中相邻的 4 个元素（边和角）之间的关系式。它们是由正弦公式、余弦公式组合而成的。例如，将边 b 的余弦公式（3-18）代入 c 边的余弦公式（3-19），得

$$\begin{aligned}\cos c &= \cos a\cdot\cos b+\sin a\cdot\sin b\cdot\cos C\\ &=\cos a\cdot(\cos c\cdot\cos a+\sin c\cdot\sin a\cdot\cos B)+\sin a\cdot\sin b\cdot\cos C\end{aligned} \tag{3-47}$$

整理以后，得

$$\cos c\cdot\sin^2 a=\cos a\cdot\sin c\cdot\sin a\cdot\cos B+\sin a\cdot\sin b\cdot\cos C \tag{3-48}$$

两边同除以 $\sin a\sin c$，即可得一个相邻四元素公式

$$\cot c\cdot\sin a=\cos a\cdot\cos B+\sin B\cdot\cot C \tag{3-49}$$

同理，可得其他 5 个相邻四元素公式

$$\cot b\cdot\sin a=\cos a\cdot\cos C+\sin C\cdot\cot B \tag{3-50}$$

$$\cot c\cdot\sin b=\cos b\cdot\cos A+\sin A\cdot\cot C \tag{3-51}$$

$$\cot a\cdot\sin b=\cos b\cdot\cos C+\sin C\cdot\cot A \tag{3-52}$$

$$\cot b\cdot\sin c=\cos c\cdot\cos A+\sin A\cdot\cot B \tag{3-53}$$

$$\cot a\cdot\sin c=\cos c\cdot\cos B+\sin B\cdot\cot A \tag{3-54}$$

3.1.5 两种特殊的球面三角形

1. 直角球面三角形

当球面三角形中有一个角为 90° 时，称这种球面三角形为直角球面三角形。假设球面三角形 ABC 中 C=90°，利用前面所建立的球面三角形基本公式，很容易导出直角球面三角形的基本公式。这组公式的规律性很强，可以利用辅助圆方法导出，即把直角球面三角形中的直角 C 除去，其余 5 个元素沿圆周排列，它们的顺序与球面三角形一样，其中用 a, b 两个直角边的余角代替两个直角边，如图 3-6 所示，则直角球面三角形的基本公式就可归纳为以下两条。

（1）每个元素的余弦等于与它相邻的两元素的余切的乘积。

（2）每个元素的余弦等于与它不相邻的两元素的正弦的乘积。

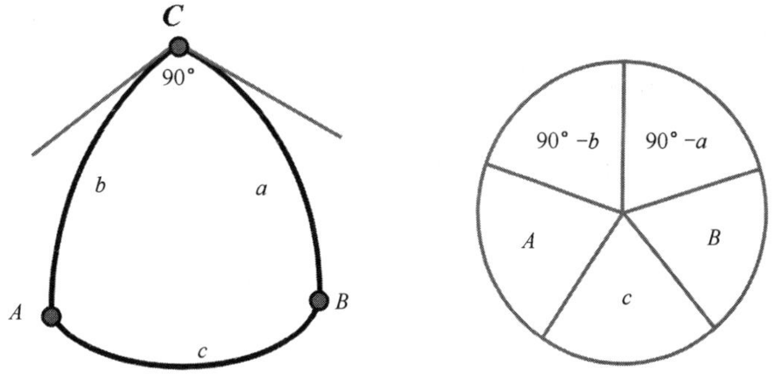

图 3-6 直角球面三角形

2. 象限球面三角形

当球面三角形中有一条边为 90° 时，称这种球面三角形为象限球面三角形。象限球面三角形的基本公式仍可以应用辅助圆方法帮助记忆。假设球面三角形 ABC 中 a=90°，则除 90° 边外，其他 5 个元素顺序为 180° −A, b, 90° −C, 90° −B, c，如图 3-7 所示。其中每个元素仍然满足上述规则，即每个元素的余弦等于与它相邻的两元素的余切的乘积，或者等于与它不相邻的两元素的正弦的乘积。

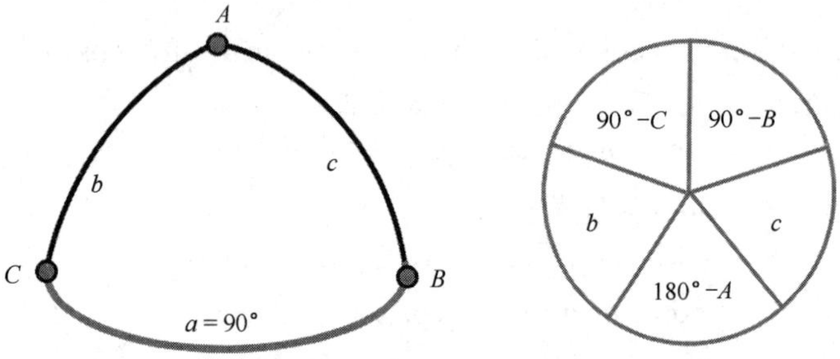

图 3-7　象限球面三角形

【例 3-2】已知某卫星的轨道倾角为 30°，求距离升交点 N 的角距为 60° 时卫星的星下点经纬度。

解：如图 3-8 所示，卫星的星下点为 B，升交点的星下点为 C，过 B 点作垂直于赤道的大圆交赤道于 D 点，则三角形 BCD 就是一个直角球面三角形，且角 D 为 90°。根据直角球面三角形的特性可以绘制出图 3-9。

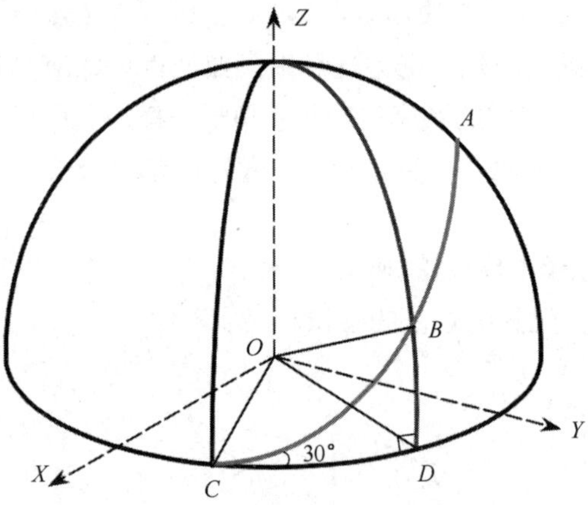

图 3-8　星下点轨迹在地心天球上的投影（见彩插）

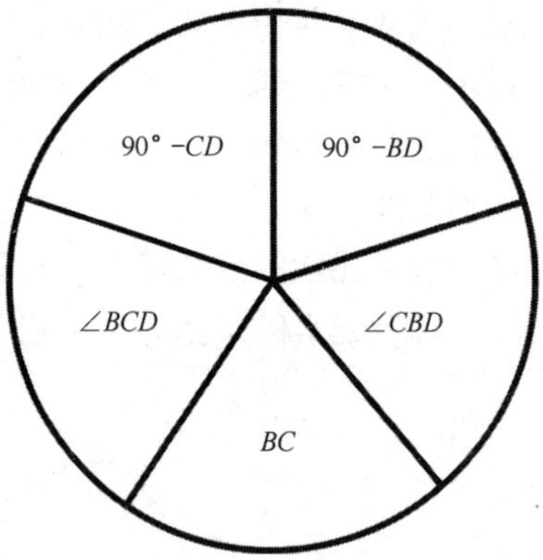

图 3-9　直角球面三角形 BCD 的计算图形

图 3-9 中，

$$\begin{cases} BC = 60^\circ \\ \angle BCD = 30^\circ \end{cases}$$

则有

$$\begin{cases} \sin BD = \sin\angle BCD \cdot \sin BC \\ \sin CD = \cot\angle BCD \cdot \tan BD \end{cases}$$

从而求得

$$\begin{cases} BD = 25.66^\circ \\ CD = 56.31^\circ \end{cases}$$

可见星下点 B 的纬度为 25.66°，经度为

$$\lambda_C + 56.31^\circ$$

式中，λ_C 为升交点的经度。

3.2 常用的天球坐标系

3.2.1 天球坐标系的构成

天体在天球上的投影，即天球中心和天体的连线与天球相交的点，称为天体的视位置。为了确定天球上天体的视位置，必须引入天球坐标系。

天球坐标系由基圈、主圈、主点和极 4 个基本要素构成。其中，基圈是天球上的任意一个大圆，它的极称为天球坐标系的极；主圈是过极垂直于基圈的大圆；主点为主圈与基圈的一个交点。可见，天球上过极的每个大圆都与基圈垂直，称为副圈。如图 3-10 所示，过 B, C, D, E 四点的大圆为基圈，A, A' 都是该天球坐标系的极，过 A, C, A' 三点的大圆为主圈，C 为天球坐标系的主点，过 A, D, A' 三点的大圆为副圈。

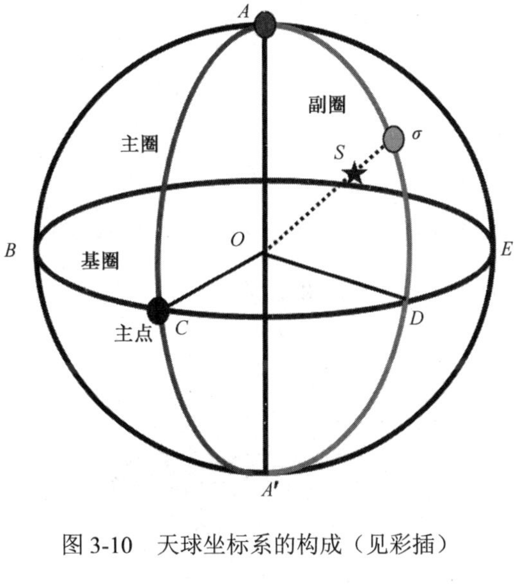

图 3-10　天球坐标系的构成（见彩插）

图 3-10 中，天体 S 在天球上的投影为σ，过σ作一个副圈，交基圈于 D 点，则可以利用以下两个坐标来度量σ的位置，即 $\overset{\frown}{\sigma D}$（或 $\overset{\frown}{A\sigma} = 90^\circ - \overset{\frown}{\sigma D}$）和 $\overset{\frown}{CD}$（$\angle COD$），它们分别称为天球坐标系的第一坐标和第二坐标。第一坐标的取值范围为$-90^\circ \sim 90^\circ$（或 $0^\circ \sim 180^\circ$），第二坐标的取值范围为 $0^\circ \sim 360^\circ$，且需要明确正方向，规定由极向基圈看去逆时针或顺时针为正。

显然，天球坐标系是三维、正交坐标系，但是反映的却是天体的二维信息，即方向性。

3.2.2 天球上主要的圈和点

微课：天赤道、黄道与春分点

微课：子午圈与四方点

已知天球坐标系由基圈、主圈、主点和极构成，所以选择天球上不同的大圆和点就可以构建成不同的天球坐标系。下面就介绍天球上的一些主要的圈和点。

如图 3-11 所示，在观察者天球中，观察者所在的位置 O 点称为天球中心；过 O 点的铅垂线与天球相交的两点 Z, Z' 分别称为天顶和天底，上为顶，下为底；过 O 点并与直线 ZZ' 垂直的平面称为地平面，它与天球相交而成的大圆称为地平圈，天顶、天底都是地平圈的极；过 O 点并与地球自转轴平行的直线称为天轴，天轴交天球于 P, P' 两点，分别称为北天极和南天极，与地球的北极和南极相对应；过北天极与天顶的大圆称为子午圈，过天顶且与子午圈相垂直的大圆称为卯酉圈；子午圈和卯酉圈与地平圈相交于东、南、西、北四点，即 E, S, W, N，称为四方点。

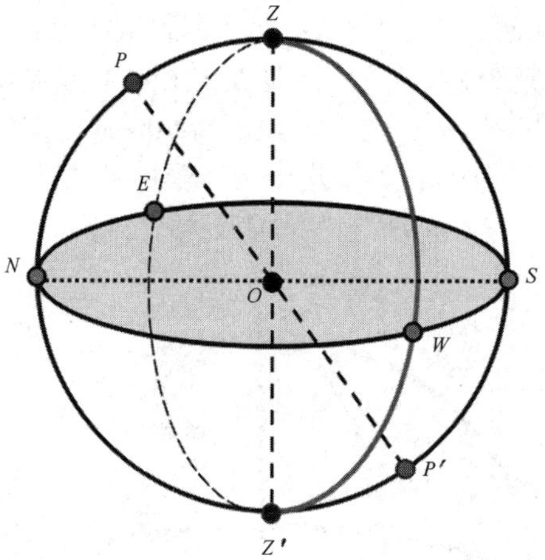

图 3-11　天球上的圈和点（1）（见彩插）

如图 3-12 所示，观测点的地心纬度和天顶与北天极的角距之和为 90°，即

$$\varphi = 90° - \angle POZ = 90° - \widehat{PZ} \tag{3-55}$$

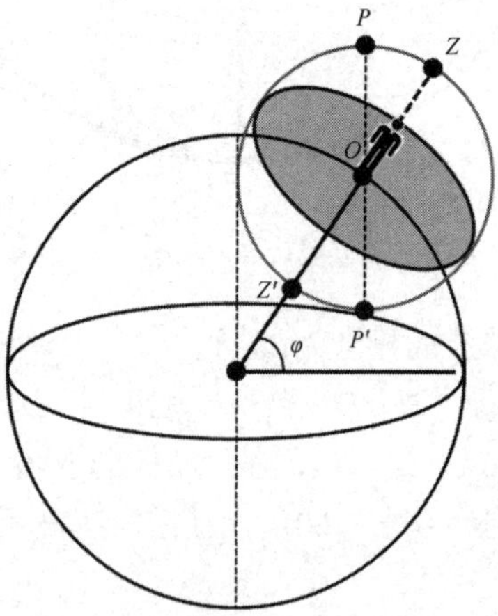

图 3-12　天顶与北天极之间的夹角（见彩插）

如图 3-13 所示，在地心天球中，地心的位置 O 点为天球中心，过 O 点与天轴垂直的平面与天球相交的大圆称为天赤道，如图中过 D, D' 的大圆；过天极的大圆称为赤经圈，也称时圈；与天赤道平行的小圆称为赤纬圈。太阳周年视运动轨迹在天球上的投影称为黄道，黄道的两个极称为黄极，如图 3-13 中的 K, K'，其中靠近北天极的称为北黄极，靠近南天极的称为南黄极，黄道与天赤道的夹角称为黄赤交角，记为ε，等于 23° 27′。黄道与天赤道在天球上的两个交点称为二分点，其中太阳沿黄道从天赤道以南向北通过天赤道的那个交点称为春分点，与春分点对应的另外一个交点称为秋分点，黄道上与二分点相距 90° 的两点称为二至点，其中位于天赤道以北的那一点称为夏至点，与夏至点相对的另一点称为冬至点。如图 3-13 所示，太阳沿着黄道按与周日视运动相反的方向由西向东做周年视运动，即沿黄道分别经过春分点、夏至点、秋分点和冬至点。

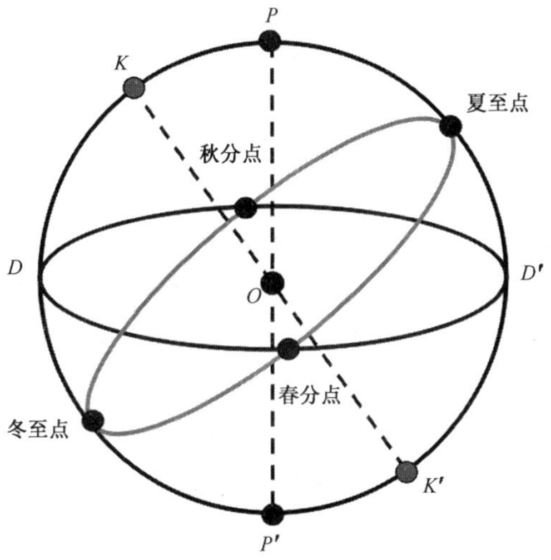

图 3-13　天球上的圈和点（2）（见彩插）

3.2.3　地平坐标系

地平坐标系是以地平圈为基圈、以子午圈为主圈、以南点 S（或北点 N）为主点的天球坐标系。地平坐标系的极为天顶 Z。

若某天体在天球上的视位置为σ，过天顶 Z 和天体σ作一个副圈，与地平圈相交于 D 点，天体σ在地平坐标系中的第一坐标就是大圆弧 $\overset{\frown}{\sigma D}$ 或极距 $\overset{\frown}{\sigma Z}$，$\overset{\frown}{\sigma D} = h$ 称为地平纬度或地平高度，$\overset{\frown}{\sigma Z} = z = 90° - h$ 称为天顶距。南点 S 与垂足 D 之间的大圆弧 $\overset{\frown}{SD} = a$ 是地平坐标系的第二坐标，称为地平经度或天文方位角，简称方位角，也可以用球面角 $SZ\sigma$ 来表示，记为 A，如图 3-14 所示。

注意，地平高度以靠近天顶为正，取值范围为-90°～90°，方位角以从南点起顺时针方向为正，即左手右旋，取值范围为 0°～360°。

由于天球的周日视运动，天体随天球一起做周日视运动，所以天体的地平坐标即天顶距和方位角是不断随时间发生变化的。另外，由于方位角与天顶有关，而观测者的位置不同，其天顶也会发生变化，所以方位角还随着观测者的位置不同而发生变化，即具有地方性。

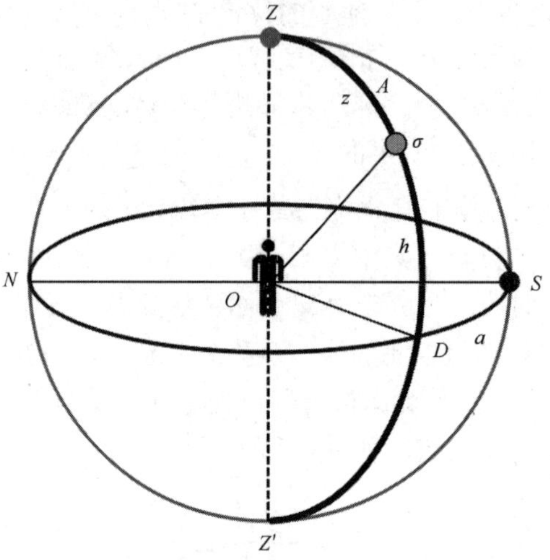

图 3-14　地平坐标系（见彩插）

3.2.4　时角坐标系

时角坐标系又称为第一赤道坐标系，该坐标系是以天赤道为基圈、以子午圈为主圈、以天赤道与子午圈在地平面以上的交点 Q 为主点的天球坐标系。时角坐标系的极为北天极 P。

若某天体在天球上的视位置为σ，过北天极 P 和天体σ作一个副圈，与天赤道相交于 B 点，天体σ在时角坐标系中的第一坐标就是大圆弧 $\overset{\frown}{\sigma B}$ 或极距 $\overset{\frown}{\sigma P}$，$\overset{\frown}{\sigma B}=\delta$ 称为天体的赤纬，$\overset{\frown}{\sigma P}=p=90^\circ-\delta$ 称为极距。Q 点与垂足 B 之间的大圆弧 $\overset{\frown}{QB}=t$ 是时角坐标系的第二坐标，称为天体的时角，也可以用球面角 $QP\sigma$ 来表示，如图 3-15 所示。

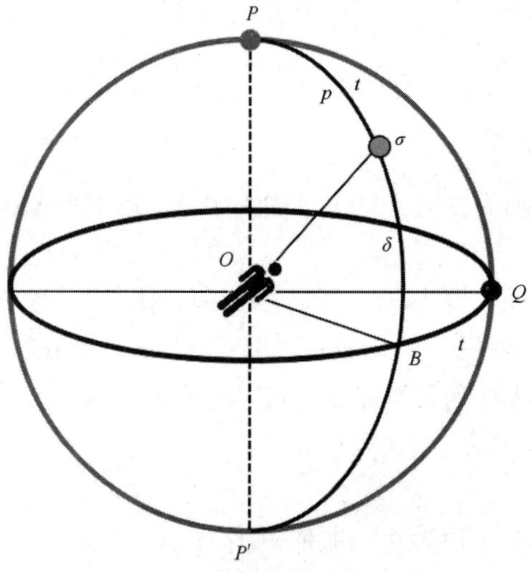

图 3-15　时角坐标系（见彩插）

注意，赤纬以靠近北天极为正，取值范围为$-90^\circ\sim90^\circ$，时角以从 Q 点起顺时针方向为正，即左手右旋，取值范围为 $0^\circ\sim360^\circ$。

由于周日视运动是平行于天赤道的，故天体的赤纬不受周日视运动的影响，但是时角会随着周日视运动发生变化。另外，由于子午圈与观测者的位置有关，而时角是从子午圈起算的，所以时角还随着观测者的位置不同而发生变化，即具有地方性。

3.2.5 赤道坐标系

微课：赤经与赤纬

赤道坐标系又称为第二赤道坐标系，该坐标系是以天赤道为基圈、以过春分点的赤经圈为主圈、以春分点为主点的天球坐标系。赤道坐标系的极为北天极 P。

若某天体在天球上的视位置为σ，过北天极 P 和天体σ作一个副圈，与天赤道相交于 B 点，天体σ在赤道坐标系中的第一坐标也是赤纬，与时角坐标系中的定义相同。春分点与垂足 B 之间的大圆弧$\overset{\frown}{\gamma B}=\alpha$是赤道坐标系的第二坐标，称为天体的赤经，也可以用球面角$\gamma P\sigma$来表示，如图 3-16 所示。

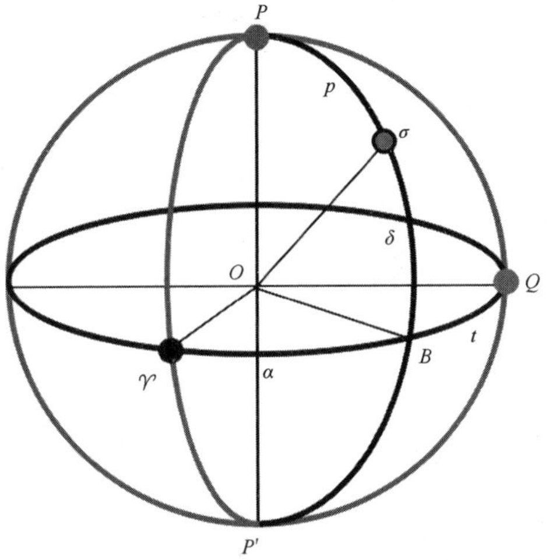

图 3-16　赤道坐标系（见彩插）

注意，赤纬以靠近北天极为正，取值范围为-90°～90°，赤经以从春分点γ起逆时针方向为正，即右手左旋，取值范围为 0°～360°。

由于周日视运动和观测者位置的变化都不会影响春分点和天体之间的相对位置，所以赤经、赤纬不会随之发生变化。

3.2.6 黄道坐标系

黄道坐标系是以黄道为基圈、以过春分点的黄经圈为主圈、以春分点为主点的天球坐标系。黄道坐标系的极为北黄极 K。

若某天体在天球上的视位置为σ，过北黄极 K 和天体σ作一个副圈，与黄道相交于 C 点，天体σ在黄道坐标系中的第一坐标就是大圆弧$\overset{\frown}{\sigma C}$，$\overset{\frown}{\sigma C}=\beta$称为天体的黄纬。春分点与垂足 C 之间的大圆弧$\overset{\frown}{\gamma C}=\lambda$是黄道坐标系的第二坐标，称为天体的黄经，也可以用球面角$\gamma K\sigma$来表示，如图 3-17 所示。

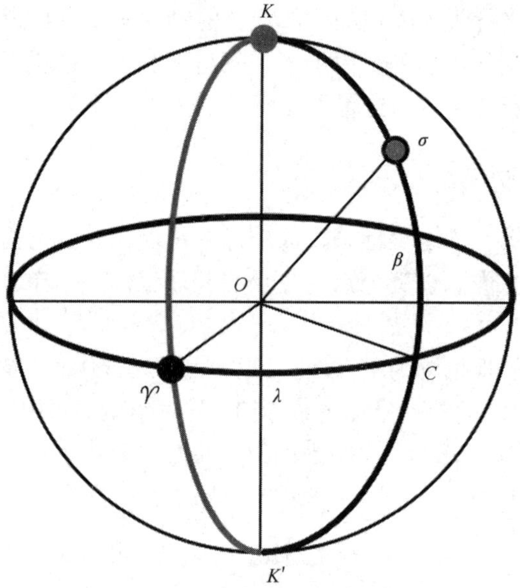

图 3-17　黄道坐标系（见彩插）

注意，黄纬以靠近北黄极为正，取值范围为−90°～90°，黄经以从春分点γ起逆时针方向为正，即右手左旋，取值范围为 0°～360°。

由于周日视运动和观测者位置的变化都不会影响春分点和天体之间的相对位置，所以黄经、黄纬不会随之发生变化。

3.3　天球坐标系之间的转换

已知天球坐标系是由基圈、主圈、主点和极 4 个基本要素构成的，且具有第一、第二坐标。表 3-1 为上述 4 个天球坐标系的构成、坐标定义及特性的对照表。

表 3-1　天球坐标系

要素	坐标系			
	地平坐标系	时角坐标系	赤道坐标系	黄道坐标系
基圈	地平圈	天赤道	天赤道	黄道
主圈	子午圈	子午圈	过春分点的赤经圈	过春分点的黄经圈
主点	S	Q	春分点	春分点
极	Z	P	P	K
第一坐标	h z=90°−h	δ p=90°−δ	δ	β
第二坐标	A	t	α	λ
第二坐标量度	顺时针 0°～360°	顺时针 0°～360°	逆时针 0°～360°	逆时针 0°～360°
天体坐标随周日视运动变化	变	t 变	不变	不变
天体坐标随观测者位置变化	变	t 变	不变	不变

在实际工作中，需要将天体在某一天球坐标系中的坐标转换成其他天球坐标系中的坐标，即需要进行坐标转换。前面我们介绍了直角坐标系是利用方向余弦阵进行坐标系之间转换的，而天球坐标系则是利用球面三角形中边和角的关系进行坐标系之间转换的。

3.3.1 地平坐标系与时角坐标系之间的转换

在天球上由天顶 Z、北天极 P 和天体 σ 三点构成的球面三角形称为天文三角形，如图 3-18 所示。

图 3-18 中标出了天体在地平坐标系中的坐标和天体在时角坐标系中的坐标。根据球面三角形基本公式，可以获得天体在不同天球坐标系下坐标的转换关系，即

$$\begin{cases}\cos z = \sin\varphi\cdot\sin\delta + \cos\varphi\cdot\cos\delta\cdot\cos t\\ \sin A\cdot\sin z = \cos\delta\cdot\sin t\\ \cos A\cdot\sin z = -\cos\varphi\cdot\sin\delta + \sin\varphi\cdot\cos\delta\cdot\cos t\end{cases} \tag{3-56}$$

【例 3-3】 已知观测点的纬度为 45°，在某时刻观测到天体 σ 的方位角为 90°，假设此时该天体的天顶距为 30°，求此时该天体在时角坐标系中的坐标。

解：天文三角形是由天体、天顶和北天极组成的简单球面三角形，如图 3-18 所示。其中：$\varphi = 45°, A = 90°, z = 30°$。可见，该天文三角形为直角球面三角形。

如图 3-19 所示，利用直角球面三角形的基本公式，有

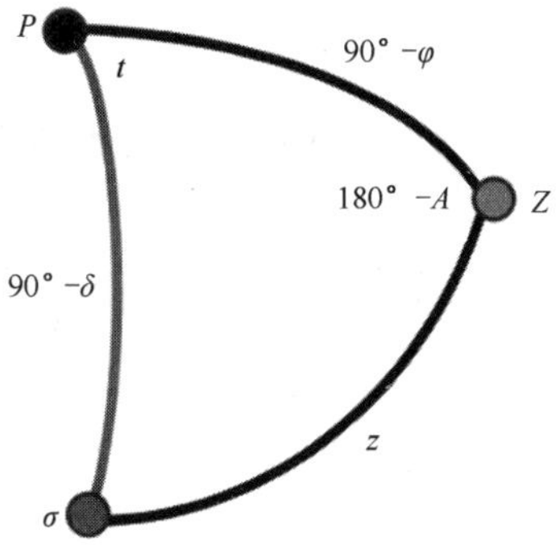

图 3-18 天文三角形

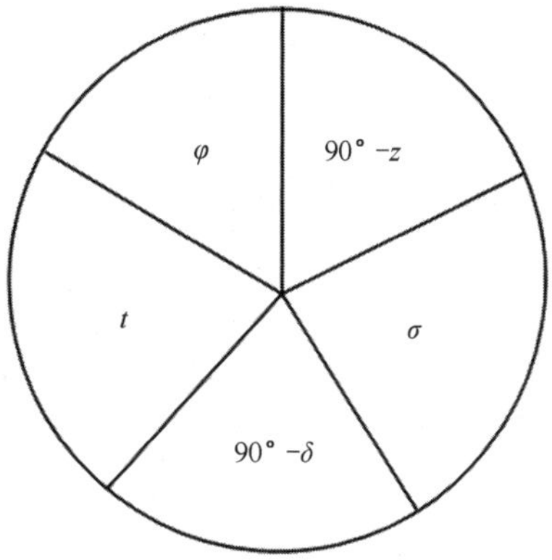

图 3-19 直角球面三角形的计算图形

$$\cos(90° - \delta) = \sin\varphi\sin(90° - z) = \sin 45°\sin 60° = 0.6124$$

$$\Rightarrow \delta = \arcsin 0.6124 = 37.76°$$

$$\cos\varphi = \cot t\cdot\cot(90° - z) = \frac{\tan z}{\tan t}$$

$$\Rightarrow \tan t = \frac{\tan z}{\cos\varphi} = \frac{\tan 30°}{\cos 45°} = 0.816$$

$$\Rightarrow t = \arctan 0.816 = 39.23°$$

3.3.2 赤道坐标系与时角坐标系之间的转换

根据赤道坐标系与时角坐标系的定义可知，它们的基圈和极相同，且第一坐标都是赤纬δ。而第二坐标的差异是由主点的不同引起的，即第二坐标的差异在于春分点和 Q 点在天赤道上的角距，即春分点的时角t_γ，则有

$$\alpha = t_\gamma - t \tag{3-57}$$

3.3.3 黄道坐标系与赤道坐标系之间的转换

利用天球上的黄极 K、北天极 P 和天体σ三点构成球面三角形，如图 3-20 所示。显然，黄道坐标系和赤道坐标系的关系与黄赤交角ε有关。

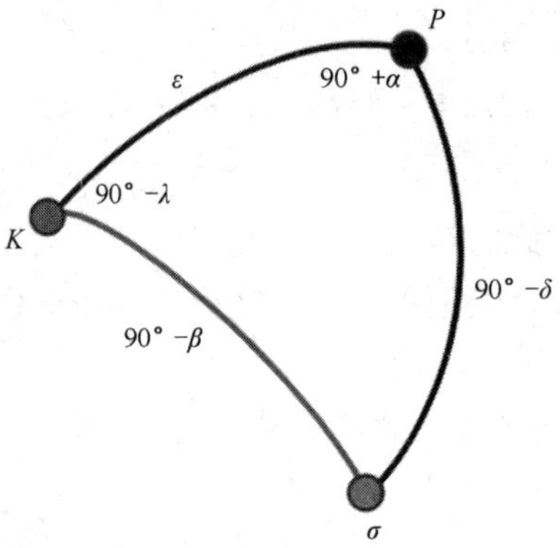

图 3-20　球面三角形

图 3-20 中标出了天体在黄道坐标系和赤道坐标系中的坐标。根据球面三角形基本公式，可以获得天体在黄道坐标系中的坐标与天体在赤道坐标系中坐标之间的转换关系，即

$$\begin{cases}\cos\beta\cdot\cos\lambda=\cos\delta\cdot\cos\alpha\\ \cos\beta\cdot\sin\lambda=\sin\delta\cdot\sin\varepsilon+\cos\delta\cdot\cos\varepsilon\cdot\sin\alpha\\ \sin\beta=\sin\delta\cdot\cos\varepsilon-\cos\delta\cdot\sin\varepsilon\cdot\sin\alpha\end{cases} \tag{3-58}$$

3.4 天球坐标系对应的空间坐标系

前面介绍了 4 个天球坐标系，它们确定了天体在天球上的二维投影位置，即天体的视位置。如果我们要研究天体的空间位置，就必须知道它们的空间三维坐标。因此，本节将针对上述 4 个天球坐标系分别建立 4 个对应的空间三维坐标系。

为了便于与天球坐标系进行坐标转换，空间坐标系的原点 O 总是与天球质心重合；OX 轴在基圈上，由原点指向天球坐标系的主点；OZ 轴垂直于基圈指向天球坐标系的极；OY 轴与 OX 轴、OZ 轴垂直，旋转方向与天球坐标系中定义的左旋或右旋方向一致。可见，空间坐标系的 XY 平面与天球坐标系的基圈重合，XZ 平面与主圈重合。按照上述规则，4 个天球坐标系对应的空间坐标系定义如表 3-2 所示，其中赤道坐标系即 2.2.1 节介绍的地心惯性坐标系。

表 3-2　4 个天球坐标系对应的空间坐标系定义

坐标轴	坐标系			
	地平坐标系	时角坐标系	赤道坐标系	黄道坐标系
X 轴	指向南点 S	指向交点 Q	指向春分点	指向春分点
Z 轴	指向天顶 Z	指向北天极 P	指向北天极 P	指向黄极 K
Y 轴	左手直角坐标系	左手直角坐标系	右手直角坐标系	右手直角坐标系

练 习 题

1. 试用简单球面三角形的普通公式推导出直角球面三角形的计算公式。

2. 已知球面三角形 ABC 的边 c 为 $90°$，角 B 为 $45°$，边 a 为 $60°$，求角 A 和边 b。

3. 简述 4 个天球坐标系的定义、特点和用途。

4. 已知观测点的纬度为 $45°$，在某时刻观测到天体 σ 的方位角为 $90°$，假设此时该天体的天顶距为 $30°$，求此时该天体在时角坐标系中的坐标。

5. 证明北黄极的天顶距 z 为

$$z = \arccos(\cos\varepsilon\sin\varphi - \sin\varepsilon\cos\varphi\sin t)$$

式中，t 为地方恒星时，φ 为测站的天文纬度，ε 为黄赤交角。

第 4 章　时间系统

☞　**基本概念**

天体的周日视运动、恒星时、真太阳时、平太阳时、民用时、地方时、世界时、区时、北斗时、回归年、恒星年、儒略年

☞　**重要公式**

平太阳时与恒星时的转换关系：式（4-25）

何为“宇宙”？《淮南子·齐俗训》中说：“往古来今谓之宙，四方上下谓之宇”。我国古代的先哲们已经知道，时间与空间是紧密相联的，“四方上下”已经在第 3 章中介绍，本章将介绍时间系统。

时间看不见、摸不着，却体现在物质的运动与变化中，现代物理学将时间定义为：为度量、记录和说明物质运动着的存在过程而引入的物理量，时间可以通过物质的运动进行测量。“日出而作，日入而息”就是利用太阳的周日视运动来计量时间的，“日”也成了量度时间的天然单位。随着生产力的发展和人类对自然界观察的深化，时间的概念也越来越丰富，时间的量度也越来越细致、复杂和精确。本章将从时间计量系统的要求讲起，介绍不同的时间系统。

4.1　时间计量系统的要求

时间离不开物质的运动，因此测量时间的基本原则就是通过某种选定的物质运动过程来计量时间。把其他一切物质运动过程与这个选定的物质运动过程进行比较，判别和排列事情发生的先后顺序和运动的快慢程度，从而对其进行观察、分析和研究。

通常所说的时间计量，实际上包含着既有差别又有联系的两个内容，即时间间隔和时刻的测定。时间间隔是指客观物质运动的两个不同状态之间所经历过的时间历程，时刻是指客观物质在某种运动状态的瞬间与时间坐标轴的原点之间的时间间隔。简单地说，时刻表示时间的早晚，时间间隔表示时间的长短。

为了时间计量的方便，所选定物质的运动必须是可测量的、均匀的和连续的，且时间计量系统必须满足以下 3 个要求。

（1）选定某一运动规律已经掌握的、运动状态可以观测到的具体物质的运动作为依据。例如，以太阳的周日视运动作为计量的依据。

（2）以该物质的某一段运动过程作为时间的基本单位。例如，以太阳周日视运动一周，即一日作为计量时间的单位。

（3）该物质的某一运动状态作为时间计量的起始点。例如，太阳上中天。

适当地选择满足上述 3 个要求的物质运动，就可以建立一个时间计量系统。显然，选择的物质运动不同，或选择的起始点不同，所建立的时间计量系统也不同。

在天文学领域中，最早建立的时间计量系统是以地球自转为依据的。天体的周日旋转是地球自转的直接反映，因而可以以天球上某一特定点的周日视运动为依据来建立时间计量系统。下面首先介绍天体的周日视运动。

4.2　天体的周日视运动

微课：天体的周日视运动

天体沿着天球上平行于天赤道的小圆（赤纬圈）即周日平行圈运动，且经过测站所在子午圈的瞬间称为天体的中天，如图 4-1 所示。

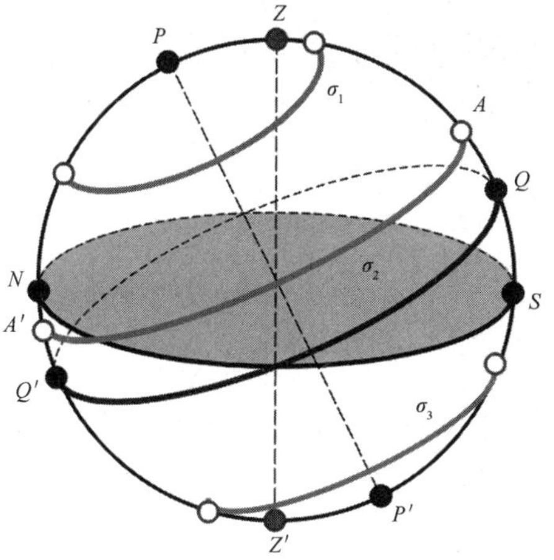

图 4-1　天体的中天（见彩插）

所有天体的周日平行圈与子午圈都有两个交点，经过包括天极和天顶的那半个子午圈时，天体到达最高位置，称为上中天；经过包括天极和天底的那半个子午圈时，天体到达最低位置，称为下中天。如图 4-1 所示，天体 σ_2 的上中天为 A，下中天为 A'。当天体的上中天和下中天都位于地平面以上时，称该天体为不落的星或拱极星，如图 4-1 中的天体 σ_1。当天体的上中天和下中天都位于地平面以下时，称该天体为不升的星或恒隐星，如图 4-1 中的天体 σ_3。当天体的周日平行圈一部分在地平圈以上，一部分在地平圈以下时，称为天体的东升西落现象，也称为天体的出没，如图 4-1 中的天体 σ_2。

显然，天体的周日视运动与观测者所处的位置有关。当天体的赤纬 δ 与观测者所处的地心纬度 φ 满足以下关系时，会出现不同的现象。

（1）当 $\delta > 90° - \varphi$ 时，天体的周日平行圈全部在地平圈以上。

（2）当 $90° - \varphi > \delta > -(90° - \varphi)$ 时，天体有东升西落现象，即天体的出没。

（3）当 $\delta < -(90° - \varphi)$ 时，天体的周日平行圈全部在地平圈以下。

（4）当 $\delta = 90° - \varphi$ 时，天体的周日平行圈为恒显圈。

（5）当 $\delta = -(90° - \varphi)$ 时，天体的周日平行圈为恒隐圈。

4.3 基于天体周日视运动的时间系统

4.3.1 恒星时

恒星时就是以春分点的周日视运动所确定的时间系统，记为 s。春分点连续两次上中天的时间间隔称为 1 恒星日。1 恒星日等分成 24 恒星小时，1 恒星小时等分为 60 恒星分，1 恒星分等分为 60 恒星秒，所有这些单位称为计量时间的恒星时单位。恒星时的起始点为春分点，刚好在测站上中天的时刻，所以恒星时在数值上等于春分点的时角，即

$$s = t_{\gamma} \tag{4-1}$$

由于春分点不是一个真实的天体，而只是天球上一个看不见的想象点，所以无法直接测量其位置。因此，需要通过观测恒星来推算出春分点所在的位置。已知春分点的时角 t_{γ} 等于任意一颗恒星的时角 t 与其赤经 α 之和，即

$$s = t_{\gamma} = \alpha + t \tag{4-2}$$

可见，若已知某恒星 σ 的赤经为 α，则只要测定其在某一瞬时的时角 t，即可利用式（4-2）求出观测瞬间的恒星时 s。

当恒星 σ 上中天时，即 $t=0^{\mathrm{h}}$，则

$$s = \alpha \tag{4-3}$$

可见，任何瞬间的恒星时都正好等于该瞬间上中天恒星的赤经。显然，已知恒星的赤经和某时刻的恒星，也可以求出该恒星在这个时刻的时角，即

$$t = s - \alpha \tag{4-4}$$

4.3.2 真太阳时和平太阳时

1. 真太阳时

以真太阳的周日视运动所确定的时间系统称为真太阳时，记为 $m_{\odot}$。真太阳连续两次上中天的时间间隔称为真太阳日。1 真太阳日等分成 24 真太阳小时，1 真太阳小时等分为 60 真太阳分，1 真太阳分等分为 60 真太阳秒，所有这些单位称为计量时间的真太阳时单位。显然，真太阳时就是真太阳的时角，即

$$m_{\odot} = t_{\odot} \tag{4-5}$$

已知建立时间系统的基本原则是选定的物质运动必须均匀，而真太阳日的长短是不一致的，故常把其称为真太阳的缺陷。

1）真太阳在黄道上的运动速度不均匀

由开普勒第二定律可知，在相等的时间间隔内地球围绕太阳转动的角度不同，即太阳在黄道上不同位置之间的位移不相等。以近日点和远日点为例，如图 4-2 所示。

图 4-2 中，O_1,O_2 和 O_1',O_2' 分别是在近日点和远日点附近 1 恒星日内地球在黄道上的位移，θ_1,θ_2 分别是对应的角位移。由开普勒第二定律可知，$O_1O_2 > O_1'O_2'$，即 $\theta_1 > \theta_2$；由于地球公转的同时还在自转，对于地球上某观测站 A 而言，设地球从 O_1 运行到 O_2 刚好是 1 恒星日，则对于真太阳来说，地球还需要继续转动 θ_1 才是 1 真太阳日。同理，在远地点附近，

经过 1 恒星日，地球从 O_1' 运动到 O_2'，但是地球还需要继续转动 θ_2 才是 1 真太阳日。因为 $\theta_1 > \theta_2$，所以在近日点附近的真太阳日要大于远日点附近的真太阳日。

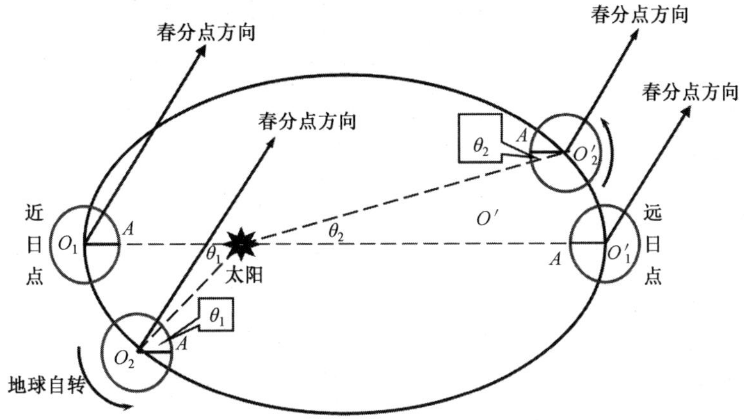

图 4-2　真太阳日与恒星日（见彩插）

实际上，地球公转速度不一致，导致地球在公转轨道上任何位置的真太阳日都是不相等的。

2）真太阳的周年视运动是沿着黄道的而不是沿着天赤道的

已知真太阳时是以真太阳时角来表示的，而时角是沿着天赤道的弧长来测量的，由于黄赤交角的存在，因此即使太阳周年视运动的速度是均匀的，反映在天赤道上的时角变化是不均匀的。

假设太阳在黄道上做匀速周年视运动，令弧 $\Upsilon A, AB, BC, CD$ 为太阳在相同时间间隔内所走过的黄道弧长，它们是相等的，设弧长为 x。这些等弧长在天赤道上的投影分别为 Υa, ab, bc, cd，如图 4-3 所示。

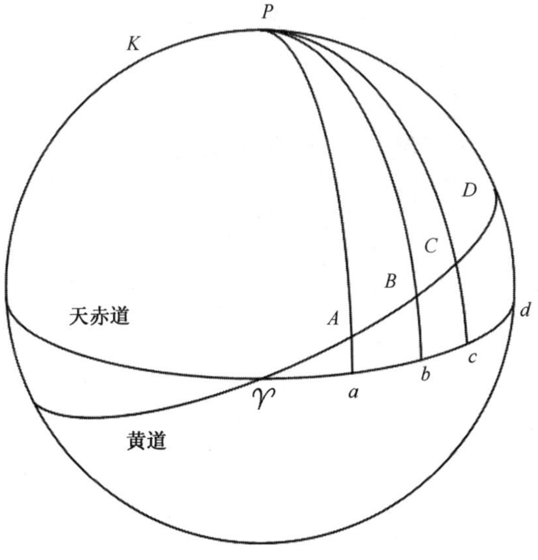

图 4-3　投影周年视运动在天赤道上的投影

已知球面三角形 $A\gamma a, B\gamma b, C\gamma c, D\gamma d$ 都是直角球面三角形，且球面角 $A\gamma a$ 等于黄赤交角ε，则有

$$\begin{cases} \tan\gamma b = \dfrac{\tan 2x}{\tan x}\cdot\tan\gamma a \\ \tan\gamma c = \dfrac{\tan 3x}{\tan x}\cdot\tan\gamma a \\ \tan\gamma d = \dfrac{\tan 4x}{\tan x}\cdot\tan\gamma a \end{cases} \tag{4-6}$$

显然，

$$\begin{cases} \gamma b \neq 2\gamma a \\ \gamma c \neq 3\gamma a \\ \gamma d \neq 4\gamma a \end{cases} \tag{4-7}$$

也就是说，在黄道上长度相等的弧长投影到天赤道上以后弧长并不相等，从而导致真太阳日不相等。

2. 平太阳时

为了弥补真太阳时的缺陷，19 世纪，美国天文学家纽康（Newcomb）提出了一个假想的参考天体，即假太阳。这个假太阳和真太阳一样有周年视运动，但是与真太阳有以下两点不同。

（1）它的周年视运动的轨迹不是沿着黄道的，而是沿着天赤道的。

（2）它在天赤道上运行的速度是均匀的，等于真太阳周年运动速度的平均值。

我们称这个假太阳为平太阳。显然，平太阳的时角变化是均匀的，它弥补了真太阳的缺陷。

以平太阳的周日视运动所确定的时间系统称为平太阳时，记为 m，简称平时。平太阳连续两次上中天的时间间隔称为平太阳日。1 平太阳日等分成 24 平太阳小时，1 平太阳小时等分为 60 平太阳分，1 平太阳分等分为 60 平太阳秒，所有这些单位称为计量时间的平太阳时单位。显然，平太阳时就是平太阳的时角，即

$$m = t_m \tag{4-8}$$

由于真太阳的时角变化不均匀，而平太阳的时角变化均匀，所以它们之间存在时差，通常用η表示，即

$$\eta = m_{\odot} - m \tag{4-9}$$

时差与观测者在地球上的位置无关，只与观测的日期有关。大约在冬至附近时差变化最大，为 1.2 秒/小时。

3. 民用时

由于平太阳上中天时，时角为 0^{h}，下中天时，时角为 12^{h}，使人们感到很不习惯，所以人们人为地将平太阳时改为从平子夜开始，又称为民用时，用 m_c 表示，即

$$m_c = m + 12^{\mathrm{h}} \tag{4-10}$$

由于平太阳也是一个假想的点，无法观测，所以先通过观测得到恒星时，再将其转换为平太阳时。

4．平太阳时与恒星时的转换

平太阳在天赤道上做匀速周年视运动，所以平太阳在随天球做周日视运动的同时，还以与周日视运动相反的方向在天赤道上做周年视运动。平太阳沿天赤道做周年视运动连续两次过春分点的时间间隔为 1 回归年。经过长期观测可知，

$$1\ 回归年 = 365.2422\ 平太阳日 \tag{4-11}$$

假设在某瞬时平太阳和春分点同时位于某地 A 的上中天，如图 4-4（a）所示；当天球旋转 1 周后，春分点再次上中天，即刚好完成 1 恒星日，但是由于平太阳的周年视运动，使得平太阳并未上中天，而是落后 θ，即天球再旋转 θ 才能完成 1 平太阳日，如图 4-4（b）所示，可见 1 平太阳日长于 1 恒星日；当春分点完成 2 恒星日时，平太阳落后 2θ，如图 4-4（c）所示；以此类推，平太阳完成 1 周年运动时，即 1 回归年之后，与春分点之间整整相差 360°，如图 4-4（d）所示。因此，在 1 回归年内，春分点上中天次数要比平太阳多一次，即

$$1\ 回归年=365.2422\ 平太阳日=366.2422\ 恒星日 \tag{4-12}$$

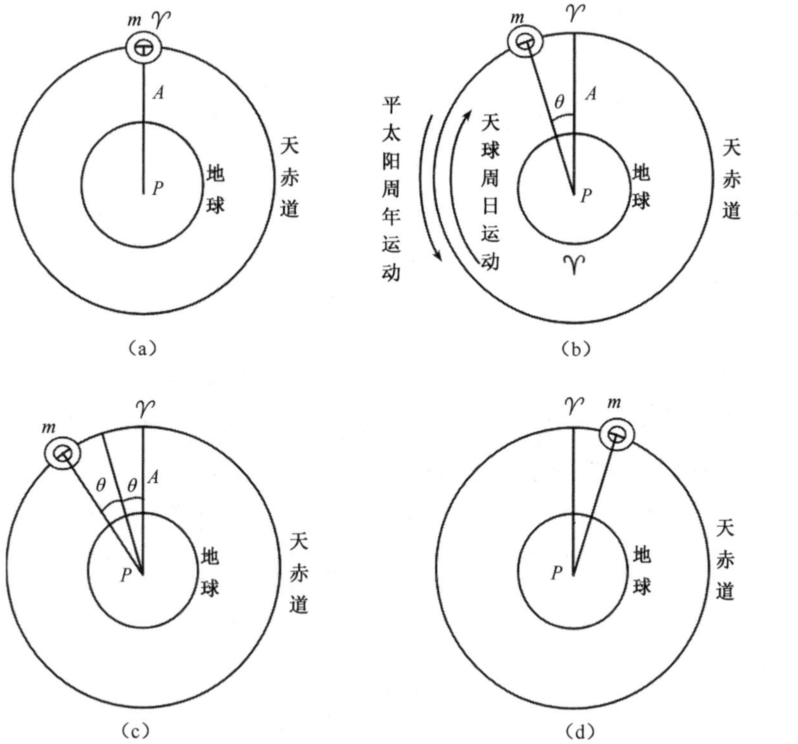

图 4-4　平太阳周日运动与周年运动

则

$$1\ 平太阳日=\frac{366.2422}{365.2422}\ 恒星日=\left(1+\frac{1}{365.2422}\right)恒星日 \tag{4-13}$$

令

$$\mu=\frac{1}{365.2422} \tag{4-14}$$

则有

$$1\text{平太阳日}=(1+\mu)\text{恒星日} \tag{4-15}$$

$$1\text{平太阳时}=(1+\mu)\text{恒星时} \tag{4-16}$$

$$1\text{平太阳分}=(1+\mu)\text{恒星分} \tag{4-17}$$

$$1\text{平太阳秒}=(1+\mu)\text{恒星秒} \tag{4-18}$$

相反，还可以得到

$$1\text{恒星日}=\frac{365.2422}{366.2422}\text{平太阳日}=\left(1-\frac{1}{366.2422}\right)\text{平太阳日} \tag{4-19}$$

令

$$\nu=\frac{1}{366.2422} \tag{4-20}$$

则有

$$1\text{恒星日}=(1-\nu)\text{平太阳日} \tag{4-21}$$

$$1\text{恒星时}=(1-\nu)\text{平太阳时} \tag{4-22}$$

$$1\text{恒星分}=(1-\nu)\text{平太阳分} \tag{4-23}$$

$$1\text{恒星秒}=(1-\nu)\text{平太阳秒} \tag{4-24}$$

若对于某一时间间隔，用平太阳时表示为 m，用恒星时表示为 s，则

$$\begin{cases} m=(1+\mu)s \\ s=(1-\nu)m \end{cases} \tag{4-25}$$

4.3.3 地方时、世界时和区时

1. 地方时

恒星时、真太阳时、平太阳日都与天体的时角有关，而时角是以测站所在的子午圈起算的。各地的子午圈不同，因此这些计时系统具有“地方性”。因此，上述时间系统又称地方恒星时、地方真太阳时和地方平太阳时，统称为地方时。

在同一时刻，不同观测站观测同一天体所获得的时角不同，如图 4-5 所示。

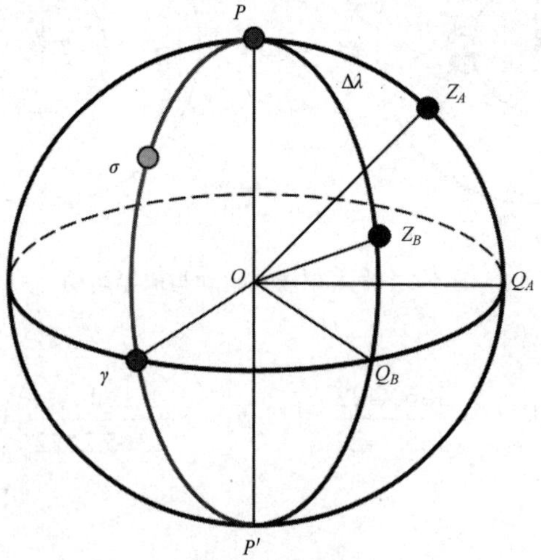

图 4-5　地方时与天文经度之间的关系

设测站 A、测站 B 的天顶分别为 Z_A、Z_B，两测站的天文经度差为 $\Delta\lambda$，则在同一时刻由 A、B 两个测站同时观测天体 σ，t_A、t_B 分别是两测站观测到的时角，则

$$t_A - t_B = \Delta\lambda \tag{4-26}$$

如果观测的是真太阳、平太阳或春分点，则式（4-26）仍然成立。可见，在同一时间计量系统中，同一时刻两个观测站的地方时之差在数值上等于两个观测站的天文经度之差，即

$$\begin{cases} s_A - s_B = \lambda_A - \lambda_B \\ m_A - m_B = \lambda_A - \lambda_B \end{cases} \tag{4-27}$$

2. 世界时

由式（4-27）可知，若已知天文经度 $\lambda = 0°$ 的地方时，则在同一时刻，天文经度为 λ 的地方时也就知道了。

通常，规定格林尼治天文台的天文经度为 0°，则格林尼治天文台的地方时常用特殊符号表示，即用 S 表示格林尼治地方恒星时，用 M 表示格林尼治地方平太阳时，且将格林尼治地方时统称为世界时，记为 UT（Universal Time）。则天文经度为 λ 的地方时与世界时之间的关系为

$$\begin{cases} s - S = \lambda \\ m - M = \lambda \end{cases} \tag{4-28}$$

3. 区时

随着长途运输和航海事业的发展，如果各地仍采用地方时就会带来诸多不便。为此，将全世界按统一的标准分区，实行分区计时，建立了区时，记为 T。

区时的划分是以格林尼治子午线为标准的，从西经 7.5° 到东经 7.5°（经度间隔 15°）为零时区，从零时区的边界线分别向东、向西每隔经度 15° 为一个时区，各划分出 12 个时区，且东 12 区与西 12 区重合，全球共划分 24 个时区，各时区都采用中央子午线的地方时为本时区的区时。设 N 表示时区的序号，东时区为正，西时区为负，则世界时 M 和区时 T_N 的关系为

$$T_N = M + N \tag{4-29}$$

由于我国北京的经度为 116°21′30″，位于东 8 区，所以，我们通常所说的北京时间就是东 8 区的区时，即

$$\text{北京时=世界时+8 小时} \tag{4-30}$$

事实上，为了方便起见，时区的划分并不严格按照子午线划分，而是利用一些天然的河流、山脉，并考虑国界、省界等，即按照地理、政治、经济等情况，人为地划分时区的分界线。

4.4 轨道计算中常用的时间系统及其转换

在轨道计算中，时间是独立变量。但是，在计算不同的物理量时需要使用不同的时间系统。例如，在计算恒星时采用世界时 UT1；定位解算时采用 GPS 时 GPST；岁差和章动量的计算采用 TDB 时；等等。因此，必须清楚各时间系统的定义和各时间系统之间的转换

关系，下面给出各种时间系统的定义及它们之间的转换公式。

4.4.1 格林尼治恒星时

格林尼治恒星时为春分点相对格林尼治平天文子午面的时角。由于岁差、章动原因，格林尼治恒星时又分为格林尼治真恒星时（GAST）和平恒星时（GMST），且两者的关系为

$$\mathrm{GAST} = \mathrm{GMST} + \Delta\psi\cos\varepsilon \tag{4-31}$$

式中，$\Delta\psi\cos\varepsilon$ 为赤经章动，且

$$\begin{aligned}\mathrm{GMST}=&67310.54841^{\mathrm{s}} + (8640184.812866^{\mathrm{s}} + 876600^{\mathrm{h}})T_u + \\ &0.093104^{\mathrm{s}}T_u^2 - 0.063^{\mathrm{s}}\times 10^5 T_u^3\end{aligned} \tag{4-32}$$

式中，T_u 为自 J2000.0(JD2451545.0)起算至观测 UT1 时刻的儒略世纪数，即

$$T_u = \frac{\mathrm{JD(UT1)} - 2451545.0}{36525.0} \tag{4-33}$$

4.4.2 世界时

世界时系统有 UT0、UT1、UT2 之分。前面介绍的世界时是 UT0，它是直接由观测得到的世界时，对应于瞬时极的子午圈。从 1956 年起对于世界时引进了两项主要的修正项，一项是极移引起的观测站的经度变化改正 $\Delta\lambda$，修正后的世界时称为 UT1；另一项是地球自转速度引起的季节性变化改正 ΔT_s，修正后的世界时称为 UT2。它们之间的关系为

$$\begin{cases}\mathrm{UT1} = \mathrm{UT0} + \Delta\lambda \\ \mathrm{UT2} = \mathrm{UT1} + \Delta T_s = \mathrm{UT0} + \Delta\lambda + \Delta T_s\end{cases} \tag{4-34}$$

UT1 是以平北极（国际习惯用原点）为统一标准的观测世界时，是反映地球实际自转的时间，恒星时计算与此有关。

4.4.3 国际原子时

国际原子时（TAI）以铯原子 Cs^{133} 基态两能级间跃迁辐射的 9192631770 周所经历的时间作为 1 秒长的均匀时间，目前国际单位制（SI）中的时间单位秒（s）即以此定义。TAI 的起点取为 1958 年 1 月 1 日 00 时 00 分 00 秒世界时（UT）。

4.4.4 协调世界时

国际原子时虽然稳定，但它与天体运行无关，它的时刻没有实际意义。而世界时正好相反，它的秒长虽然不稳定，但时刻对应太阳在天空中的特定位置，不仅与我们的日常生活密切相关，而且在定位、导航等方面具有重要的应用价值。考虑世界时和国际原子时各有所长，天文学家研究出一种将两种时间协调起来的方法，即秒长以国际原子时为基础，时刻上尽量靠近世界时，称为协调世界时（UTC），简称协调时。UTC 是民用时的基础，目前世界各国时间服务部门提供的标准时间都是 UTC。

当地球自转的不均匀性（参见 5.2 节）使 UTC 与 UT1 的时刻之差超过±0.9 秒时，就视情况，提前对 UTC 增加 1 秒，或减少 1 秒，并仿照闰年的叫法，称为闰秒。增加的 1 秒称为正闰秒，减少的 1 秒称为负闰秒。闰秒一般安排在年中或年末的最后时刻，即 6 月 30 日或 12 月 31 日的最后 1 分钟。截至 2021 年 1 月，全球已进行了 27 次闰秒，均为正闰秒。

4.4.5 质心动力学时

质心动力学时（TDB）为相对太阳质心的运动方程给出的历表、引数等所用的时间尺度，岁差及章动量的计算是以此为依据的。

4.4.6 地球动力学时

地球动力学时（TDT）为视地心历表所用的时间尺度，它具有均匀连续的特性，卫星运动方程就以此为独立的时间变量。

4.4.7 GPS 时

GPS 时（GPST）是由 GPS 系统定义和应用的一种时间尺度，起始历元为协调世界时（UTC）1980 年 1 月 6 日 00 时 00 分 00 秒，采用国际单位制秒为基本单位连续累计，无闰秒。因此，GPST 始终比国际原子时（TAI）落后 19 秒，并且跟随 TAI 一起与 UTC 之间整数秒的差异随着 UTC 的闰秒而不断变换，将 GPST 超前 UTC 的整数秒差异记为 ΔGPST。

4.4.8 北斗时

2020 年 7 月 31 日，北斗三号全球卫星导航系统正式开通，北斗迈进全球服务新时代，我国成为继美国、俄罗斯后世界上第三个独立拥有全球卫星导航系统的国家。北斗时间也成为很多系统使用的时间基准，各类设备通过接收北斗卫星信号即可获得高精度的标准时间。

北斗三号系统的时间基准为北斗时（BDT）。BDT 采用国际单位制秒为基本单位连续累计，无闰秒。北斗时由地面控制站时频系统建立和维持，起始历元为协调世界时（UTC）2006 年 1 月 1 日 00 时 00 分 00 秒。

北斗时与国际原子时保持整秒常数差值（33 秒）。北斗导航电文播发北斗时（BDT）与 UTC 的差值（闰秒改正数），以及 BDT 与 GPS 时、GLONASS 时、Galileo 时的差值信息，这样应用终端就可以在接收北斗信号后自动得到高精度的 UTC 了。

4.4.9 各时间系统的换算关系

以上各时间尺度的相互关系如下：

$$
\begin{cases}
\text{UT1} = \text{UTC} + \Delta\text{UT1} \\
\text{TAI} = \text{UTC} + \Delta\text{AT} \\
\text{TDT} = \text{TAI} + 32.184^{\text{s}} \\
\text{TDB} = \text{TDT} + \Delta\text{TD} \\
\text{GPST} = \text{UTC} + \Delta\text{GPST} \\
\text{BDT} = \text{TAI} - 33^{\text{s}}
\end{cases}
\tag{4-35}
$$

式中，ΔUT1 可从地球自转参数文件中获得，且

$$\begin{cases}\Delta \mathrm{AT} = 19^{\mathrm{s}} + \Delta \mathrm{GPST} \\ \Delta \mathrm{TD} = 0.001658^{\mathrm{s}} \sin(v + 0.0167 \sin v) \\ v = 6.240040768 + 628.3019501T(\mathrm{rad})\end{cases} \tag{4-36}$$

式中，T 为自 J2000.0 年起算至观测 TDB 时刻的儒略世纪数，即

$$T = \frac{\mathrm{JD(TDB)} - 2451545.0}{36525.0} \tag{4-37}$$

各时间系统之间的关系如图 4-6 所示。

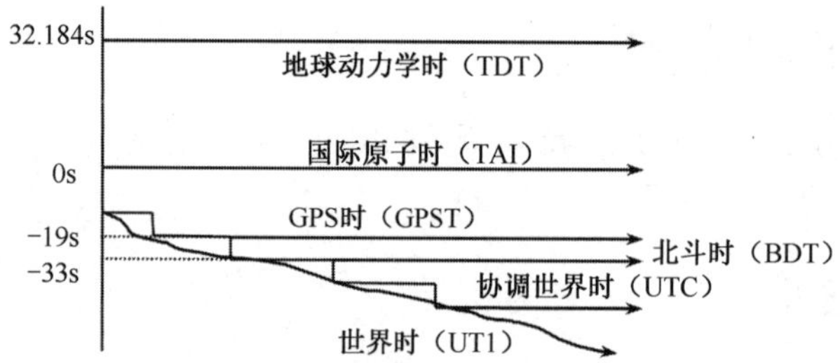

图 4-6　各时间系统之间的关系

4.5　恒星年、回归年与儒略年

上面讨论的计量时间的基本单位为日、时，为了度量更长的时间间隔，天文学中采用以地球绕太阳公转运动为基础的时间单位，即公转周期，称为年。地球公转运动在天球上的反映就是太阳的周年视运动。如果选择不同的参考点计量太阳的周年视运动，就会得到不同长度的年。

4.5.1　恒星年与回归年

恒星年是以某一颗遥远的恒星作为参照物，是太阳质心在天球上连续两次通过某个恒星的黄经圈所需要的时间，长度为 365.25636 平太阳日，对应的地球公转角度为 360°，这是地球围绕太阳运动的平均公转周期。

回归年以春分点为参照物，是太阳质心在天球上连续两次通过春分点的时间间隔，即太阳连续两次直射北回归线的时间间隔，蕴含了四季更迭，又称季节年。地球自转轴指向的周期性运动（参见 5.2 节），导致了春分点在黄道上的“西移”，使得回归年对应的地球公转角度为 359° 多一点，回归年的长度小于恒星年，为 365.2422 平太阳日。

4.5.2　儒略年与公历年

古埃及的太阳历是世界上最早的根据太阳周年视运动建立的历法，古埃及人将天狼星偕日升起的那天定为岁首，一年 365 天，即“天狼星年”。

公元前 46 年，罗马的执政官儒略·凯撒在古埃及太阳历的基础上，颁布了儒略历，儒略历的一年称为儒略年，1 儒略年规定有 365 平太阳日，每 4 儒略年中有 1 个闰年，即 366 平

太阳日，因此儒略年的平均长度为

$$1\text{ 儒略年}=365.25\text{ 平太阳日} \tag{4-38}$$

显然，儒略年比回归年长，400 儒略年比 400 回归年长约 3 平太阳日。1 儒略世纪等于 36525 平太阳日。以儒略年作为基本单位定出的历法称为儒略历。

在历法中，一年必须包含日的整数倍，称为历年。为使历年的平均长度更加接近回归年，罗马教皇格里高利（Gregory）组织学者对儒略年进行了改进，得到了现在通用的公历称为格里高利历。在每 4 个公历年中有 1 个闰年，且凡能被 4 整除的就是闰年，但是在 400 年中要去掉 3 个闰年。因此，规定只有当世纪数能被 4 整除时才是闰年，即

$$1\text{ 公历年}=\frac{365.25\times 400-3}{400}=365.2425\text{ 平太阳日} \tag{4-39}$$

4.5.3 儒略日

天文学家在推算一个历史事件发生的日期时，用的既不是儒略历，也不是格里高利历，而是儒略日，一种没有年、月单位，只有日的计时体系。例如，武王伐纣的牧野之战发生于儒略日 1340111 日，孔子诞生于儒略日 1520087 日。需要注意的是，天文学家斯卡利泽为纪念他的父亲将这种记日法命名为“儒略”，与儒略历没有关系。

儒略日与公历之间有明确的对应关系，它是以公元前 4713 年 1 月 1 日（儒略历）的格林尼治平太阳上中天为起算日期的。天文年历记载了每年每月零日世界时 12h 的儒略日，记为 JD（Julian Data），如 1992 年 2 月 1 日 0^{h}UT 儒略日为 2448653.5。随着岁月的推移，儒略日数值逐渐增大，为此引入了约简儒略日，记为 MJD（Modifier Lulian Data），其定义如下：

$$\text{MJD}=\text{JD}-2400000.5 \tag{4-40}$$

式（4-40）表明，MJD 的起算日期为公元 1858 年 11 月 17 日 0^{h}UT。

设给定公历日期为 Y 年 M 月 D 日（含天的小数部分），则对应的儒略日 JD 为

$$\begin{aligned}\text{JD} = D-32075+&\left[1461\times\left(Y+4800+\text{int}\left[\frac{M-14}{12}\right]\right)\div 4\right]+\\ &\left[367\times\left(M-2-\text{int}\left[\frac{M-14}{12}\right]\times 12\right)\div 12\right]-\\ &\left[3\times\left[Y+4900+\text{int}\left[\frac{M-14}{12}\right]\div 100\right]\div 4\right]-\frac{1}{2}\end{aligned} \tag{4-41}$$

式中，int[X]表示取 X 的整数部分，略去其小数点以后的位数。

设某时刻的儒略日为 JD（含天的小数部分），对应的公历日期为 Y 年 M 月 D 日，则

$$\begin{cases}Y=\left[100\times(N-49)\right]+Y_1+L_3\\ M=M_1+2-12\times L_3\\ D=L_2-\left[\dfrac{2447\times M_1}{80}\right]\end{cases} \tag{4-42}$$

其中

$$\begin{cases} J=[\mathrm{JD}+0.5] \\ N=\mathrm{int}\left[\dfrac{4\times(J+68569)}{146097}\right] \\ L_1=J+68569-\mathrm{int}\left[\dfrac{N\times 146097+3}{4}\right] \\ Y_1=\mathrm{int}\left[\dfrac{4000\times(L_1+1)}{14601001}\right] \\ L_2=L_1-\mathrm{int}\left[\dfrac{1461\times Y_1}{4}\right]+31 \\ M_1=\mathrm{int}\left[\dfrac{80\times L_2}{2447}\right] \\ L_3=\mathrm{int}\left[\dfrac{M_1}{11}\right] \end{cases} \tag{4-43}$$

练习题

1. 试述时间系统的计量要求。
2. 简述恒星时、真太阳时和平太阳时的概念和它们之间的关系。
3. 计算东 8 区与西 8 区之间的时间关系。
4. 求 GPS 时与国际原子时之间的转换关系。

第 5 章　地球及其引力

☞　**基本概念**

地球的形状模型、引力位函数、地球引力位函数的球谐系数、引力、重力

☞　**重要公式**

地球引力加速度公式：式（5-64）、式（5-65）、式（5-67）、式（5-68）

重力公式：式（5-76）、式（5-78）

地球是距离我们最近的自然天体，其对运载火箭、航天器所产生的万有引力是研究这些飞行器的运动时必须考虑的主要受力之一。本章将详细介绍地球引力的产生和计算方法。

5.1　地球的形状与地面点坐标

5.1.1　地球的形状

地球是一个形状复杂的不规则椭球，形象地说，地球的形状接近梨形。地球的物理表面极不规则。陆地约占地球表面的 30%，海洋约占地球表面的 70%。陆地的最大高度是珠穆朗玛峰，高度为 8848.86m，海洋最低的海沟是太平洋的马里亚纳海沟，深度为 11034m。可见，地球的物理表面实际上是不能用数学方法来描述的。

对于包括地球在内的天体的形状，马克劳林和雅可比等人都做过深刻的研究。根据研究工作的不同需要，可以采用以下 4 种地球形状近似模型。

1. 大地水准面

在大地测量中，常用大地水准面来表示地球形状的近似。这是一个假想的表面，它是由占地球表面 70%的海洋表面延伸穿过陆地得到的地球表面。大地水准面是重力作用下的等位面，它是不规则的，南半球和北半球也不对称，北极略凸起，南极略扁平，很像梨的形状。大地水准面又称为全球静止海平面，是一个理想的表面，与地球的真实形状很接近。

2. 均质圆球

地球形状的一级近似是一个均质圆球，即地球各处密度均匀的球体，其体积等于地球的体积，圆球的半径为 6371004m。在研究卫星运动时，相对研究卫星在地心引力场中的运动规律，这就是卫星-地球二体问题。这个问题研究卫星在地球引力场中运动的基础。

3. 旋转椭球

地球形状的二级近似是旋转椭球，它比圆球更接近地球的真实形状。旋转椭球由一个椭圆绕其短轴旋转所得。该椭球按照以下条件来确定。

（1）椭球中心与地球质心重合，且其赤道平面与地球赤道平面重合。

（2）椭球的体积与大地水准面的体积相等。

（3）椭球表面与大地水准面高度偏差的平方和最小。

按照上述体积确定的椭球称为总椭球，它与大地水准面的最大偏差为几十米。1976 年，国际天文学联合会天文常数系统确定地球极半径为 6356.909km，赤道半径为 6378.140km，扁率为 1/298.257，地球引力常数 $\mu = GM = 398600.5\text{km}^3/\text{s}^2$ 。在旋转椭球的假设下，地球引力位函数与时间无关。

4. 三轴椭球

地球形状的三级近似是三轴椭球。对地球形状的进一步研究发现，地球的形状并不是旋转椭球，而是接近三轴椭球，即赤道的形状不是圆形而是椭圆形，南北半球对称。根据测量，地球赤道椭圆半长轴为 6378.351km，半短轴为 6378.139km，赤道扁率为 1/30000。长轴方向在西经 35° 附近。在这种假设情况下，地球引力位函数与时间有关。

5.1.2 地面点坐标

为了确定地球表面上点的位置，常采用天文坐标系、大地坐标系和地心坐标系来描述，下面分别介绍地面点在这 3 个坐标系中的表示方式。

1. 天文坐标系

铅垂线方向是地面上某点的重力方向，包含铅垂线的平面称为铅垂面。当铅垂面与地球自转轴平行时称为天文子午面，即子午圈所在的平面；通过格林尼治天文台的天文子午面称为起始天文子午面；当铅垂面与天文子午面垂直时称为天文卯酉面，即卯酉圈所在的平面。

地球自转轴、地面点的铅垂线及其天文子午面、大地水准面都是客观存在的自然特征，是可以实际标定的线和面。天文坐标系就是以这些客观存在的自然特征为基础建立的，如图 5-1 所示。地面点的天文坐标是用天文经度、天文纬度和正高来表示的，具体定义如下。

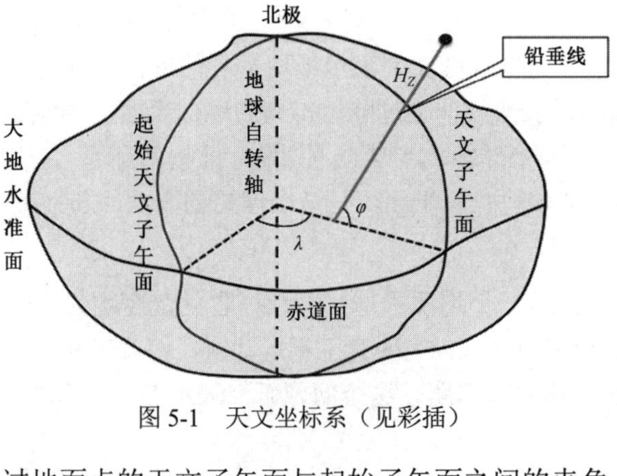

图 5-1 天文坐标系（见彩插）

（1）天文经度：过地面点的天文子午面与起始子午面之间的夹角，且由起始子午面起算，从北极向下看逆时针为正，记为λ，可以转化为同一瞬间的同类正确时间（时角）之差。

（2）天文纬度：过地面点的铅垂线与地球赤道平面的夹角，且地面点位于北半球为正，记为φ，可通过天文观测由式（3-55）确定。

（3）正高：从地面点沿其铅垂线方向到大地水准面的距离，且从大地水准面起算向外为正，记为 H_Z。

另外，天文方位角也是一个重要的参数，它是航天器发射时标定方向的基础。包含地面点 S 的天文子午面与包含另外一个地面点 D 的铅垂面的夹角称为 D 点相对 S 点的方位角，记为α。

天文经度、天文纬度可以通过测量得到，正高可以用水准测量方法测定，但是，由于大地水准面的不规则性，使得地面点的天文坐标不能进行简单、准确的相互推算，且两点之间的距离和坐标差也无法用严格的数学关系来描述。因此，天文坐标只能孤立地表示某一点地面点的位置，而不能构成一个统一的坐标系。

2. 大地坐标系

大地坐标系是建立在地球参考椭球上的坐标系。地面点法线方向的定义为过该点参考椭球上的法线方向，该定义包含某地面点法线和椭球短轴的平面为大地子午面；通过格林尼治天文台的大地子午面称为起始大地子午面。

某地面点的大地坐标是用大地经度、大地纬度和大地高来表示的，如图 5-2 所示，具体定义如下。

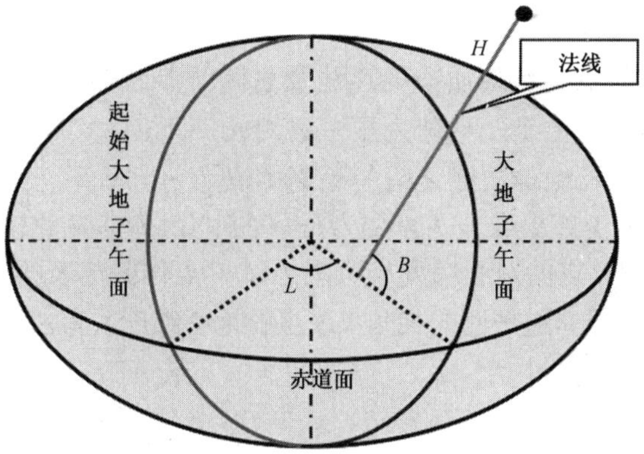

图 5-2　大地坐标系（见彩插）

（1）大地经度：过地面点的大地子午面与起始大地子午面之间的夹角，且由起始大地子午面起算向东为正，记为 L。

（2）大地纬度：过地面点的法线与参考椭球赤道平面（过椭球中心与短轴垂直的平面）的夹角，且地面点位于北半球为正，记为 B。

（3）大地高：由地面点沿其法线到参考椭球面的距离，从椭球面起算向外为正，记为 H。

天文坐标系与大地坐标系之间存在差异的主要原因是，地球内部质量分布不均匀引起的地面点铅垂线与法线方向的不一致，其中包括地球自转轴与参考椭球的短轴不重合和地球质心与参考椭球球心不重合的影响，这种差异称为垂线偏差。

3. 地心坐标系

地心坐标系是以地球质心和总椭球的地球自转轴建立的坐标系。设总椭球的球心与地球质心重合，总椭球的短轴与地球自转轴重合，包含某地面点与地球质心的连线及地球自转轴的平面称为地心子午面，格林尼治天文台的地心子午面称为起始地心子午面。

某地面点的地心坐标是用地心经度、地心纬度和地心距来表示的，如图 5-3 所示，具体定义如下。

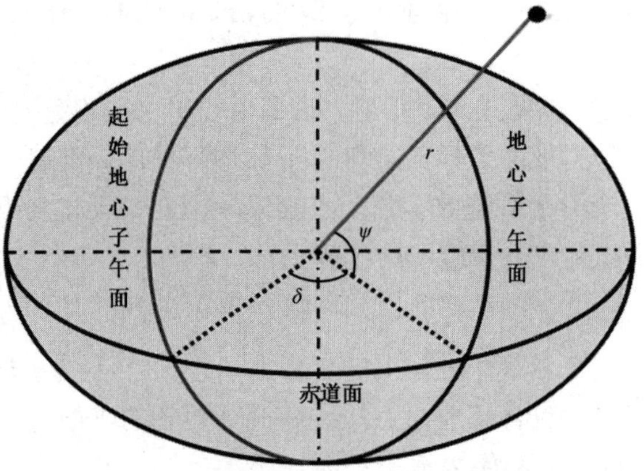

图 5-3　地心坐标系（见彩插）

（1）地心经度：过地面点的地心子午面与起始地心子午面之间的夹角，且由起始大地子午面起算向东为正，记为δ。

（2）地心纬度：地面点与地球质心的连线及总椭球赤道平面（过椭球中心与短轴垂直的平面）的夹角，且地面点位于北半球为正，记为ψ。

（3）地心距：地面点与地球质心之间的距离，记为 r。

【例 5-1】已知 P 点的大地坐标为(L,B,H)，P 点与地心的连线及旋转椭球表面交于 G' 点，与椭球赤道平面的交角（P 点的地心纬度）为 δ_P；过 P 点作椭球表面的法线，交椭球面于 G 点，G 点与地心连线及椭球赤道平面的夹角（G 点的地心纬度）为 δ_G，如图 5-4 所示。求 δ_P 和 δ_G。

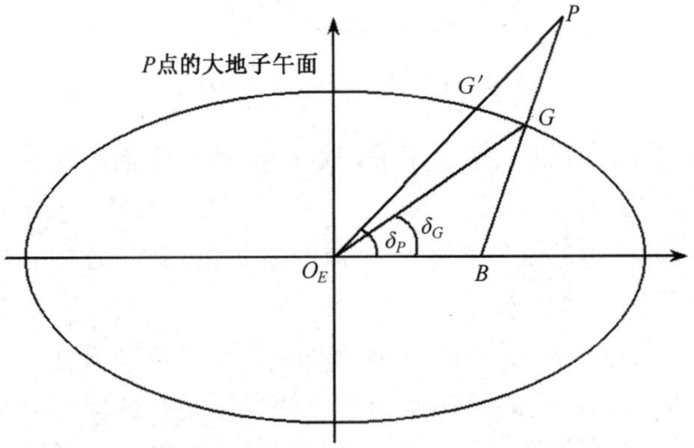

图 5-4　P 点在地心坐标系中的投影

解：设 P 点的地心直角坐标为(X,Y,Z)，则大地坐标与地心直角坐标的关系为

$$\begin{cases} X=(N+H)\cos B\cos L \\ Y=(N+H)\cos B\sin L \\ Z=[N(1-e)^2+H]\sin B \end{cases} \tag{5-1}$$

式中，N 为 P 点的卯酉半径，即

$$N = \frac{a_e}{\sqrt{1 - e^2 \sin^2 B}} \tag{5-2}$$

式中，a_e 为旋转椭球的半长轴，e 为旋转椭球的偏心率。已知 P 点的地心距为

$$r = \sqrt{X^2 + Y^2 + Z^2} \tag{5-3}$$

则 P 点的地心纬度为

$$\delta_P = \arcsin \frac{Z}{r} \tag{5-4}$$

设 G 点的直角坐标为(X_G, Y_G, Z_G)，因为该点位于椭球表面，因此有

$$\begin{cases} X_G = N \cos B \cos L \\ Y_G = N \cos B \sin L \\ Z_G = N(1 - e^2) \sin B \end{cases} \tag{5-5}$$

则 G 点的地心纬度为

$$\delta_G = \arctan \frac{Z_G}{\sqrt{X_G^2 + Y_G^2}} = \arctan \frac{(1 - e^2) \sin B}{\cos B} \tag{5-6}$$

5.2　地球的运动

众所周知，地球作为太阳系八大行星之一，既有绕太阳的转动即公转，又有绕地轴的转动，即自转。

地球质心绕太阳公转的周期为 1 年，轨迹为椭圆。椭圆的近日点距离约为 1.471×10^8km，远日点距离约为 1.521×10^8km，可见是一个近圆轨道。

地球自转是绕地轴进行的。地轴与地球表面相交于两点，即北极和南极。地球不停地绕地轴自西向东转动，自转角速度矢量与地轴重合，指向北极。

自古以来，地球自转就是时间计量的基础。20 世纪以来，由于天文学的发展，人们认识到，地球的自转速度是不均匀的，这种不均匀表现在地球自转速度不均匀、地轴在空间方向的变化和地轴在地球表面上位置的变化 3 个方面。

1. 地球自转速度不均匀

地球自转速度的不均匀表现在以下 3 个方面。

（1）长期变化。地球自转速度逐渐变慢，每百年日长增加 1.6ms。人们通过研究发现，距今 3.7 亿年以前，每年约有 400 天。引起地球自转速度长期变慢的主要原因可能是潮汐摩擦。

（2）季节变化。地球自转速度除了春季较慢、秋季较快的周年变化外，还有半年周期变化。周年变化的幅值为 20～25ms，主要是由风的季节性变化引起的，半年变化的幅值约为 9ms，主要是由太阳潮汐引起的。

（3）不规则变化。这种变化表现为地球自转速度时快时慢。

这 3 种变化各有特点，长期变化在短时间内不明显，只有长期积累才有影响；季节变化很大，但是每年的变化规律很稳定，可以用经验公式外推进行预报；不规则变化较大，

且不能预计。

2. 地轴在空间方向的变化

地轴在空间方向的变化类似一个旋转陀螺在外力作用下的进动和章动。地轴在空间不断进动是由月球和太阳对地球赤道隆起部分的摄动引起的。这种运动可以分为两个部分：一部分是日月岁差，是赤道平均极绕黄极的进动；另一部分是章动，是赤道真极绕平均极的周期运动。此外，由于行星对地球的摄动，使得黄道面绕瞬时转动轴旋转，黄道面的这种运动称为行星岁差。日月岁差对地轴的影响较大，它使春分点每年向西移动50.37″；行星岁差对地轴的影响很小，但使得春分点在黄道上东进。

由于地轴的进动，引起天极在恒星之间移动。在天球上天极以黄极为圆心，在半径为23.5° 的小圆上运动，周期为25800年。章动是叠加在进动上的微小的不规则运动，振幅为9.2″，周期为18.6年。

3. 地轴在地球表面上位置的变化

地轴与地球表面的两个交点就是南北两极。地轴在地球内部的移动（简称极移）造成了两极位置的变化。

极移主要包括两个分量：一个分量以420天为周期，称为张德勒周期，这种极移成分是非刚性的地球的自由摆动；另一个分量以1年为周期，称为周年周期，这种极移成分主要是由大气作用引起的受迫摆动。地球极移的范围不超过±0.4″。极移会使地面上各点的纬度和经度发生变化。

上述地球的运动除地球的自转外，其他因素对运载火箭及远程导弹运动的影响都极小，均可以不予考虑。因此，以后在讨论地球的运动时，只认为地球以一常值 ω_e（且方向不变）绕地轴旋转。下面讨论地球的自转角速度 ω_e。

已知地球绕太阳公转的周期为365.25636平太阳日，而地球自转一周的时间为 t，如图5-5所示，1平太阳日中地球的自转角度大于360°。

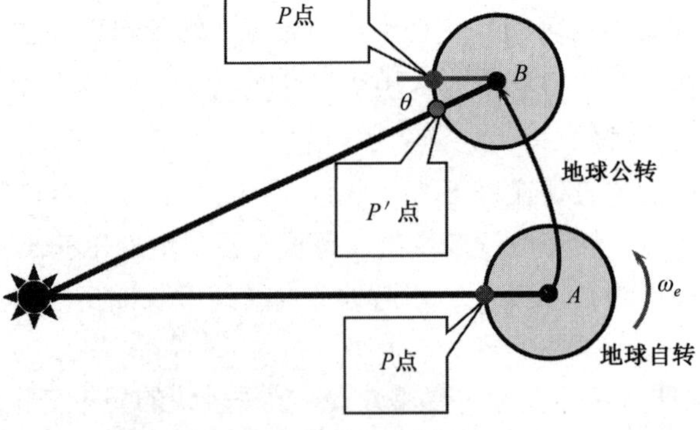

图5-5　平太阳日与地球公转关系图

地球上的 P 点由 A 转到 B 的 P 点时自转了360°，但要转到 B 的 P' 点时，才是1平太阳日。因此，1平太阳日地球自转的角度为

$$360° + 360°/365.25636 \approx 360° + 1° \tag{5-7}$$

因此，地球公转 1 周时，地球共自转 365.25636+1=366.25636 周，则地球自转一周的时间为

$$t = \frac{365.25636 \times 24 \times 3600}{366.25636}(\text{s}) \approx 86164.099(\text{s}) \tag{5-8}$$

则地球自转角速度为

$$\omega_e = \frac{2\pi}{t} \approx 7.292115 \times 10^{-5}(\text{rad/s}) \tag{5-9}$$

5.3 引力位函数

万有引力定律研究的是质点之间的吸引力，而天体一般不是质点，是具有不同大小和形状的物体。若将天体视作由 n 个质点组合而成，则天体对外部一个质点 P 的引力应等于这 n 个质点对 P 点的引力总和。由于引力是矢量，求矢量和比较复杂，因此引入了引力位函数这一概念，将该矢量问题转化为标量问题进行研究。

5.3.1 引力位函数的概念

设质点系由 n 个质量为 m_i 的质点 P_i 组成（i=1,2,⋯,n），质点系外部一质点 P 的质量为 m，(x,y,z) 和 (x_i,y_i,z_i) 分别为质点 P 和质点 P_i 在惯性直角坐标系 $O-XYZ$ 中的坐标，它们的直线距离为 r_i，即

$$r_i = \sqrt{(x_i - x)^2 + (y_i - y)^2 + (z_i - z)^2} \tag{5-10}$$

则 P_i 点对 P 点的引力为

$$F_i = G\frac{mm_i}{r_i^2} \tag{5-11}$$

其方向为 $\boldsymbol{r}_i$，而 $\boldsymbol{r}_i$ 对 3 个坐标轴的方向余弦为

$$\begin{cases} \dfrac{x_i - x}{\boldsymbol{r}_i} = \dfrac{\partial \boldsymbol{r}_i}{\partial x} \\ \dfrac{y_i - y}{\boldsymbol{r}_i} = \dfrac{\partial \boldsymbol{r}_i}{\partial y} \\ \dfrac{z_i - z}{\boldsymbol{r}_i} = \dfrac{\partial \boldsymbol{r}_i}{\partial z} \end{cases} \tag{5-12}$$

设由 $P_1,P_2,\cdots,P_n$ 点对 P 点的引力所产生的加速度分量为 $\ddot{x},\ddot{y},\ddot{z}$，则根据力学基本定律可得

$$m\ddot{x} = -\sum_{i=1}^{n}\left(G\frac{mm_i}{r_i^2}\cdot\frac{\partial r_i}{\partial x}\right) = m\sum_{i=1}^{n}\frac{\partial}{\partial x}\left(\frac{Gm_i}{r_i}\right) = m\frac{\partial}{\partial x}\sum_{i=1}^{n}\left(\frac{Gm_i}{r_i}\right) \tag{5-13}$$

即

$$\ddot{x} = \frac{\partial}{\partial x}\sum_{i=1}^{n}\left(\frac{Gm_i}{r_i}\right) \tag{5-14}$$

同理可得

$$\begin{cases}\ddot{x}=\dfrac{\partial}{\partial x}\displaystyle\sum_{i=1}^{n}\left(\dfrac{Gm_i}{r_i}\right)\\ \ddot{y}=\dfrac{\partial}{\partial y}\displaystyle\sum_{i=1}^{n}\left(\dfrac{Gm_i}{r_i}\right)\\ \ddot{z}=\dfrac{\partial}{\partial z}\displaystyle\sum_{i=1}^{n}\left(\dfrac{Gm_i}{r_i}\right)\end{cases} \tag{5-15}$$

定义引力位函数为

$$V=\sum_{i=1}^{n}\frac{Gm_i}{r_i} \tag{5-16}$$

则位函数与加速度之间的关系可以表示为

$$\begin{cases}\ddot{x}=\dfrac{\partial V}{\partial x}\\ \ddot{y}=\dfrac{\partial V}{\partial y}\\ \ddot{z}=\dfrac{\partial V}{\partial z}\end{cases} \tag{5-17}$$

可见，引力位函数 V 与距离 $\boldsymbol{r}_i$ 的大小有关，是相对量、标量，而与坐标系的选择无关。引力位函数 V 还与天体的质量分布（密度分布）有关。因此，在研究各种类型的天体对外部任意一个质点的引力及其引力加速度时，只要找到引力位函数 V 即可。

5.3.2 天体为均匀球壳时的引力位函数

一些天体的密度分布很接近球对称，为此本节将研究均匀对称圆球对外部一个质点的引力位函数。

假设某天体为一个密度均匀的球壳（厚度为无穷小），其面密度为σ，球壳的半径为 a，O 为球心。现研究该天体对其外任意质点 P 的引力，质点 P 与球心 O 的距离为 r，如图 5-6 所示。

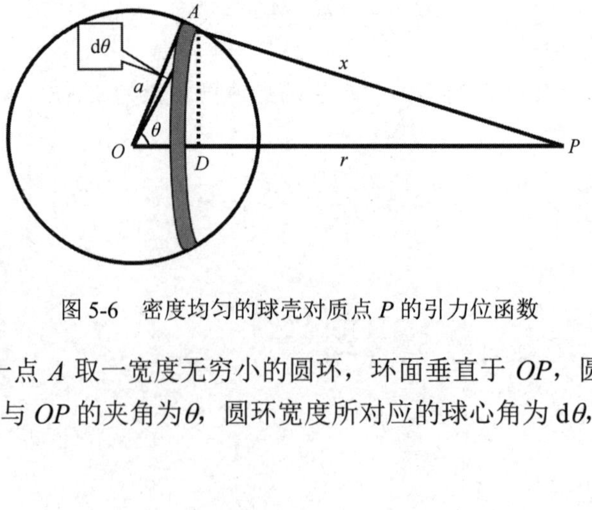

图 5-6 密度均匀的球壳对质点 P 的引力位函数

在球壳上任意一点 A 取一宽度无穷小的圆环，环面垂直于 OP，圆环上各点与 P 点的距离均为 x。令 OA 与 OP 的夹角为θ，圆环宽度所对应的球心角为 $\mathrm{d}\theta$，则圆环对 P 点的引力位函数为

$$dV = \frac{Gm_0}{x} \tag{5-18}$$

式中，m_0 为圆环的质量。已知圆环的面积为 dS，即

$$dS = 2\pi a^2 \sin\theta d\theta \tag{5-19}$$

则圆环的质量为

$$m_0 = 2\pi\sigma a^2 \sin\theta d\theta \tag{5-20}$$

将式（5-20）代入式（5-18）得

$$dV = \frac{1}{x} 2\pi G\sigma a^2 \sin\theta d\theta \tag{5-21}$$

因此，整个球壳对 P 点的引力位函数等于这些圆环对 P 点的引力位函数之和，即

$$V = \int_0^{\pi} 2\pi G\sigma a^2 \sin\theta \frac{d\theta}{x} = 2\pi G\sigma a^2 \int_0^{\pi} \frac{\sin\theta d\theta}{x} \tag{5-22}$$

对于图 5-6 中的△OAP，有

$$x^2 = a^2 + r^2 - 2a\cdot r\cdot\cos\theta \tag{5-23}$$

对式（5-23）进行微分，可得

$$x dx = a\cdot r\cdot\sin\theta\, d\theta \tag{5-24}$$

代入式（5-22），进行积分变量置换，可得

$$V = 2\pi G\frac{\sigma a}{r}\int_{x_1}^{x_2} dx = 2\pi G\frac{\sigma a}{r}(x_2 - x_1) \tag{5-25}$$

式中，x_2 和 x_1 分别对应 $\theta = \pi$ 和 $\theta = 0$ 时的 x 值，即

$$\begin{cases} x_1 = r - a \\ x_2 = r + a \end{cases} \tag{5-26}$$

代入式（5-25）得

$$V = 4\pi G\frac{\sigma a^2}{r} \tag{5-27}$$

考虑整个球壳的质量为 $M = 4\pi\sigma a^2$，则球壳对 P 点的引力位函数为

$$V = \frac{GM}{r} \tag{5-28}$$

从式（5-28）可以看出，当天体是密度均匀的球壳时，天体对外面任意一点的引力位函数，等于球壳的质量集中于球心处对该点的引力位函数。

但是，当天体的密度不是球对称，而是与球对称的情况差别较小时，在某些高精度、长时间作用的问题中，这种差别引起的误差必须考虑，即不能简单地将天体视为质点，式（5-28）要增加一些修正量。

5.3.3　天体为不规则球体时的引力位函数

设天体是由 n 个质点组成的不规则球体，求该不规则天体对外部一质点 P 的引力位函数，如图 5-7 所示。

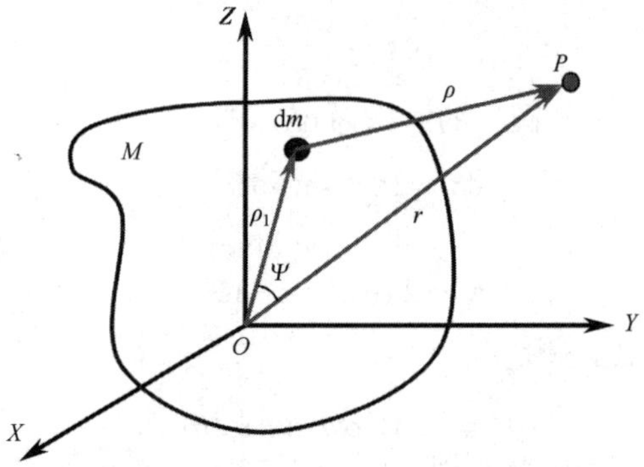

图 5-7　不规则天体 M 对质点 P 的引力位函数

建立一个与天体 M 固联的右手直角坐标系 $O-XYZ$，dm 为天体中的一个小质量元，其对应的直角坐标为(x_1,y_1,z_1)，位置矢量为$\boldsymbol{\rho}_1$，球坐标为$(\rho_1,\varphi_1,\lambda_1)$；$P$ 为天体外一单位质量的质点，其对应的直角坐标为(x,y,z)，位置矢量为$\boldsymbol{r}$，球坐标为(r,φ,λ)；dm 到 P 的距离为ρ，dm 和 P 相对球心 O 的夹角为$\varPsi$，则引力位函数 V 为

$$V(r,\varphi,\lambda)=\int_M \frac{G\mathrm{d}m}{\rho} \tag{5-29}$$

由图 5-7 可知

$$\rho=\sqrt{\rho_1^2+r^2-2\rho_1 r\cos\varPsi} \tag{5-30}$$

则式（5-29）中的$\dfrac{1}{\rho}$可用$\cos\varPsi$的勒让德多项式（Legendre Polynomial）$P_n(\cdot)$的级数形式表示，即

$$\frac{1}{\rho}=\sum_{n=0}^{\infty}\frac{\rho_1^n}{r^{n+1}}P_n(\cos\varPsi) \tag{5-31}$$

因此，天体的引力位函数为

$$V(r,\varphi,\lambda)=G\sum_{n=0}^{\infty}\frac{1}{r^{n+1}}\int_M \rho_1^n P_n(\cos\varPsi)\mathrm{d}m \tag{5-32}$$

如图 5-8 所示，$\cos\varPsi$ 可用 P 点和 dm 处的经纬度(λ,φ)和(λ_1,φ_1)表示，即

$$\cos\varPsi=\sin\varphi\sin\varphi_1+\cos\varphi\cos\varphi_1\cos(\lambda-\lambda_1) \tag{5-33}$$

根据球函数的加法定理有

$$\begin{aligned}P_n(\cos\varPsi)=&P_{n0}(\sin\varphi)P_{n0}(\sin\varphi_1)+\\&\sum_{k=1}^{n}2\frac{(n-k)!}{(n+k)!}P_{nk}(\sin\varphi_1)(\cos k\lambda_1\cos k\lambda+\sin k\lambda_1\sin k\lambda)P_{nk}(\sin\varphi)\end{aligned} \tag{5-34}$$

式中，$P_{nk}(\cdot)$称为缔结勒让德多项式，则引力位函数可以改写为

$$\begin{aligned}V(r,\varphi,\lambda)=&\frac{G}{r}\sum_{n=0}^{\infty}\frac{1}{r^n}\left\{\int_M \rho_{n0}(\sin\varphi)P_{n0}(\sin\varphi_1)\mathrm{d}m+\right.\\&\left.\sum_{k=1}^{n}2\frac{(n-k)!}{(n+k)!}\left[\int_M \rho_1^n P_{nk}(\sin\varphi_1)\cos k\lambda_1\cos k\lambda\mathrm{d}m+\int_M \rho_1^n P_{nk}(\sin\varphi_1)\sin k\lambda_1\sin k\lambda\mathrm{d}m\right]P_{nk}(\sin\varphi)\right\}\end{aligned} \tag{5-35}$$

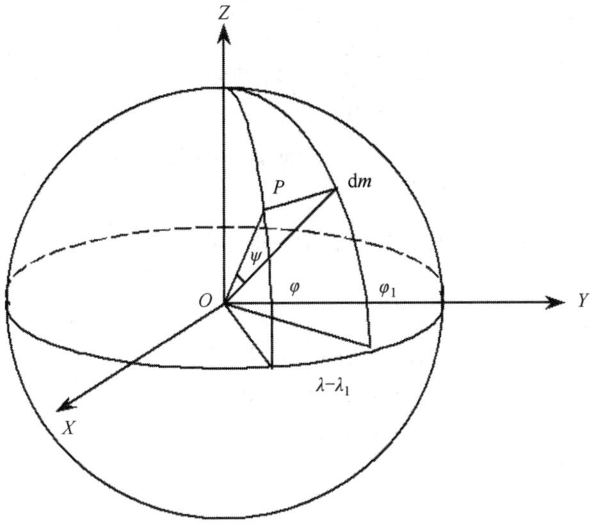

图 5-8 与天体 M 固连的球坐标系

令

$$\begin{cases} C_{n0} = \dfrac{G}{a^n}\int\limits_M \rho_1^n P_{n0}(\sin\varphi)\mathrm{d}m \\ C_{nk} = 2\dfrac{(n-k)!}{(n+k)!}\dfrac{G}{a^n}\int\limits_M \rho_1^n P_{nk}(\sin\varphi_1)\cos k\lambda_1 \mathrm{d}m \\ S_{nk} = 2\dfrac{(n-k)!}{(n+k)!}\dfrac{G}{a^n}\int\limits_M \rho_1^n P_{nk}(\sin\varphi_1)\sin k\lambda_1 \mathrm{d}m \end{cases} \tag{5-36}$$

式中，a 为天体赤道半径。式（5-35）可改写为

$$V(r,\varphi,\lambda) = \frac{1}{r}\sum_{n=0}^{\infty}\left(\frac{a}{r}\right)^n \sum_{k=0}^{n}(C_{nk}\cos k\lambda + S_{nk}\sin k\lambda)P_{nk}(\sin\varphi) \tag{5-37}$$

这就是天体引力位函数的级数展开式，它是球谐函数的级数形式。利用式（5-37）可以分析天体引力位球函数中各阶系数的意义。通常，级数展开式中的低阶项起主要作用，所以下面将对三阶项以下系数进行讨论。

1. 零阶项系数 C_{00}

已知

$$\rho_1^0 = 1 \qquad P_{00}(\sin\varphi_1) = 1 \tag{5-38}$$

由式（5-36）可得

$$C_{00} = GM = \mu \tag{5-39}$$

式中，M 表示天体的总质量，μ 表示天体 M 的引力常数。可见，C_{00} 即为天体引力常数。

2. 一阶项系数 C_{10}, C_{11}, S_{11}

已知

$$\begin{cases} P_{10}(\sin\varphi_1) = \sin\varphi_1 \\ P_{11}(\sin\varphi_1) = \cos\varphi_1 \end{cases} \tag{5-40}$$

由式（5-36）可得

$$\begin{cases} C_{10} = \dfrac{G}{a}\displaystyle\int_M \rho_1 \sin\varphi_1 \mathrm{d}m \\ C_{11} = \dfrac{G}{a}\displaystyle\int_M \rho_1 \cos\varphi_1 \cos\lambda_1 \mathrm{d}m \\ S_{11} = \dfrac{G}{a}\displaystyle\int_M \rho_1 \cos\varphi_1 \sin\lambda_1 \mathrm{d}m \end{cases} \tag{5-41}$$

而质量元 dm 的直角坐标为

$$\begin{cases} x_1 = \rho_1 \cos\varphi_1 \cos\lambda_1 \\ y_1 = \rho_1 \cos\varphi_1 \sin\lambda_1 \\ z_1 = \rho_1 \sin\varphi_1 \end{cases} \tag{5-42}$$

则

$$\begin{cases} C_{10} = \dfrac{G}{a}\displaystyle\int_M z_1 \mathrm{d}m \\ C_{11} = \dfrac{G}{a}\displaystyle\int_M x_1 \mathrm{d}m \\ S_{11} = \dfrac{G}{a}\displaystyle\int_M y_1 \mathrm{d}m \end{cases} \tag{5-43}$$

设天体质心的直角坐标为(x_0, y_0, z_0)，则

$$\begin{cases} x_0 = \dfrac{\displaystyle\int_M x_1 \mathrm{d}m}{M} \\ y_0 = \dfrac{\displaystyle\int_M y_1 \mathrm{d}m}{M} \\ z_0 = \dfrac{\displaystyle\int_M z_1 \mathrm{d}m}{M} \end{cases} \tag{5-44}$$

因此，一阶项的 3 个系数可分别表示为

$$\begin{cases} C_{10} = \dfrac{GMz_0}{a} = \dfrac{\mu z_0}{a} \\ C_{11} = \dfrac{GMx_0}{a} = \dfrac{\mu x_0}{a} \\ S_{11} = \dfrac{GMy_0}{a} = \dfrac{\mu y_0}{a} \end{cases} \tag{5-45}$$

3. 二阶项系数 $C_{20}, C_{21}, S_{21}, C_{22}, S_{22}$

已知

$$\begin{cases} P_{20}(\sin\varphi_1) = \dfrac{3}{2}\sin^2\varphi_1 = \dfrac{1}{2} \\ P_{21}(\sin\varphi_1) = 3\sin\varphi_1\sin\varphi_1 \\ P_{22}(\sin\varphi_1) = 3\sin\varphi_1 \end{cases} \tag{5-46}$$

由式（5-36）可得

$$\begin{cases} C_{20} = \dfrac{G}{2a^2}\int\limits_M \rho_1^2\ (3\sin^2\varphi_1 - 1)\mathrm{d}m \\ C_{21} = \dfrac{G}{a^2}\int\limits_M \rho_1^2\ \cos\varphi_1\sin\varphi_1\cos\lambda_1\mathrm{d}m \\ S_{21} = \dfrac{G}{a^2}\int\limits_M \rho_1^2\ \cos\varphi_1\sin\varphi_1\sin\lambda_1\mathrm{d}m \\ C_{22} = \dfrac{G}{4a^2}\int\limits_M \rho_1^2\ \cos^2\varphi_1\cos 2\lambda_1\mathrm{d}m \\ S_{22} = \dfrac{G}{4a^2}\int\limits_M \rho_1^2\ \cos^2\varphi_1\sin 2\lambda_1\mathrm{d}m \end{cases} \tag{5-47}$$

利用式（5-42）进行改写后，可得

$$\begin{cases} C_{20} = \dfrac{G}{2a^2}\int\limits_M (y_1^2 + z_1^2)\mathrm{d}m + \dfrac{G}{2a^2}\int\limits_M (x_1^2 + z_1^2)\mathrm{d}m - \dfrac{G}{a^2}\int\limits_M (x_1^2 + y_1^2)\mathrm{d}m \\ C_{21} = \dfrac{G}{a^2}\int\limits_M z_1x_1\mathrm{d}m \\ S_{21} = \dfrac{G}{a^2}\int\limits_M y_1z_1\mathrm{d}m \\ C_{22} = \dfrac{G}{4a^2}\int\limits_M (x_1^2 + z_1^2)\mathrm{d}m - \dfrac{G}{4a^2}\int\limits_M (y_1^2 + z_1^2)\mathrm{d}m \\ S_{22} = \dfrac{G}{2a^2}\int\limits_M x_1y_1\mathrm{d}m \end{cases} \tag{5-48}$$

可见，C_{20}, C_{22} 右端的各项积分与天体相对于各坐标轴的转动惯量有关，而 C_{21}, S_{21}, S_{22} 右端的 3 个积分分别对应三轴的乘积惯量。令 A, B, C 分别为天体相对坐标系 $O\text{-}XYZ$ 三轴的转动惯量，即

$$\begin{cases} A = \int\limits_M (y_1^2 + z_1^2)\mathrm{d}m \\ B = \int\limits_M (x_1^2 + z_1^2)\mathrm{d}m \\ C = \int\limits_M (x_1^2 + y_1^2)\mathrm{d}m \end{cases} \tag{5-49}$$

则

$$\begin{cases} C_{20} = \dfrac{G}{a^2}\left(\dfrac{A+B}{2} - C\right) \\ C_{22} = \dfrac{G}{a^2}\left(\dfrac{B-A}{4}\right) \end{cases} \tag{5-50}$$

综上所述，零阶项相当于一个球心在坐标原点、质量与天体总质量相等的均质圆球所产生的引力位，它是天体引力的主项，可作为天体引力位的近似值。一阶项与天体质心的坐标有关，如果坐标原点位于天体质心，则此项的数值为 0。二阶项与天体相对于坐标轴的转动惯量和惯量积有关，如果 Z 轴是对原点的惯量轴，则 C_{21},S_{21} 为 0；如果天体是均质旋转椭球，并将坐标原点置于天体质心，坐标轴与其主惯量轴重合，此时 $A=B$，且 3 个惯量积均为 0，则 C_{22},S_{22} 为 0，引力位级数中二阶项就只剩下 C_{20} 项了。

5.3.4 地球引力位函数

由于地球是一个密度不均匀、形状不规则的球体，所以地固坐标系的原点和地心并不重合，即式（5-44）中的 (x_0,y_0,z_0) 不为 0。并且，地球质心本身也在不断地发生变化，因此引力位函数一阶项系数 C_{10},C_{11},S_{11} 不为 0。

由于极移的存在，地固坐标系的 Z 轴与地球惯性主轴不重合，因此引力位函数二阶项系数中的 C_{21},S_{21} 也不为 0。但是，由于极移量很小，所以这两个系数也很小。

若 $C_{20}<0$，由式（5-50）中的第一式可知

$$C>\frac{A+B}{2} \tag{5-51}$$

则说明地球为一个扁椭球，而 C_{22},S_{22} 不为 0 则说明地球的赤道不是圆形的。因此，通常将 C_{20} 称为地球的扁率参数，将 C_{22},S_{22} 称为地球赤道的椭率参数。

由引力位函数的级数展开式（5-37）可以看出，天体非球形部分包括两种性质完全不同的项。一种是当 $k=0$ 时，$\sin k\lambda=0,\cos k\lambda=1$，这些项与经度 λ 无关；另一种是当 $k=1,2,3,\cdots,n$ 时，这些项与经度 λ 有关。若把这两部分分开表示，则地球引力位函数的表达式为

$$V(r,\varphi,\lambda)=\frac{\mu_E}{r}\left[1+\sum_{n=2}^{\infty}C_n\left(\frac{a_E}{r}\right)^n P_n(\sin\varphi)+\sum_{n=1}^{\infty}\sum_{k=1}^{n}\left(\frac{a_E}{r}\right)^n(C_{nk}\cos k\lambda+S_{nk}\sin k\lambda)P_{nk}(\sin\varphi)\right] \tag{5-52}$$

式中，μ_E 为地球引力常数，a_E 为地球椭球的半长轴长度，且 $C_n=C_{n0}$。通常令

$$J_n=-C_n \tag{5-53}$$

则地球引力位函数又可以写为

$$V(r,\varphi,\lambda)=\frac{\mu_E}{r}\left[1-\sum_{n=2}^{\infty}J_n\left(\frac{a_E}{r}\right)^n P_n(\sin\varphi)+\sum_{n=2}^{\infty}\sum_{k=1}^{n}\left(\frac{a_E}{r}\right)^n(C_{nk}\cos k\lambda+S_{nk}\sin k\lambda)P_{nk}(\sin\varphi)\right] \tag{5-54}$$

可见，上述与经度无关的项（J_n）将地球描述成许多凸凹相间的带形，称为带谐项，其对应的系数称为带谐系数，该项用于对零阶项的修正；一部分与经度有关的项（$C_{nk},S_{nk},n\neq k$）将地球描述成凸凹相间的棋盘图形，称为田谐项，其对应的系数称为田谐系数，该项为修正项；另一部分与经度有关的项（$C_{nk},S_{nk},n=k$）将地球描述成凸凹相间

的扇形，称为扇谐项，其对应的系数称为扇谐系数，该项也为修正项，如图 5-9 所示。

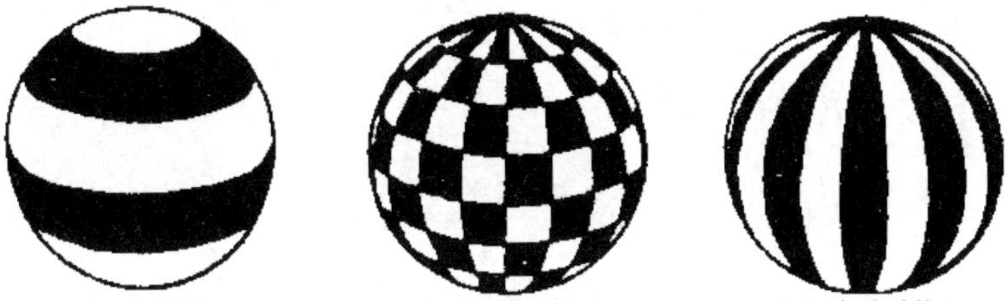

图 5-9　各种谐系数

5.4　引力

已知引力场外一单位质点所受到该引力场的作用力称为场强（Γ），是矢量，则其与引力位函数 V 之间的关系为

$$\Gamma = \mathrm{grad}V \tag{5-55}$$

式中，Γ 表示场强，grad 表示梯度。

假设地球为一个均质圆球，即可将地球的质量 M 看作集中于地球中心，则地球对球外距地心 r 的一个单位质点的引力位函数为

$$V = \frac{GM}{r} \tag{5-56}$$

式中，G 为万有引力常数，利用式（5-28）可得地球对球外距地心 r 处一单位质点的场强为

$$\boldsymbol{g} = -\frac{GM}{r^2}\boldsymbol{r}^0 \tag{5-57}$$

式中，$\boldsymbol{g}$ 又称为单位质点在地球引力场中所具有的引力加速度矢量。如果该质点不是单位质量，而是质量为 m 的球外距地心 r 处的质点，则地球对该质点的引力为

$$\boldsymbol{F} = m\boldsymbol{g} = -\frac{GMm}{r^2}\boldsymbol{r}^0 \tag{5-58}$$

这就是我们通常用来表示地球引力的表达式。

假设地球为一个两轴旋转椭球，且质量分布对称于地轴和赤道平面，则引力位函数为

$$V = \frac{GM}{r}\left[1 - \sum_{n=1}^{\infty} J_{2n}\left(\frac{a_e}{r}\right)^{2n} P_{2n}(\sin\varphi)\right] \tag{5-59}$$

可见，此时仅存在偶阶带谐系数 J_{2n} 了！

在实际工程应用中，通常精度取至 J_4 项即可，即

$$\begin{aligned} V &= \frac{GM}{r}\left[1 - \sum_{n=1}^{2} J_{2n}\left(\frac{a_e}{r}\right)^{2n} P_{2n}(\sin\varphi)\right] \\ &= \frac{fM}{r}\left[1 - J_2\left(\frac{a_e}{r}\right)^2 P_2(\sin\varphi) - J_4\left(\frac{a_e}{r}\right)^4 P_4(\sin\varphi)\right] \end{aligned} \tag{5-60}$$

式中，二阶带谐系数和四阶带谐系数分别为

$$\begin{cases} J_2 = 1.08263\times10^{-3} \\ J_4 = -2.37091\times10^{-6} \end{cases} \tag{5-61}$$

$$\begin{cases} P_2(\sin\varphi) = \dfrac{3}{2}\sin^2\varphi - \dfrac{1}{2} \\ P_4(\sin\varphi) = \dfrac{35}{8}\sin^4\varphi - \dfrac{15}{4}\sin^2\varphi + \dfrac{3}{8} \end{cases} \tag{5-62}$$

而在弹道设计和计算中，式（5-62）又可进一步简化。因为一般取至 J_2 项的引力位即可，所以在弹道计算中，常用的正常引力位为

$$V = \frac{GM}{r}\left[1 + \frac{J_2}{2}\left(\frac{a_e}{r}\right)^2(1-3\sin^2\varphi)\right] \tag{5-63}$$

可见 V 是一个关于 (r,φ) 的函数，其中 φ 为地心纬度。

$\boldsymbol{g}$ 在 $\boldsymbol{r}^0$ 和 $\boldsymbol{\varphi}^0$ 上的投影如图 5-10 所示。

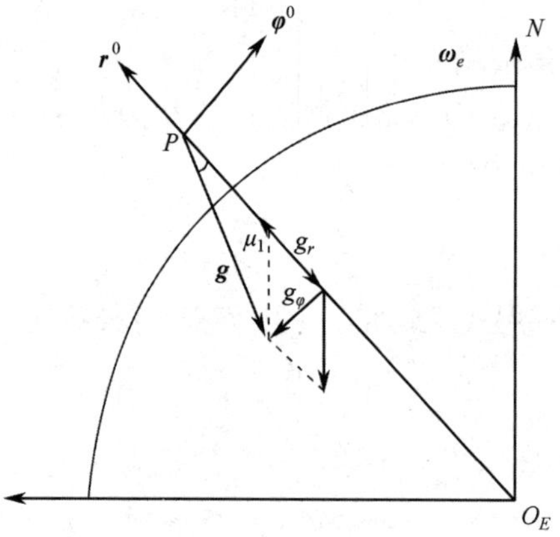

图 5-10　$\boldsymbol{g}$ 在 $\boldsymbol{r}^0$ 和 $\boldsymbol{\varphi}^0$ 上的投影

将引力加速度 $\boldsymbol{g}$ 向 $\boldsymbol{r}^0$ 和 $\boldsymbol{\varphi}^0$ 两个方向分解，得

$$\begin{cases} g_r = \dfrac{\partial V}{\partial r} = -\dfrac{GM}{r^2}\left[1 + \dfrac{3}{2}J_2\left(\dfrac{a_e}{r}\right)^2(1-3\sin^2\varphi)\right] \\ g_\varphi = \dfrac{1}{r}\dfrac{\partial V}{\partial\varphi} = -\dfrac{GM}{r^2}\dfrac{3}{2}J_2\left(\dfrac{a_e}{r}\right)^2\sin 2\varphi \end{cases} \tag{5-64}$$

令 $J = \dfrac{3}{2}J_2$，则

$$\begin{cases} g_r = -\dfrac{GM}{r^2}\left[1 + J\left(\dfrac{a_e}{r}\right)^2(1-3\sin^2\varphi)\right] \\ g_\varphi = -\dfrac{GM}{r^2}J\left(\dfrac{a_e}{r}\right)^2\sin 2\varphi \end{cases} \tag{5-65}$$

可见，如果不考虑 J_2 项，即令 $J=0$，则

$$\begin{cases} g_r = -\dfrac{GM}{r^2} \\ g_\varphi = 0 \end{cases} \tag{5-66}$$

因此，含 J 的项即为考虑地球扁率后，对均质圆球的地球引力加速度的修正项；而 g_φ 表示由于赤道略为隆起，质量加大而引起的引力加速度，它总是指向赤道一边。

通常，我们习惯将引力加速度 $\boldsymbol{g}$ 投影在 $\boldsymbol{r}^0$ 和 $\boldsymbol{\omega}_e$ 两个方向上，只需将 g_φ 项分别投影在 $\boldsymbol{r}^0$ 和 $\boldsymbol{\omega}_e$ 两个方向上即可，如图 5-10 所示，则

$$\boldsymbol{g} = g_r\boldsymbol{r}^0 + g_\varphi\boldsymbol{\varphi}^0 = g_r'\boldsymbol{r}^0 + g_{\omega_e}\boldsymbol{\omega}_e^0 \tag{5-67}$$

其中

$$\begin{cases} g_r' = g_r + g_{\varphi r} = -\dfrac{GM}{r^2}\left[1 + J\left(\dfrac{a_e}{r}\right)^2 (1 - 5\sin^2\varphi)\right] \\ g_{\omega_e} = g_{\varphi\omega_e} = -2\dfrac{GM}{r^2}J\left(\dfrac{a_e}{r}\right)^2 \sin\varphi \end{cases} \tag{5-68}$$

如图 5-10 可知，$\boldsymbol{g}$ 与 $\boldsymbol{r}$ 的夹角为 μ_1，即

$$\tan\mu_1 = \frac{g_\varphi}{g_r} \tag{5-69}$$

由于 μ_1 很小，因此

$$\tan\mu_1 \approx \mu_1 \approx J\left(\frac{a_e}{r}\right)^2 \sin 2\varphi \tag{5-70}$$

如果将地球视为旋转椭球，且将 μ_1 的大小准确至地球扁率量级。假设地球外这一质点位于椭球表面，即 $r = r_0$，则

$$\mu_{10} \approx J\sin 2\varphi \tag{5-71}$$

可见，当 $\varphi = \pm 45°$ 时，$|\mu_{10}|$ 最大，即

$$\mu_{1\max} = |\mu_{10}| = J = 1.62385\times 10^{-3}\,\text{rad} = 5.6' \tag{5-72}$$

可见 μ_1 是一个很小的值。因此，若把地球看成一个旋转椭球，则

$$g = \frac{g_r}{\cos\mu_1} \approx g_r = -\frac{GM}{r^2}\left[1 + J\left(\frac{a_e}{r}\right)^2 (1 - 3\sin^2\varphi)\right] \tag{5-73}$$

若把地球看成一个均质圆球，则

$$g = -\frac{GM}{r^2} \tag{5-74}$$

此时，地球半径为

$$R = r_0 = a_e\left(1 - a_e\frac{1}{3}\right) = 6371.11\text{km} \tag{5-75}$$

5.5 重力

若地球上一质量为 m 的质点 P 相对地球静止，即处于受力平衡状态，此时该质点受到地球引力 $m\boldsymbol{g}$ 和支持力，与支持力平衡的是重力 $m\boldsymbol{\mathsf{g}}$；因地球自身还在以角速度 $\boldsymbol{\omega}_e$ 旋转，故质点 P 还受地球自转离心惯性力 $m\boldsymbol{a}_e'$ 的作用，与离心惯性力平衡的是向心惯性力 $m\boldsymbol{a}_e$。重力和向心惯性力之和为引力，因离心惯性力和向心惯性力大小相等方向相反，故重力可表述为

$$m\boldsymbol{\mathsf{g}} = m\boldsymbol{g} + m\boldsymbol{a}_e' \tag{5-76}$$

式中，离心加速度 $\boldsymbol{a}_e' = -\omega_e \times (\omega_e \times \boldsymbol{r})$，它的方向位于该点与地轴所组成的水平面内，且垂直于地轴向外，向心加速度 $\boldsymbol{a}_e = -\boldsymbol{a}_e'$，如图 5-11 所示。

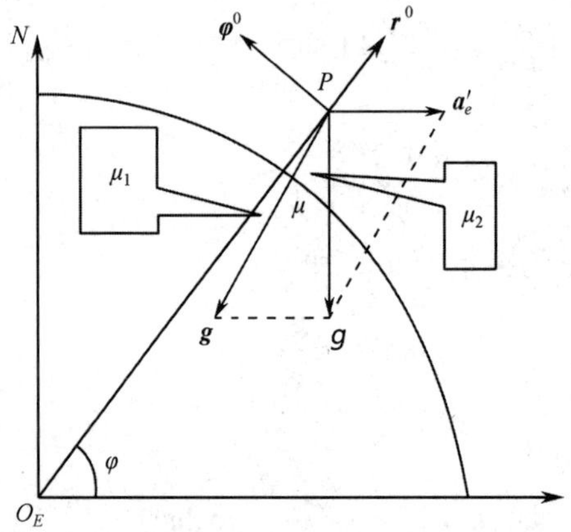

图 5-11　地球外一点的重力加速度示意图

为了与引力加速度统一，将 $\boldsymbol{a}_e'$ 投影到 $\boldsymbol{r}^0$ 和 $\boldsymbol{\varphi}^0$ 方向，则

$$\begin{cases} a_{er}' = r\omega_e^2 \cos^2\varphi \\ a_{e\varphi}' = -r\omega_e^2 \sin\varphi\cos\varphi \end{cases} \tag{5-77}$$

将式（5-65）和式（5-77）代入式（5-76），可得

$$\begin{cases} \mathsf{g}_r = g_r + a_{er}' = -\dfrac{GM}{r^2}\left[1 + J\left(\dfrac{a_e}{r}\right)^2 (1 - 3\sin^2\varphi) - q\left(\dfrac{r}{a_e}\right)^3 \cos^2\varphi\right] \\ \mathsf{g}_\varphi = g_\varphi + a_{e\varphi}' = -\dfrac{GM}{r^2}\left[J\left(\dfrac{a_e}{r}\right)^2 + \dfrac{q}{2}\left(\dfrac{r}{a_e}\right)^3\right]\sin 2\varphi \end{cases} \tag{5-78}$$

式中，q 为赤道上离心加速度与引力加速度之比，即

$$q = \frac{a_e\omega_e^2}{\dfrac{GM}{\boldsymbol{a}_e^2}} = 1.0324\boldsymbol{a}_e \tag{5-79}$$

如图 5-11 可知，空间 P 点的重力加速度矢量在过该点的子午面内，且 $\boldsymbol{\mathsf{g}}$ 的指向不通过地心，$\boldsymbol{\mathsf{g}}$ 与 $\boldsymbol{r}$ 的夹角为 μ，则有

$$\tan\mu = \frac{g_\varphi}{g_r} \tag{5-80}$$

μ 很小，可以近似为

$$\mu \approx \underbrace{\left[J\left(\frac{\boldsymbol{a}_e}{\boldsymbol{r}}\right)^2 \sin 2\varphi\right]}_{\mu_1} + \underbrace{\left[\frac{q}{2}\left(\frac{\boldsymbol{r}}{\boldsymbol{a}_e}\right)^3 \sin 2\varphi\right]}_{\mu_2} \tag{5-81}$$

式中，μ_1 为 $\boldsymbol{g}$ 与 $\boldsymbol{r}$ 的夹角，μ_2 为离心加速度造成的 g 和 $\boldsymbol{g}$ 的夹角，即

$$\mu = \mu_1 + \mu_2 \tag{5-82}$$

火箭发射时的方向为发射点的垂直方向 g 的方向，当将地球视为一个两轴旋转椭球时，椭球表面上任意一点的重力线方向即为该点的法线方向，如图 5-12 所示。

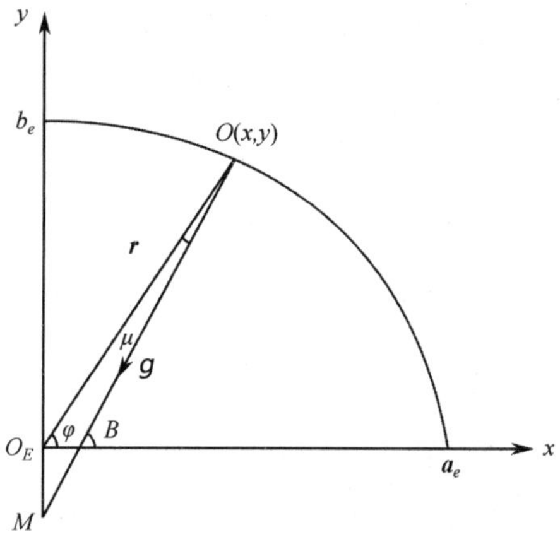

图 5-12　椭球表面任意一点的卯酉半径

该法线与地轴的交点为 M，从发射点到交点 M 的长度 OM 称为椭球表面上 O 点的卯酉半径，记为 N，M 点称为卯酉中心，N 与赤道平面的夹角为 B，称为地理纬度，且

$$N = \alpha_e(1 + \alpha_e \sin B) \tag{5-83}$$

式中，α_e 为地球扁率。

地心纬度为该点与地心 O_E 的连线与赤道平面的夹角，记为 φ，且 B 和 φ 有如下关系：

$$\tan B = \frac{a_e^2}{b_e^2}\tan\varphi \tag{5-84}$$

显然

$$\mu = B - \varphi \tag{5-85}$$

由于 μ 很小，所以重力加速度可以近似为

$$g = \frac{g_r}{\cos\mu} \approx g_r = -\frac{GM}{\boldsymbol{r}^2}\left[1 + J\left(\frac{\boldsymbol{a}_e}{\boldsymbol{r}}\right)^2 (1 - 3\sin^2\varphi) - q\left(\frac{\boldsymbol{r}}{\boldsymbol{a}_e}\right)^3 \cos^2\varphi\right] \tag{5-86}$$

练 习 题

1. 简述地球引力位函数的谐系数类型及其与经纬度的关系。
2. 简述地球引力和重力的关系。
3. 试计算一个在地球表面质量为 500kg 的物体所受到的重力和引力。

第 6 章　推力、控制力与控制力矩

☞ **基本概念**

发动机推力、比冲、控制力、控制力矩、视加速度、舵偏角

☞ **基本定理**

舵偏角与姿态控制的关系

☞ **重要公式**

发动机推力公式：式（6-32）

控制力公式：式（6-81）、式（6-85）、式（6-91）

控制力矩公式：式（6-82）、式（6-86）、式（6-92）

根据牛顿第二定律，研究飞行器的运动规律，必须先搞清楚作用在它上面的所有外力和外力矩。另外，对于具有动力系统的飞行器（如火箭），当发动机工作时，需要消耗飞行器自身携带的燃料，所以应该将其作为一个变质量质点系来研究。根据刚化原理，还要找到飞行器的两个附加力和附加力矩。本章将介绍作用在飞行器上的附加力、附加力矩、发动机推力、控制力和控制力矩，它们是飞行器在动力飞行段受到的主要力和力矩。

6.1　火箭发动机推力

要想将弹道导弹推向目标，就必须有动力装置，这个动力装置就是安装在导弹上的火箭发动机。目前，广泛使用的火箭发动机通常采用化学推进剂作为能源。当推进剂在火箭发动机燃烧室中燃烧，并将其生成物（燃气）经喷管不断地高速喷出时，由于动量的变化，就产生了一个推动导弹前进的推动力，即火箭发动机推力。

从力的观点看，火箭发动机工作时能够产生推动导弹向前运动的推力，是其向后的高速喷流动量变化引起冲量的反作用力作用的结果。从能量的观点看，火箭发动机就是使燃料中的化学能通过燃烧转化成向后喷出燃气的动能，并将动能传递给导弹使其飞行的器械。因此从这个意义上讲，火箭发动机实际上是一个将化学能转化为动能的能量转换器。

6.1.1　火箭发动机的类型

根据推进剂物理状态的不同，化学能火箭发动机可分为液体火箭发动机、固体火箭发动机和固-液火箭发动机。

1. 液体火箭发动机——液体推进剂

液体火箭发动机使用的推进剂是一种或几种液态物质的组合，包括燃料、氧化剂等，它能够进行放热的化学反应，形成高温的反应产物，用以直接产生反作用推力。推进剂组

元是指单独储存并单独向发动机供给的液体火箭推进剂的组成部分，可分为单组元推进剂和双组元推进剂。

（1）单组元推进剂：只有一种推进剂，如过氧化氢（H_2O_2）或肼（N_2H_4），推进剂在催化作用下分解，产生高速高压燃气。

（2）双组元推进剂：有两种推进剂，如液氧-液氢、偏二甲肼-四氧化二氮等。它们被分别储存在燃料箱和氧化剂箱内，涡轮泵将它们送入燃烧室进行燃烧以产生高温高压燃气。涡轮泵可以利用放在预燃室中的一部分推进剂燃烧产生的能量来提供驱动（近代多级火箭发动机常利用此方法），也可以采用独立的燃气发生器来提供驱动，对于简单的液体火箭，可以用使推进剂箱内增压的方法来取代涡轮泵。

2. 固体火箭发动机——固体推进剂

固体火箭发动机使用的推进剂是固态的，其燃料和氧化剂都预先均匀混合，做成一定形状和尺寸的药柱，直接置于燃烧室中，不需要专门的输送系统。固体火箭发动机的推进剂可以是将燃料和氧化剂组合在一个分子中的推进剂（双基药），也可以是燃料和氧化剂的混合物（复合药），它们被放在燃烧室壳体内，在固体药柱表面进行燃烧。显然，固体药柱形状的设计极为重要，因为它决定了燃烧的快慢，从而决定了产生的相对力的大小随时间的变化关系。

3. 固-液火箭发动机——固液推进剂

固-液火箭发动机的燃料为固体，氧化剂为液体，通过压力容器将氧化剂挤压送入燃烧室，与其中的固体燃料发生化学反应产生高温高压气体。

6.1.2 发动机的推力

1. 雷诺迁移定理

由于飞行器在动力飞行过程中不断消耗燃料，质心 o_1 也就不断变化，所以箭体内质点相对于箭体的速度也在不断改变。设飞行器为一个轴对称体，发动机喷管截面积为 S_e，火箭质心 o_1 相对于箭体的速度矢量为 $\boldsymbol{V}_{rc}$。在箭体内任取一个质点 p，该质点到可变质心 o_1 的矢径为 $\boldsymbol{\rho}$，相对于箭体坐标系的速度矢量为 $\boldsymbol{V}_{rb}$，相对于可变质心 o_1 的速度矢量为 $\dfrac{\delta \boldsymbol{\rho}}{\delta t}$，如图 6-1 所示。

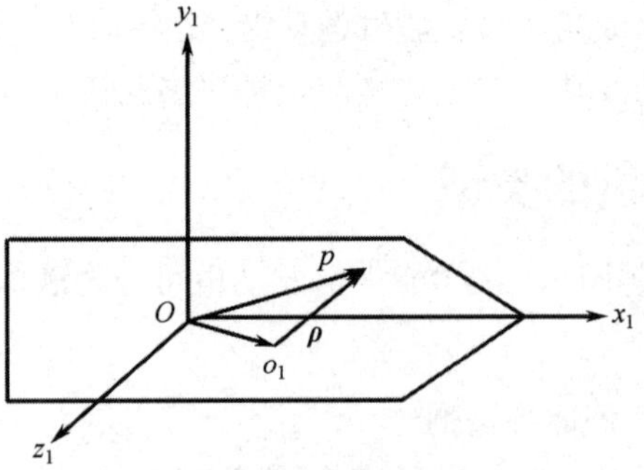

图 6-1 位置矢量图

图 6-1 中，$O\text{-}x_1y_1z_1$ 为箭体坐标系，则有

$$\overline{Oo_1}+\boldsymbol{\rho}=\overline{Op} \tag{6-1}$$

对式（6-1）进行求导，可得

$$\frac{\delta\overline{Oo_1}}{\delta t}+\frac{\delta\boldsymbol{\rho}}{\delta t}=\frac{\delta\overline{Op}}{\delta t} \tag{6-2}$$

即

$$\boldsymbol{V}_{rc}+\frac{\delta\boldsymbol{\rho}}{\delta t}=\boldsymbol{V}_{rb} \tag{6-3}$$

从而可得

$$\frac{\delta\boldsymbol{\rho}}{\delta t}=\boldsymbol{V}_{rb}-\boldsymbol{V}_{rc} \tag{6-4}$$

在这里引入雷诺迁移定理：

$$\frac{\mathrm{d}}{\mathrm{d}t}\int_V \boldsymbol{A}\mathrm{d}V=\int_V\frac{\partial\boldsymbol{A}}{\partial t}\mathrm{d}V+\int_S\boldsymbol{A}\cdot(\boldsymbol{V}\cdot\boldsymbol{n})\mathrm{d}s \tag{6-5}$$

设

$$\boldsymbol{A}=\rho\cdot\boldsymbol{H} \tag{6-6}$$

式中，ρ 为密度（标量），$\boldsymbol{H}$ 为矢量点函数，则由式（6-5）可得

$$\frac{\mathrm{d}}{\mathrm{d}t}\int_V\rho\boldsymbol{H}\mathrm{d}V=\int_V\frac{\mathrm{d}\boldsymbol{H}}{\mathrm{d}t}\rho\mathrm{d}V-\int_S\rho\boldsymbol{H}\left(\boldsymbol{V}_{\mathrm{rel}}\cdot\boldsymbol{n}\right)\mathrm{d}s \tag{6-7}$$

通常用 $\frac{\delta}{\delta t}$ 代替 $\frac{\mathrm{d}}{\mathrm{d}t}$，以表示这是在一个旋转系统中的导数，同时有

$$\mathrm{d}m=\rho\mathrm{d}V \tag{6-8}$$

将式（6-8）代入式（6-7），则有

$$\int_m\frac{\delta\boldsymbol{H}}{\delta t}\mathrm{d}m=\frac{\delta}{\delta t}\int_m\boldsymbol{H}\mathrm{d}m+\int_S\boldsymbol{H}(\rho\boldsymbol{V}_{\mathrm{rel}}\cdot\boldsymbol{n})\mathrm{d}s \tag{6-9}$$

式中，$\boldsymbol{H}$ 为某一矢量点函数，$\rho=\rho_m$，为流体质量密度，$\boldsymbol{V}_{\mathrm{rel}}=\boldsymbol{V}_{rb}$，为燃烧产物相对飞行器的速度，$\boldsymbol{n}$ 为喷管截面 $S=S_e$ 的外法向单位矢量。运用式（6-9），即可导出作用于飞行器上的附加相对力 $\boldsymbol{F}'_{\mathrm{rel}}$、$\boldsymbol{F}'_k$，进而得到推力公式的具体表达式。

2. 附加相对力 $\boldsymbol{F}'_{\mathrm{rel}}$

由 1.4 节中介绍的变质量力学的基本原理可知：

$$\boldsymbol{F}'_{\mathrm{rel}}=-\int_m\frac{\delta^2\boldsymbol{\rho}}{\delta t^2}\mathrm{d}m \tag{6-10}$$

式中，$\boldsymbol{\rho}$ 为质心到质点元的距离矢量。令

$$\frac{\delta\boldsymbol{\rho}}{\delta t}=\boldsymbol{H} \tag{6-11}$$

并代入式（6-10），得

$$\boldsymbol{F}'_{\mathrm{rel}}=-\frac{\delta}{\delta t}\int_m\frac{\delta\boldsymbol{\rho}}{\delta t}\mathrm{d}m+\int_{S_e}\frac{\delta\boldsymbol{\rho}}{\delta t}(\rho_m\boldsymbol{V}_{rb}\cdot\boldsymbol{n})\mathrm{d}S_e \tag{6-12}$$

将式（6-12）中的第一项记为 $\boldsymbol{a}$，将第二项记为 $\boldsymbol{b}$ 。

将式（6-4）代入 $\boldsymbol{b}$ 项，则有

$$\int_{S_e}\frac{\delta\boldsymbol{\rho}}{\delta t}(\rho_m\boldsymbol{V}_{rb}\cdot\boldsymbol{n})\mathrm{d}s=\int_{S_e}\boldsymbol{V}_{rb}(\rho_m\boldsymbol{V}_{rb}\cdot\boldsymbol{n})\mathrm{d}s-\int_{S_e}\boldsymbol{V}_{rc}(\rho_m\boldsymbol{V}_{rb}\cdot\boldsymbol{n})\mathrm{d}s \tag{6-13}$$

对于飞行器而言，$\boldsymbol{V}_{rc}$ 与 $\mathrm{d}s$ 无关，且设飞行器发动机喷口截面 S_e 处流出箭体外的质点相对飞行器具有相同的速度，即

$$\boldsymbol{V}_{rb}\Big|_{\mathrm{d}S_e}=\boldsymbol{u}_e \tag{6-14}$$

且有

$$\dot{m}=\left|\frac{\mathrm{d}m}{\mathrm{d}t}\right|=\int_{S_e}(\rho_m\boldsymbol{V}_{rb}\cdot\boldsymbol{n})\mathrm{d}s \tag{6-15}$$

称为质量秒耗量。则式（6-13）可写成

$$\int_{S_e}\frac{\delta\boldsymbol{\rho}}{\delta t}\left(\rho_m\boldsymbol{V}_{rb}\cdot\boldsymbol{n}\right)\mathrm{d}S_e=\dot{m}\boldsymbol{u}_e-\dot{m}\boldsymbol{V}_{rc} \tag{6-16}$$

对于 $\boldsymbol{a}$ 项，利用雷诺迁移定理，令 $\boldsymbol{H}=\boldsymbol{\rho}$ 并代入式（6-9），可得

$$\int_m\frac{\delta\boldsymbol{\rho}}{\delta t}\mathrm{d}m=\frac{\delta}{\delta t}\int_m\boldsymbol{\rho}\mathrm{d}m+\int_{S_e}\boldsymbol{\rho}(\rho_m\boldsymbol{V}_{rb}\cdot\boldsymbol{n})\mathrm{d}s \tag{6-17}$$

根据质心的定义，显然有

$$\int_m\boldsymbol{\rho}\mathrm{d}m=0 \tag{6-18}$$

且由图 6-2 可知：

$$\boldsymbol{\rho}=\boldsymbol{\rho}_e+\boldsymbol{\nu} \tag{6-19}$$

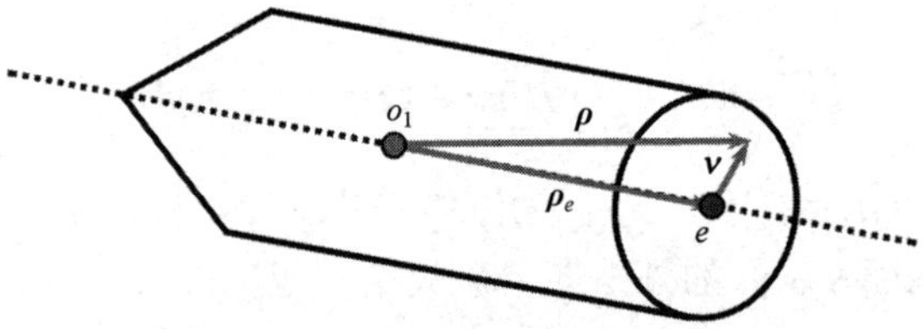

图 6-2　火箭喷口截面上质点位置矢径

设 e 为喷口截面中心，且 S_e 相对 e 点对称，则有

$$\int_{S_e}\boldsymbol{\nu}(\rho_m\boldsymbol{V}_{rb}\cdot\boldsymbol{n})\mathrm{d}s=0 \tag{6-20}$$

将式（6-18）～式（6-20）代入式（6-17），可得

$$\int_m\frac{\delta\boldsymbol{\rho}}{\delta t}\mathrm{d}m=\int_{S_e}\boldsymbol{\rho}_e(\rho_m\boldsymbol{V}_{rb}\cdot\boldsymbol{n})\mathrm{d}s=\boldsymbol{\rho}_e\cdot\dot{m} \tag{6-21}$$

故 $\boldsymbol{a}$ 项可改写为

$$\frac{\delta}{\delta t}\int_m\frac{\delta\boldsymbol{\rho}}{\delta t}\mathrm{d}m=\frac{\delta}{\delta t}(\dot{m}\boldsymbol{\rho}_e)=\ddot{m}\boldsymbol{\rho}_e+\dot{m}\dot{\boldsymbol{\rho}}_e \tag{6-22}$$

将式（6-16）和式（6-22）代入式（6-12），可得火箭发动机产生的附加相对力的计算公式为

$$F'_{\text{rel}} = -\ddot{m}\boldsymbol{\rho}_e - \dot{m}\dot{\boldsymbol{\rho}}_e - \dot{m}\boldsymbol{u}_e + \dot{m}\boldsymbol{V}_{rc} \tag{6-23}$$

考虑火箭发动机正常工作后，燃料消耗比较稳定，即 $\ddot{m}=0$，且燃气排出的速度要远远大于飞行器质心的运动速度，即 $\boldsymbol{V}_{rc} \ll \boldsymbol{u}_e$，同样有 $\dot{\boldsymbol{\rho}}_e \ll \boldsymbol{u}_e$，因此可以对 $\dot{m}\dot{\boldsymbol{\rho}}_e$ 和 $\dot{m}\boldsymbol{V}_{rc}$ 两项忽略不计，则式（6-23）可以简化为

$$F'_{\text{rel}} = -\dot{m}\boldsymbol{u}_e \tag{6-24}$$

由式（6-24）可以看出，附加相对力的大小与通过喷管出口截面 S_e 的线动量通量相等且方向相反。

3. 附加哥氏力 F'_k

根据 1.4 节介绍的变质量力学的基本原理可知，附加哥氏力是由箭体旋转角速度 $\boldsymbol{\omega}_T$ 引起的力，其表达式为

$$F'_k = -2\boldsymbol{\omega}_T \times \int_m \frac{\delta \boldsymbol{\rho}}{\delta t} \mathrm{d}m \tag{6-25}$$

将式（6-21）代入式（6-25），可得火箭发动机产生的附加哥氏力的计算公式为

$$F'_k = -2\boldsymbol{\omega}_T \times (\dot{m}\boldsymbol{\rho}_e) = -2\dot{m}\boldsymbol{\omega}_T \times \boldsymbol{\rho}_e \tag{6-26}$$

可见，F'_k 与 $\boldsymbol{\omega}_T$ 和 $\boldsymbol{\rho}_e$ 的夹角有关。

4. 推力公式

无论是哪种类型的火箭发动机，为了衡量其获得的相对力，均需要通过测试，测试通常是将火箭发动机水平或者垂直安装在试车台上进行的。如图 6-3 所示为一个水平试车原理示意图。需要注意的是，通常大型火箭发动机不采用水平试车，而采用垂直试车。

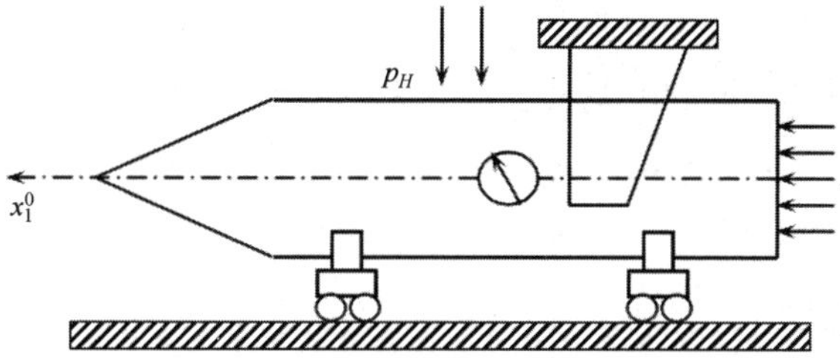

图 6-3　水平试车原理示意图

下面将根据图 6-3 所示的水平试车讨论火箭发动机的受力情况。显然，在垂直方向，火箭的重力与试车台反作用力大小相等，方向相反，正好平衡。而在水平方向，由于火箭是静止的，所以有

$$\boldsymbol{\omega}_T = 0 \tag{6-27}$$

代入式（6-26）得

$$F'_k = 0 \tag{6-28}$$

当发动机工作时，燃料不断消耗，且高温燃气相对箭体高速喷出，即存在 $\boldsymbol{u}_e$ 和 $\dot{m}$，故存在附加相对力，即

$$F'_{\text{rel}} = -\dot{m}\boldsymbol{u}_e \tag{6-29}$$

除此之外，箭体还受到一个水平推力作用，它是由于发动机喷口截面上大气压力与燃气压力不相等形成的，通常用 $\boldsymbol{P}_{st}$ 来表示，称为静推力，即

$$\boldsymbol{P}_{st}=\int_{S_e}\boldsymbol{p}\mathrm{d}s+\int_{S_e}\boldsymbol{p}_H\mathrm{d}s=S_e(p_e-p_H)\boldsymbol{x}_1^0 \tag{6-30}$$

通常认为火箭的外形具有对称性，所以 p_e 为喷口截面上燃气静压的平均值。

综上所述，一台发动机的推力 $\boldsymbol{P}$（简称台推力）为附加相对力与静推力之和，即

$$\boldsymbol{P}=-\dot{m}\boldsymbol{u}_e+S_e(p_e-p_H)\boldsymbol{x}_1^0 \tag{6-31}$$

显然，发动机排气方向为箭体纵对称轴的反方向，即 $-\boldsymbol{x}_1^0$ 方向，故推力大小为

$$P=\dot{m}u_e+S_e(p_e-p_H) \tag{6-32}$$

实验表明：排气速度 u_e 在一定范围内是不变的，且 p_e 正比于 $\dot{m}$，所以 u_e 与 $\dfrac{p_e}{\dot{m}}$ 和 p_H 无关，故引入一个新的变量 u_e'，称为有效排气速度，即

$$u_e'=u_e+S_e\frac{p_e}{\dot{m}} \tag{6-33}$$

代入式（6-32），可得发动机推力为

$$P=\dot{m}u_e'-S_ep_H \tag{6-34}$$

由于真空中大气压为零，即 $p_H=0$，则发动机推力为

$$P_V=\dot{m}u_e' \tag{6-35}$$

设地面上的大气压为 $p_H=p_0$，发动机在地面上的燃料秒流量为 $\dot{m}=\dot{m}_0$，且均可测，则发动机推力为

$$P_0=\dot{m}_0u_e'-S_ep_0 \tag{6-36}$$

由式（6-36）可得

$$u_e'=\frac{P_0+S_ep_0}{\dot{m}_0} \tag{6-37}$$

通常认为 $\dot{m}=\dot{m}_0$ 且为常数，则将式（6-37）代入式（6-34），整理得

$$P=P_0+S_e(p_0-p_H)=P_V-S_ep_H \tag{6-38}$$

由于 P_0 可以通过试车得到，p_0,p_H 也可以查表得到，所以发动机推力 P 是可求的，且与飞行高度有关，如图 6-4 所示。

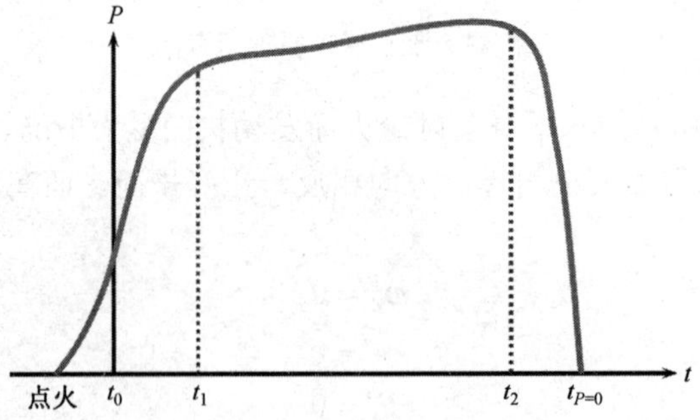

图 6-4 单台发动机的推力曲线

由图 6-4 可见：从 $t=0$ 时刻点火到 t_0 时刻，发动机推力 P 急剧增加至 t_0 时刻的火箭重

力，即 $P(t_0)=G(t_0)$，此后发动机推力 P 将大于火箭重力 G 而给火箭加速，飞离发射台；从 t_0 时刻到 t_1 时刻，发动机点火到额定工作状态；从 t_1 时刻到 t_2 时刻，火箭飞行高度不断增加而大气压 p_H 不断减小，由式（6-32）可知，发动机产生的推力将增加，直至等于发动机的真空推力大小，即 $P_{\max}=P_V$，此段为发动机正常工作段，并在 t_2 时刻关闭发动机；从 t_2 时刻到发动机推力为零时刻，即 $t_{P=0}$ 时刻，该段是关闭发动机后，燃烧室内还有部分剩余的推进剂，它们燃烧所产生推力的工作段。由最后这部分推力产生的冲量 I 称为后效冲量，即

$$I=\int_{t_2}^{t_{P=0}} P(t)\mathrm{d}t \tag{6-39}$$

由于后效冲量是一个随机变量，无法测控且其变化范围为平均推力值的 15%左右，所以它对导弹的级间分离、头体分离（此时都要先关闭发动机）及导弹的命中精度都会造成影响，必须降低这个后效冲量 I。常用的方法有以下两种。

（1）采用“预备关机指令”，即在全部关闭发动机以前，先发一个预关机指令，使送入燃烧室中的推进剂减少，以使全部关闭发动机以后，燃烧室中的剩余推进剂较少，从而降低后效冲量。

（2）采用先关闭主发动机，让几个小推力发动机（称为游机）继续工作的方式，来降低后效冲量。

6.1.3 比冲

比冲又称比冲量，定义为发动机在无限小时间间隔 δt 内所产生的冲量 $\delta t\cdot P$ 与该段时间间隔内消耗的推进剂重量 $\dot{m}g_0\delta t$ 之比（单位为 s），即

$$P_{\mathrm{SP}}=\frac{P\cdot\delta t}{\dot{m}g_0\delta t}=\frac{P}{\dot{m}g_0} \tag{6-40}$$

式中，g_0 为海平面标准重力加速度。比冲 P_{SP} 反映了发动机的工作效率，通常，液体推进剂的 P_{SP} 较高（一般为 250～460s），固体推进剂的 P_{SP} 较低（一般为 200～300s）。

相应的发动机真空比冲 $P_{\mathrm{SP}\cdot V}$ 和地面比冲 $P_{\mathrm{SP}\cdot O}$ 分别为

$$\begin{cases} P_{\mathrm{SP}\cdot V}=\dfrac{P_V}{\dot{m}g_0}=\dfrac{\dot{m}u'_e}{\dot{m}g_0}=\dfrac{u'_e}{g_0} \\ P_{\mathrm{SP}\cdot O}=\dfrac{P_0}{\dot{m}g_0} \end{cases} \tag{6-41}$$

6.2 发动机的附加力矩

6.2.1 附加哥氏力矩

根据 1.4 节介绍的变质量力学的基本原理可知附加哥氏力矩 $\boldsymbol{M}'_k$ 的表达式为

$$\boldsymbol{M}'_k=-\int_m \boldsymbol{\rho}\times\left(\boldsymbol{\omega}_T\times\frac{\delta\boldsymbol{\rho}}{\delta t}\right)\mathrm{d}m \tag{6-42}$$

考虑以下两个公式，即

$$\frac{\delta}{\delta t}[\boldsymbol{\rho}\times(\boldsymbol{\omega}_T\times\boldsymbol{\rho})]=\frac{\delta\boldsymbol{\rho}}{\delta t}\times(\boldsymbol{\omega}_T\times\boldsymbol{\rho})+\boldsymbol{\rho}\times\left(\frac{\delta\boldsymbol{\omega}_T}{\delta t}\times\boldsymbol{\rho}\right)+\boldsymbol{\rho}\times\left(\boldsymbol{\omega}_T\times\frac{\delta\boldsymbol{\rho}}{\delta t}\right) \tag{6-43}$$

$$\frac{\delta\boldsymbol{\rho}}{\delta t}\times(\boldsymbol{\omega}_T\times\boldsymbol{\rho})=\boldsymbol{\omega}_T\times\left(\frac{\delta\boldsymbol{\rho}}{\delta t}\times\boldsymbol{\rho}\right)+\boldsymbol{\rho}\times\left(\boldsymbol{\omega}_T\times\frac{\delta\boldsymbol{\rho}}{\delta t}\right) \tag{6-44}$$

两式相加，可得

$$2\boldsymbol{\rho}\times\left(\boldsymbol{\omega}_T\times\frac{\delta\boldsymbol{\rho}}{\delta t}\right)=\frac{\delta}{\delta t}[\boldsymbol{\rho}\times(\boldsymbol{\omega}_T\times\boldsymbol{\rho})]-\boldsymbol{\rho}\times\left(\frac{\mathrm{d}\boldsymbol{\omega}_T}{\mathrm{d}t}\times\boldsymbol{\rho}\right)-\boldsymbol{\omega}_T\times\left(\frac{\delta\boldsymbol{\rho}}{\delta t}\times\boldsymbol{\rho}\right) \tag{6-45}$$

代入式（6-42），则有

$$\boldsymbol{M}_k'=-\int_m\left\{\frac{\delta}{\delta t}[\boldsymbol{\rho}\times(\boldsymbol{\omega}_T\times\boldsymbol{\rho})]-\boldsymbol{\rho}\times\left(\frac{\mathrm{d}\boldsymbol{\omega}_T}{\mathrm{d}t}\times\boldsymbol{\rho}\right)-\boldsymbol{\omega}_T\times\left(\frac{\delta\boldsymbol{\rho}}{\delta t}\times\boldsymbol{\rho}\right)\right\}\mathrm{d}m \tag{6-46}$$

利用雷诺迁移定理，令 $\boldsymbol{H}=\boldsymbol{\rho}\times(\boldsymbol{\omega}_T\times\boldsymbol{\rho})$，则有

$$\begin{aligned}\boldsymbol{M}_k'=&-\frac{\delta}{\delta t}\int_m\boldsymbol{\rho}\times(\boldsymbol{\omega}_T\times\boldsymbol{\rho})\mathrm{d}m-\int_{S_e}\boldsymbol{\rho}\times(\boldsymbol{\omega}_T\times\boldsymbol{\rho})\cdot(\rho_m\boldsymbol{V}_{rb}\cdot\boldsymbol{n})\mathrm{d}s+\\&\int_m\boldsymbol{\rho}\times\left(\frac{\mathrm{d}\boldsymbol{\omega}_T}{\mathrm{d}t}\times\boldsymbol{\rho}\right)\mathrm{d}m+\int_m\boldsymbol{\omega}_T\times\left(\frac{\delta\boldsymbol{\rho}}{\delta t}\times\boldsymbol{\rho}\right)\mathrm{d}m\end{aligned} \tag{6-47}$$

已知刚体对质心的角动量为

$$\boldsymbol{H}_{c\cdot m}=\int_m\boldsymbol{\rho}\times(\boldsymbol{\omega}_T\times\boldsymbol{\rho})\mathrm{d}m=\boldsymbol{I}\cdot\boldsymbol{\omega}_T \tag{6-48}$$

则

$$\frac{\delta}{\delta t}\int_m\boldsymbol{\rho}\times(\boldsymbol{\omega}_T\times\boldsymbol{\rho})\mathrm{d}m=\frac{\delta\boldsymbol{I}}{\delta t}\cdot\boldsymbol{\omega}_T+\boldsymbol{I}\cdot\frac{\mathrm{d}\boldsymbol{\omega}_T}{\mathrm{d}t} \tag{6-49}$$

同理有

$$\int_m\boldsymbol{\rho}\times\left(\frac{\mathrm{d}\boldsymbol{\omega}_T}{\mathrm{d}t}\times\boldsymbol{\rho}\right)\mathrm{d}m=\boldsymbol{I}\cdot\frac{\mathrm{d}\boldsymbol{\omega}_T}{\mathrm{d}t} \tag{6-50}$$

将式（6-49）和式（6-50）代入式（6-47），可得

$$\boldsymbol{M}_k'=-\frac{\delta\boldsymbol{I}}{\delta t}\boldsymbol{\omega}_T+\boldsymbol{\omega}_T\times\int_m\left(\frac{\delta\boldsymbol{\rho}}{\delta t}\times\boldsymbol{\rho}\right)\mathrm{d}m-\int_{S_e}[\boldsymbol{\rho}\times(\boldsymbol{\omega}_T\times\boldsymbol{\rho})](\rho_m\boldsymbol{V}_{rb}\cdot\boldsymbol{n})\mathrm{d}s \tag{6-51}$$

由图 6-2 可知：

$$\boldsymbol{\rho}=\boldsymbol{\rho}_e+\boldsymbol{\nu} \tag{6-52}$$

且

$$\int_{S_e}(\rho_m\boldsymbol{V}_{rb}\cdot\boldsymbol{n})\mathrm{d}s=\dot{m} \tag{6-53}$$

则

$$\begin{aligned}\boldsymbol{\rho}\times(\boldsymbol{\omega}_T\times\boldsymbol{\rho})&=(\boldsymbol{\rho}_e+\boldsymbol{\nu})\times(\boldsymbol{\omega}_T\times\boldsymbol{\rho})\\&=\boldsymbol{\rho}_e\times(\boldsymbol{\omega}_T\times\boldsymbol{\rho})+\boldsymbol{\nu}\times(\boldsymbol{\omega}_T\times\boldsymbol{\rho})\\&=\boldsymbol{\rho}_e\times(\boldsymbol{\omega}_T\times\boldsymbol{\rho}_e+\boldsymbol{\omega}_T\times\boldsymbol{\nu})+\boldsymbol{\nu}\times(\boldsymbol{\omega}_T\times\boldsymbol{\rho}_e+\boldsymbol{\omega}_T\times\boldsymbol{\nu})\\&=\boldsymbol{\rho}_e\times(\boldsymbol{\omega}_T\times\boldsymbol{\rho}_e)+\boldsymbol{\rho}_e\times(\boldsymbol{\omega}_T\times\boldsymbol{\nu})+\boldsymbol{\nu}\times(\boldsymbol{\omega}_T\times\boldsymbol{\rho}_e)+\boldsymbol{\nu}\times(\boldsymbol{\omega}_T\times\boldsymbol{\nu})\end{aligned} \tag{6-54}$$

由质心定义可知：$\int_{S_e} \boldsymbol{\nu} \mathrm{d}S_e = 0$，且 $\boldsymbol{\omega}_T \boldsymbol{\rho}_e$ 与 ds 无关，则火箭发动机附加哥氏力矩的表达式为

$$\begin{aligned}\boldsymbol{M}_k' = &-\frac{\delta \boldsymbol{I}}{\delta t}\cdot \boldsymbol{\omega}_T - \dot{m}\boldsymbol{\rho}_e \times (\boldsymbol{\omega}_T \times \boldsymbol{\rho}_e) - \\ &\int_{S_e} \boldsymbol{\nu}\times(\boldsymbol{\omega}_T \times \boldsymbol{\nu})(\rho_m \boldsymbol{V}_{rb}\cdot \boldsymbol{n})\mathrm{d}s + \boldsymbol{\omega}_T \times \int_m \frac{\delta \boldsymbol{\rho}}{\delta t}\times \boldsymbol{\rho}\mathrm{d}m\end{aligned} \tag{6-55}$$

考 虑 $\boldsymbol{\rho}_e \gg S_e$ 且 $\dfrac{\delta \boldsymbol{\rho}}{\delta t}$ 很 小， 可 以 略 去 式（ 6-55 ） 中 $\int_{S_e}\left(\boldsymbol{\nu}\times(\boldsymbol{\omega}_T \times \boldsymbol{\nu})(\rho_m \boldsymbol{V}_{rb}\cdot \boldsymbol{n})\right)\mathrm{d}s$ 和 $\boldsymbol{\omega}_T \times \int_m \dfrac{\delta \boldsymbol{\rho}}{\delta t}\times \boldsymbol{\rho}\mathrm{d}m$ 两项，则简化的附加哥氏力矩表达式为

$$\boldsymbol{M}_k' = -\frac{\delta \boldsymbol{I}}{\delta t}\cdot \boldsymbol{\omega}_T - \dot{m}\boldsymbol{\rho}_e \times (\boldsymbol{\omega}_T \times \boldsymbol{\rho}_e) \tag{6-56}$$

从式(6-56)可以看出：$-\dot{m}\boldsymbol{\rho}_e \times (\boldsymbol{\omega}_T \times \boldsymbol{\rho}_e)$ 项表示由单位时间内喷出的气体所造成的力矩，该项起到阻尼作用，通常称为喷气阻尼力矩；$-\dfrac{\delta \boldsymbol{I}}{\delta t}\cdot \boldsymbol{\omega}_T$ 项表示转动惯量 $\boldsymbol{I}$ 发生变化引起的力矩，对于飞行器来说，由于 $\dfrac{\delta \boldsymbol{I}}{\delta t}$ 的各分量均小于 0，所以该项起到减小阻尼的作用，通常约为喷气阻尼力矩的 30%。

6.2.2　附加相对力矩

根据 1.4 节介绍的变质量力学的基本原理可知附加相对力矩 $\boldsymbol{M}_{\mathrm{rel}}'$ 的表达式为

$$\boldsymbol{M}_{\mathrm{rel}}' = -\int_m \boldsymbol{\rho}\times \frac{\delta^2 \boldsymbol{\rho}}{\delta t^2}\mathrm{d}m = -\int_m \frac{\delta}{\delta t}\left(\boldsymbol{\rho}\times \frac{\delta \boldsymbol{\rho}}{\delta t}\right)\mathrm{d}m \tag{6-57}$$

利用雷诺迁移定理，令 $\boldsymbol{H} = \boldsymbol{\rho}\times \dfrac{\delta^2 \boldsymbol{\rho}}{\delta t^2}$，则有

$$\boldsymbol{M}_{\mathrm{rel}}' = -\frac{\delta}{\delta t}\int_m \boldsymbol{\rho}\times \frac{\delta \boldsymbol{\rho}}{\delta t}\mathrm{d}m - \int_{S_e}\left(\boldsymbol{\rho}\times \frac{\delta \boldsymbol{\rho}}{\delta t}\right)(\rho_m \boldsymbol{V}_{rb}\cdot \boldsymbol{n})\mathrm{d}s \tag{6-58}$$

将式（6-4）代入式（6-58），得

$$\begin{aligned}\boldsymbol{M}_{\mathrm{rel}}' = &-\frac{\delta}{\delta t}\int_m \boldsymbol{\rho}\times \frac{\delta \boldsymbol{\rho}}{\delta t}\mathrm{d}m - \int_{S_e}(\boldsymbol{\rho}\times \boldsymbol{V}_{rb})(\rho_m \boldsymbol{V}_{rb}\cdot \boldsymbol{n})\mathrm{d}s + \\ &\int_{S_e}(\boldsymbol{\rho}\times \boldsymbol{V}_{rc})(\rho_m \boldsymbol{V}_{rb}\cdot \boldsymbol{n})\mathrm{d}s\end{aligned} \tag{6-59}$$

令式（6-59）第二项为 $\boldsymbol{a}$，第三项为 $\boldsymbol{b}$ 。将式（6-19）和式（6-21）代入 $\boldsymbol{b}$ 项，则

$$\begin{aligned}\boldsymbol{b} &= \int_{S_e} \boldsymbol{\rho}(\rho_m \boldsymbol{V}_{rb}\cdot \boldsymbol{n})\mathrm{d}s \times \boldsymbol{V}_{rc} \\ &= \left(\boldsymbol{\rho}_e \int_{S_e}(\rho_m \boldsymbol{V}_{rb}\cdot \boldsymbol{n})\mathrm{d}s + \int_{S_e} \boldsymbol{\nu}(\rho_m \boldsymbol{V}_{rb}\cdot \boldsymbol{n})\mathrm{d}s\right)\times \boldsymbol{V}_{rc} \\ &= \dot{m}\boldsymbol{\rho}_e \times \boldsymbol{V}_{rc}\end{aligned} \tag{6-60}$$

由图6-5所示可知

$$\boldsymbol{V}_{rb}=\boldsymbol{u}_e+\boldsymbol{V}_\eta \tag{6-61}$$

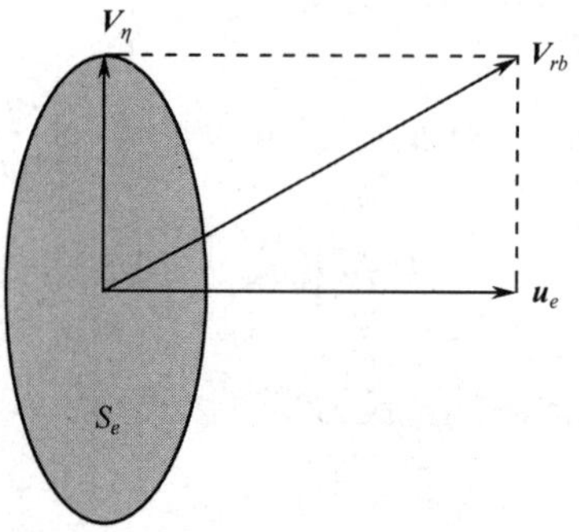

图6-5　喷口燃气相对速度分解示意图

将式（6-61）和式（6-19）代入$\boldsymbol{a}$项，可得

$$\begin{aligned}\boldsymbol{a}&=\int_{S_e}(\boldsymbol{\rho}\times\boldsymbol{V}_{rb})(\rho_m\boldsymbol{V}_{rb}\cdot\boldsymbol{n})\mathrm{d}s\\&=\int_{S_e}\left[(\boldsymbol{\rho}_e+\boldsymbol{\nu})\times(\boldsymbol{u}_e+\boldsymbol{V}_\eta)\right](\rho_m\boldsymbol{V}_{rb}\cdot\boldsymbol{n})\mathrm{d}s\\&=\left(\int_{S_e}(\boldsymbol{\rho}_e+\boldsymbol{\nu})(\rho_m\boldsymbol{V}_{rb}\cdot\boldsymbol{n})\mathrm{d}s\right)\times\boldsymbol{u}_e+\int_{S_e}\left[(\boldsymbol{\rho}_e+\boldsymbol{\nu})\times\boldsymbol{V}_\eta\right](\rho_m\boldsymbol{V}_{rb}\cdot\boldsymbol{n})\mathrm{d}s\end{aligned}\tag{6-62}$$

将式（6-20）和式（6-21）代入式（6-62），可得

$$\boldsymbol{a}=\dot{m}\boldsymbol{\rho}_e\times\boldsymbol{u}_e+\boldsymbol{\rho}_e\times\int_{S_e}\boldsymbol{V}_\eta(\rho_m\boldsymbol{V}_{rb}\cdot\boldsymbol{n})\mathrm{d}s+\int_{S_e}(\boldsymbol{\nu}\times\boldsymbol{V}_\eta)(\rho_m\boldsymbol{V}_{rb}\cdot\boldsymbol{n})\mathrm{d}s \tag{6-63}$$

由于$\boldsymbol{V}_\eta$在喷口截面S_e上是对称的，所以有

$$\boldsymbol{\rho}_e\times\int_{S_e}\boldsymbol{V}_\eta(\rho_m\boldsymbol{V}_{rb}\cdot\boldsymbol{n})\mathrm{d}s=0 \tag{6-64}$$

代入$\boldsymbol{a}$项可得

$$\boldsymbol{a}=\dot{m}\boldsymbol{\rho}_e\times\boldsymbol{u}_e+\int_{S_e}(\boldsymbol{\nu}\times\boldsymbol{V}_\eta)(\rho_m\boldsymbol{V}_{rb}\cdot\boldsymbol{n})\mathrm{d}s \tag{6-65}$$

则火箭发动机产生的附加相对力矩的计算公式为

$$\boldsymbol{M}'_{\mathrm{rel}}=-\frac{\delta}{\delta t}\int_m\boldsymbol{\rho}\times\frac{\delta\boldsymbol{\rho}}{\delta t}\mathrm{d}m-\int_{S_e}(\boldsymbol{\nu}\times\boldsymbol{V}_\eta)(\rho_m\boldsymbol{V}_{rb}\cdot\boldsymbol{n})\mathrm{d}s-\dot{m}\boldsymbol{\rho}_e\times(\boldsymbol{u}_e-\boldsymbol{V}_{rc}) \tag{6-66}$$

考虑$\dfrac{\delta\boldsymbol{\rho}}{\delta t}$是一个小量，可以略去式(6-66)中含$\dfrac{\delta\boldsymbol{\rho}}{\delta t}$的项；另外，在喷口截面上$|\boldsymbol{\nu}|\ll|\boldsymbol{\rho}|$、$|\boldsymbol{V}_\eta|\ll|\boldsymbol{u}_e|$、$|\boldsymbol{V}_{rc}|\ll|\boldsymbol{u}_e|$，所以可以将$\boldsymbol{\nu},\boldsymbol{V}_\eta,\boldsymbol{V}_{rc}$视为小量，且忽略二阶以上小量。则附加相对力矩的简化公式为

$$\boldsymbol{M}'_{\mathrm{rel}}=-\dot{m}\boldsymbol{\rho}_e\times\boldsymbol{u}_e \tag{6-67}$$

6.3　火箭姿态控制系统

导弹之所以能够飞行并准确地命中目标，完全是发动机推力、控制力和控制力矩作用的结果。所谓控制飞行（程序飞行）是指为了完成某一给定的飞行任务而依据其相应的控制方案不断改变导弹质心速度的大小和方向的飞行。

火箭控制系统分为箭上飞行控制系统和地面测试发射控制系统。飞行控制系统由导航、制导和姿态控制等组成，通过测量装置、中间装置、执行机构、飞行控制软件等完成测算运动状态参量，根据确定的飞行状态参量产生制导信号，以期在火箭达到最佳终端条件时关闭发动机，结束主动段飞行。在飞行过程中，根据状态参量及预先规定的程序控制要求，产生操纵火箭飞行的控制信号，进行状态控制，以保证稳定飞行。

6.3.1　火箭姿态角的测量

1. 加速度表工作原理

加速度表是对火箭进行测速定位的器件，其物理基础是利用物体运动的惯性现象。加速度表工作原理图如图 6-6 所示。

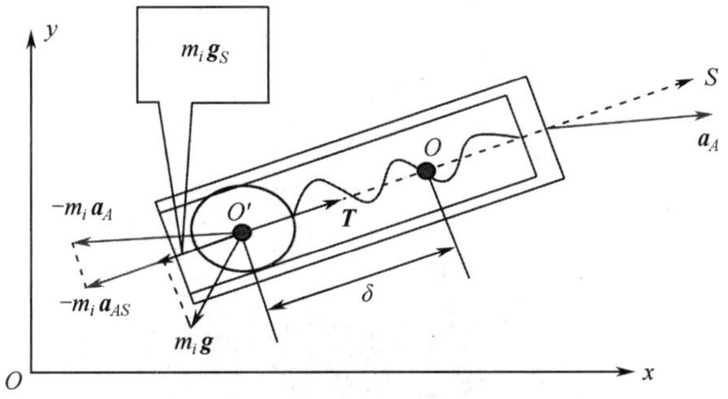

图 6-6　加速度表工作原理图

图 6-6 中，S 轴为加速度表的敏感轴，敏感元件是质量为 m_i 的重物，它通过刚度为 C 的弹簧与壳体相连接，重物 m_i 可沿 S 方向相对壳体移动。当壳体相对惯性坐标系以加速度 $\boldsymbol{a}_A$ 运动时，m_i 的质心由初始位置 O 移动到 O'，位移大小为 δ，在忽略弹簧质量及壳体内壁摩擦的情况下，认为此时的 m_i 处于瞬时平衡状态，则有

$$-m_i\boldsymbol{a}_{AS}+\boldsymbol{T}+m_i\boldsymbol{g}_S=\boldsymbol{0} \tag{6-68}$$

式中，$\boldsymbol{a}_{AS}$ 和 $\boldsymbol{g}_S$ 分别为 $\boldsymbol{a}_A$ 和 $\boldsymbol{g}$ 在 S 方向上的分量，$\boldsymbol{T}$ 为弹簧拉力。则

$$\boldsymbol{T}=m_i(\boldsymbol{a}_{AS}-\boldsymbol{g}_S) \tag{6-69}$$

令

$$\dot{W}_S=\frac{\boldsymbol{T}}{m_i}=\boldsymbol{a}_{AS}-\boldsymbol{g}_S \tag{6-70}$$

称为视加速度。如果将加速度表固定在火箭上，并用 $\boldsymbol{N}$ 表示除 $m\boldsymbol{g}$ 以外的合力，则有

$$m\boldsymbol{a}_A=\boldsymbol{N}+m\boldsymbol{g} \tag{6-71}$$

即

$$\boldsymbol{a}_A = \frac{\boldsymbol{N}}{m} + \boldsymbol{g} \tag{6-72}$$

代入式（6-70），可得

$$\dot{\boldsymbol{W}}_S = \frac{N_S}{m} \tag{6-73}$$

可见，视加速度$\dot{\boldsymbol{W}}_S$表示的是在某一方向上除重力以外的其他力的合力作用在火箭上所产生的加速度。写成矢量的形式，即

$$\dot{\boldsymbol{W}} = \frac{\boldsymbol{N}}{m} \tag{6-74}$$

它是时间t的函数，对其进行一次积分和两次积分，即可得到视速度和视位移。

上面介绍的是加速度表的一般原理，目前实际使用的加速度表是陀螺加速度表，它的主要部件就是一个有偏心距的二自由度陀螺仪。如果用 3 块陀螺加速度表，将它们的敏感轴按两两相互垂直的形式安装，即可确定箭体的 3 个视加速度分量。

2. 测量姿态角的二自由度陀螺仪

二自由度陀螺仪利用转子轴在空间定向的特性测量姿态角信息，包括基座相对外环轴的转动角和外环相对内环的转动角，其结构示意图如图 6-7 所示。

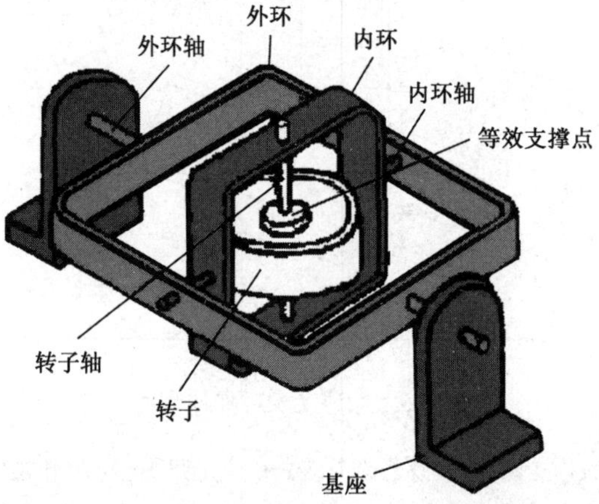

图 6-7　二自由度陀螺仪结构示意图（见彩插）

转子轴的空间定向是指其以发射瞬间发射系为基准系定向，并保持不变，所以测角的基准是平移坐标系。

图 6-8 和图 6-9 中：$o\text{-}xyz$为发射坐标系，$o\text{-}x_1y_1z_1$为箭体坐标系，图中所示为各部件在发射瞬间的位置。由图 6-8 可见，转子轴处于发射平面内，为水平陀螺仪；由图 6-9 可见，转子轴垂直于发射平面，为垂直陀螺仪。水平陀螺仪的外环面与箭体基座平面（y_1oz_1平面）的夹角为俯仰角φ_T（初始值为 90°）；垂直陀螺仪的外环面与箭体基座平面（x_1oy_1平面）的夹角为偏航角ψ_T（初始值为 0°）；水平（或垂直）陀螺仪的内环面相对外环面的旋转角为箭体x_1轴滚动角γ_T。

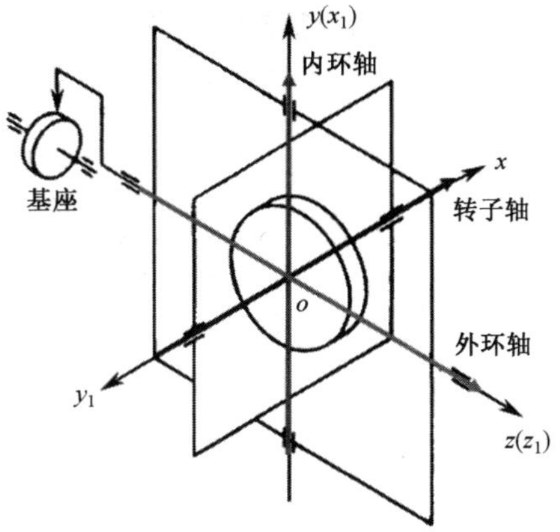

图 6-8 水平陀螺仪安装示意图（见彩插）

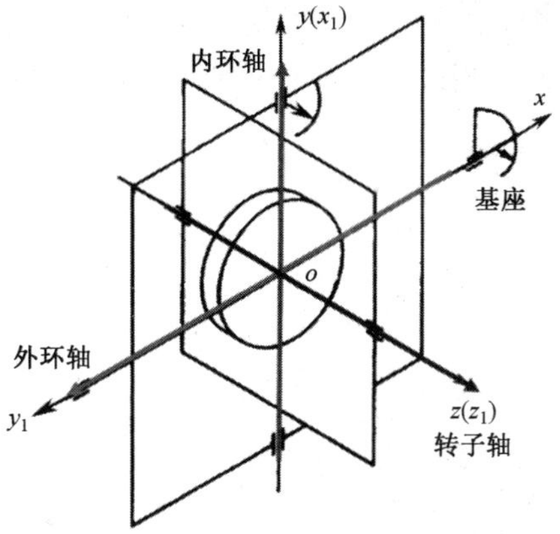

图 6-9 垂直陀螺仪安装示意图（见彩插）

目前，火箭上通常利用陀螺的定轴性，由 3 个三轴陀螺仪通过 3 个伺服回路组成一个稳定平台，该平台提供一个相对惯性坐标系不旋转的基准坐标系，从而给出测速定向基准和测角参考系。

6.3.2 姿态控制方程

姿态控制系统的功能是控制火箭姿态的运动、实现程序飞行、执行制导导引要求和克服各种干扰影响，以保证姿态角稳定在允许范围内。

姿态控制系统的测角基准是由惯性平台提供的平移坐标系，测量的姿态角为 $\varphi_T,\psi_T,\gamma_T$。显然，这是一个三维控制系统，分别有各自的控制通道，且结构基本相同，如图 6-10 所示。

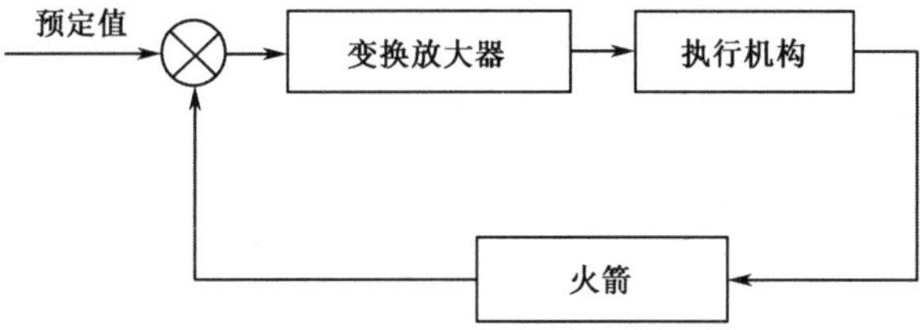

图 6-10 控制通道示意图

图 6-10 中，预定值是预先注入火箭中的程序姿态角，即($\varphi_{\tilde{T}},\psi_{\tilde{T}},\gamma_{\tilde{T}}$)，它们与测量值之差构成误差信号，即

$$\begin{cases}\Delta\varphi_T=\varphi_T-\varphi_{\tilde{T}}\\ \Delta\psi_T=\psi_T-\psi_{\tilde{T}}\\ \Delta\gamma_T=\gamma_T-\gamma_{\tilde{T}}\end{cases} \tag{6-75}$$

通常认为

$$\begin{cases}\varphi_{\tilde{T}}=\varphi_{p\gamma}(t)\\ \psi_{\tilde{T}}=\gamma_{\tilde{T}}=0\end{cases} \tag{6-76}$$

式中，$\varphi_{p\gamma}(t)$ 称为程序俯仰角。

火箭姿态控制方程有3个，即俯仰、偏航、滚动3个方向，通常火箭的动态稳定过程非常快，可以认为姿态控制过程对火箭质心运动的影响很小，将姿态控制过程简化为

$$\begin{cases}\delta_{\varphi}=a_0^{\varphi}\Delta\varphi_T\\ \delta_{\psi}=a_0^{\psi}\Delta\psi_T\\ \delta_{\gamma}=a_0^{\gamma}\Delta\gamma_T\end{cases} \tag{6-77}$$

式（6-77）即省去动态过程的姿态控制方程。式中，$\delta_{\varphi},\delta_{\psi},\delta_{\gamma}$ 称为舵偏角，表示执行机构的偏转角，$a_0^{\varphi},a_0^{\psi},a_0^{\gamma}$ 分别为俯仰、偏航、滚动通道的静放大系数。

6.3.3 控制力和控制力矩

对于火箭而言，用于产生控制力和控制力矩的执行机构有空气舵、燃气舵、摇摆发动机等。对于空气舵而言，它因依赖于大气而受高度的限制，所以对于运载火箭而言，多采用后两种执行机构。下面将具体介绍燃气舵和摇摆发动机产生的控制力和控制力矩。

1. 燃气舵产生的控制力和控制力矩

燃气舵是安装在火箭发动机喷口出口处燃气流中的一种控制舵，如图6-11所示。燃气舵是由石墨或其他耐高温材料制成的，当其相对燃气流偏转时，便产生改变导弹飞行方向和姿态的控制力和控制力矩。

图6-11所示的燃气舵共有4个，成十字形分布，分别编号为1、2、3、4。其中，1、3舵位于射面内，且1舵偏向射击面一边，3舵反向；2、4舵位于导弹横对称面内并与射向垂直。从火箭的尾部看去，1～4舵顺时针排序。

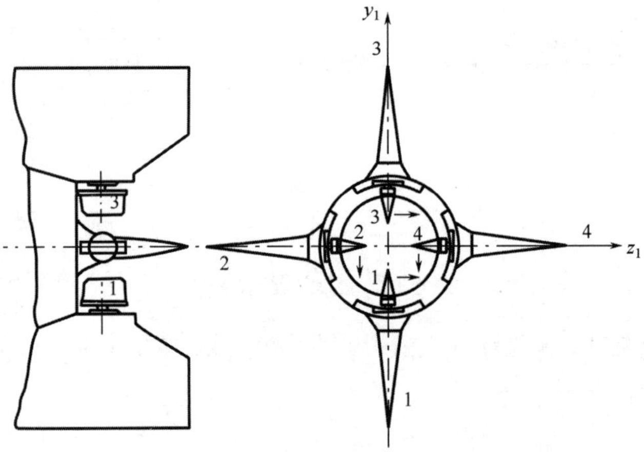

图6-11　十字形分布燃气舵示意图

发动机燃烧室排出的燃气流作用在燃气舵上，形成燃气动力，即为控制力。显然，控制力的大小与燃气舵的偏转角（舵偏角）有关。考虑4个舵的大小形状均相同，且气动特性也一样，所以为了便于计算，引入等效舵偏角的概念，其含义是与实际舵偏角具有相同控制力的平均舵偏角。如图6-11所示，当2、4舵同步偏转时，可以产生法向控制力，控制火箭的俯仰运动，其等效舵偏角为

$$\delta_{\varphi}=\frac{1}{2}(\delta_2+\delta_4) \tag{6-78}$$

当 1、3 舵同步偏转时，可以产生侧向控制力，控制火箭的偏航运动，其等效舵偏角为

$$\delta_{\psi}=\frac{1}{2}(\delta_1+\delta_3) \tag{6-79}$$

当 1、3 舵异步偏转或 2、4 舵异步偏转时，可以产生轴向滚动力矩，以控制火箭的滚动，其等效舵偏角为

$$\delta_{\gamma}=\frac{1}{4}(\delta_3-\delta_1+\delta_4-\delta_2) \tag{6-80}$$

这里需要注意偏转角的正负规定，即产生负控制力矩的舵偏角为正。各舵偏角在产生控制力矩时的正方向如图 6-12 所示。

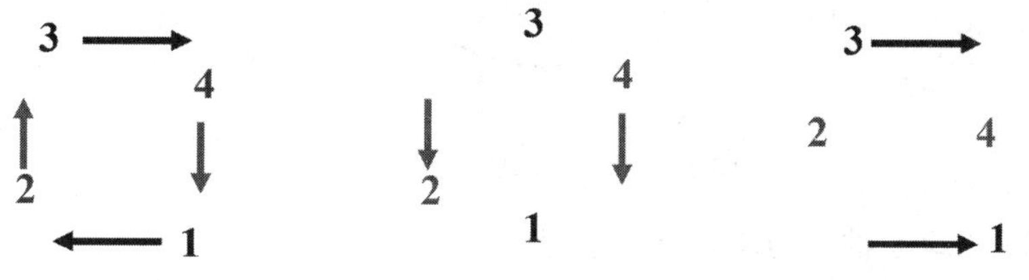

图 6-12　燃气舵的舵偏角方向示意图

燃气舵的俯仰、偏航、滚动通道提供的控制力表达式分别为

$$\begin{cases}\text{阻力：}X_{1c}=4C_{x_1j}q_jS_j\\ \text{升力：}Y_{1c}=2C_{y_1j}q_jS_j=2C_{y_1j}^{\delta}\delta_{\varphi}q_jS_j=R'\cdot\delta_{\varphi}\\ \text{侧力：}Z_{1c}=2C_{z_1j}q_jS_j=-2C_{y_1j}^{\delta}\delta_{\psi}q_jS_j=-R'\cdot\delta_{\psi}\end{cases} \tag{6-81}$$

式中，$C_{x_1j},C_{y_1j},C_{z_1j}$ 分别为每个燃气舵的阻力系数、升力系数、侧力系数；$q_j=\frac{1}{2}\rho_jV_j^2$ 为燃气动压头，ρ_j 为燃气流的气流密度，V_j 为燃气流速度；S_j 为燃气舵参考面积；$R'=2Y_{1c}^{\delta}=2C_{y_1j}^{\delta}\cdot q_j\cdot S_j$ 为一对燃气舵的升力梯度。

燃气舵的俯仰、偏航、滚动通道提供的控制力矩表达式分别为

$$\begin{cases}\text{俯仰：}M_{z_1c}=-R'(x_c-x_g)\delta_{\varphi}=M_{z_1c}^{\delta}\cdot\delta_{\varphi}\\ \text{偏航：}M_{y_1c}=-R'(x_c-x_g)\delta_{\psi}=M_{y_1c}^{\delta}\cdot\delta_{\psi}\\ \text{滚动：}M_{x_1c}=-4Y_{1cj}\cdot r_c=-2R'\cdot r_c\cdot\delta_{\gamma}=M_{x_1c}^{\delta}\cdot\delta_{\gamma}\end{cases} \tag{6-82}$$

其中：

$$\begin{cases}M_{z_1c}^{\delta}=M_{y_1c}^{\delta}=-R'(x_c-x_g)\\ M_{x_1c}^{\delta}=-2R'r_c\end{cases} \tag{6-83}$$

式中，x_c-x_g 为燃气舵压心到重心的距离，即控制力矩的力臂；r_c 为舵的压心到纵轴 x_1 的距离，通常燃气舵的压心取舵的铰链位置。

2. 摇摆发动机产生的控制力和控制力矩

1）十字形配置摇摆发动机

如图 6-13 所示，规定了 4 台摇摆发动机的编号顺序和舵偏角为正时的偏转方向。

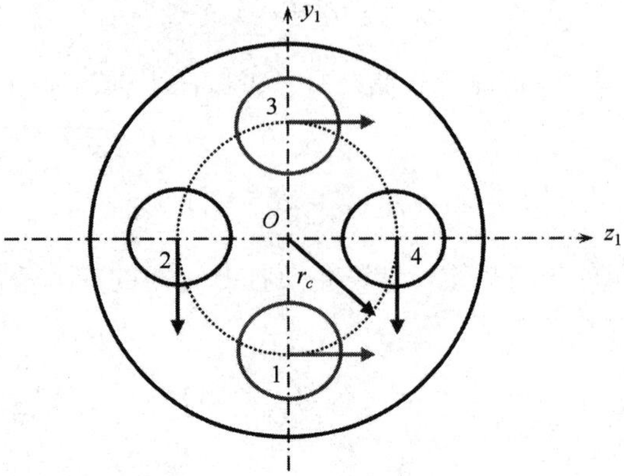

图 6-13　十字形配置摇摆发动机

设每台摇摆发动机的推力均为 P_c，则

$$P = 4P_c \tag{6-84}$$

称为总推力。则十字形配置摇摆发动机产生的控制力为

$$\begin{cases}\text{阻力：}X_{1c} = P - P_c(\cos\delta_1 + \cos\delta_2 + \cos\delta_3 + \cos\delta_4)\\ \text{升力：}Y_{1c} = P_c(\sin\delta_2 + \sin\delta_4)\\ \text{侧力：}Z_{1c} = -P_c(\sin\delta_1 + \sin\delta_3)\end{cases} \tag{6-85}$$

十字形配置摇摆发动机产生的控制力矩为

$$\begin{cases}\text{俯仰：}M_{z_1c} = -P_c(x_c - x_g)(\sin\delta_2 + \sin\delta_4)\\ \text{偏航：}M_{y_1c} = -P_c(x_c - x_g)(\sin\delta_1 + \sin\delta_3)\\ \text{滚动：}M_{x_1c} = -P_c \cdot r_c \cdot (\sin\delta_3 - \sin\delta_1 + \sin\delta_4 - \sin\delta_2)\end{cases} \tag{6-86}$$

考虑舵偏角 δ 很小，可以进行如下简化，即

$$\begin{cases}\sin\delta_i = \delta_i\\ \cos\delta_i = 1\end{cases} \tag{6-87}$$

式中，$i = 1, 2, 3, 4$，分别表示 4 个摇摆发动机的舵偏角。简化以后的控制力和控制力矩表达式为

$$\begin{cases}X_{1c} = 0\\ Y_{1c} = \dfrac{P}{2}\delta_\varphi\\ Z_{1c} = -\dfrac{P}{2}\delta_\psi\end{cases} \tag{6-88}$$

$$\begin{cases} M_{x_1\mathrm{c}} = -Pr_c\delta_\gamma \\ M_{y_1\mathrm{c}} = -\dfrac{P}{2}(x_c - x_g)\delta_\psi \\ M_{z_1\mathrm{c}} = -\dfrac{P}{2}(x_c - x_g)\delta_\varphi \end{cases} \tag{6-89}$$

2）X 形配置摇摆发动机

如图 6-14 所示，规定了 X 形配置摇摆发动机的编号及发动机偏转角的正向定义，即从喷管尾端向箭头方向看，顺时针方向的偏转角为正。

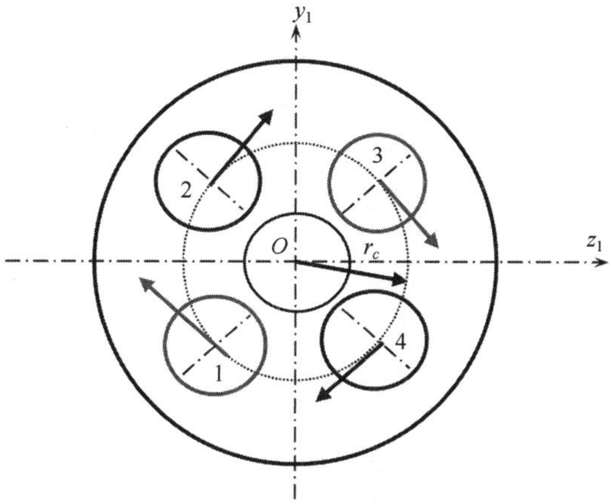

图 6-14　X 形配置摇摆发动机

如图 6-14 所示，定义等效舵偏角为

$$\begin{cases} \delta_\varphi = \dfrac{\delta_3 + \delta_4 - \delta_1 - \delta_2}{4} \\ \delta_\psi = \dfrac{\delta_2 + \delta_3 - \delta_1 - \delta_4}{4} \\ \delta_\gamma = \dfrac{\delta_1 + \delta_2 + \delta_3 + \delta_4}{4} \end{cases} \tag{6-90}$$

同理，设每台 X 形配置摇摆发动机提供相同的推力 P_c，且 $P=4P_c$，则 X 形配置摇摆发动机产生的控制力和控制力矩的表达式为

$$\begin{cases} X_{1\mathrm{c}} = P - P_c(\cos\delta_1 + \cos\delta_2 + \cos\delta_3 + \cos\delta_4) \\ Y_{1\mathrm{c}} = P_c \cdot \sin 45^\circ(\sin\delta_3 + \sin\delta_4 - \sin\delta_1 - \sin\delta_2) \\ Z_{1\mathrm{c}} = -P_c \cdot \sin 45^\circ(\sin\delta_2 + \sin\delta_3 - \sin\delta_1 - \sin\delta_4) \end{cases} \tag{6-91}$$

$$\begin{cases} M_{x_1\mathrm{c}} = -P_c r_c(\sin\delta_1 + \sin\delta_2 + \sin\delta_3 + \sin\delta_4) \\ M_{y_1\mathrm{c}} = -P_c \cdot \sin 45^\circ(x_c - x_g)(\sin\delta_2 + \sin\delta_3 - \sin\delta_1 - \sin\delta_4) \\ M_{z_1\mathrm{c}} = -P_c \cdot \sin 45^\circ(x_c - x_g)(\sin\delta_3 + \sin\delta_4 - \sin\delta_1 - \sin\delta_2) \end{cases} \tag{6-92}$$

若按照式（6-87）进行简化，则简化形式的控制力和控制力矩为

$$\begin{cases} X_{1c} = 0 \\ Y_{1c} = \dfrac{\sqrt{2}}{2} P \cdot \delta_\varphi \\ Z_{1c} = -\dfrac{\sqrt{2}}{2} P \cdot \delta_\psi \end{cases} \tag{6-93}$$

$$\begin{cases} M_{x_1 c} = -P r_c \cdot \delta_\gamma \\ M_{y_1 c} = -\dfrac{\sqrt{2}}{2} P \cdot (x_c - x_g) \delta_\psi \\ M_{z_1 c} = -\dfrac{\sqrt{2}}{2} P \cdot (x_c - x_g) \delta_\varphi \end{cases} \tag{6-94}$$

比较十字形配置和 X 形配置摇摆发动机的控制效果可知：对于相同的舵偏角δ，两种配置的摇摆发动机产生的X_{1c}和$M_{x_1 c}$相同，但是后者产生的Y_{1c}, Z_{1c}和$M_{y_1 c}, M_{z_1 c}$要比前者大$\sqrt{2}$倍，提高了控制能力。但是，此时后者的 4 台发动机是全工作的，而前者只有 2 台发动机工作，所以从效率上看，前者比后者要高。并且，X 形配置的优点是，当一台发动机发生故障时，仍可完成 3 个通道的控制任务，提高了控制系统的可靠性；但同时会使得控制通道比较复杂，且交互影响大，精度要低一些。

练 习 题

1．设一台火箭发动机的真空推力为P_v，地面推力为P_0，结合推力公式，分析二者的大小关系。

2．简述推力和控制力的异同。

3．推导俯仰通道和偏航通道的舵偏角与控制力、控制力矩的关系。

4．若要使十字形配置的燃气舵产生正向滚动控制力矩，燃气舵应如何偏转？

第 7 章　空气动力与空气动力矩

☞　**基本概念**

空气动力、空气动力矩、稳定力矩、阻尼力矩、压心

☞　**基本定理**

压心位置与静稳定的关系、静稳定火箭的稳定过程

☞　**重要公式**

空气动力：式（7-19）

稳定力矩：式（7-53）

阻尼力矩：式（7-68）

由于主动段和再入段处于地球大气层内，所以运行于主动段和再入段的飞行器必将受到地球大气的作用，即受到空气动力和空气动力矩作用，且它们对飞行器的运动影响很大。本章将具体介绍地球大气、空气动力和空气动力矩产生的原理及其计算公式。

7.1　地球大气

我们周围的大气看似轻轻的，对我们的日常生活没有什么影响，但是当某个物体相对大气高速运动时，就会产生空气动力。对于飞行器的主动段、再入段及近地卫星，空气动力的影响比较大，是分析飞行器大气层内运动必须考虑的一个重要因素。

7.1.1　大气结构

整个大气层的厚度为 2000～3000km，在地心引力的作用下，大气主要集中在地球表面附近。据统计，在 0～5km 范围内，含有近 50%的大气，在 0～20km 范围内含有 90%的大气，因此可以说靠近地面的大气较稠密，而远离地面的大气则较稀薄。根据世界气象组织的规定，大气沿高度分为 5 层，即对流层、平流层、中间层、电离层和外大气层。

1. 对流层

对流层中的大气占大气层总质量的 75%左右及水汽的 95%左右，为大气层的最底层。在赤道地区其顶层高度约为 18km，在南北两极高度约为 8km。风、云、雾、雷电、积冰等大气现象均出现在该层中。该层的主要特性如下。

（1）大气沿垂直方向上下对流。地球表面和大气的热量主要来源是太阳辐射能，而太阳辐射能有 51%被地面吸收，19%被大气和云吸收，30%被大气层反射回宇宙空间。因此，地球表面的温度要比大气中的温度高，地球表面的大气受热上升而上面的冷空气下降，从而形成了对流层的垂直上下对流。

（2）对流层中的气温随距离地面高度的增加而下降，且平均降幅为-0.65℃/100m。因此，在对流层顶部的温度常常低于-60～-50℃。

（3）对流层中的大气密度和压力随高度的增加而减小。在对流层的顶部，密度只有地球表面处的30%，压力只有地球表面处的22%。

2. 平流层

平流层的高度范围为11～50km，其中11～30km为同温层，30～50km为臭氧层。从"同温层"这个名字就可以想到该层大气的温度变化不大，因此对流运动较弱。臭氧层因该层中含有大量臭氧（O_3）而得名。该层可以吸收太阳辐射（短波紫外线），并发生分解、产生热量，且臭氧越接近太阳吸收辐射的能力越强，所以，臭氧层的温度随着高度的增加而增加，而臭氧层中的大气密度和压力则随高度的增加而降低。

3. 中间层

中间层又称为散逸层，高度范围为50～90km。该层的温度随高度的增加而降低。

4. 电离层

电离层的高度范围为50～500km，包含中间层。在太阳辐射下，电离层中的空气成分被强烈电离，从而产生大量的自由电子，可较好地反射无线电波。

5. 外大气层

外大气层又称为外逸层，高度范围为500km以上。该层的大气密度很小，一般小于10^{-13} kg/m^3。

通常情况下，对于运载火箭而言，当飞行高度$h \geqslant 80$km时，就可以认为大气密度近似为零，即$\rho \approx 0$。

7.1.2 标准大气

当飞行器在大气层中飞行或当气体（燃气）在发动机中滚动时，气体的流动规律、空气对飞行器的作用力及气体对发动机性能参数的影响均与大气的压力p、密度ρ和温度T等状态参数密切相关，而大气的状态参数T, ρ, p不仅与距离地面的高度有关，而且也受到地区、季节和昼夜等因素的影响。为了便于分析、计算和比较飞行器或发动机的性能，国际气象组织共同协商制定了一种大气参数统一规范，称为"国际标准大气"。我国导弹系统中正在使用的标准大气是1976年美国航空航天局制定的《美国标准大气（1976）》。

下面将根据气体状态方程和流体静力学平衡方程导出大气参数的变化规律。首先引入气体状态方程，即

$$p = \frac{\overline{R}}{\mu}\rho T \tag{7-1}$$

式中，$\overline{R}$为通用气体参数，其值为8.31431±0.31J/（mol·℃）；μ为气体分子数，在高度为0～90km范围内，其值取为28.964。通常令

$$R = \frac{\overline{R}}{\mu g_0} \tag{7-2}$$

称为标准气体常数，则$R = 29.27$kg·m/（kmol·℃）。将式（7-2）代入式（7-1），得

$$p = Rg_0\rho T \tag{7-3}$$

显然，若已知 p, ρ, T 中的任意两个，就可以利用式（7-3）求出第 3 个参数。

1. 温度 T 随高度 h 的标准分布

温度随高度的变化如图 7-1 所示，可用一组线来表示 0～80km 范围内的 T～h 变化关系，即

$$T(h) = T_0 + G \cdot h \tag{7-4}$$

式中，T_0 表示每一层底层的温度，G 表示每一层的温度梯度（对不同的层，取不同的值），h 表示距该层底层的高度。

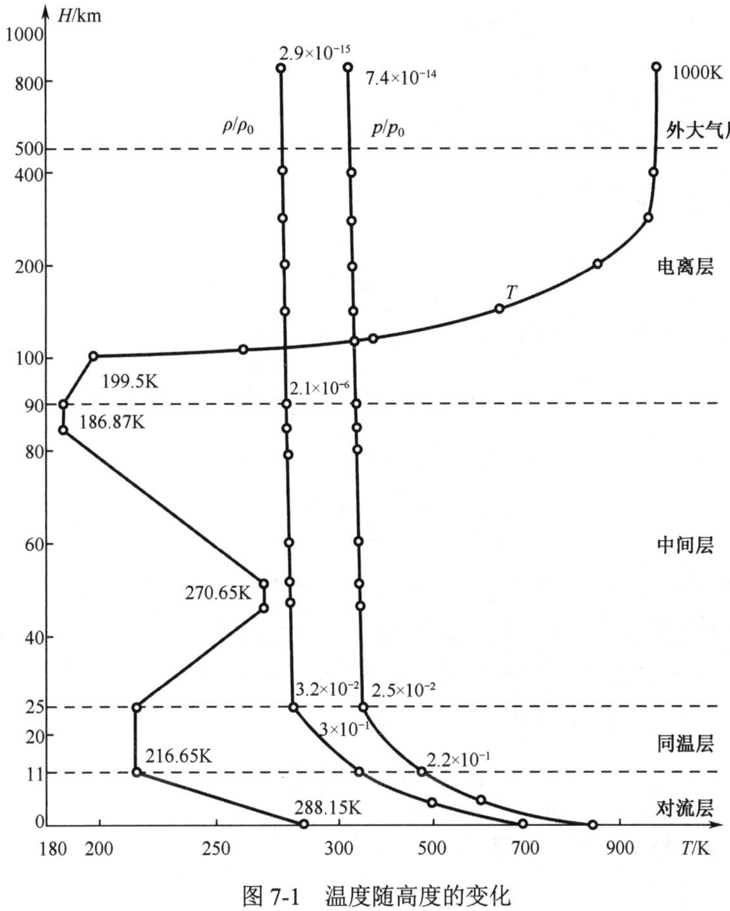

图 7-1　温度随高度的变化

2. 气压 p 与高度 h 的关系

首先引入“大气垂直平衡”假设，即认为大气在铅垂方向是静止的，处于力的平衡状态，如图 7-2 所示。

可见，对气柱而言，三力平衡，即

$$(p + \mathrm{d}p) \cdot \mathrm{d}F + \rho g \mathrm{d}F \mathrm{d}h - p\mathrm{d}F = 0 \tag{7-5}$$

式中，$\mathrm{d}F$ 为气柱横截面积，整理后得

$$\mathrm{d}p = -\rho g \mathrm{d}h \tag{7-6}$$

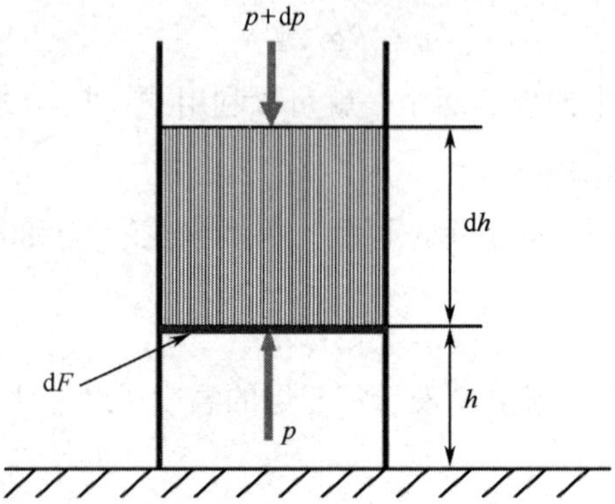

图 7-2　空气柱的铅垂平衡

已知气体状态方程为

$$\rho = \frac{p}{RTg_0} \tag{7-7}$$

代入式（7-6），得

$$\frac{\mathrm{d}p}{p} = -\frac{g}{RTg_0}\mathrm{d}h \tag{7-8}$$

对式（7-8）进行积分，可得

$$p = p_0 \exp\left(-\frac{1}{Rg_0}\int_0^h \frac{g}{T}\mathrm{d}h\right) \tag{7-9}$$

式中，p_0 为 $h=0$ 处的大气压强。令地势高度 H 为

$$H = \frac{1}{g_0}\int_0^h g\mathrm{d}h \tag{7-10}$$

地势高度亦称位势高度，表示具有同等势能的均匀重力场中的高度（$H<h$）。在气象学中，为了理论计算和应用的方便，等压面上各个不同地点的高度不采用一般的几何高度（海拔高度），而采用位势高度。位势高度是以单位质量的物体从海平面上升到某高度克服重力所做的功来表示的。在 h 较小时，有 $H \approx h$，代入式（7-9），得

$$p = p_0 \exp\left(-\frac{1}{R}\int_0^h \frac{\mathrm{d}h}{T}\right) \tag{7-11}$$

3. **大气密度 ρ 与高度 h 的关系**

由式（7-7）可知

$$\frac{\rho}{\rho_0} = -\frac{\dfrac{p}{g_0RT}}{\dfrac{p_0}{g_0RT_0}} = \frac{T_0p}{Tp_0} \tag{7-12}$$

将式（7-11）代入式（7-12）得

$$\frac{\rho}{\rho_0} = \frac{T_0\exp\left(-\dfrac{1}{R}\displaystyle\int_0^h \frac{\mathrm{d}h}{T}\right)}{T} = \frac{T_0}{T}\cdot\exp\left(-\frac{1}{R}\int_0^h \frac{\mathrm{d}h}{T}\right) \tag{7-13}$$

在分析运载火箭基本运动规律时，可以近似认为，在某一高度范围内（$H_1 \sim H_2$）为等温过程，故有

$$\frac{\rho_2}{\rho_1}=\frac{p_2}{p_1}=\exp\left(-\frac{H_2-H_1}{H_{M_1}}\right) \tag{7-14}$$

式中，$H_{M_1}=RT_1$称为基准高或者标高。在 0～80km 范围内，$H_{M_1}=7.11\text{km}$，则

$$\frac{p}{p_0}=\frac{\rho}{\rho_0}=\exp(-\beta h) \tag{7-15}$$

其中，

$$\beta=\frac{1}{7.11} \tag{7-16}$$

4. 编制标准大气表

标准大气反映的只是大气参数的年平均状况，所以利用标准大气表所获得的运载火箭运动轨迹，只是反映火箭的平均“运动”规律。在进行弹道计算时，若将标准大气表中的上万个数据输入计算机，其工作量及存储量是巨大的，所以杨炳尉先生在“标准大气参数的公式表示”一文中给出了以标准大气表为根据，采用拟合法得出的从海平面至 91km 范围内的标准大气计算公式。这套公式的精度进行弹道计算已经足够了。

标准大气计算公式是以几何高度 Z 进行分段的，每段引入一个中间参数 W，该参数在不同段代表不同的简单函数。各段统一选用海平面的值作为参考值，以下标 SL 表示。则各段大气参数计算公式为

（1）$0 \leqslant Z \leqslant 11.0191(\text{km})$

$$W=1-\frac{H}{44.3308}$$

$$T=288.15W(\text{K})$$

$$\frac{p}{p_{\text{SL}}}=W^{5.2559}$$

$$\frac{\rho}{\rho_{\text{SL}}}=W^{4.2559}$$

（2）$11.0191<Z \leqslant 20.0631(\text{km})$

$$W=\exp\left(\frac{14.9647-H}{6.3416}\right)$$

$$T=216.650W(\text{K})$$

$$\frac{p}{p_{\text{SL}}}=1.1953\times10^{-1}W$$

$$\frac{\rho}{\rho_{\text{SL}}}=1.5898\times10^{-1}W$$

（3）$20.0631 < Z \leqslant 32.1619(\mathrm{km})$

$$W = 1 + \frac{H - 24.9021}{221.552}$$

$$T = 221.552W(\mathrm{K})$$

$$\frac{p}{p_{\mathrm{SL}}} = 2.5158 \times 10^{-2} W^{-34.1629}$$

$$\frac{\rho}{\rho_{\mathrm{SL}}} = 3.2722 \times 10^{-2} W^{-35.1629}$$

（4）$32.1619 < Z \leqslant 47.3501(\mathrm{km})$

$$W = 1 + \frac{H - 39.7499}{89.4107}$$

$$T = 250.350W(\mathrm{K})$$

$$\frac{p}{p_{\mathrm{SL}}} = 2.8338 \times 10^{-3} W^{-12.2011}$$

$$\frac{\rho}{\rho_{\mathrm{SL}}} = 3.2618 \times 10^{-3} W^{-13.2011}$$

（5）$47.3501 < Z \leqslant 51.4125(\mathrm{km})$

$$W = \exp\left(\frac{48.6252 - H}{7.9223}\right)$$

$$T = 270.650W(\mathrm{K})$$

$$\frac{p}{p_{\mathrm{SL}}} = 8.9155 \times 10^{-4} W$$

$$\frac{\rho}{\rho_{\mathrm{SL}}} = 9.4920 \times 10^{-4} W$$

（6）$51.4125 < Z \leqslant 71.8020(\mathrm{km})$

$$W = 1 - \frac{H - 59.4390}{88.2218}$$

$$T = 247.021W(\mathrm{K})$$

$$\frac{p}{p_{\mathrm{SL}}} = 2.1671 \times 10^{-4} W^{12.2011}$$

$$\frac{\rho}{\rho_{\mathrm{SL}}} = 2.5280 \times 10^{-4} W^{11.2011}$$

（7）$71.8020 < Z \leqslant 86.0000(\mathrm{km})$

$$W = 1 - \frac{H - 78.0303}{100.2950}$$

$$T = 200.5901W(\mathrm{K})$$

$$\frac{p}{p_{\mathrm{SL}}} = 1.2274 \times 10^{-5} W^{17.0816}$$

$$\frac{\rho}{\rho_{\mathrm{SL}}} = 1.7634 \times 10^{-5} W^{16.0816}$$

（8） $86.0000 < Z \leqslant 91.0000(\text{km})$

$$W = \exp\left(\frac{87.2848 - H}{5.4700}\right)$$

$$T = 186.870W(\text{K})$$

$$\frac{p}{p_{\text{SL}}} = (2.2730 + 1.042 \times 10^{-3} H) \times 10^{-6} W$$

$$\frac{\rho}{\rho_{\text{SL}}} = 3.6411 \times 10^{-6} W$$

其中，几何高度 Z 与地势高度 H 之间的转换关系为

$$H = \frac{Z}{1 + \dfrac{Z}{R_0}} \tag{7-17}$$

且 $R_0 = 6356.766\text{km}$ 。另外，还给出了 0～90km 范围内声速的计算公式，即

$$\alpha = 20.0468\sqrt{T(\text{K})}(\text{m/s}) \tag{7-18}$$

7.2　空气动力

7.2.1　空气动力的一般表示形式

当物体静止放置在大气中时，作用于其外表面上的大气压强可认为是处处相等的，因而大气压强的合作用力为零。但是，如果物体与大气有相对运动，此时作用在物体上的大气压强就不再处处相等了，从而产生了不平衡的大气压强的合作用力，即空气动力。因此，空气动力是物体外表面上压强分布不同引起的，即空气动力是物体外表面压强差的合作用力，通常用符号 $\boldsymbol{R}$ 表示，即

$$\boldsymbol{R} = \boldsymbol{C}_R \frac{1}{2}\rho V^2 S_{\text{m}} = \boldsymbol{C}_R \cdot q \cdot S_{\text{m}} \tag{7-19}$$

式中，ρ 为空气密度，$q = \dfrac{1}{2}\rho V^2$ 为速度头，V 为飞行器相对大气的飞行速度，S_{m} 为飞行器的特征面积（火箭取其最大横截面积），$\boldsymbol{C}_R$ 为无因次空气动力系数。

空气动力的作用点称为压力中心，简称压心，通常以符号 $O_{c\cdot p}$ 表示。由于飞行器外形通常是轴对称的，因而压心在弹轴上，但是压心 $O_{c\cdot p}$ 通常并不与飞行器质心 $O_{c\cdot g}$ 重合，并且为了获得一定的静稳定度，常常人为地使压心 $O_{c\cdot p}$ 落在质心 $O_{c\cdot g}$ 之后。

7.2.2　空气动力在不同坐标系中的表示形式

根据空气动力 $\boldsymbol{R}$ 在不同坐标系中的投影，可以表示成不同的形式。若将空气动力 $\boldsymbol{R}$ 投影到速度坐标系中，则有

$$\begin{cases} \boldsymbol{R} = \boldsymbol{X} + \boldsymbol{Y} + \boldsymbol{Z} \\ \boldsymbol{C}_R = (C_x, C_y, C_z) \end{cases} \tag{7-20}$$

式中，C_x、C_y、C_z 分别称为空气阻力系数、升力系数、侧力系数；$\boldsymbol{X}$、$\boldsymbol{Y}$、$\boldsymbol{Z}$ 分别称为阻力、升力、侧力，即

$$\begin{cases} \boldsymbol{X} = C_x q S_{\mathrm{m}} \boldsymbol{x}_v^0 \\ \boldsymbol{Y} = C_y q S_{\mathrm{m}} \boldsymbol{y}_v^0 \\ \boldsymbol{Z} = C_z q S_{\mathrm{m}} \boldsymbol{z}_v^0 \end{cases} \tag{7-21}$$

若将空气动力 $\boldsymbol{R}$ 投影到箭体坐标系中，则有

$$\begin{cases} \boldsymbol{R} = \boldsymbol{X}_1 + \boldsymbol{Y}_1 + \boldsymbol{Z}_1 \\ \boldsymbol{C}_{\boldsymbol{R}} = (C_{x_1}, C_{y_1}, C_{z_1}) \end{cases} \tag{7-22}$$

式中，C_{x_1}、C_{y_1}、C_{z_1} 分别称为轴向力系数、法向力系数、横向力系数；$\boldsymbol{X}_1$、$\boldsymbol{Y}_1$、$\boldsymbol{Z}_1$ 分别称为轴向力、法向力、横向力，即

$$\begin{cases} \boldsymbol{X}_1 = C_x q S_{\mathrm{m}} \boldsymbol{x}_1^0 \\ \boldsymbol{Y}_1 = C_y q S_{\mathrm{m}} \boldsymbol{y}_1^0 \\ \boldsymbol{Z}_1 = C_z q S_{\mathrm{m}} \boldsymbol{z}_1^0 \end{cases} \tag{7-23}$$

7.2.3 气动系数

目前，气动系数是用空气动力学理论进行计算，并与空气动力实验校正相结合的方法来确定的。空气动力实验是在可产生一定马赫数 Ma 的均匀气流的风洞中进行的。在实验时将按比例缩小了的实物模型静止放在风洞中，然后使气流按一定的马赫数吹过此模型，通过计量模型所受的空气动力计算出其气动力系数，然后利用相似转换原理求得实物在这些马赫数下所受到的空气动力。

下面对空气动力的各分量及相应的气动力系数进行进一步的分析，如图 7-3 所示。

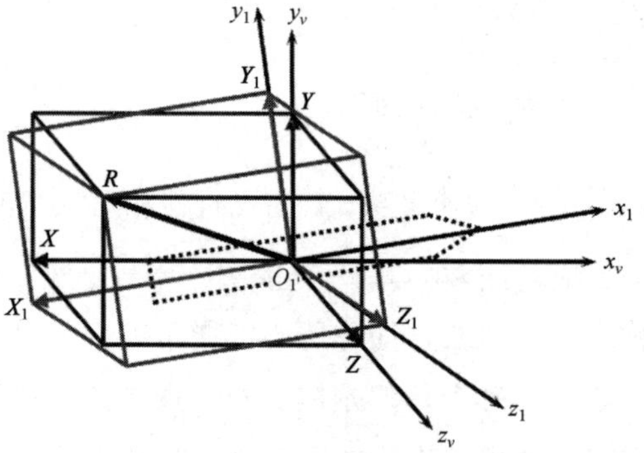

图 7-3　空气动力沿速度坐标系和箭体坐标系分解（见彩插）

图 7-3 表示了空气动力 $\boldsymbol{R}$ 在速度坐标系和箭体坐标系中的投影。显然，阻力 $\boldsymbol{X}$ 和轴向力 $\boldsymbol{X}_1$ 均为负值，所以有

$$\begin{bmatrix} -\boldsymbol{X} \\ \boldsymbol{Y} \\ \boldsymbol{Z} \end{bmatrix} = \boldsymbol{V}_B \begin{bmatrix} -\boldsymbol{X}_1 \\ \boldsymbol{Y}_1 \\ \boldsymbol{Z}_1 \end{bmatrix} \tag{7-24}$$

式中，$\boldsymbol{V}_B$ 为由箭体坐标系到速度坐标系的方向余弦阵，即

$$V_B = B_V^{-1} = B_V^{\mathrm{T}} = (M_3[\alpha]M_2[\beta])^{\mathrm{T}} \tag{7-25}$$

1. 阻力和阻力系数

将式（7-25）代入式（7-24），得

$$X = X_1 \cos\beta \cos\alpha + Y_1 \cos\beta \sin\alpha - Z_1 \sin\beta \tag{7-26}$$

如果将轴向力 X_1 分解为两个部分，一部分是当 $\alpha = \beta = 0$ 时的轴向力 X_{10}，另一部分是当 $\alpha \neq 0, \beta \neq 0$ 时的轴向力增量（又称为阻力增量）ΔX_1，即

$$X_1 = X_{10} + \Delta X_1 \tag{7-27}$$

将式（7-27）代入式（7-26），得

$$X = X_{10} \cos\beta \cos\alpha + \Delta X_1 \cos\beta \cos\alpha + Y_1 \cos\beta \sin\alpha - Z_1 \sin\beta \tag{7-28}$$

考虑飞行器飞行过程中 α, β 均为小值，可以近似认为

$$\begin{cases} \cos\beta \approx 1 \\ \sin\beta \approx \beta \\ \cos\alpha \approx 1 \\ \sin\alpha \approx \alpha \end{cases} \tag{7-29}$$

同时，由空气动力产生的原理可知，升力 Y 和法向力 Y_1 与攻角 α 有关，侧力 Z 和横向力 Z_1 与侧滑角 β 有关，即

$$\begin{cases} C_y = C_y^\alpha \cdot \alpha \\ C_{y_1} = C_{y_1}^\alpha \cdot \alpha \end{cases} \tag{7-30}$$

$$\begin{cases} C_z = C_z^\beta \cdot \beta \\ C_{z_1} = C_{z_1}^\beta \cdot \beta \end{cases} \tag{7-31}$$

因为飞行器通常为轴对称物体，所以根据力的定义有

$$\begin{cases} C_y^\alpha = C_z^\beta \\ C_{y_1}^\alpha = C_{z_1}^\beta \end{cases} \tag{7-32}$$

将式（7-32）代入式（7-28），得

$$\begin{aligned} X &= X_{10} + Y_1\alpha - Z_1\beta + \Delta X_1 \\ &= X_{10} + Y_1^\alpha \cdot \alpha \cdot \alpha - (-Y_1^\alpha) \cdot \beta \cdot \beta + \Delta X_1 \\ &= X_{10} + Y_1^\alpha(\alpha^2 + \beta^2) + \Delta X_1 \end{aligned} \tag{7-33}$$

令

$$X_i = Y_1^\alpha(\alpha^2 + \beta^2) + \Delta X_1 \tag{7-34}$$

称为由 α 和 β 引起的诱导阻力，则

$$X = X_{10} + X_i \tag{7-35}$$

则阻力系数可以写成

$$C_x = C_{x_{10}} + C_{x_i} \tag{7-36}$$

式中，$C_{x_{10}}$ 为当 $\alpha = \beta = 0$ 时的阻力系数，它与 α, β 无关，仅是马赫数和高度的函数。从图 7-4 中可以看出，$C_{x_{10}}$ 随高度的增加而增加，且在 $Ma = 1$ 附近获得最大值；C_{x_i} 称为诱导阻力系数，由其定义可知 C_{x_i} 的计算公式为

$$C_{x_i} = K \cdot C_{y_1}^{\alpha}(\alpha^2 + \beta^2) \tag{7-37}$$

式中，K 为与飞行器形状有关的系数。

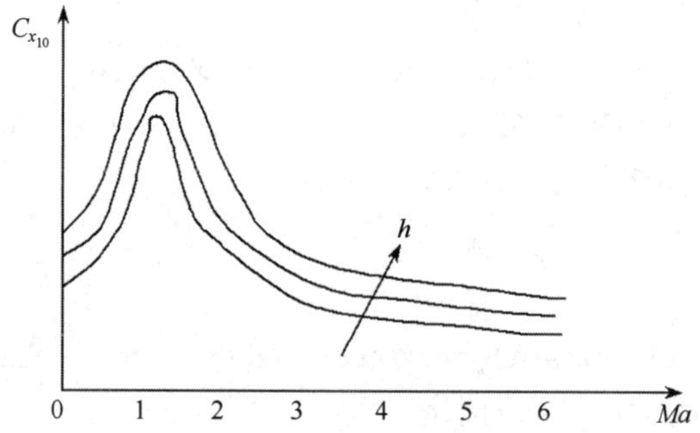

图 7-4　$C_{x_{10}}$ 随 Ma 的变化曲线图

2. 升力和升力系数

将式（7-25）代入式（7-24），得

$$\boldsymbol{Y} = \boldsymbol{Y}_1 \cos\alpha - \boldsymbol{X}_1 \sin\alpha \tag{7-38}$$

则

$$C_y = C_{y_1} \cos\alpha - (C_{x_{10}} + C_{x_i})\sin\alpha \tag{7-39}$$

考虑 α 角很小，且 $C_{x_i} \cdot \alpha$ 可略去，则

$$C_y = C_{y_1} - C_{x_{10}} \cdot \alpha \tag{7-40}$$

即

$$C_y^{\alpha} = C_{y_1}^{\alpha} - C_{x_{10}} \tag{7-41}$$

由于 C_y^{α} 随高度的变化很小，所以通常只给出 C_y^{α} 随马赫数 Ma 的变化曲线，如图 7-5 所示。

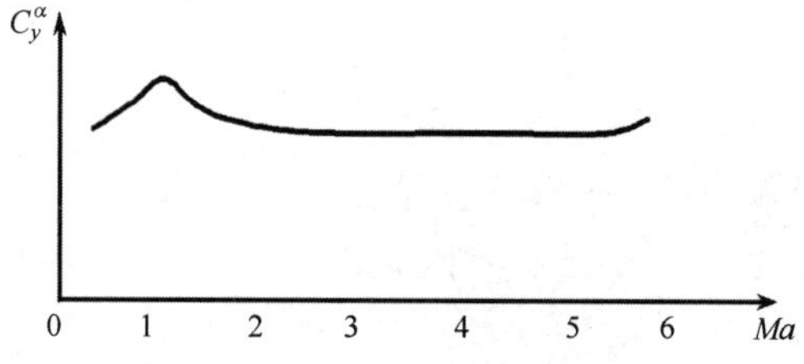

图 7-5　C_y^{α} 随 Ma 的变化曲线图

3. 侧力和侧力系数

将式（7-25）代入式（7-24），得

$$\boldsymbol{Z} = \boldsymbol{X}_1 \cos\alpha \sin\beta + \boldsymbol{Y}_1 \sin\alpha \sin\beta + \boldsymbol{Z} \cos\beta \tag{7-42}$$

因为 α, β 均为小量，按照式（7-29）简化式（7-42），得

$$\boldsymbol{Z} = \boldsymbol{X}_1 \beta + \boldsymbol{Z}_1 \tag{7-43}$$

则

$$C_z = C_{x_{10}} \beta + C_{z_1} \tag{7-44}$$

即

$$C_z^{\beta}=C_{x_{10}}+C_{z_1}^{\beta}=C_{x_{10}}-C_{y_1}^{\alpha} \tag{7-45}$$

7.3　空气动力矩

由于飞行器形状具有对称性，故其压心 $O_{c\cdot p}$ 位于纵轴上，但 $O_{c\cdot p}$ 并不与质心 $O_{c\cdot g}$ 重合。在研究飞行器质心运动时，通常将空气动力 $\boldsymbol{R}$ 的作用点平移到质心 $O_{c\cdot g}$ 上，从而产生一种空气动力矩，称为稳定力矩，记为 $\boldsymbol{M}_{\mathrm{st}}$。另外，当飞行器相对大气有转动时，大气将对其产生阻尼作用，即产生阻尼力矩，记为 $\boldsymbol{M}_{\mathrm{d}}$。稳定力矩 $\boldsymbol{M}_{\mathrm{st}}$ 和阻尼力矩 $\boldsymbol{M}_{\mathrm{d}}$ 之和称为空气动力矩。

7.3.1　稳定力矩

已知空气动力在箭体坐标系中可分解为

$$\boldsymbol{R}=\boldsymbol{X}_1+\boldsymbol{Y}_1+\boldsymbol{Z}_1 \tag{7-46}$$

且质心与压心的距离可表示为 $(x_p-x_g)\cdot\boldsymbol{x}_1^0$，其中，$x_p$、$x_g$ 分别为压心、质心到飞行器头部理论尖端的距离，均为正值，则稳定力矩 $\boldsymbol{M}_{\mathrm{st}}$ 为

$$\boldsymbol{M}_{\mathrm{st}}=(x_g-x_p)\boldsymbol{x}_1^0\times\boldsymbol{R}=\boldsymbol{Z}_1(x_p-x_g)\boldsymbol{y}_1^0-\boldsymbol{Y}_1(x_p-x_g)\boldsymbol{z}_1^0 \tag{7-47}$$

令

$$\begin{cases}M_{y_1\mathrm{st}}=\boldsymbol{Z}_1(x_p-x_g)=m_{y_1\mathrm{st}}\cdot qS_{\mathrm{m}}l_k\\ M_{z_1\mathrm{st}}=-\boldsymbol{Y}_1(x_p-x_g)=m_{z_1\mathrm{st}}\cdot qS_{\mathrm{m}}l_k\end{cases} \tag{7-48}$$

式中，$M_{y_1\mathrm{st}}$、$M_{z_1\mathrm{st}}$ 分别表示在箭体坐标系 y_1 轴、z_1 轴上的稳定力矩；$m_{y_1\mathrm{st}}$、$m_{z_1\mathrm{st}}$ 为相应的力矩系数；l_k 为飞行器长度，代入式（7-23）、式（7-30）～式（7-32），可得力矩系数为

$$\begin{cases}m_{y_1\mathrm{st}}=\dfrac{\boldsymbol{Z}_1(x_p-x_g)}{qS_{\mathrm{m}}l_k}=\dfrac{C_{z_1}^{\beta}\cdot\beta\cdot q\cdot S_{\mathrm{m}}\cdot(x_p-x_g)}{q\cdot S_{\mathrm{m}}\cdot l_k}=C_{y_1}^{\alpha}(\overline{x}_g-\overline{x}_p)\cdot\beta\\ m_{z_1\mathrm{st}}=\dfrac{-\boldsymbol{Y}_1(x_p-x_g)}{qS_{\mathrm{m}}l_k}=C_{y_1}^{\alpha}(\overline{x}_g-\overline{x}_p)\cdot\alpha\end{cases} \tag{7-49}$$

其中

$$\begin{cases}\overline{x}_g=\dfrac{x_g}{l_k}\\ \overline{x}_p=\dfrac{x_p}{l_k}\end{cases} \tag{7-50}$$

又令

$$m_{y_1}^{\beta}=\frac{\partial m_{y_1\mathrm{st}}}{\partial\beta}=C_{y_1}^{\alpha}(\overline{x}_g-\overline{x}_p) \tag{7-51}$$

则

$$m_{z_1}^{\alpha}=\frac{\partial m_{z_1\mathrm{st}}}{\partial\alpha}=C_{y_1}^{\alpha}(\overline{x}_g-\overline{x}_p)=m_{y_1}^{\beta} \tag{7-52}$$

故稳定力矩的最后计算公式为

$$\begin{cases} M_{x_1\mathrm{st}}=0 \\ M_{y_1\mathrm{st}}=m_{y_1}^{\beta}\cdot qS_{\mathrm{m}}l_k\cdot\beta \\ M_{z_1\mathrm{st}}=m_{z_1}^{\alpha}\cdot qS_{\mathrm{m}}l_k\cdot\alpha \end{cases} \tag{7-53}$$

其中

$$m_{y_1}^{\beta}=m_{z_1}^{\alpha}=C_{y_1}^{\alpha}(\overline{x}_g-\overline{x}_p) \tag{7-54}$$

7.3.2 稳定力矩与质心和压心的关系

由式（7-53）和式（7-54）可知，稳定力矩与质心和压心的位置有关。通常，压心的位置是通过气动力计算和风洞实验确定的。质心的位置则根据具体飞行器的质量分布和剩余燃料的质量和位置计算得到。显然，在飞行器主动段运动过程中，无论是x_p还是x_g均为变化量。下面将分析质心和压心位置发生变化时，稳定力矩的变化情况。

1. $x_p>x_g$

当压心$O_{c\cdot p}$位于质心$O_{c\cdot g}$的后面时，由式（7-50）可知

$$\overline{x}_p>\overline{x}_g \tag{7-55}$$

代入式（7-51）和式（7-52），可得

$$\begin{cases} m_{z_1}^{\alpha}<0 \\ m_{y_1}^{\beta}<0 \end{cases} \tag{7-56}$$

由式（7-53）可知，当$\alpha>0,\beta>0$时，

$$\begin{cases} M_{y_1\mathrm{st}}<0 \\ M_{z_1\mathrm{st}}<0 \end{cases} \tag{7-57}$$

且该稳定力矩将使得β,α减小，此时称飞行器是静稳定的，而此时的$M_{y_1\mathrm{st}}$，$M_{z_1\mathrm{st}}$为静稳定力矩。

2. $x_p<x_g$

当压心$O_{c\cdot p}$位于质心$O_{c\cdot g}$的前面时，由式（7-50）可知

$$\overline{x}_p<\overline{x}_g \tag{7-58}$$

代入式（7-51）和式（7-52），可得

$$\begin{cases} m_{z_1}^{\alpha}>0 \\ m_{y_1}^{\beta}>0 \end{cases} \tag{7-59}$$

由式（7-53）可知，当$\alpha>0,\beta>0$时，

$$\begin{cases} M_{y_1\mathrm{st}}>0 \\ M_{z_1\mathrm{st}}>0 \end{cases} \tag{7-60}$$

且该稳定力矩将使得β,α增大，此时称飞行器是静不稳定的，而此时的$M_{y_1\mathrm{st}}$，$M_{z_1\mathrm{st}}$为静不

稳定力矩。

可见，无量纲量$\bar{x}_g-\bar{x}_p$的负值越小，对飞行器的稳定性越有好处，但它也会导致结构上有较大的弯矩，这对于大型运载火箭是不允许的，所以$\bar{x}_g-\bar{x}_p$通常称为静稳定裕度，它的取值并不是负值越小越好。同时需要指出的是，上述的静稳定性是指飞行器在不加控制情况下的一种空气动力特性。而实际上，由于飞行器还将受到由控制系统提供的控制力和控制力矩的作用，所以对于静不稳定的飞行器，只要控制系统设计合理也可以稳定飞行。

7.3.3 阻尼力矩

由于阻力力矩$\boldsymbol{M}_{\mathrm{d}}$产生于阻止飞行器转动的空气动力矩，故该力矩的方向总是与转动方向相反，即对转动角速度起阻尼作用。下面将以飞行器绕z_1轴旋转为例分析阻尼力矩，如图 7-6 所示。

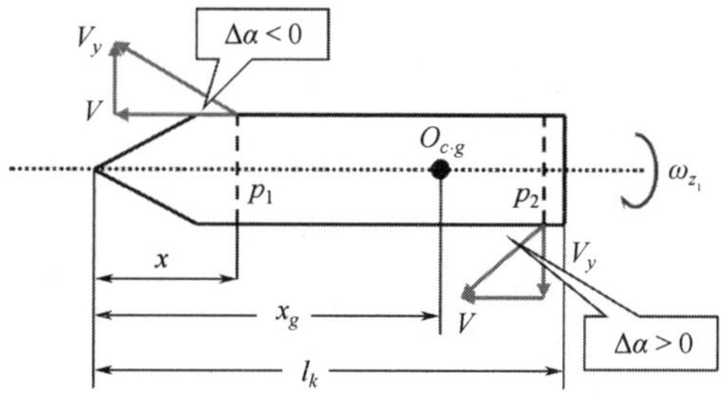

图 7-6　飞行器转动时表面各点产生的附加迎角

设攻角为零，即$\alpha=0$，飞行速度为V，方向位于x_1轴上，并以角速度ω_{z_1}绕z_1轴旋转，则图 7-6 中p_1处的单元长度$\mathrm{d}x$上的线速度为

$$V_y=\omega_{z_1}(x_g-x) \tag{7-61}$$

将其与V合成新的速度，显然新速度的方向将不再位于x_1轴上，即产生了局部仰角$\Delta\alpha$，且当$x<x_g$时，$\Delta\alpha<0$，当$x>x_g$时，$\Delta\alpha>0$。由图 7-6 可知：

$$\tan\Delta\alpha=\frac{\omega_{z_1}(x-x_g)}{V} \tag{7-62}$$

$\Delta\alpha$较小，式（7-62）可以近似为

$$\Delta\alpha\approx\frac{\omega_{z_1}(x-x_g)}{V} \tag{7-63}$$

$\Delta\alpha$的出现，大气对质心产生的附加力矩为

$$\mathrm{d}M_{z_1\mathrm{d}}=-C_{y_1\sec}^{\alpha}\cdot\Delta\alpha\cdot q\cdot S_{\mathrm{m}}(x-x_g)\mathrm{d}x \tag{7-64}$$

对飞行器的各局部阻尼力矩进行求和，则可得z_1轴上的阻尼力矩为

$$M_{z_1\mathrm{d}}=\int_0^{l_k}\mathrm{d}M_{z_1\mathrm{d}}=m_{z_1}^{\bar{\omega}_{z1}}q\cdot S_{\mathrm{m}}\cdot l_k\cdot\bar{\omega}_{z_1} \tag{7-65}$$

其中

$$\bar{\omega}_{z_1}=\frac{l_k\omega_{z_1}}{V} \tag{7-66}$$

称为无因次俯仰角速度。

$$m_{z_1}^{\bar{\omega}_{z_1}} = -\int_0^{l_k} C_{y_1\sec}^{\alpha}\left(\frac{x_g - x}{l}\right)^2 \mathrm{d}x \tag{7-67}$$

称为俯仰阻尼力矩系数导数；$C_{y_1\sec}^{\alpha}$ 为长度方向上某一单位长度上的法向力系数对攻角 α 的导数。

同理，可求出偏航阻尼力矩和滚动阻尼力矩为

$$\begin{cases} M_{y_1\mathrm{d}} = m_{y_1}^{\bar{\omega}_{y_1}} \cdot qS_{\mathrm{m}}l_k \cdot \bar{\omega}_{y_1} \\ M_{x_1\mathrm{d}} = m_{x_1}^{\bar{\omega}_{x_1}} \cdot qS_{\mathrm{m}}l_k \cdot \bar{\omega}_{x_1} \end{cases} \tag{7-68}$$

其中

$$\begin{cases} \bar{\omega}_{y_1} = \dfrac{l_k \omega_{y_1}}{V} \\ \bar{\omega}_{x_1} = \dfrac{l_k \omega_{x_1}}{V} \end{cases} \tag{7-69}$$

分别为无因次偏航角速度、滚动角速度；$m_{y_1}^{\bar{\omega}_{y_1}}$ 、$m_{x_1}^{\bar{\omega}_{x_1}}$ 分别为偏航阻尼力矩系数导数、滚动阻尼力矩系数导数，且

$$m_{y_1}^{\bar{\omega}_{y_1}} = m_{z_1}^{\bar{\omega}_{z_1}} \tag{7-70}$$

通常情况下，x_1 方向上的阻尼力矩远远小于 y_1, z_1 方向上的阻尼力矩，即 $M_{x_1\mathrm{d}} \ll M_{y_1\mathrm{d}}$，$M_{x_1\mathrm{d}} \ll M_{z_1\mathrm{d}}$。

练 习 题

1．简述空气动力的影响因素及其在箭体坐标系和速度坐标系中的分量。

2．简述升力与攻角的关系。

3．简述静不稳定火箭如何进行稳定飞行。

4．推导稳定力矩的表达式，并说明什么是静稳定火箭，稳定力矩是如何使静稳定火箭保持稳定的。

第 8 章　飞行器的主动段运动

☞　**基本概念**

主动段、自由段、再入段、过载、过载系数、视加速度、弹下点、方位角、射程与射程角、切向/法向/侧向加速度、离心惯性力、哥氏惯性力

☞　**基本定理**

主动段转弯过程

☞　**重要公式**

惯性坐标系中矢量形式的质心动力学方程：式（8-6）

惯性坐标系中矢量形式的绕质心动力学方程：式（8-11）

地面发射坐标系中的质心动力学方程：式（8-13）

为了全面、严格地描述飞行器的运动特性，提供准确的运动状态参数，需要建立准确的空间运动方程。前几章已经详细介绍了作用于飞行器上的力和力矩，本章将以此为基础建立飞行器主动段运动微分方程组，包括质心动力学方程、绕质心动力学方程、运动学方程、控制方程、欧拉角联系方程等。

8.1　弹道分段

对于弹道导弹和航天飞行器，根据其在飞行过程中的受力情况，通常可以首先根据飞行器主发动机是否工作，将飞行轨道分为主动段和被动段；而被动段又可以根据飞行器受空气动力作用的大小分为自由段和再入段，如图 8-1 所示。将飞行器轨道分段是为了在不同的飞行段上采用不同的方法积分其运动微分方程，以更好地求得飞行器运动的客观规律。

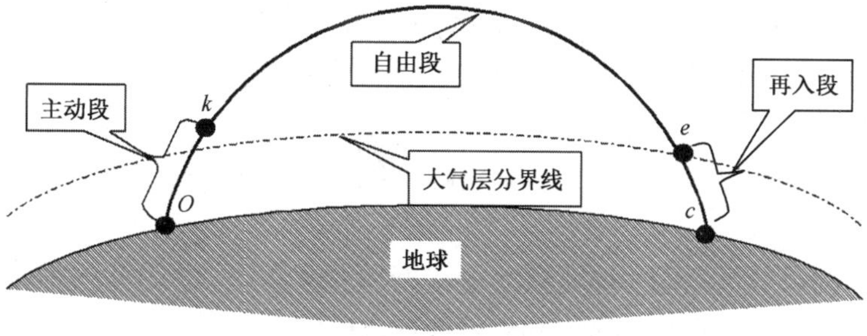

图 8-1　弹道分段示意图

弹道导弹是按预先给定的弹道飞行的，其航迹类似炮弹的弹道。按照射程的不同，弹道导弹又可分为近程弹道导弹（射程为 100～1000km）、中程弹道导弹（射程为 1000～4000km）、远程弹道导弹（射程为 4000～8000km）和洲际弹道导弹（射程为 8000km 以上）。

1. 主动段

从导弹离开发射台到主发动机停止工作（头体分离）的一段弹道称为主动段或动力飞行段，图 8-1 中的 *Ok* 段即主动段。

该段的特点是发动机和控制系统一直在工作，作用在导弹上的力最多，也最复杂，主要有重力、发动机推力、空气动力、控制力，以及它们对弹体质心产生的相应力矩。其中，发动机推力主要用来克服地球引力和空气阻力并使导弹做加速运动；控制力主要产生控制力矩，以便在控制系统作用下使导弹按给定的飞行程序飞行，确保导弹按预定的弹道稳定地飞向目标。

通常，导弹在主动段的飞行时间并不长，一般在几十秒至几百秒范围内。下面就以远程弹道导弹为例描述主动段的飞行过程。

首先，导弹主发动机点火工作，当其提供的推力超过导弹所受的重力以后，导弹从发射台起飞，做垂直上升运动，垂直起飞段的持续时间约为 10s，此时导弹离地面的高度约为 200m，速度约为 40m/s。然后，导弹在控制系统作用下开始“程序转弯”，并指向“目标”，随着时间的增加，导弹的飞行速度、飞行距离逐渐增加，而速度与发射点地平面的夹角逐渐减小，当发动机关机，即到了主动段终点 *k* 时，导弹的速度约为 7km/s，*k* 点离地面的高度约为 200km，离发射点 *O* 的水平距离约为 700km，该段飞行时间为 200～300s。

2. 被动段

从主发动机关机（头体分离）到弹头落地的一段弹道称为被动段或无动力飞行段，图 8-1 中的 *kc* 段即被动段。

如果弹头上不安装动力装置和控制系统，则弹头将依靠在主动段终点所获得的能量做惯性飞行。虽然在此段不对弹头进行控制，但是作用在其上的力是可以相当精确地计量的，因而基本上可以较准确地掌握弹头的运动规律，从而保证弹头在一定的射击精度要求下命中目标。若在弹头上安装姿态控制系统，即设有末制导时，可以大大提高导弹的射击精度。

在被动段，根据弹头在运动中所受空气动力的大小又可分为不考虑大气影响的自由段和考虑大气影响的再入段两个部分。由于空气密度随高度变化是连续的，无法画出一条有、无空气的边界，所以通常人为地画出一条边界作为大气边界层。一般来说，对于中近程弹道导弹，通常以主动段关机点高度作为划分自由段和再入段的标准高度，为 50～70km；而对于远程弹道导弹，通常以高度 80～100km 作为大气边界层高度。

1）自由段

从主动段终点 *k* 到再入点 *e* 的一段弹道称为自由段或真空段，如图 8-1 所示，*ke* 段即自由段。

远程弹道主动段关机点的高度通常约为 200km，其间因为大气极为稀薄又没有控制，所以可以近似认为弹头只受地球引力和地转惯性力的作用，即认为弹头在真空中飞行。由本书后面的内容可知，自由段弹道是椭圆轨道的一部分，且其弹道占全部弹道的 80%～90% 以上。

2）再入段

弹头重新进入稠密大气层到弹头落地的一段弹道称为再入段，图 8-1 中的 *ec* 段即再入段。由于再入大气层的弹头速度很大，所以受到巨大的气动阻力，使弹头的温度迅速升高、速度迅速减小。显然，再入段与自由段有着明显不同的运动特性。

需要注意的是，由于在主动段弹体受到气动力矩和控制力矩的作用而产生绕质心的旋转运动，而在主动段终点处（自由段的起点）弹体绕质心旋转的角速度通常不为零，并且弹头与弹体分离时有扰动，从而使得在自由段飞行的弹头在没有控制力矩和气动力矩的作用下，将不再保持分离时的姿态，而是以固定的角速度绕其质心自由转动，直到弹头重新进入大气层时，由于大气阻滞作用的逐渐增加，加之头部姿态控制的作用，才使其任意翻转受到制动，并以一定的绕其纵轴旋转的速度稳定地冲向目标。

8.2　地心惯性坐标系中的动力学方程

弹道导弹的控制系统通常为惯性控制系统，即在飞行中它所测出的参数是相对惯性参考系的。因此，本节首先以惯性坐标系为参考系建立飞行器主动段动力学方程。

8.2.1　质心动力学方程

由于在飞行器的主动段运动过程中发动机一直在工作，不断消耗燃料，所以在建立主动段动力学方程时，必须将火箭视为一个变质量质点系。

已知变质量物体的质心动力学方程为

$$m\frac{\mathrm{d}^2\boldsymbol{r}}{\mathrm{d}t^2}=\boldsymbol{F}_s+\boldsymbol{F}_k'+\boldsymbol{F}_{\mathrm{rel}}' \tag{8-1}$$

式中，$\boldsymbol{r}$ 表示飞行器中心在惯性坐标系中的位置矢量，$\boldsymbol{F}_s$ 表示作用在飞行器上的合外力，$\boldsymbol{F}_k'$ 表示附加哥氏力，$\boldsymbol{F}_{\mathrm{rel}}'$ 表示附加相对力，且

$$\boldsymbol{F}_s=m\boldsymbol{g}+\boldsymbol{R}+\boldsymbol{P}_{\mathrm{st}}+\boldsymbol{F}_{\mathrm{c}} \tag{8-2}$$

$$\boldsymbol{F}_k'=-2\dot{m}\boldsymbol{\omega}_T\times\boldsymbol{\rho}_e \tag{8-3}$$

$$\boldsymbol{F}_{\mathrm{rel}}'=-\dot{m}\cdot\boldsymbol{u}_e \tag{8-4}$$

式（8-2）～式（8-4）中，$m\boldsymbol{g}$ 表示作用在飞行器上的引力矢量，$\boldsymbol{R}$ 表示作用在飞行器上的气动力矢量，$\boldsymbol{P}_{\mathrm{st}}$ 表示发动机推力静分量矢量，$\boldsymbol{F}_{\mathrm{c}}$ 表示作用在飞行器上的控制力矢量，$\dot{m}$ 表示质量秒耗量，$\boldsymbol{\omega}_T$ 表示飞行器相对于惯性坐标系的转动角速度，$\boldsymbol{\rho}_e$ 表示飞行器质心到发动机喷口截面中心矢量，$\boldsymbol{u}_e$ 表示燃气排出速度。

令

$$\boldsymbol{P}=\boldsymbol{P}_{\mathrm{st}}+\boldsymbol{F}_{\mathrm{rel}}' \tag{8-5}$$

称为发动机推力矢量，则可得飞行器在惯性坐标系中矢量形式的质心动力学方程为

$$m\frac{\mathrm{d}^2\boldsymbol{r}}{\mathrm{d}t^2}=\boldsymbol{P}+\boldsymbol{R}+\boldsymbol{F}_{\mathrm{c}}+m\boldsymbol{g}+\boldsymbol{F}_k' \tag{8-6}$$

8.2.2　绕质心转动的动力学方程

已知变质量质点系的绕质心动力学方程为

$$\boldsymbol{I}\cdot\frac{\mathrm{d}\boldsymbol{\omega}_T}{\mathrm{d}t}+\boldsymbol{\omega}_T\times(\boldsymbol{I}\cdot\boldsymbol{\omega}_T)=\boldsymbol{M}_s+\boldsymbol{M}_k'+\boldsymbol{M}_{\mathrm{rel}}' \tag{8-7}$$

式中，$\boldsymbol{\omega}_T$ 表示飞行器相对于惯性坐标系的转动角速度，$\boldsymbol{I}$ 表示飞行器的惯性张量，$\boldsymbol{M}_s$ 表示飞行器所受到的合外力矩，$\boldsymbol{M}'_{\text{rel}}$ 表示附加相对力矩，$\boldsymbol{M}'_k$ 表示附加哥氏力矩，且

$$\boldsymbol{M}_s = \boldsymbol{M}_{\text{st}} + \boldsymbol{M}_{\text{c}} + \boldsymbol{M}_{\text{d}} \tag{8-8}$$

式中，$\boldsymbol{M}_{\text{st}}$ 表示作用在飞行器上的稳定力矩，$\boldsymbol{M}_{\text{c}}$ 表示飞行器的控制力矩，$\boldsymbol{M}_{\text{d}}$ 表示飞行器相对大气转动时引起的阻尼力矩。

$$\boldsymbol{M}'_{\text{rel}} = -\dot{m}\boldsymbol{\rho}_e \times \boldsymbol{u}_e \tag{8-9}$$

$$\boldsymbol{M}'_k = -\frac{\delta \boldsymbol{I}}{\delta t}\cdot\boldsymbol{\omega}_T - \dot{m}\boldsymbol{\rho}_e \times (\boldsymbol{\omega}_T \times \boldsymbol{\rho}_e) \tag{8-10}$$

则飞行器绕质心转动的动力学方程为

$$\boldsymbol{I}\cdot\frac{\mathrm{d}\boldsymbol{\omega}_T}{\mathrm{d}t} + \boldsymbol{\omega}_T \times (\boldsymbol{I}\cdot\boldsymbol{\omega}_T) = \boldsymbol{M}_{\text{st}} + \boldsymbol{M}_{\text{d}} + \boldsymbol{M}_{\text{c}} + \boldsymbol{M}'_{\text{rel}} + \boldsymbol{M}'_k \tag{8-11}$$

8.3 地面发射坐标系中的空间弹道方程

8.2 节在惯性坐标系中建立的矢量形式动力学方程简洁、清晰，但是人们习惯以地球为参考系来描述飞行器在飞行过程中的运动姿态、射击距离及落点精度等。本节将以地面发射坐标系为参考系建立飞行器的主动段空间弹道方程，并认为该参考系位于一个以角速度 $\boldsymbol{\omega}_e$ 进行自转的两轴旋转椭球上。

8.3.1 地面发射坐标系中的质心动力学方程

已知地面发射坐标系是一个固联在地面发射点的动坐标系，并且相对惯性坐标系以角速度 $\boldsymbol{\omega}_e$ 转动。根据矢量导数法则可知

$$m\frac{\mathrm{d}^2\boldsymbol{r}}{\mathrm{d}t^2} = m\frac{\delta^2\boldsymbol{r}}{\delta t^2} + 2m\boldsymbol{\omega}_e \times \frac{\delta\boldsymbol{r}}{\delta t} + m\boldsymbol{\omega}_e \times (\boldsymbol{\omega}_e \times \boldsymbol{r}) \tag{8-12}$$

代入式（8-6），得

$$m\frac{\delta^2\boldsymbol{r}}{\delta t^2} = \boldsymbol{P} + \boldsymbol{R} + \boldsymbol{F}_{\text{c}} + m\boldsymbol{g} + \boldsymbol{F}'_k - m\boldsymbol{\omega}_e \times (\boldsymbol{\omega}_e \times \boldsymbol{r}) - 2m\boldsymbol{\omega}_e \times \frac{\delta\boldsymbol{r}}{\delta t} \tag{8-13}$$

下面将式（8-13）中的每项在地面发射坐标系中进行分解，从而获得质心动力学方程在发射坐标系中的解析形式。

1. 相对加速度——$\dfrac{\delta^2\boldsymbol{r}}{\delta t^2}$

飞行器相对于地面发射坐标系的加速度为

$$\frac{\delta^2\boldsymbol{r}}{\delta t^2} = \left[\frac{\mathrm{d}V_x}{\mathrm{d}t}, \frac{\mathrm{d}V_y}{\mathrm{d}t}, \frac{\mathrm{d}V_z}{\mathrm{d}t}\right]^{\mathrm{T}} \tag{8-14}$$

式中，V_x, V_y, V_z 分为飞行器相对发射坐标系中的 3 个速度分量。

2. 发动机推力——$\boldsymbol{P}$

已知

$$\boldsymbol{P} = \boldsymbol{P}_{\text{st}} + \boldsymbol{F}'_{\text{rel}} \tag{8-15}$$

$$\boldsymbol{F}'_{\mathrm{rel}} = -\dot{m}\boldsymbol{u}_e \tag{8-16}$$

$$\boldsymbol{P}_{\mathrm{st}} = S_e(\boldsymbol{p}_e - \boldsymbol{p}_H) \tag{8-17}$$

式中，S_e 表示火箭喷口截面积，$\boldsymbol{p}_e$ 表示喷口截面上的平均燃气静压，$\boldsymbol{p}_H$ 表示喷口截面上的大气压，且 $\boldsymbol{F}'_{\mathrm{rel}}, \boldsymbol{P}_{\mathrm{st}}$ 均沿箭体纵轴方向，故推力 $\boldsymbol{P}$ 在箭体坐标系中的描述形式比较简单，即

$$\boldsymbol{P} = \begin{bmatrix} \dot{m}u_e + S_e(p_e - p_H) \\ 0 \\ 0 \end{bmatrix} = \begin{bmatrix} P \\ 0 \\ 0 \end{bmatrix} \tag{8-18}$$

已知箭体坐标系到发射坐标系的方向余弦阵为

$$\boldsymbol{G}_B = \boldsymbol{B}_G^{\mathrm{T}} = (\boldsymbol{M}_1[\gamma] \cdot \boldsymbol{M}_2[\psi] \cdot \boldsymbol{M}_3[\varphi])^{\mathrm{T}} \tag{8-19}$$

则推力 $\boldsymbol{P}$ 在发射坐标系中的投影为

$$\begin{bmatrix} P_x \\ P_y \\ P_z \end{bmatrix} = \boldsymbol{G}_B \begin{bmatrix} P \\ 0 \\ 0 \end{bmatrix} \tag{8-20}$$

3. 气动力——$\boldsymbol{R}$

已知气动力 $\boldsymbol{R}$ 在速度坐标系中的投影为

$$\boldsymbol{R} = \begin{bmatrix} -X \\ Y \\ Z \end{bmatrix} = \begin{bmatrix} -C_x q S_{\mathrm{m}} \\ C_y q S_{\mathrm{m}} \\ C_z q S_{\mathrm{m}} \end{bmatrix} = \begin{bmatrix} -C_x q S_{\mathrm{m}} \\ C_y^{\alpha} q S_{\mathrm{m}} \alpha \\ -C_y^{\alpha} q S_{\mathrm{m}} \beta \end{bmatrix} \tag{8-21}$$

式中，$q = \dfrac{1}{2}\rho V^2$ 为动压头，S_{m} 为最大横截面积，C_x, C_y, C_z 为阻力系数、升力系数和侧力系数，α 为攻角，β 为侧滑角。

已知速度坐标系到发射坐标系的方向余弦阵为

$$\boldsymbol{G}_V = \boldsymbol{V}_G^{\mathrm{T}} = (\boldsymbol{M}_1[\nu]\boldsymbol{M}_2[\sigma]\boldsymbol{M}_3[\theta])^{\mathrm{T}} \tag{8-22}$$

则气动力 $\boldsymbol{R}$ 在发射坐标系中的投影为

$$\begin{bmatrix} R_x \\ R_y \\ R_z \end{bmatrix} = \boldsymbol{G}_V \begin{bmatrix} -\boldsymbol{X} \\ \boldsymbol{Y} \\ \boldsymbol{Z} \end{bmatrix} \tag{8-23}$$

4. 控制力——$\boldsymbol{F}_{\mathrm{c}}$

已知控制力在箭体坐标系中的投影为

$$\boldsymbol{F}_{\mathrm{c}} = \begin{bmatrix} -\boldsymbol{X}_{1\mathrm{c}} \\ \boldsymbol{Y}_{1\mathrm{c}} \\ \boldsymbol{Z}_{1\mathrm{c}} \end{bmatrix} \tag{8-24}$$

式中，各分量的表达式根据其执行机构是燃气舵或不同配置形式的摇摆发动机的不同而不同。

已知箭体坐标系到发射坐标系的方向余弦阵为 $\boldsymbol{G}_B$，则可得 $\boldsymbol{F}_{\mathrm{c}}$ 在发射坐标系中的投影为

$$\begin{bmatrix} F_{cx} \\ F_{cy} \\ F_{cz} \end{bmatrix} = \boldsymbol{G}_B \begin{bmatrix} -\boldsymbol{X}_{1c} \\ \boldsymbol{Y}_{1c} \\ \boldsymbol{Z}_{1c} \end{bmatrix} \tag{8-25}$$

5. 引力——$m\boldsymbol{g}$

已知引力 $m\boldsymbol{g}$ 可以表示为

$$m\boldsymbol{g} = mg_r'\boldsymbol{r}^0 + mg_{\omega_e}\boldsymbol{\omega}_e^0 \tag{8-26}$$

其中

$$\begin{cases} g_r' = -\dfrac{fM}{r^2}\left[1 + J\left(\dfrac{a_e}{r}\right)^2(1 - 5\sin^2\phi)\right] \\ g_{\omega_e} = -2\dfrac{fM}{r^2}J\left(\dfrac{a_e}{r}\right)^2\sin\phi \end{cases} \tag{8-27}$$

下面要将弹体地心距 $\boldsymbol{r}$ 方向上的单位矢量 $\boldsymbol{r}^0$ 和地球自转方向上的单位矢量 $\boldsymbol{\omega}_e^0$ 分别投影到发射坐标系，如图 8-2 所示。

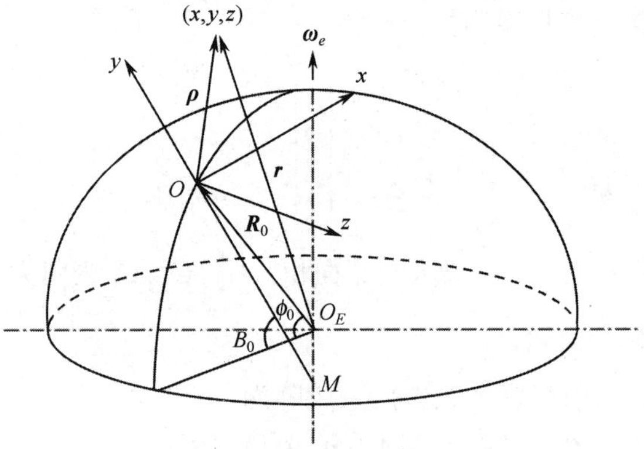

图 8-2　弹道上任意一点的地心矢径和发射点的地心矢径

可知

$$\boldsymbol{r} = \boldsymbol{R}_0 + \boldsymbol{\rho} \tag{8-28}$$

式中，$\boldsymbol{R}_0$ 为发射点地心矢径，即

$$\boldsymbol{R}_0 = \begin{bmatrix} R_{0x} \\ R_{0y} \\ R_{0z} \end{bmatrix} = \begin{bmatrix} -R_0\sin\mu_0\cos A_0 \\ R_0\cos\mu_0 \\ R_0\sin\mu_0\sin A_0 \end{bmatrix} \tag{8-29}$$

式中，μ_0 为发射点地理纬度与地心纬度之差，即

$$\mu_0 = B_0 - \phi_0 \tag{8-30}$$

$\boldsymbol{\rho} = [x, y, z]$ 为发射点到弹道上任意一点的矢径，则 $\boldsymbol{r}^0$ 在发射坐标系中的投影为

$$\boldsymbol{r}^0 = \frac{x + R_{0x}}{r}\boldsymbol{x}^0 + \frac{y + R_{0y}}{r}\boldsymbol{y}^0 + \frac{z + R_{0z}}{r}\boldsymbol{z}^0 \tag{8-31}$$

已知地球自转角速度 $\boldsymbol{\omega}_e$ 在发射坐标系中的投影为

$$\begin{bmatrix} \omega_{ex} \\ \omega_{ey} \\ \omega_{ez} \end{bmatrix} = \boldsymbol{\omega}_e \begin{bmatrix} \cos A_0 \cos B_0 \\ \sin B_0 \\ -\sin A_0 \cos B_0 \end{bmatrix} \tag{8-32}$$

则 $\boldsymbol{\omega}_e^0$ 在发射坐标系中的投影为

$$\boldsymbol{\omega}_e^0 = \frac{\omega_{ex}}{\omega_e}\boldsymbol{x}^0 + \frac{\omega_{ey}}{\omega_e}\boldsymbol{y}^0 + \frac{\omega_{ez}}{\omega_e}\boldsymbol{z}^0 \tag{8-33}$$

将式（8-31）、式（8-33）代入式（8-26），可得引力 $m\boldsymbol{g}$ 在发射坐标系中的投影为

$$m\begin{bmatrix} g_x \\ g_y \\ g_z \end{bmatrix} = m\frac{g_r'}{r}\begin{bmatrix} x+R_{0x} \\ y+R_{0y} \\ z+R_{0z} \end{bmatrix} + m\frac{g_{\omega_e}}{\omega_e}\begin{bmatrix} \omega_{ex} \\ \omega_{ey} \\ \omega_{ez} \end{bmatrix} \tag{8-34}$$

6. 附加哥氏力—— $\boldsymbol{F}_k'$

已知

$$\boldsymbol{F}_k' = -2\dot{m}\boldsymbol{\omega}_T \times \boldsymbol{\rho}_e \tag{8-35}$$

式中，$\boldsymbol{\omega}_T$ 为箭体相对于惯性坐标系的转动角速度矢量，将其投影到箭体坐标系中，得

$$\boldsymbol{\omega}_T = [\omega_{Tx_1}, \omega_{Ty_1}, \omega_{Tz_1}]^{\mathrm{T}} \tag{8-36}$$

$\boldsymbol{\rho}_e$ 为质心到喷管出口中心的距离，即

$$\boldsymbol{\rho}_e = -x_{1e}\boldsymbol{x}^0 \tag{8-37}$$

则附加哥氏力 $\boldsymbol{F}_k'$ 在箭体坐标系中的投影为

$$\begin{bmatrix} F_{kx_1}' \\ F_{ky_1}' \\ F_{kz_1}' \end{bmatrix} = 2\dot{m}x_{1e}\begin{bmatrix} 0 \\ \omega_{Tz_1} \\ -\omega_{Ty_1} \end{bmatrix} \tag{8-38}$$

已知箭体坐标系到发射坐标系的方向余弦阵为 $\boldsymbol{G}_B$，则 $\boldsymbol{F}_k'$ 在发射坐标系中的投影为

$$\begin{bmatrix} F_{kx}' \\ F_{ky}' \\ F_{kz}' \end{bmatrix} = \boldsymbol{G}_B\begin{bmatrix} F_{kx_1}' \\ F_{ky_1}' \\ F_{kz_1}' \end{bmatrix} \tag{8-39}$$

7. 离心惯性力—— $\boldsymbol{F}_e$

离心惯性力的表达式为

$$\boldsymbol{F}_e = -m\boldsymbol{\omega}_e \times (\boldsymbol{\omega}_e \times \boldsymbol{r}) \tag{8-40}$$

已知 $\boldsymbol{r}$ 在发射坐标系中的投影为

$$\boldsymbol{r} = (x+R_{0x})\boldsymbol{x}^0 + (y+R_{0y})\boldsymbol{y}^0 + (z+R_{0z})\boldsymbol{z}^0 \tag{8-41}$$

令

$$\boldsymbol{a}_e = \boldsymbol{\omega}_e \times (\boldsymbol{\omega}_e \times \boldsymbol{r}) = \boldsymbol{A}\cdot\boldsymbol{r} \tag{8-42}$$

称为牵连加速度，则其在发射坐标系中的投影为

$$\boldsymbol{F}_e = -m\boldsymbol{a}_e = -m\boldsymbol{A}\boldsymbol{r} \tag{8-43}$$

其中

$$\boldsymbol{A}=\begin{bmatrix} a_{11} & a_{12} & a_{13} \\ a_{21} & a_{22} & a_{23} \\ a_{31} & a_{32} & a_{33} \end{bmatrix} \tag{8-44}$$

$$\begin{cases} a_{11}=\omega_{ex}^2-\omega_e^2 \\ a_{22}=\omega_{ey}^2-\omega_e^2 \\ a_{33}=\omega_{ez}^2-\omega_e^2 \\ a_{12}=a_{21}=\omega_{ex}\omega_{ey} \\ a_{23}=a_{32}=\omega_{ey}\omega_{ez} \\ a_{13}=a_{31}=\omega_{ex}\omega_{ez} \end{cases} \tag{8-45}$$

8. 哥氏惯性力—— $\boldsymbol{F}_k$

哥氏惯性力的表达式为

$$\boldsymbol{F}_k=-2m\boldsymbol{\omega}_e\times\frac{\delta \boldsymbol{r}}{\delta t} \tag{8-46}$$

令

$$\boldsymbol{a}_k=2\boldsymbol{\omega}_e\times\frac{\delta \boldsymbol{r}}{\delta t} \tag{8-47}$$

称为哥氏加速度。则

$$\boldsymbol{F}_k=-m\boldsymbol{a}_k \tag{8-48}$$

已知飞行器相对发射坐标系的速度为

$$\frac{\delta \boldsymbol{r}}{\delta t}=[\dot{x} \quad \dot{y} \quad \dot{z}]^{\mathrm{T}} \tag{8-49}$$

$\boldsymbol{\omega}_e$ 在发射坐标系中的投影为

$$\boldsymbol{\omega}_e=[\omega_{ex} \quad \omega_{ey} \quad \omega_{ez}]^{\mathrm{T}} \tag{8-50}$$

将式（8-49）、式（8-50）代入式（8-47），得

$$\boldsymbol{a}_k=\begin{bmatrix} a_{kx} \\ a_{ky} \\ a_{kz} \end{bmatrix}=\begin{bmatrix} 2\omega_{ey}\dot{z}-2\omega_{ez}\dot{y} \\ 2\omega_{ez}\dot{x}-2\omega_{ex}\dot{z} \\ 2\omega_{ex}\dot{y}-2\omega_{ey}\dot{x} \end{bmatrix}=\begin{bmatrix} 0 & -2\omega_{ez} & 2\omega_{ey} \\ 2\omega_{ez} & 0 & -2\omega_{ex} \\ -2\omega_{ey} & 2\omega_{ex} & 0 \end{bmatrix}\begin{bmatrix} \dot{x} \\ \dot{y} \\ \dot{z} \end{bmatrix} \tag{8-51}$$

令

$$\boldsymbol{B}=\begin{bmatrix} b_{11} & b_{12} & b_{13} \\ b_{21} & b_{22} & b_{23} \\ b_{31} & b_{32} & b_{33} \end{bmatrix}=\begin{bmatrix} 0 & -2\omega_{ez} & 2\omega_{ey} \\ 2\omega_{ez} & 0 & -2\omega_{ex} \\ -2\omega_{ey} & 2\omega_{ex} & 0 \end{bmatrix} \tag{8-52}$$

则哥氏惯性力 $\boldsymbol{F}_k$ 在发射坐标系中的投影为

$$\begin{bmatrix} F_{kx} \\ F_{ky} \\ F_{kz} \end{bmatrix}=-m\boldsymbol{B}\begin{bmatrix} \dot{x} \\ \dot{y} \\ \dot{z} \end{bmatrix} \tag{8-53}$$

综合上述，可得飞行器在发射坐标系中的质心动力学方程为

$$m\begin{bmatrix}\dfrac{\mathrm{d}V_x}{\mathrm{d}t}\\\dfrac{\mathrm{d}V_y}{\mathrm{d}t}\\\dfrac{\mathrm{d}V_z}{\mathrm{d}t}\end{bmatrix}=\boldsymbol{G}_B\begin{bmatrix}\boldsymbol{P}_e\\\boldsymbol{Y}_{1\mathrm{c}}+2m\omega_{Tz_1}x_{1e}\\\boldsymbol{Z}_{1\mathrm{c}}-2\dot{m}\omega_{Ty_1}x_{1e}\end{bmatrix}+\boldsymbol{G}_V\begin{bmatrix}-C_xqS_\mathrm{m}\\C_y^\alpha qS_\mathrm{m}\alpha\\-C_y^\alpha qS_\mathrm{m}\beta\end{bmatrix}+m\frac{g_r'}{r}\begin{bmatrix}x+R_{0x}\\y+R_{0y}\\z+R_{0z}\end{bmatrix}+$$

$$m\frac{g_{\omega_e}}{\omega_e}\begin{bmatrix}\omega_{ex}\\\omega_{ey}\\\omega_{ez}\end{bmatrix}-m\begin{bmatrix}a_{11}&a_{12}&a_{13}\\a_{21}&a_{22}&a_{23}\\a_{31}&a_{32}&a_{33}\end{bmatrix}\begin{bmatrix}x+R_{0x}\\y+R_{0y}\\z+R_{0z}\end{bmatrix}- \tag{8-54}$$

$$m\begin{bmatrix}b_{11}&b_{12}&b_{13}\\b_{21}&b_{22}&b_{23}\\b_{31}&b_{32}&b_{33}\end{bmatrix}\begin{bmatrix}\dot{x}\\\dot{y}\\\dot{z}\end{bmatrix}$$

其中

$$\boldsymbol{P}_e=\boldsymbol{P}-\boldsymbol{X}_{1\mathrm{c}} \tag{8-55}$$

8.3.2　箭体坐标系中的绕质心动力学方程

已知飞行器绕质心转动动力学方程在惯性坐标系中的矢量形式为

$$\boldsymbol{I}\cdot\frac{\mathrm{d}\boldsymbol{\omega}_T}{\mathrm{d}t}+\boldsymbol{\omega}_T\times(\boldsymbol{I}\cdot\boldsymbol{\omega}_T)=\boldsymbol{M}_\mathrm{st}+\boldsymbol{M}_\mathrm{d}+\boldsymbol{M}_\mathrm{c}+\boldsymbol{M}'_\mathrm{rel}+\boldsymbol{M}'_k \tag{8-56}$$

将式（8-56）中的各项在箭体坐标系中分解，即可得到箭体坐标系中的绕质心动力学方程。

1. 惯性张量——$\boldsymbol{I}$

已知箭体坐标系为质心惯量主轴坐标系，则惯性张量 $\boldsymbol{I}$ 在箭体坐标系中的表达式为

$$\boldsymbol{I}=\begin{bmatrix}I_{x_1}&0&0\\0&I_{y_1}&0\\0&0&I_{z_1}\end{bmatrix}\boldsymbol{I} \tag{8-57}$$

2. 稳定力矩——$\boldsymbol{M}_\mathrm{st}$

稳定力矩是空气动力矩的一部分，前面已经介绍了它在箭体坐标系中的表达式，即

$$\boldsymbol{M}_\mathrm{st}=\begin{bmatrix}0\\M_{y_1\mathrm{st}}\\M_{z_1\mathrm{st}}\end{bmatrix}=\begin{bmatrix}0\\m_{y_1}^\beta qS_\mathrm{m}l_k\cdot\beta\\m_{z_1}^\alpha qS_\mathrm{m}l_k\cdot\alpha\end{bmatrix} \tag{8-58}$$

3. 阻尼力矩——$\boldsymbol{M}_\mathrm{d}$

阻尼力矩也是空气动力矩的一部分，前面已经介绍了它在箭体坐标系中的表达式，即

$$\boldsymbol{M}_\mathrm{d}=\begin{bmatrix}M_{x_1\mathrm{d}}\\M_{y_1\mathrm{d}}\\M_{z_1\mathrm{d}}\end{bmatrix}=\begin{bmatrix}m_{x_1}^{\bar{\omega}_{x_1}}qS_\mathrm{m}l_k\cdot\bar{\omega}_{x_1}\\m_{y_1}^{\bar{\omega}_{y_1}}qS_\mathrm{m}l_k\cdot\bar{\omega}_{y_1}\\m_{z_1}^{\bar{\omega}_{z_1}}qS_\mathrm{m}l_k\cdot\bar{\omega}_{z_1}\end{bmatrix} \tag{8-59}$$

4. 控制力矩—— $\boldsymbol{M}_{\mathrm{c}}$

已知控制力矩与所采用的执行机构有关，下面分别介绍以燃气舵和摇摆发动机为执行机构时，控制力矩的表达式。

1）燃气舵

$$\boldsymbol{M}_{\mathrm{c}}=\begin{bmatrix} M_{x_1\mathrm{c}} \\ M_{y_1\mathrm{c}} \\ M_{z_1\mathrm{c}} \end{bmatrix}=\begin{bmatrix} -2R'r_c\delta_\gamma \\ -R'(x_c-x_g)\delta_\psi \\ -R'(x_c-x_g)\delta_\varphi \end{bmatrix} \tag{8-60}$$

2）十字形配置摇摆发动机

$$\boldsymbol{M}_{\mathrm{c}}=\begin{bmatrix} M_{x_1\mathrm{c}} \\ M_{y_1\mathrm{c}} \\ M_{z_1\mathrm{c}} \end{bmatrix}=\begin{bmatrix} -Pr_c\delta_\gamma \\ -\dfrac{P}{2}(x_c-x_g)\delta_\psi \\ -\dfrac{P}{2}(x_c-x_g)\delta_\varphi \end{bmatrix} \tag{8-61}$$

3）X 形配置摇摆发动机

$$\boldsymbol{M}_{\mathrm{c}}=\begin{bmatrix} M_{x_1\mathrm{c}} \\ M_{y_1\mathrm{c}} \\ M_{z_1\mathrm{c}} \end{bmatrix}=\begin{bmatrix} -Pr_c\delta_\gamma \\ -\dfrac{\sqrt{2}P}{2}(x_c-x_g)\delta_\psi \\ -\dfrac{\sqrt{2}P}{2}(x_c-x_g)\delta_\varphi \end{bmatrix} \tag{8-62}$$

5. 附加相对力矩—— $\boldsymbol{M}'_{\mathrm{rel}}$

已知

$$\boldsymbol{M}'_{\mathrm{rel}}=-\dot{m}\boldsymbol{\rho}_e\times\boldsymbol{u}_e \tag{8-63}$$

在标准条件下，发动机安装无误差，其推力轴线与飞行器体轴平行，即 $\boldsymbol{\rho}_e$ 平行于 $\boldsymbol{u}_e$，则附加相对力矩为 0。

6. 附加哥氏力矩—— $\boldsymbol{M}'_k$

已知

$$\boldsymbol{M}'_k=-\frac{\delta\boldsymbol{I}}{\delta t}\boldsymbol{\omega}_T-\dot{m}\boldsymbol{\rho}_e\times(\boldsymbol{\omega}_T\times\boldsymbol{\rho}_e) \tag{8-64}$$

且

$$\boldsymbol{\omega}_T=\begin{bmatrix}\omega_{Tx_1} & \omega_{Ty_1} & \omega_{Tz_1}\end{bmatrix}^{\mathrm{T}} \tag{8-65}$$

$$\boldsymbol{\rho}_e=-x_{1e}\boldsymbol{x}_1^0 \tag{8-66}$$

则附加哥氏力矩 $\boldsymbol{M}'_k$ 在箭体坐标系中的投影为

$$\boldsymbol{M}'_k=-\begin{bmatrix} \dot{I}_{x_1}\omega_{Tx_1} \\ \dot{I}_{y_1}\omega_{Ty_1} \\ \dot{I}_{z_1}\omega_{Tz_1} \end{bmatrix}+\dot{m}\begin{bmatrix} 0 \\ -x_{1e}^2\omega_{Ty_1} \\ -x_{1e}^2\omega_{Tz_1} \end{bmatrix} \tag{8-67}$$

综上所述，可得在箭体坐标系中建立的飞行器绕质心动力学方程为

$$
\begin{bmatrix} I_{x_1} & 0 & 0 \\ 0 & I_{y_1} & 0 \\ 0 & 0 & I_{z_1} \end{bmatrix}
\begin{bmatrix} \dfrac{d\omega_{Tx_1}}{dt} \\ \dfrac{d\omega_{Ty_1}}{dt} \\ \dfrac{d\omega_{Tz_1}}{dt} \end{bmatrix}
+\begin{bmatrix} (I_{z_1}-I_{y_1})\omega_{Tz_1}\omega_{Ty_1} \\ (I_{x_1}-I_{z_1})\omega_{Tx_1}\omega_{Tz_1} \\ (I_{y_1}-I_{x_1})\omega_{Ty_1}\omega_{Tx_1} \end{bmatrix}
$$

$$
=\begin{bmatrix} 0 \\ m_{y_1}^{\beta} qS_m l_k \cdot \beta \\ m_{z_1}^{\alpha} qS_m l_k \cdot \alpha \end{bmatrix}
+\begin{bmatrix} m_{x_1}^{\bar{\omega}_{x_1}} qS_m l_k \cdot \bar{\omega}_{x_1} \\ m_{y_1}^{\bar{\omega}_{y_1}} qS_m l_k \cdot \bar{\omega}_{y_1} \\ m_{z_1}^{\bar{\omega}_{z_1}} qS_m l_k \cdot \bar{\omega}_{z_1} \end{bmatrix}
+\begin{bmatrix} -2R'r_c\delta_{\gamma} \\ -R'(x_c-x_g)\delta_{\psi} \\ -R'(x_c-x_g)\delta_{\varphi} \end{bmatrix}-
\begin{bmatrix} \dot{I}_{x_1}\omega_{Tx_1} \\ \dot{I}_{y_1}\omega_{Ty_1} \\ \dot{I}_{z_1}\omega_{Tz_1} \end{bmatrix}
+\dot{m}\begin{bmatrix} 0 \\ -x_{1e}^2\omega_{Ty_1} \\ -x_{1e}^2\omega_{Tz_1} \end{bmatrix}
\tag{8-68}
$$

8.3.3 运动学方程

以发射坐标系为参考系，建立质心速度与位置参数的关系方程为

$$
\begin{bmatrix} \dfrac{dx}{dt} \\ \dfrac{dy}{dt} \\ \dfrac{dz}{dt} \end{bmatrix}
=\begin{bmatrix} V_x \\ V_y \\ V_z \end{bmatrix}
\tag{8-69}
$$

已知飞行器相对于惯性坐标系的转动角速度 $\boldsymbol{\omega}_T$ 在箭体坐标系中的投影为

$$
\boldsymbol{\omega}_T=\dot{\boldsymbol{\varphi}}_T+\dot{\boldsymbol{\psi}}_T+\dot{\boldsymbol{\gamma}}_T
\tag{8-70}
$$

箭体坐标系相对惯性坐标系的转动角速度示意图如图 8-3 所示。

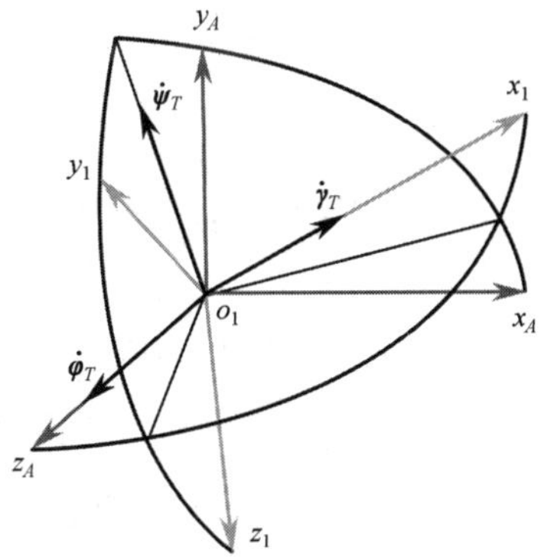

图 8-3 箭体坐标系相对惯性坐标系的转动角速度示意图（见彩插）

图 8-3 中，o_1- $x_1y_1z_1$ 为箭体坐标系，o_1- $x_Ay_Az_A$ 为惯性坐标系。可以求得 $\boldsymbol{\omega}_T$ 在箭体坐标

系中的各分量与$\dot{\varphi}_T,\dot{\psi}_T,\dot{\gamma}_T$的关系为

$$\begin{cases}\omega_{Tx_1}=\dot{\gamma}_T-\dot{\varphi}_T\sin\psi_T\\ \omega_{Ty_1}=\dot{\psi}_T\cos\gamma_T+\dot{\varphi}_T\cos\psi_T\sin\psi_T\\ \omega_{Tz_1}=\dot{\varphi}_T\cos\psi_T\cos\gamma_T-\dot{\psi}_T\sin\gamma_T\end{cases} \tag{8-71}$$

则飞行器相对地球的转动角速度为

$$\boldsymbol{\omega}=\boldsymbol{\omega}_T-\boldsymbol{\omega}_e \tag{8-72}$$

式中，$\boldsymbol{\omega}_e$为地心坐标系相对惯性坐标系的转动（地球自转）角速度，则$\boldsymbol{\omega}$在箭体坐标系中的投影为

$$\begin{bmatrix}\omega_{x_1}\\ \omega_{y_1}\\ \omega_{z_1}\end{bmatrix}=\begin{bmatrix}\omega_{Tx_1}\\ \omega_{Ty_1}\\ \omega_{Tz_1}\end{bmatrix}-\boldsymbol{B}_G\begin{bmatrix}\omega_{ex}\\ \omega_{ey}\\ \omega_{ez}\end{bmatrix} \tag{8-73}$$

式中，$\boldsymbol{B}_G$为发射坐标系与箭体坐标系之间的方向余弦阵。

8.3.4 控制方程

前面已经介绍了省去动态过程的姿态控制方程，即

$$\begin{cases}\delta_\varphi=a_0^\varphi\Delta\varphi_T\\ \delta_\psi=a_0^\psi\Delta\psi_T\\ \delta_\gamma=a_0^\gamma\Delta\gamma_T\end{cases} \tag{8-74}$$

在实际飞行条件下，火箭滚动角属于可忽略的小量，同时由于制导方法的不同，因此上述姿态控制方程也有所变化。

8.3.5 联系方程

联系方程主要反映了欧拉角之间的关系。

1）$\varphi_T,\psi_T,\gamma_T$和$\varphi,\psi,\gamma$的联系方程

$$\begin{cases}\varphi_T=\varphi+\omega_{ez}t\\ \psi_T=\psi+\omega_{ey}t\cos\varphi-\omega_{ex}t\sin\varphi\\ \gamma_T=\gamma+\omega_{ey}t\sin\varphi+\omega_{ex}t\cos\varphi\end{cases} \tag{8-75}$$

2）θ,σ与速度的联系方程

$$\begin{cases}\theta=\arctan\dfrac{V_y}{V_x}\\ \sigma=-\arcsin\dfrac{V_z}{V}\end{cases} \tag{8-76}$$

3）8个欧拉角的联系方程

$$\begin{cases}\sin\sigma=\cos\alpha\cos\beta\sin\psi+\sin\alpha\cos\beta\cos\psi\sin\gamma-\sin\beta\cos\psi\cos\gamma\\ \cos\sigma\sin\nu=-\sin\psi\sin\alpha+\cos\alpha\cos\psi\sin\gamma\\ \cos\theta\cos\sigma=\cos\alpha\cos\beta\cos\varphi\cos\psi-\\ \qquad\sin\alpha\cos\beta(\cos\varphi\sin\psi\sin\gamma-\sin\psi\cos\gamma)+\\ \qquad\sin\beta(\cos\varphi\sin\psi\cos\gamma+\sin\psi\sin\gamma)\end{cases} \tag{8-77}$$

若它们均为小角，可简化为

$$\begin{cases}\varphi=\theta+\alpha \\ \psi=\sigma+\beta \\ \gamma=\nu\end{cases} \tag{8-78}$$

8.3.6 附加方程

1）速度计算方程

$$V=\sqrt{V_x^2+V_y^2+V_z^2} \tag{8-79}$$

2）质量计算方程

$$m=m_0-\dot{m}t \tag{8-80}$$

式中，m_0为飞行器离开发射台瞬间的质量，$\dot{m}$为发动机的质量秒耗量，t为以飞行器离开发射台为起始点的飞行时间。

3）高度计算方程

已知轨道上任意一点的地心距为

$$r=\sqrt{(x+R_{0x})^2+(y+R_{0y})^2+(z+R_{0z})^2} \tag{8-81}$$

假设地球为一个两轴旋转椭球，则该地心距矢量$\boldsymbol{r}$与赤道平面的夹角，即星下点的地心纬度φ为

$$\sin\varphi=\frac{\boldsymbol{r}\cdot\boldsymbol{\omega}_e}{r\omega_e}=\frac{(x+R_{0x})\omega_{ex}+(y+R_{0y})\omega_{ey}+(z+R_{0z})\omega_{ez}}{r\omega_e} \tag{8-82}$$

已知地心纬度为φ的椭球表面点的地心距为

$$R=\frac{a_e b_e}{\sqrt{a_e^2\sin^2\varphi+b_e^2\cos^2\varphi}} \tag{8-83}$$

式中，a_e为地球的半长轴，b_e为地球的半短轴。则高度计算方程为

$$h=r-R \tag{8-84}$$

综上所示，式（8-54）、式（8-68）、式（8-69）、式（8-71）、式（8-73）～式（8-77）、式（8-79）～式（8-84）组成了飞行器在地面发射坐标系中建立的空间运动方程。该方程组有 32 个方程和 32 个未知量，32 个未知量如下：

$$\begin{aligned}&V_x,V_y,V_z,x,y,z\\&\omega_{Tx_1},\omega_{Ty_1},\omega_{Tz_1},\omega_{x_1},\omega_{y_1},\omega_{z_1}\\&\delta_\varphi,\delta_\psi,\delta_\gamma\\&\varphi_T,\psi_T,\gamma_T,\varphi,\psi,\gamma,\theta,\sigma,\nu,\alpha,\beta\\&\varphi,r,R,h,V,m\end{aligned}$$

其中，第一个φ表示俯仰角、第二个φ表示纬度，理论上当已知控制方程的具体形式并给定 32 个初始条件时，即可求解上述空间运动方程组。

8.4 地面发射坐标系中的空间弹道计算方程

8.3 节介绍了飞行器在发射坐标系中的一般运动方程，它们比较精确地描述了飞行器的主动段运动规律。但是，在实际研究过程中，可以根据飞行器的飞行情况做出一些简化方程的假设，以方便解算运动方程。这就是本节所要介绍的空间弹道计算方程。

8.4.1 假设条件

首先需要给出一系列假设条件，具体包括以下内容。

（1）由于飞行器的主动段运动是有控制的，所以欧拉角 $\psi_T,\gamma_T,\psi,\gamma,\sigma,\nu,\alpha,\beta$ 的数值均很小，可以近似认为

$$\begin{cases}\sin A = A\\ \cos A = 1\end{cases} \tag{8-85}$$

式中，A 代表上述欧拉角。式（8-85）中略去了方程中它们的二阶以上小项。

（2）略去附加哥氏力，即

$$\boldsymbol{F}_k' = 0 \tag{8-86}$$

（3）已知飞行器绕质心转动方程反映了飞行器飞行过程中的力矩平衡过程。对于姿态稳定的飞行器而言，这一动态过程进行得很快，以至于对飞行器的质心运动不产生影响。因此，在研究飞行器质心运动时，可以不考虑这个动态过程，即将绕质心运动方程中与姿态角速度和角加速度有关的项忽略，称为瞬时平衡假设。即令

$$\boldsymbol{\omega}_T = 0, \dot{\boldsymbol{\omega}}_T = 0, \boldsymbol{M}_{\mathrm{rel}}' = \boldsymbol{M}_k' = 0, \boldsymbol{M}_{\mathrm{d}} = 0 \tag{8-87}$$

由式（8-11）可得

$$\boldsymbol{M}_{\mathrm{st}} + \boldsymbol{M}_{\mathrm{c}} = 0 \tag{8-88}$$

将式（7-49）、式（6-94）代入式（8-88），得

$$\begin{cases}\delta_\gamma = 0\\ M_{y_1}^{\beta}\cdot\beta + M_{y_1}^{\delta}\delta_\psi = 0\\ M_{z_1}^{\alpha}\cdot\alpha + M_{z_1}^{\delta}\delta_\varphi = 0\end{cases} \tag{8-89}$$

取控制方程为

$$\begin{cases}\delta_\varphi = a_0^{\varphi}\Delta\varphi_T + k_\varphi u_\varphi\\ \delta_\psi = a_0^{\psi}\Delta\psi_T + k_H u_H\\ \delta_\gamma = a_0^{r}\Delta\gamma_T\end{cases} \tag{8-90}$$

式中，$k_\varphi u_\varphi, k_H u_H$ 为附加舵偏角，且有

$$\begin{cases}\Delta\varphi_T = \varphi_T - \varphi_{\mathrm{pr}}\\ \Delta\psi_T = \psi_T - \psi_{\mathrm{pr}} = \psi_T\\ \Delta\gamma_T = \gamma_T - \gamma_{\mathrm{pr}} = \gamma_T\end{cases} \tag{8-91}$$

代入式（8-75），可得略去动态过程的控制方程为

$$
\begin{cases}
\delta_\varphi = a_0^\varphi(\varphi + \omega_{ez}t - \varphi_{\text{pr}}) + k_\varphi u_\varphi \\
\delta_\psi = a_0^\psi[\psi + (\omega_{ey}\cos\varphi - \omega_{ex}\sin\varphi)t] + k_H u_H \\
\delta_\gamma = a_0^\gamma[\gamma + (\omega_{ey}\sin\varphi + \omega_{ex}\cos\varphi)t]
\end{cases} \tag{8-92}
$$

将式（8-92）和欧拉角之间的简化联系方程（8-78）代入式（8-89），可得绕质心运动方程在瞬时平衡假设条件下的等价形式为

$$
\begin{cases}
\alpha = A_\varphi\left[(\varphi_{\text{pr}} - \omega_{ez}t - \theta) - \dfrac{k_\varphi}{a_0^\varphi}u_\varphi\right] \\
\beta = A_\psi\left[(\omega_{ex}\sin\varphi - \omega_{ey}\cos\varphi)t - \sigma - \dfrac{k_H}{a_0^\psi}u_H\right] \\
\gamma = -(\omega_{ey}\sin\varphi + \omega_{ex}\cos\varphi)t
\end{cases} \tag{8-93}
$$

其中

$$
\begin{cases}
A_\varphi = \dfrac{a_0^\varphi M_{z_1}^\delta}{M_{z_1}^\alpha + a_0^\varphi M_{z_1}^\delta} \\
A_\psi = \dfrac{a_0^\psi M_{y_1}^\delta}{M_{y_1}^\beta + a_0^\psi M_{y_1}^\delta}
\end{cases} \tag{8-94}
$$

（4）忽略 ν,γ 的影响，即令 $\nu = \gamma = 0$。

8.4.2 空间弹道计算方程

根据 8.4.1 节中的 4 个假设条件，对给出的飞行器主动段运动方程进行简化，可得在发射坐标系中的空间弹道计算方程，具体包括以下公式。

1. 质心动力学方程

$$
\begin{aligned}
m\begin{bmatrix} \dfrac{\mathrm{d}V_x}{\mathrm{d}t} \\ \dfrac{\mathrm{d}V_y}{\mathrm{d}t} \\ \dfrac{\mathrm{d}V_z}{\mathrm{d}t} \end{bmatrix} &= \begin{bmatrix} \cos\varphi\cos\psi & -\sin\varphi & \cos\varphi\sin\psi \\ \sin\varphi\cos\psi & \cos\varphi & \sin\varphi\sin\psi \\ -\sin\psi & 0 & \cos\psi \end{bmatrix}\begin{bmatrix} \boldsymbol{P}_e \\ \boldsymbol{Y}_{1\text{c}} \\ \boldsymbol{Z}_{1\text{c}} \end{bmatrix} + \\
&\begin{bmatrix} \cos\theta\cos\sigma & -\sin\theta & \cos\theta\sin\sigma \\ \sin\theta\cos\sigma & \cos\theta & \sin\theta\sin\sigma \\ -\sin\sigma & 0 & \cos\sigma \end{bmatrix}\begin{bmatrix} -C_x q S_{\text{m}} \\ C_y^\alpha q S_{\text{m}}\alpha \\ -C_y^\alpha q S_{\text{m}}\beta \end{bmatrix} + \\
&m\frac{g_r'}{r}\begin{bmatrix} x + R_{ox} \\ y + R_{oy} \\ z + R_{oz} \end{bmatrix} + m\frac{g_{\omega_e}'}{\omega_e}\begin{bmatrix} \omega_{ex} \\ \omega_{ey} \\ \omega_{ez} \end{bmatrix} - \\
&m\begin{bmatrix} a_{11} & a_{12} & a_{13} \\ a_{21} & a_{22} & a_{23} \\ a_{31} & a_{32} & a_{33} \end{bmatrix}\begin{bmatrix} x + R_{ox} \\ y + R_{oy} \\ z + R_{oz} \end{bmatrix} - m\begin{bmatrix} b_{11} & b_{12} & b_{13} \\ b_{21} & b_{22} & b_{23} \\ b_{31} & b_{32} & b_{33} \end{bmatrix}\begin{bmatrix} \dot{x} \\ \dot{y} \\ \dot{z} \end{bmatrix}
\end{aligned} \tag{8-95}
$$

2. 绕质心动力学方程

$$\begin{cases}\alpha = A_{\varphi}\left[(\varphi_{\text{pr}} - \omega_{ez}t - \theta) - \dfrac{k_{\varphi}}{a_0^{\varphi}}u_{\varphi}\right] \\ \beta = A_{\psi}\left[(\omega_{ex}\sin\varphi - \omega_{ey}\cos\varphi)t - \sigma - \dfrac{k_H}{a_0^{\psi}}u_H\right]\end{cases} \tag{8-96}$$

3. 运动学方程

$$\begin{bmatrix}\dfrac{\mathrm{d}x}{\mathrm{d}t} \\ \dfrac{\mathrm{d}y}{\mathrm{d}t} \\ \dfrac{\mathrm{d}z}{\mathrm{d}t}\end{bmatrix} = \begin{bmatrix}V_x \\ V_y \\ V_z\end{bmatrix} \tag{8-97}$$

4. 控制方程

$$\begin{cases}\delta_{\varphi} = a_0^{\varphi}(\varphi + \omega_{ez}t - \varphi_{pr}) + k_{\varphi}u_{\varphi} \\ \delta_{\psi} = a_0^{\psi}[\psi + (\omega_{ey}\cos\varphi - \omega_{ex}\sin\varphi)t] + k_H u_H\end{cases} \tag{8-98}$$

5. 联系方程

$$\begin{cases}\varphi = \theta + \alpha \\ \psi = \sigma + \beta\end{cases} \tag{8-99}$$

$$\begin{cases}\theta = \arctan V_y / V_x \\ \sigma = -\arcsin V_z / V\end{cases} \tag{8-100}$$

6. 附加方程

$$m = m_0 - \dot{m}t \tag{8-101}$$

$$V = \sqrt{V_x^2 + V_y^2 + V_z^2} \tag{8-102}$$

$$r = \sqrt{(x + R_{0x})^2 + (y + R_{0y})^2 + (z + R_{0z})^2} \tag{8-103}$$

$$\sin\varphi = \frac{(x + R_{0x})\omega_{ex} + (y + R_{0y})\omega_{ey} + (z + R_{0z})\omega_{ez}}{r\omega_e} \tag{8-104}$$

$$R = \frac{a_e b_e}{\sqrt{a_e^2\sin^2\varphi + b_e^2\cos^2\varphi}} \tag{8-105}$$

$$h = r - R \tag{8-106}$$

上述各式中参数的定义参见 8.3.6 节。

8.4.3 用视加速度表示的质心动力学方程

6.3.1 节介绍了飞行器通常安装的加速度表，实践中常将加速度表测量获得的参数——视加速度 $\dot{\boldsymbol{W}}$ 作为参变量，所以，有必要根据实际需要将上述空间弹道计算方程中的质心动力学方程改写为以视加速度为参变量的微分方程。

设除了引力以外作用于飞行器上的合力为$\boldsymbol{N}$，称为过载，由过载产生的加速度为视加速度，即

$$\dot{\boldsymbol{W}} = \frac{\boldsymbol{N}}{m} \tag{8-107}$$

对于飞行器的主动段而言，其过载包括发动机推力、控制力和空气动力，即

$$\boldsymbol{N} = \boldsymbol{P} + \boldsymbol{F}_{\mathrm{c}} + \boldsymbol{R} \tag{8-108}$$

代入式（8-107），并在箭体坐标系中投影可得

$$m \cdot \begin{bmatrix} \dot{W}_{x_1} \\ \dot{W}_{y_1} \\ \dot{W}_{z_1} \end{bmatrix} = \begin{bmatrix} \boldsymbol{P}_e \\ \boldsymbol{Y}_{1\mathrm{c}} \\ \boldsymbol{Z}_{1\mathrm{c}} \end{bmatrix} + \boldsymbol{B}_V \begin{bmatrix} -C_x q S_{\mathrm{m}} \\ C_y^{\alpha} q S_{\mathrm{m}} \alpha \\ -C_y^{\alpha} q S_{\mathrm{m}} \beta \end{bmatrix} \tag{8-109}$$

式中，$\boldsymbol{B}_V = \boldsymbol{M}_3[\alpha]\boldsymbol{M}_2[\beta]$，表示速度坐标系与箭体坐标系之间的方向余弦阵。

将式（8-108）代入式（8-13），可得

$$m\frac{\delta^2 \boldsymbol{r}}{\delta t^2} = m\boldsymbol{G}_B \dot{\boldsymbol{W}} + m\boldsymbol{g} - m\boldsymbol{\omega}_e \times (\boldsymbol{\omega}_e \times \boldsymbol{r}) - 2m\boldsymbol{\omega}_e \times \frac{\delta \boldsymbol{r}}{\delta t} \tag{8-110}$$

在发射坐标系中投影以后，即

$$m\begin{bmatrix} \dfrac{\mathrm{d}V_x}{\mathrm{d}t} \\ \dfrac{\mathrm{d}V_y}{\mathrm{d}t} \\ \dfrac{\mathrm{d}V_z}{\mathrm{d}t} \end{bmatrix} = m\begin{bmatrix} \cos\phi\cos\psi & -\sin\phi & \cos\phi\sin\psi \\ \sin\phi\cos\psi & \cos\phi & \sin\phi\sin\psi \\ -\sin\psi & 0 & \cos\psi \end{bmatrix}\begin{bmatrix} \dot{W}_{x_1} \\ \dot{W}_{y_1} \\ \dot{W}_{z_1} \end{bmatrix} + m\frac{g_r'}{r}\begin{bmatrix} x + R_{ox} \\ y + R_{oy} \\ z + R_{oz} \end{bmatrix} +$$

$$m\frac{g_{\omega_e}'}{\omega_e}\begin{bmatrix} \omega_{ex} \\ \omega_{ey} \\ \omega_{ez} \end{bmatrix} - m\begin{bmatrix} a_{11} & a_{12} & a_{13} \\ a_{21} & a_{22} & a_{23} \\ a_{31} & a_{32} & a_{33} \end{bmatrix}\begin{bmatrix} x + R_{ox} \\ y + R_{oy} \\ z + R_{oz} \end{bmatrix} - \tag{8-111}$$

$$m\begin{bmatrix} b_{11} & b_{12} & b_{13} \\ b_{21} & b_{22} & b_{23} \\ b_{31} & b_{32} & b_{33} \end{bmatrix}\begin{bmatrix} \dot{x} \\ \dot{y} \\ \dot{z} \end{bmatrix}$$

8.4.4　弹道参数计算

利用上述空间弹道计算方程解得的各种弹道参数，可以用于求解另一些非常有价值的弹道参数，如弹下点经纬度、方位角、射程角、飞行器在飞行过程中每个时刻的切向加速度、法向加速度、侧向加速度、过载系数等。下面介绍如何利用由空间弹道计算方程中解算出的参数值求解上述弹道参数。

1. 弹下点经纬度

弹下点是指飞行器瞬时飞行位置与地心连线，交于地球表面的点，其位置可以用经度、纬度来表示。利用空间弹道计算方程中的式（8-104）可以求得弹下点纬度φ，即

$$\sin\varphi = \frac{\boldsymbol{r} \cdot \boldsymbol{\omega}_e}{r\omega_e} \tag{8-112}$$

再根据式（8-113）

$$\tan B = \frac{a_e^2}{b_e^2}\tan\varphi \tag{8-113}$$

即可求其对应的地理纬度 B。

设发射点的经度为 λ_0，则弹下点经度 λ 可以表示为

$$\lambda = \lambda_0 + \Delta\lambda \tag{8-114}$$

式中，$\Delta\lambda$ 为弹下点经度与发射点经度之差。

首先在地心处建立一个直角坐标系 O_E - $x'y'z'$，记为 E'，如图 8-4 所示。

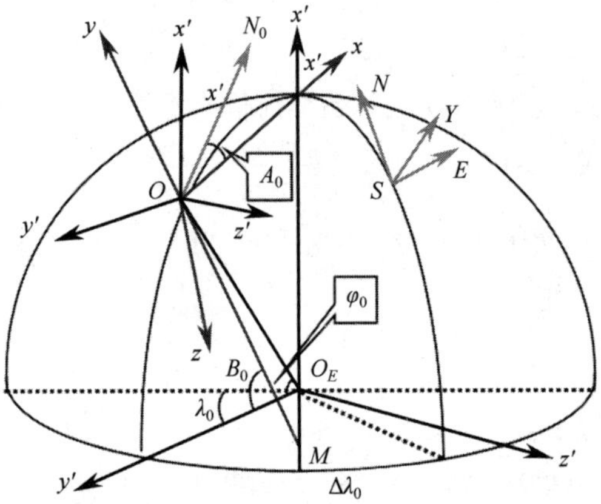

图 8-4　计算经度差用的地心坐标系及其与发射坐标系的转换（见彩插）

式中，x' 轴与地球自转轴一致；y' 轴在赤道平面内，指向发射点子午线与赤道的交点；z' 轴与上两轴构成右手直角坐标系。则发射坐标系与 E' 坐标系之间的方向余弦阵为

$$\begin{aligned}\boldsymbol{E}_G' &= \boldsymbol{M}_3[B_0]\boldsymbol{M}_2[A_0]\\ &= \begin{bmatrix} \cos B_0\cos A_0 & \sin B_0 & -\cos B_0\sin A_0 \\ -\sin B_0\cos A_0 & \cos B_0 & \sin B_0\sin A_0 \\ \sin A_0 & 0 & \cos A_0 \end{bmatrix}\end{aligned} \tag{8-115}$$

式中，B_0, A_0 分别为发射点的地理纬度和发射方位角。

已知

$$\boldsymbol{r} = \boldsymbol{R}_0 + \boldsymbol{\rho} \tag{8-116}$$

发射点地心距 $\boldsymbol{R}_0$ 在发射坐标系 O - xyz 中的投影为

$$\boldsymbol{R}_0 = [R_{0x} \quad R_{0y} \quad R_{0z}]^{\mathrm{T}} \tag{8-117}$$

飞行器瞬时位置与发射点的相对位置矢量 $\boldsymbol{\rho}$ 在发射坐标系中的投影为

$$\boldsymbol{\rho} = [x \quad y \quad z]^{\mathrm{T}} \tag{8-118}$$

飞行器瞬时位置的地心距矢量 $\boldsymbol{r}$ 在 E' 坐标系的投影为

$$\boldsymbol{r} = [x' \quad y' \quad z'] \tag{8-119}$$

则

$$\begin{bmatrix} x' \\ y' \\ z' \end{bmatrix} = \boldsymbol{E}'_G \cdot \begin{bmatrix} x + R_{0x} \\ y + R_{0y} \\ z + R_{0z} \end{bmatrix} \tag{8-120}$$

显然

$$\tan \Delta\lambda = \frac{z'}{y'} \tag{8-121}$$

$\Delta\lambda$ 的取值可由式（8-122）得出

$$\Delta\lambda = \begin{cases} \arctan \dfrac{z'}{y'} \text{，} & y' > 0 \\ \pi + \arctan \dfrac{z'}{y'} \text{，} & y' < 0 \end{cases} \tag{8-122}$$

2. 方位角

已知地面发射坐标系与 E' 坐标系之间的方向余弦阵为

$$\boldsymbol{E}'_G = \boldsymbol{M}_3[B_0]\boldsymbol{M}_2[A_0] \tag{8-123}$$

则飞行器相对发射坐标系的速度在 E' 坐标系中的投影为

$$\begin{bmatrix} V'_x \\ V'_y \\ V'_z \end{bmatrix} = \boldsymbol{E}'_G \begin{bmatrix} V_x \\ V_y \\ V_z \end{bmatrix} \tag{8-124}$$

首先在该弹下点处建立一个北天东右手直角坐标系，记为 $S-NYE$，S 为弹下点，N 轴指向北，Y 轴指向天，E 轴指向东。假设地球为圆球，则 Y 轴与赤道平面的夹角为地心纬度 φ，方位角为地心方位角 a；假设地球为两轴旋转椭球，则 Y 轴与赤道平面的夹角为地理纬度 B，方位角为大地方位角 A。如图 8-4 所示，则 S 坐标系与 E' 坐标系之间的方向余弦阵为

$$\boldsymbol{S}_{E'} = \boldsymbol{M}_3[-\varphi]\boldsymbol{M}_1[\Delta\lambda] \tag{8-125}$$

或

$$\boldsymbol{S}_{E'} = \boldsymbol{M}_3[-B]\boldsymbol{M}_1[\Delta\lambda] \tag{8-126}$$

则飞行器相对发射坐标系的速度在 S 坐标系中的投影为

$$\begin{bmatrix} V_{\varphi N} \\ V_{\varphi r} \\ V_{\varphi E} \end{bmatrix} = \boldsymbol{M}_3[-\varphi]\boldsymbol{M}_1[\Delta\lambda] \begin{bmatrix} V'_x \\ V'_y \\ V'_z \end{bmatrix} \tag{8-127}$$

或

$$\begin{bmatrix} V_N \\ V_B \\ V_E \end{bmatrix} = \boldsymbol{M}_3[-B]\boldsymbol{M}_1[\Delta\lambda] \begin{bmatrix} V'_x \\ V'_y \\ V'_z \end{bmatrix} \tag{8-128}$$

从而可得任意时刻相对速度在弹下点的当地水平面的分量与正北方向的夹角为

$$\begin{gathered} a = \arctan \frac{V_{\varphi E}}{V_{\varphi N}} \\ A = \arctan \frac{V_E}{V_N} \end{gathered} \tag{8-129}$$

3. 射程角

弹下点对应的射程角是指飞行器的当前点与发射点之间的地心夹角，记为β。已知在地心坐标系中发射点的矢径为$\boldsymbol{R}_0=[R_{0x},R_{0y},R_{0z}]^{\mathrm{T}}$，飞行器当前点的地心矢径为

$$\boldsymbol{r}=\boldsymbol{R}_0+\boldsymbol{\rho}=\begin{bmatrix}R_{0x}+x\\R_{0y}+y\\R_{0z}+z\end{bmatrix} \tag{8-130}$$

则

$$\cos\beta=\frac{\boldsymbol{r}\cdot\boldsymbol{R}_0}{rR_0}=\frac{R_{0x}(x+R_{0x})+R_{0y}(y+R_{0y})+R_{0z}(z+R_{0z})}{rR_0} \tag{8-131}$$

即

$$\beta=\arccos\left(\frac{R_{0x}(x+R_{0x})+R_{0y}(y+R_{0y})+R_{0z}(z+R_{0z})}{rR_0}\right) \tag{8-132}$$

则射程为

$$L=R_e\cdot\beta \tag{8-133}$$

式中，R_e为地球平均半径。

4. 切向、法向、侧向加速度

将飞行器质心相对于地面发射坐标系的加速度，即

$$\frac{\mathrm{d}\boldsymbol{V}}{\mathrm{d}t}=\dot{V}_x\cdot\boldsymbol{x}^0+\dot{V}_y\cdot\boldsymbol{y}^0+\dot{V}_z\cdot\boldsymbol{z}^0 \tag{8-134}$$

在速度坐标系投影，其 3 个坐标轴的投影分量为切向加速度$\dot{V}_{xv}$、法向加速度$\dot{V}_{yv}$、侧向加速度$\dot{V}_{zv}$，即

$$\frac{\mathrm{d}\boldsymbol{V}}{\mathrm{d}t}=\dot{V}_{xv}\cdot\boldsymbol{x}_v^0+\dot{V}_{yv}\cdot\boldsymbol{y}_v^0+\dot{V}_{zv}\cdot\boldsymbol{z}_v^0 \tag{8-135}$$

已知发射坐标系与速度坐标系之间的方向余弦阵为

$$\boldsymbol{G}_V=\boldsymbol{V}_G^{\mathrm{T}}=(\boldsymbol{M}_1[v]\boldsymbol{M}_2[\sigma]\boldsymbol{M}_3[\theta]) \tag{8-136}$$

将v看成小量，则

$$\begin{bmatrix}\dot{V}_{xv}\\\dot{V}_{yv}\\\dot{V}_{zv}\end{bmatrix}=\begin{bmatrix}\cos\sigma\cos\theta & \sin\theta\cos\sigma & -\sin\sigma\\-\sin\theta & \cos\theta & 0\\\cos\theta\sin\sigma & \sin\theta\sin\sigma & \cos\sigma\end{bmatrix}\begin{bmatrix}\dot{V}_x\\\dot{V}_y\\\dot{V}_z\end{bmatrix} \tag{8-137}$$

又已知当σ为小量时

$$\begin{cases}V_x=V\cos\sigma\cos\theta\approx V\cos\theta\\V_y=V\sin\theta\cos\sigma\approx V\sin\theta\\V_z=-V\sin\sigma\approx 0\end{cases} \tag{8-138}$$

即

$$\begin{cases}\cos\theta\approx\dfrac{V_x}{V}\\\sin\theta\approx\dfrac{V_y}{V}\end{cases} \tag{8-139}$$

代入式（8-137），得

$$\begin{bmatrix} \dot{V}_{xv} \\ \dot{V}_{yv} \\ \dot{V}_{zv} \end{bmatrix} = \frac{1}{V} \begin{bmatrix} \dot{V}_x V_x + \dot{V}_y V_y + \dot{V}_z V_z \\ -\dot{V}_x V_y + \dot{V}_y V_x \\ -\frac{1}{V}(\dot{V}_x V_x + \dot{V}_y V_y) V_z + \dot{V}_z V \end{bmatrix} \tag{8-140}$$

5. 轴向、法向、横向过载系数

由于在飞行器总体设计中常常要考虑飞行器上仪表及箭体所能承受的最大加速度，所以引入了“过载”这个概念，即飞行器飞行过程中所受的除引力以外的合外力称为过载，记为 $\boldsymbol{N}$。可见，过载是对力的一种表示，而由过载所产生的加速度称为视加速度，记为 $\dot{\boldsymbol{W}}$，则

$$\sum \boldsymbol{F} - m\boldsymbol{g} = \boldsymbol{N} = m\dot{\boldsymbol{W}} \tag{8-141}$$

式中，$\sum \boldsymbol{F}$ 表示合外力。显然，过载 $\boldsymbol{N}$ 在箭体坐标系中的投影为

$$\begin{bmatrix} N_{x_1} \\ N_{y_1} \\ N_{z_1} \end{bmatrix} = m \begin{bmatrix} \dot{W}_{x_1} \\ \dot{W}_{y_1} \\ \dot{W}_{z_1} \end{bmatrix} \tag{8-142}$$

式中，$\dot{W}_{x_1}, \dot{W}_{y_1}, \dot{W}_{z_1}$ 为视加速度。

过载系数定义为

$$\boldsymbol{n} = \frac{\boldsymbol{N}}{mg_0} \tag{8-143}$$

可见，过载系数是一个无因次量，即无单位的系数。将式（8-142）代入式（8-143），得

$$\begin{bmatrix} n_{x_1} \\ n_{y_1} \\ n_{z_1} \end{bmatrix} = \frac{1}{g_0} \begin{bmatrix} \dot{W}_{x_1} \\ \dot{W}_{y_1} \\ \dot{W}_{z_1} \end{bmatrix} \tag{8-144}$$

式中，$n_{x_1}, n_{y_1}, n_{z_1}$ 分别称为飞行器飞行过程中的轴向过载系数、法向过载系数、横向过载系数，g_0 表示地面重力加速度。

8.5 速度坐标系中的空间弹道计算方程

8.5.1 速度坐标系中的质心动力学方程

已知在发射坐标系中建立的质心动力学方程为

$$m\frac{\delta^2 \boldsymbol{r}}{\delta t^2} = \boldsymbol{P} + \boldsymbol{R} + \boldsymbol{F}_{\mathrm{c}} + m\boldsymbol{g} + \boldsymbol{F}_k' - m\boldsymbol{\omega}_e \times (\boldsymbol{\omega}_e \times \boldsymbol{r}) - 2m\boldsymbol{\omega}_e \times \frac{\delta \boldsymbol{r}}{\delta t} \tag{8-145}$$

将式（8-145）中的每项在速度坐标系中投影，即可得到飞行器在速度坐标系内建立的主动段空间弹道方程。

首先将 $m\frac{\delta^2 \boldsymbol{r}}{\delta t^2}$ 项在速度坐标系中投影。利用矢量导数关系，有

$$m\frac{\delta^2 \boldsymbol{r}}{\delta t^2}=m\frac{\mathrm{d}\boldsymbol{V}}{\mathrm{d}t}=m\frac{\delta \boldsymbol{V}}{\delta t}+m\boldsymbol{\omega}_V\times\boldsymbol{V} \tag{8-146}$$

又因为

$$\boldsymbol{\omega}_V\times\boldsymbol{V}=V(\boldsymbol{\omega}_V\times\boldsymbol{x}_V^0) \tag{8-147}$$

式中，$\boldsymbol{\omega}_V$ 为速度坐标系相对发射坐标系的转动角速度，即

$$\boldsymbol{\omega}_V=\dot{\boldsymbol{\theta}}+\dot{\boldsymbol{\sigma}}+\dot{\boldsymbol{\nu}} \tag{8-148}$$

将其在速度坐标系中投影，得

$$\begin{cases}\omega_{xv}=\dot{\nu}-\dot{\theta}\sin\sigma\\ \omega_{yv}=\dot{\sigma}\cos\nu+\dot{\theta}\cos\sigma\sin\nu\\ \omega_{zv}=\dot{\theta}\cos\sigma\cos\nu-\dot{\sigma}\sin\nu\end{cases} \tag{8-149}$$

代入式（8-147），得

$$\boldsymbol{\omega}_V\times\boldsymbol{x}_V^0=\omega_{zv}\cdot\boldsymbol{y}_V^0-\omega_{yv}\cdot\boldsymbol{z}_V^0 \tag{8-150}$$

代入式（8-146），得

$$\frac{\mathrm{d}\boldsymbol{V}}{\mathrm{d}t}=\frac{\mathrm{d}V}{\mathrm{d}t}\boldsymbol{x}_V^0+V(\dot{\theta}\cos\sigma\cos\nu-\dot{\sigma}\sin\nu)\boldsymbol{y}_V^0-V(\dot{\sigma}\cos\nu+\dot{\theta}\cos\sigma\sin\nu)\boldsymbol{z}_V^0 \tag{8-151}$$

式（8-151）即飞行器相对地面发射坐标系的加速度矢量在速度坐标系中分解的表达式。

对于式（8-145）等号右侧各项在速度坐标系中的分解，不必逐项分解，因为前面已经介绍了各项在发射坐标系中的分解，只需将它们再左乘发射坐标系与速度坐标系之间的方向余弦阵 $\boldsymbol{V}_G$ 即可。实际上，有些项反而变得简单了，如空气动力 $\boldsymbol{R}$ 本身的计算公式就是在速度坐标系中建立的，现在不必进行任何转化。式（8-152）是最终获得的在速度坐标系中建立的质心动力学方程。

$$\begin{aligned}
&m\begin{bmatrix}\dot{V}\\ V(\dot{\theta}\cos\sigma\cos\nu-\dot{\sigma}\sin\nu)\\ -V(\dot{\theta}\cos\sigma\sin\nu+\dot{\sigma}\cos\nu)\end{bmatrix}=\boldsymbol{V}_B\begin{bmatrix}P_e\\ Y_{1c}+2\dot{m}\omega_{Tz_1}x_{1e}\\ Z_{1c}-2\dot{m}\omega_{Ty_1}x_{1e}\end{bmatrix}+\begin{bmatrix}-C_xqS_{\mathrm{m}}\\ C_y^{\alpha}qS_{\mathrm{m}}\alpha\\ -C_y^{\alpha}qS_{\mathrm{m}}\beta\end{bmatrix}+\\
&m\frac{g_r'}{r}\boldsymbol{V}_G\begin{bmatrix}x+R_{ox}\\ y+R_{oy}\\ z+R_{oz}\end{bmatrix}+m\frac{g_{\omega_e}'}{\omega_e}\boldsymbol{V}_G\begin{bmatrix}\omega_{ex}\\ \omega_{ey}\\ \omega_{ez}\end{bmatrix}-\\
&m\boldsymbol{V}_G\begin{bmatrix}a_{11}&a_{12}&a_{13}\\ a_{21}&a_{22}&a_{23}\\ a_{31}&a_{32}&a_{33}\end{bmatrix}\begin{bmatrix}x+R_{ox}\\ y+R_{oy}\\ z+R_{oz}\end{bmatrix}-m\boldsymbol{V}_G\begin{bmatrix}b_{11}&b_{12}&b_{13}\\ b_{21}&b_{22}&b_{23}\\ b_{31}&b_{32}&b_{33}\end{bmatrix}\begin{bmatrix}\dot{x}\\ \dot{y}\\ \dot{z}\end{bmatrix}
\end{aligned} \tag{8-152}$$

式中，$\boldsymbol{V}_B$ 为箭体坐标系与速度坐标系之间的方向余弦阵，参见式（2-27），$\boldsymbol{V}_G$ 为发射坐标系与速度坐标系之间的方向余弦阵，参见式（2-25）。

8.5.2 半速度坐标系中的质心动力学方程

分析式（8-152）发现，等式左侧含有两个微分变量 $\dot{\theta},\dot{\sigma}$。为了便于求解，引入矩阵

$$\boldsymbol{H}_V=\boldsymbol{M}_1[-\nu]=\begin{bmatrix}1 & 0 & 0\\ 0 & \cos\nu & -\sin\nu\\ 0 & \sin\nu & \cos\nu\end{bmatrix} \tag{8-153}$$

将其左乘式（8-152），则得到在半速度坐标系中建立的质心动力学方程，即

$$\begin{aligned}m\begin{bmatrix}\dot V\\ V\dot\theta\cos\sigma\\ -V\dot\sigma\end{bmatrix}&=\boldsymbol{H}_V\cdot\boldsymbol{V}_B\begin{bmatrix}P_e\\ Y_{1c}+2\dot m\omega_{Tz_1}x_{1e}\\ Z_{1c}-2\dot m\omega_{Ty_1}x_{1e}\end{bmatrix}+\boldsymbol{H}_V\cdot\begin{bmatrix}-C_xqS_{\rm m}\\ C_y^\alpha qS_{\rm m}\alpha\\ -C_y^\alpha qS_{\rm m}\beta\end{bmatrix}+\\ &m\frac{g_r'}{r}\boldsymbol{H}_V\cdot\boldsymbol{V}_G\cdot\begin{bmatrix}x+R_{ox}\\ y+R_{oy}\\ z+R_{oz}\end{bmatrix}+m\frac{g_{\omega_e}'}{\omega_e}\boldsymbol{H}_V\cdot\boldsymbol{V}_G\cdot\begin{bmatrix}\omega_{ex}\\ \omega_{ey}\\ \omega_{ez}\end{bmatrix}-\\ &m\boldsymbol{H}_V\cdot\boldsymbol{V}_G\cdot\begin{bmatrix}a_{11} & a_{12} & a_{13}\\ a_{21} & a_{22} & a_{23}\\ a_{31} & a_{32} & a_{33}\end{bmatrix}\begin{bmatrix}x+R_{ox}\\ y+R_{oy}\\ z+R_{oz}\end{bmatrix}-m\boldsymbol{H}_V\cdot\boldsymbol{V}_G\cdot\begin{bmatrix}b_{11} & b_{12} & b_{13}\\ b_{21} & b_{22} & b_{23}\\ b_{31} & b_{32} & b_{33}\end{bmatrix}\begin{bmatrix}\dot x\\ \dot y\\ \dot z\end{bmatrix}\end{aligned} \tag{8-154}$$

式（8-154）左侧加速度的 3 个分量即飞行器相对于发射坐标系的加速度在半速度坐标系中的投影。其中，半速度坐标系 o_1-$x_hy_hz_h$ 的定义为，坐标原点位于质心 o_1，x 轴在 $\boldsymbol{V}$ 上，y 轴在射面内，z 轴由右手螺旋定则确定，记为 H。它与速度坐标系和发射坐标系的关系为

$$\boldsymbol{H}_G=\boldsymbol{M}_2[\sigma]\boldsymbol{M}_3[\theta] \tag{8-155}$$

$$\boldsymbol{V}_H=\boldsymbol{M}_1[\nu] \tag{8-156}$$

$$\boldsymbol{V}_G=\boldsymbol{M}_1[\nu]\boldsymbol{M}_2[\sigma]\boldsymbol{M}_3[\theta] \tag{8-157}$$

8.5.3　速度坐标系中的空间弹道方程

对于绕质心动力学方程、控制方程、联系方程和附加方程仍然采用 8.3 节中给出的表达式。只有运动学方程需要随着质心动力学方程参考系的改变而有所变化。式（8-158）即运动学方程在半速度坐标系中的投影。

$$\begin{bmatrix}\dfrac{\mathrm{d}x}{\mathrm{d}t}\\ \dfrac{\mathrm{d}y}{\mathrm{d}t}\\ \dfrac{\mathrm{d}z}{\mathrm{d}t}\end{bmatrix}=\begin{bmatrix}V\cos\theta\cos\sigma\\ V\sin\theta\cos\sigma\\ -V\sin\sigma\end{bmatrix} \tag{8-158}$$

至此，由式（8-154）、式（8-158）、式（8-68）、式（8-71）、式（8-73）～式（8-77）、式（8-79）～式（8-84）组成了飞行器在速度坐标系中建立的空间弹道方程。

8.5.4　速度坐标系中的空间弹道计算方程

在发射坐标系中建立的弹道方程可以简化，同样，在速度坐标系中建立的弹道方程也可以简化，只是简化假设有所不同。

1. 假设条件

（1）假设地球为一均质圆球，忽略地球扁率和 g_φ 的影响，则此时的引力 $\boldsymbol{g}$ 沿矢径 $\boldsymbol{r}$ 的

方向指向地心O_E，且大小服从平方反比定律，即

$$\begin{cases} g = g_r' = g_r = -\dfrac{fM}{r^2} \\ g_{\omega_e} = 0 \end{cases} \tag{8-159}$$

（2）忽略地球旋转的影响，即$\boldsymbol{\omega}_e = 0$。显然，此时平移坐标系与发射系重合，即

$$\boldsymbol{F}_k = \boldsymbol{F}_e = 0 \tag{8-160}$$

（3）忽略由于飞行器内部介质相对箭体流动而引起的附加哥氏力和全部附加力矩的影响，即

$$\begin{cases} \boldsymbol{F}_k' = 0 \\ \boldsymbol{M}_k' = 0 \\ \boldsymbol{M}_{\text{rel}}' = 0 \end{cases} \tag{8-161}$$

（4）认为在控制系统作用下，飞行器始终处于力矩瞬间平衡状态，即

$$\boldsymbol{M}_{\text{st}} + \boldsymbol{M}_{\text{c}} = 0 \tag{8-162}$$

（5）认为欧拉角$\alpha,\beta,\psi,\gamma,\sigma,\nu,(\theta-\varphi)$均为小量，按照式（7-86）进行近似，且略去二阶以上小项，则简化后的方向余弦阵为

$$\boldsymbol{H}_V = \begin{bmatrix} 1 & 0 & 0 \\ 0 & 1 & -\nu \\ 0 & \nu & 1 \end{bmatrix} \tag{8-163}$$

$$\boldsymbol{V}_B = \begin{bmatrix} 1 & -\alpha & \beta \\ \alpha & 1 & 0 \\ -\beta & 0 & 1 \end{bmatrix} \tag{8-164}$$

$$\boldsymbol{V}_G = \begin{bmatrix} \cos\theta & \sin\theta & -\sigma \\ -\sin\theta & \cos\theta & \nu \\ \sigma\cos\theta + \nu\sin\theta & \sigma\sin\theta - \nu\cos\theta & 1 \end{bmatrix} \tag{8-165}$$

$$\boldsymbol{H}_B = \begin{bmatrix} 1 & -\alpha & \beta \\ \alpha & 1 & -\nu \\ -\beta & \nu & 1 \end{bmatrix} \tag{8-166}$$

$$\boldsymbol{H}_G = \begin{bmatrix} \cos\theta & \sin\theta & -\sigma \\ -\sin\theta & \cos\theta & \nu \\ \sigma\cos\theta & \sigma\sin\theta & 1 \end{bmatrix} \tag{8-167}$$

（6）因为控制力远远小于发动机推力，即$\boldsymbol{F}_{\text{c}} \ll \boldsymbol{P}$，所以可以将$\boldsymbol{F}_{\text{c}}$视为一个小量，且略去$\boldsymbol{F}_{\text{c}}$与$\alpha,\beta,\nu$的乘积项。

（7）设引力在发射坐标系的x,z两轴上的分量远远小于在y轴上的分量，即$g_x \ll g_y$，$g_z \ll g_y$，所以将g_x,g_z看成小量，略去它们与σ的乘积项。

2. 简化的空间弹道方程

依据上述7个假设可将在速度系中建立的空间弹道方程简化成两个部分，即纵向运动

方程和侧向运动方程。

（1）纵向运动方程：反映的是飞行器在射面即 $o_1\text{-}x_v y_v$ 平面内的运动，即

$$\begin{cases} m\dot{V} = P_e - C_x q S_{\rm m} + mg_r \dfrac{y+R}{r}\sin\theta + mg_r \dfrac{x}{r}\cos\theta \\ mV\dot{\theta} = (P_e + C_y^a q S_{\rm m})\alpha + mg_r \dfrac{y+R}{r}\cos\theta - mg_r \dfrac{x}{r}\sin\theta + R'\delta_\varphi \\ \dot{x} = V\cos\theta \\ \dot{y} = V\sin\theta \\ \alpha = A_\varphi(\varphi_{\rm pr} - \theta) \\ A_\varphi = \dfrac{a_0^\varphi M_{z_1}^\delta}{M_{z_1}^a + a_0^\varphi M_{z_1}^\delta} \\ \varphi = \theta + \alpha \\ \delta_\varphi = a_0^\varphi(\varphi - \varphi_{\rm pr}) \\ r = \sqrt{x^2 + (y+R)^2 + z^2} = \sqrt{x^2 + (y+R)^2} \\ h = r - R \\ m = m_0 - \dot{m}t \end{cases} \tag{8-168}$$

（2）侧向运动方程：反映的是飞行器在垂直与射面的平面内的运动，即

$$\begin{cases} mV\dot{\sigma} = (P_e + C_y^a q S_{\rm m})\beta - mg_r \dfrac{y+R}{r}\sin\theta \cdot \sigma - mg_r \dfrac{z}{r} + R'\delta_\psi \\ \dot{z} = -V\sigma \\ \beta = -A_\psi \cdot \sigma \\ A_\psi = \dfrac{a_0^\psi M_{y_1}^\delta}{M_{y_1}^\beta + a_0^\psi M_{y_1}^\delta} \\ \psi = \sigma + \beta \\ \delta_\psi = a_0^\psi \psi \end{cases} \tag{8-169}$$

8.6 主动段运动特性分析

8.6.1 用于方案论证阶段的简化纵向运动方程

由于在方案论证阶段主要关心飞行器各分系统设计参数对射程的影响，因此只研究飞行器的纵向运动。为了便于分析，可对式（8-168）做进一步简化。

飞行器纵向运动受力情况如图 8-5 所示。

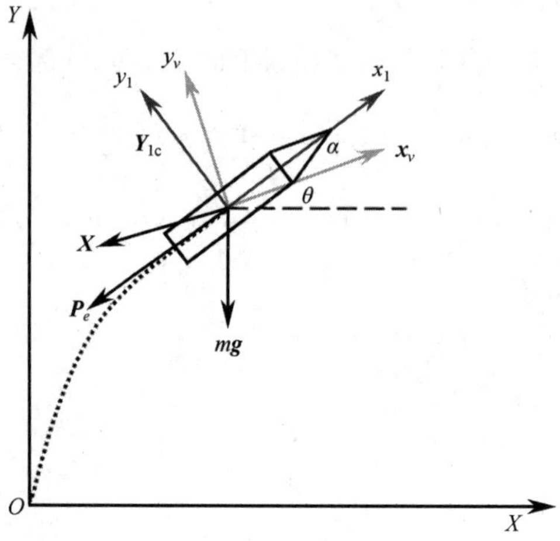

图 8-5　飞行器纵向运动受力情况（见彩插）

（1）假设引力 **mg** 与发射坐标系的 X 轴垂直，即

$$\begin{cases} h = y \\ g_v = g\sin\theta \end{cases} \tag{8-170}$$

（2）忽略控制切向力，即

$$R'\delta_\varphi \sin\alpha = 0 \tag{8-171}$$

（3）假设姿态控制系统确保攻角 α 很小，即 $\alpha \to 0$，则

$$\begin{cases} \cos\alpha \approx 1 \\ \sin\alpha \approx \alpha \end{cases} \tag{8-172}$$

（4）满足瞬时平衡假设，即

$$M_{z_1\mathrm{st}} + M_{z_1\mathrm{c}} = 0 \tag{8-173}$$

（5）近似认为 $Y_1^\alpha = Y^\alpha$。

则由假设（4）可得

$$\delta_\varphi = -\frac{M_{z_1}^\alpha}{M_{z_1}^\delta}\alpha = -\frac{Y_1^\alpha (x_g - x_p)}{R'(x_g - x_c)}\alpha \tag{8-174}$$

由假设（5）可得

$$Y + R'\delta_\varphi = \left(1 - \frac{x_g - x_p}{x_g - x_c}\right) Y^\alpha \alpha \tag{8-175}$$

令

$$C = 1 - \frac{x_g - x_p}{x_g - x_c} \tag{8-176}$$

则有

$$Y + R'\delta_\varphi = CY^\alpha \alpha \tag{8-177}$$

将上述假设条件代入式（8-168），整理以后可得简化的纵向运动方程，即

$$
\begin{cases}
m\dot{V} = P_e - C_x q S_{\text{m}} + mg\sin\theta \\
mV\dot{\theta} = (P_e + CY^{\alpha})\alpha + mg\cos\theta \\
\dot{x} = V\cos\theta \\
\dot{y} = V\sin\theta \\
\alpha = A_{\varphi}(\varphi_{\text{pr}} - \theta) \\
A_{\varphi} = \dfrac{a_0^{\varphi} M_{z_1}^{\delta}}{M_{z_1}^{\alpha} + a_0^{\varphi} M_{z_1}^{\delta}} \\
m = m_0 - \dot{m}t \\
h = y
\end{cases}
\tag{8-178}
$$

式中，第一个微分方程为切向运动方程，第二个微分方程为法向运动方程。式中共有 7 个方程，1 个系数表达式 A_{φ}。当给定起始条件，即 $t=0$ 时刻的位置速度等信息时，设

$$
\begin{cases}
V = x = y = h = \alpha = 0 \\
\theta = 90^{\circ} \\
m = m_0
\end{cases}
\tag{8-179}
$$

即可进行积分求解。如果积分至主动段关机点，则可以得到主动段关机点参数 V_k, θ_k, x_k, y_k；然后利用

$$
\begin{cases}
\beta_k = \arctan\dfrac{x_k}{R + y_k} \\
\Theta_k = \theta_k + \beta_k \\
r_k = R + y_k
\end{cases}
\tag{8-180}
$$

即可求出关机点参数，即当地速度倾角 Θ_k 和地心矢径 r_k；最后利用第 9 章将要介绍的关机点参数 (V_k, r_k, Θ_k) 与射程的关系，分别求出被动段射程 β_c 和全射程 $\beta = \beta_c + \beta_k$。

简化后的纵向运动方程式（8-178），虽然在形式上已经大大简化，但仍然是一组非线性、变系数微分方程组，只能采用数值积分求解。为了更好地理解飞行器主动段运动的物理现象，下面对飞行器主动段运动特性进行定性分析。

8.6.2 切向运动特性

由式（8-178）可知切向运动方程为

$$
\dot{V} = \frac{P_e}{m} - \frac{X}{m} + g\sin\theta \tag{8-181}
$$

且

$$
P_e = P - X_{1\text{c}} = \dot{m}u_e' - S_e p_H - X_{1\text{c}} \tag{8-182}
$$

若忽略 $X_{1\text{c}}$，并将式（8-182）代入式（8-179），可得

$$
\dot{V} = \frac{\dot{m}}{m}u_e' + g\sin\theta - \frac{X}{m} - \frac{S_e p_H}{m} \tag{8-183}
$$

设 $t=0$ 时刻速度为零，则对式（8-182）从 $t=0$ 时刻积分至关机点 t_k 时刻，可得

$$
V(t_k) = V_{\text{id}k} - \Delta V_{1k} - \Delta V_{2k} - \Delta V_{3k} \tag{8-184}
$$

其中

$$\begin{cases} V_{\mathrm{id}k} = \int_0^{t_k} \dfrac{\dot{m}}{m} u_e' \mathrm{d}t \\ \Delta V_{1k} = -\int_0^{t_k} g \sin\theta \mathrm{d}t \\ \Delta V_{2k} = \int_0^{t_k} \dfrac{X}{m} \mathrm{d}t \\ \Delta V_{3k} = \int_0^{t_k} \dfrac{S_e p_H}{m} \mathrm{d}t \end{cases} \tag{8-185}$$

下面对式（8-185）中的 4 个速度分量进行分析。

（1）$V_{\mathrm{id}k}$ 为飞行器在真空无引力作用下由发动机推力所产生的速度，称为理想速度。已知有效排气速度

$$u_e' = u_e + \frac{S_e p_e}{m} \tag{8-186}$$

为一个常数，则由 $V_{\mathrm{id}k}$ 的表达式可知

$$V_{\mathrm{id}k} = -u_e' \ln \frac{m_k}{m_0} \tag{8-187}$$

令

$$\mu_k = \frac{m_k}{m_0} \tag{8-188}$$

如果至关机点 t_k 时刻燃料全部烧完，则 m_k 即飞行器的结构质量，故此时的 μ_k 称为结构比。由式（8-187）、式（8-188）可知：减小 μ_k 或增大 u_e' 都可以提高理想速度。

（2）ΔV_{1k} 为由引力加速度分量引起的速度损失，称为引力损失。由式（8-185）可知：积分时间越长，即主动段飞行时间越长，引力损失越大；且 θ 越大，即主动段越陡，引力损失越大。对于中程弹道导弹而言，引力损失为理想速度的 20%～30%。

（3）ΔV_{2k} 为由于阻力引起的速度损失，称为阻力损失。由于阻力 X 与飞行速度 V 和大气密度 ρ 有关，而在主动段开始时，虽然 ρ 比较大，但 V 比较小，而后当 V 逐渐增加后，ρ 又变小了，所以在主动段的阻力变化是两头小中间大的变化过程。对中程弹道导弹而言，阻力损失为理想速度的 3%～5%。

（4）ΔV_{3k} 为发动机在大气中工作时由大气静压力引起的速度损失，称为大气静压力损失。它与飞行器在大气中飞行的时间长短有关。对中程弹道导弹而言，大气静压力损失约为理想速度的 5%。

综上所述，对于中程弹道导弹而言，速度损失总共约占理想速度的 30%。但是对于远程弹道导弹而言，由于主动段弹道较平缓且在大气层外飞行的时间较长，所以上述 3 种速度损失约占理想速度的 20%。

8.6.3 主动段转弯过程

下面以远程火箭为例，介绍主动段转弯过程及其特性。

1. 主动段转弯原理

通常，远程火箭采用垂直发射方式，即火箭起飞时 $\varphi = \theta = 90^\circ$。但由于对射程和入轨点

参数的要求，使得对应关机点的速度轴要转到某一角度θ_k。由式（8-178）中的法向运动方程可知，法向加速度方程为

$$\dot{\theta}=\frac{1}{mV}(P_e+CY^{\alpha})\cdot\alpha+\frac{g}{V}\cos\theta \tag{8-189}$$

可见，要使速度矢量转变，必须提供垂直于速度矢量方向的法向力。由式（8-189）可知，引力可使θ减小，但由于在起飞时$\theta=90^\circ$，所以不能依靠引力首先使速度轴转弯。另外，由于引力是一个小量且随高度的变化而变化，又是一个不能控制的量，所以不能依靠引力来作为使速度轴转弯的主要法向力。因此，将升力和推力在法向的分量作为主要法向力来源，且由于该法向力与攻角α有关，故可以通过提供绕z_1轴的转动力矩使x_1轴转弯，从而产生与x_v轴的夹角α。

控制力矩通常通过控制系统的执行机构（如燃气舵或摇摆发动机）来提供。已知

$$M_{z_1\mathrm{c}}=M_{z_1\mathrm{c}}^{\delta}\delta_{\varphi}=R'(x_g-x_c)\delta_{\varphi} \tag{8-190}$$

$$\delta_{\varphi}=a_0^{\varphi}(\varphi-\varphi_{\mathrm{pr}}) \tag{8-191}$$

所以，当舵偏角δ_{φ}给定后，利用瞬时平衡假设即可得到对应的攻角，即

$$\alpha=-\frac{M_{z_1}^{\delta}}{M_{z_1}^{\alpha}}\delta_{\varphi}=-\frac{R'(x_g-x_c)}{Y_1^{\alpha}(x_g-x_p)}\delta_{\varphi} \tag{8-192}$$

从而产生法向力，使得速度轴x_v转动，直至保证在关机时刻t_k其速度倾角为θ_k。

2. 转弯过程分析

由式（8-192）可知，对于静稳定火箭（$x_g-x_p<0$）和静不稳定火箭（$x_g-x_p>0$），当δ_{φ}给定后，相应的α值会有不同的符号。因此，它们在转弯过程中的物理景象也有所不同。下面分别按照图8-6所示的程序角φ_{pr}的分段情况，对这两种火箭的转弯过程进行分析。

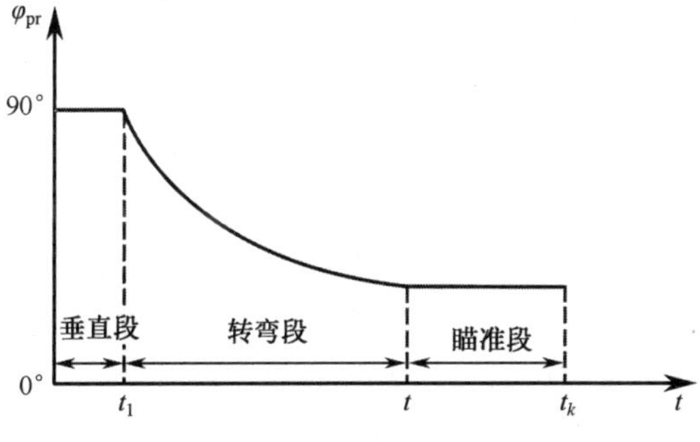

图8-6 弹道导弹的飞行程序角

1）垂直段

火箭垂直起飞段有几秒至十秒。在此段，程序角一直保持90°，即

$$\varphi_{\mathrm{pr}}=90^\circ \tag{8-193}$$

假设对应程序角有一个虚拟的程序轴$x_{1\mathrm{pr}}$，则在此段中程序轴$x_{1\mathrm{pr}}$与实际弹轴x_1重合，且均垂直于地面发射坐标系的X轴，即

$$\begin{cases}\varphi_{pr}=90^\circ\\ \varphi=90^\circ\end{cases} \tag{8-194}$$

则程序俯仰角误差为

$$\Delta\varphi_{pr}=\varphi-\varphi_{pr}=0^\circ \tag{8-195}$$

由式（8-191）可知，俯仰控制通道的等效舵偏角为

$$\delta_\varphi=a_0^\varphi\Delta\varphi_{pr}=0^\circ \tag{8-196}$$

由于速度轴 x_v 的起始状态与弹轴 x_1 重合，即

$$\theta=90^\circ \tag{8-197}$$

且由式（8-192）可知

$$\alpha=0^\circ \tag{8-198}$$

则由式（8-190）可知

$$M_{z_1c}=0 \tag{8-199}$$

因此，在垂直起飞段，既没有使弹轴 x_1 转弯的力矩，也没有使速度轴 x_v 转弯的法向力，所以 x_{1pr},x_1,x_v 三轴始终重合，即

$$\varphi=\varphi_{pr}=\theta=90^\circ \tag{8-200}$$

2）转弯段

下面分别对静稳定火箭和静不稳定火箭的转弯段进行分析。

（1）静稳定火箭。

垂直起飞段结束后，首先程序机构附于虚拟程序轴 x_{1pr} 一个小于 90° 的程序角，即 $\varphi_{pr}<90^\circ$，使得处于垂直状态的弹体轴 x_1 与程序轴 x_{1pr} 形成正的程序误差角，即

$$\Delta\varphi_{pr}=\varphi-\varphi_{pr}>0^\circ \tag{8-201}$$

由式（8-191）可知，相应的执行机构会产生一个正的等效舵偏角，即

$$\delta_\varphi>0^\circ \tag{8-202}$$

从而使火箭受到负的控制力矩，即

$$M_{z_1c}<0 \tag{8-203}$$

在该控制力矩作用下，弹体轴 x_1 向地面发射坐标系的 x 轴方向偏转，则

$$\varphi<90^\circ \tag{8-204}$$

但是，此时速度轴 x_v 仍处于垂直状态，即 $\theta=90^\circ$，故产生一个负攻角，即

$$\alpha=\varphi-\theta<0^\circ \tag{8-205}$$

由式（8-189）可知，负攻角将产生负的法向力，在该力作用下，速度轴 x_v 向地面发射坐标系的 x 轴方向偏转，即

$$\dot{\theta}<0^\circ \tag{8-206}$$

同时，由于负攻角的出现，对于静稳定火箭而言将产生正的稳定力矩，即

$$M_{z_1st}>0 \tag{8-207}$$

该力矩将与负的控制力矩保持平衡，从而抑制弹体轴 x_1 不再继续转动。将上述转弯过程归纳为以下流程：

$$\begin{cases}\varphi = 90^\circ \\ \varphi_{pr} < 90^\circ\end{cases} \Rightarrow \Delta\varphi_{pr} > 0^\circ \Rightarrow \delta_\varphi > 0^\circ \Rightarrow M_{z_1c} < 0 \Rightarrow \theta < 90^\circ \Rightarrow \alpha < 0^\circ \Rightarrow \begin{cases} M_{z_1c} < 0 \\ M_{z_1st} > 0\end{cases}$$

可见，负的控制力矩使得 x_1 轴向 x 轴偏转，负攻角产生负的法向力，使得 x_v 轴也向 x 轴偏转；同时，正的稳定力矩 M_{z_1st} 与负的控制力矩 M_{z_1c} 正好平衡，抑制 x_1 轴不再继续转动，从而 x_v 轴也不再转动，达到平衡。如图 8-7 所示，描述了转弯过程中静稳定火箭在程序轴 x_{1pr}、速度轴 x_v 和弹体轴 x_1 达到力矩平衡后的相对位置和力矩方向。

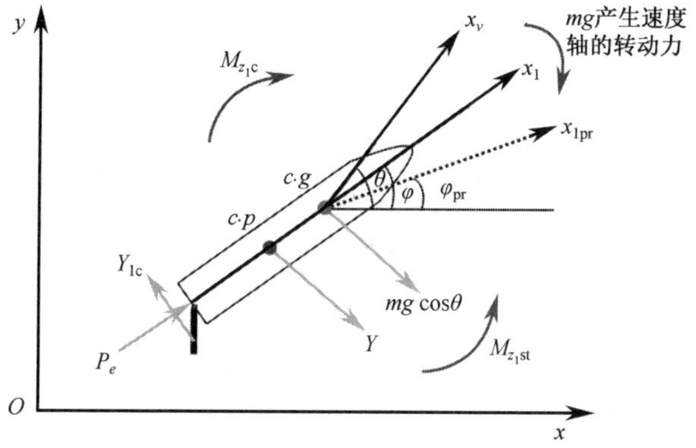

图 8-7　静稳定火箭转弯段情况（见彩插）

在转弯段，程序机构不断减小程序角，从而使得上述过程连续进行。事实上，速度轴 x_v 与地面发射坐标系 x 轴的夹角 θ 还受引力分量的作用，因为 $g<0$，所以该项的作用也是使速度轴 x_v 向 x 轴方向偏转。

（2）静不稳定火箭。

垂直起飞段结束后，首先程序机构附于虚拟程序轴 x_{1pr} 一个小于 90° 的程序角，即 $\varphi_{pr} < 90^\circ$，使得处于垂直状态的弹体轴 x_1 与程序轴 x_{1pr} 形成正的程序误差角，即

$$\Delta\varphi_{pr} = \varphi - \varphi_{pr} > 0^\circ \tag{8-208}$$

由式（8-191）可知，相应的执行机构会产生一个正的等效舵偏角，即

$$\delta_\varphi > 0^\circ \tag{8-209}$$

从而使火箭受到负的控制力矩，即

$$M_{z_1c} < 0 \tag{8-210}$$

在该控制力矩作用下，弹体轴 x_1 向地面发射坐标系的 x 轴方向偏转，则

$$\varphi < 90^\circ \tag{8-211}$$

但是，此时速度轴 x_v 仍处于垂直状态，即 $\theta = 90^\circ$，故产生一个负攻角，即

$$\alpha = \varphi - \theta < 0^\circ \tag{8-212}$$

由式（8-189）可知，负攻角将产生负的法向力，在该力作用下，速度轴 x_v 向地面发射坐标系的 x 轴方向偏转，即

$$\dot{\theta} < 0^\circ \tag{8-213}$$

同时，由于负攻角的出现，对于静不稳定火箭而言将产生负的稳定力矩，即

$$M_{z_1\mathrm{st}} < 0 \tag{8-214}$$

将上述转弯过程归纳为以下流程：

$$\begin{cases}\varphi = 90^\circ \\ \varphi_{\mathrm{pr}} < 90^\circ\end{cases} \Rightarrow \Delta\varphi_{\mathrm{pr}} > 0^\circ \Rightarrow \delta_\varphi > 0^\circ \Rightarrow M_{z_1\mathrm{c}} < 0 \Rightarrow \theta < 90^\circ \Rightarrow \alpha < 0^\circ \Rightarrow \begin{cases} M_{z_1\mathrm{c}} < 0 \\ M_{z_1\mathrm{st}} < 0 \end{cases}$$

可见，负的控制力矩使得 x_1 轴向 x 轴偏转，负攻角产生负的法向力，使得 x_v 轴也向 x 轴偏转。因此，负的稳定力矩 $M_{z_1\mathrm{st}}$ 与负的控制力矩 $M_{z_1\mathrm{c}}$ 不仅不能实现平衡，反而加剧了 x_1 轴的转动，直至

$$\varphi < \varphi_{\mathrm{pr}} \tag{8-215}$$

从而产生负的程序误差角，即

$$\Delta\varphi_{\mathrm{pr}} = \varphi - \varphi_{\mathrm{pr}} < 0^\circ \tag{8-216}$$

则等效舵偏角由正值变为负值，从而产生正的控制力矩，即

$$\delta_\varphi < 0 \Rightarrow M_{z_1\mathrm{c}} > 0 \tag{8-217}$$

此时，负的稳定力矩 $M_{z_1\mathrm{st}}$ 与正的控制力矩 $M_{z_1\mathrm{c}}$ 正好实现平衡。

此后，程序角 φ_{pr} 不断减小，致使 $|\Delta\varphi_{\mathrm{pr}}|$ 和 $|\delta_\varphi|$ 减小，则相应的正控制力矩也减小，从而使绕 z_1 轴负向的稳定力矩大于绕 z_1 轴正向的控制力矩，促使 x_1 轴继续向 x 轴偏转。同时，负攻角的存在也使 x_v 轴不断向 x_1 轴偏转。如图 8-8 所示，描述了转弯过程中静不稳定火箭在程序轴 $x_{1\mathrm{pr}}$、速度轴 x_v 和弹体轴 x_1 达到力矩平衡后的相对位置和力矩方向。

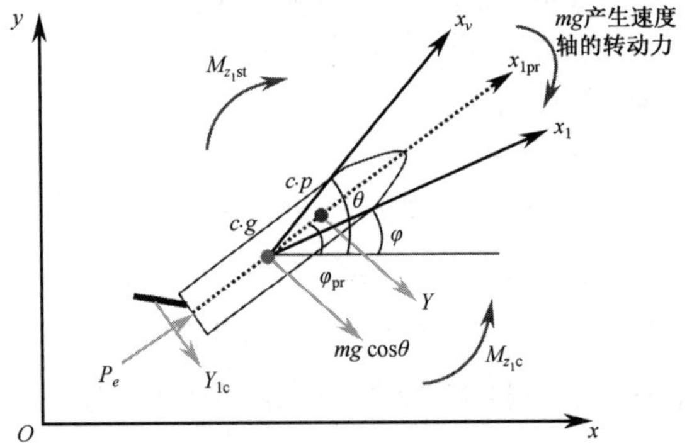

图 8-8　静不稳定火箭转弯段情况（见彩插）

在转弯段快结束时，φ_{pr} 取定值，则这两种火箭的速度轴 x_v 均在负法向力作用下继续偏转，逐渐向 x_1 轴靠拢，从而使得 $|\alpha|$ 减小，则稳定力矩 $M_{z_1\mathrm{st}}$ 也减小，直至 $M_{z_1\mathrm{c}} > M_{z_1\mathrm{st}}$，促使 x_1 轴向 $x_{1\mathrm{pr}}$ 轴偏转，直至 $x_{1\mathrm{pr}}, x_1, x_v$ 三轴重合，形成转弯段末点状态，即

$$\Delta\varphi_{\mathrm{pr}} = \delta_\varphi = \alpha = 0 \tag{8-218}$$

3）瞄准段

该段的特点是程序角 φ_{pr} 取一个常值，且在该段的起始状态 $x_{1\mathrm{pr}}, x_1, x_v$ 三轴重合，则弹体轴 x_1 将保持与程序轴 $x_{1\mathrm{pr}}$ 的重合。但是，在引力法向分量的作用下，速度轴 x_v 将偏离弹体轴 x_1，从而使 θ 减小，则产生正的攻角，即

$$\alpha > 0^\circ \tag{8-219}$$

（1）静稳定火箭。

对于静稳定火箭，正攻角将产生负的稳定力矩，即

$$M_{z_1\mathrm{st}} < 0 \tag{8-220}$$

该力矩将使弹体轴 x_1 向 x 轴偏转，从而使 φ 减小，形成负的程序角误差，即

$$\Delta\varphi_{\mathrm{pr}} < 0^\circ \tag{8-221}$$

从而形成负的等效舵偏角，产生正的控制力矩，即

$$M_{z_1\mathrm{c}} > 0 \tag{8-222}$$

可见，负的稳定力矩 $M_{z_1\mathrm{st}}$ 与正的控制力矩 $M_{z_1\mathrm{c}}$ 正好实现平衡。将上述瞄准过程归纳为以下流程：

$$\begin{cases}\varphi=\theta \\ \theta\downarrow\end{cases} \Rightarrow \alpha > 0^\circ \Rightarrow M_{z_1\mathrm{st}} < 0 \Rightarrow \varphi\downarrow \Rightarrow \Delta\varphi_{\mathrm{pr}} < 0^\circ \Rightarrow \delta_\varphi < 0^\circ \Rightarrow M_{z_1\mathrm{c}} > 0$$

如图 8-9 所示，描述了静稳定火箭的 $x_{1\mathrm{pr}}, x_1, x_v$ 三轴在瞄准段的相对位置及作用在火箭上的力和力矩。

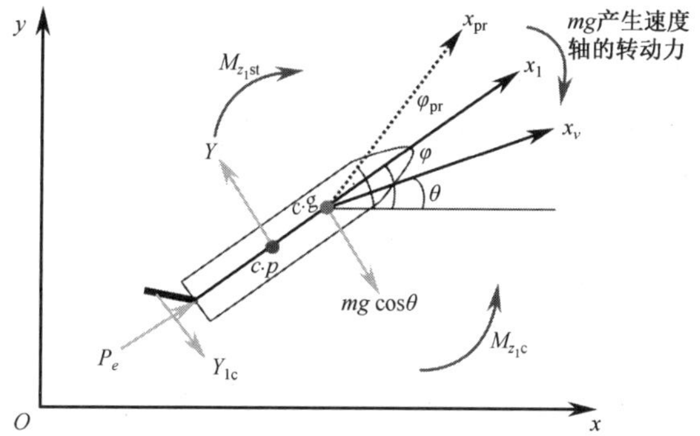

图 8-9　静稳定火箭瞄准段情况（见彩插）

（2）静不稳定火箭。

对于静不稳定火箭，正攻角将产生正的稳定力矩，即

$$M_{z_1\mathrm{st}} > 0 \tag{8-223}$$

该力矩将使弹体轴 x_1 偏离 x 轴，从而使 φ 增大，形成正的程序角误差，即

$$\Delta\varphi_{\mathrm{pr}} > 0^\circ \tag{8-224}$$

从而形成正的等效舵偏角，产生负的控制力矩，即

$$M_{z_1\mathrm{c}} < 0 \tag{8-225}$$

可见，正的稳定力矩 $M_{z_1\mathrm{st}}$ 与负的控制力矩 $M_{z_1\mathrm{c}}$ 正好实现平衡。将上述瞄准过程归纳为以下流程：

$$\begin{cases}\varphi=\theta \\ \theta\downarrow\end{cases} \Rightarrow \alpha > 0^\circ \Rightarrow M_{z_1\mathrm{st}} > 0 \Rightarrow \varphi\uparrow \Rightarrow \Delta\varphi_{\mathrm{pr}} > 0^\circ \Rightarrow \delta_\varphi > 0^\circ \Rightarrow M_{z_1\mathrm{c}} < 0$$

如图 8-10 所示，描述了静不稳定火箭的 $x_{1\mathrm{pr}}, x_1, x_v$ 三轴在瞄准段的相对位置及作用在火

箭上的力和力矩。

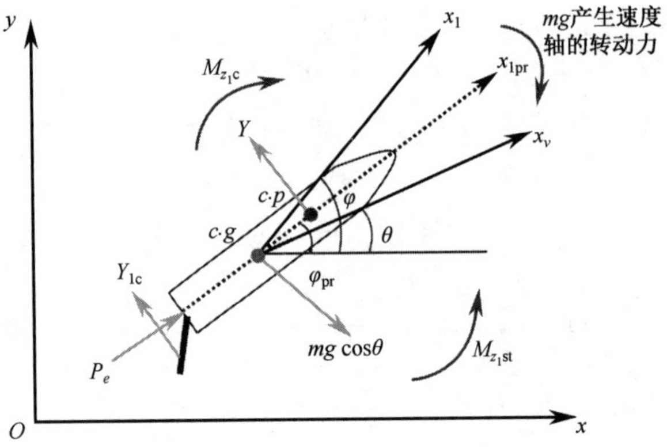

图 8-10　静不稳定火箭瞄准段情况（见彩插）

练 习 题

1．试述被动段分为自由段和再入段的依据是什么。

2．试述主动段静不稳定火箭的转弯过程。

3．写出地心惯性坐标系中建立的主动段矢量运动方程。

4．设在地心坐标系内观察到一枚导弹的矢径 $\boldsymbol{r}$ 及其沿矢径反向的速度 $\dot{r}$ 和加速度 $\ddot{r}$，且已知该矢径在地心坐标系中以常矢量 $\boldsymbol{\omega}$ 转动，求在惯性坐标系中观察到的导弹质心运动方程。（设地球为一个旋转圆球，且以 $\boldsymbol{\omega}_e$ 转动，导弹处于无动力、无控制状态。）

5．已知导弹上任一质点在惯性坐标系中具有的加速度为

$$\frac{\mathrm{d}^2\rho}{\mathrm{d}t^2}=\frac{\mathrm{d}^2\rho_{c\cdot m}}{\mathrm{d}t^2}+2\boldsymbol{\omega}\times\frac{\delta\boldsymbol{r}}{\delta t}+\frac{\delta^2\boldsymbol{r}}{\delta t^2}+\frac{\mathrm{d}\boldsymbol{\omega}}{\mathrm{d}t}\times\boldsymbol{r}+\boldsymbol{\omega}\times(\boldsymbol{\omega}\times\boldsymbol{r})$$

若在质心上建立一个平移坐标系（与惯性坐标系方向一致），求在平移坐标系中该质点的加速度。

第 9 章　二体运动

☞　**基本概念**

N体问题、二体运动、二体运动的特性、圆锥曲线轨道、有心力运动、第一宇宙速度、第二宇宙速度、航迹角、真近点角、偏近点角、平近点角、圆型限制性三体问题

☞　**重要公式**

二体运动基本方程：式（9-29）

极坐标形式的圆锥曲线方程：式（9-51）

活力公式：式（9-68）

椭圆轨道周期方程：式（9-116）

开普勒方程：式（9-139）

天体力学是航天器轨道动力学的基础，本章将介绍天体力学的基础知识——二体问题及其运动特征。仅受万有引力作用的 N 个质点的运动问题称为 N（$N \geqslant 2$）体问题。虽然天体是有体积的，但是由于天体之间的距离很远，可以将天体视为质点。因此，仅在万有引力作用下两个天体之间的运动就称为二体运动。目前 N 体问题还没有解析解，而二体问题可以得到形式简单的解析解，从而成为天体力学的基础。本章首先介绍 N 体问题。

9.1　N 体问题及其初积分

9.1.1　N 体问题的运动方程

设有 N 个质点$(p_1, p_2, \cdots, p_N)$，质量分别为$(m_1, m_2, \cdots, m_N)$。设质点 p_i 在惯性坐标系(ξ, η, ζ)中的位置矢量为

$$\boldsymbol{r}_i = \xi_i \boldsymbol{i}_\xi + \eta_i \boldsymbol{i}_\eta + \zeta_i \boldsymbol{i}_\zeta \tag{9-1}$$

则

$$r_{ij} = \left|\boldsymbol{r}_j - \boldsymbol{r}_i\right| = \sqrt{(\boldsymbol{r}_j - \boldsymbol{r}_i) \cdot (\boldsymbol{r}_j - \boldsymbol{r}_i)} \tag{9-2}$$

在 N 体系统内，任意一个质点均受其他 N−1 个质点的万有引力作用，则引力位函数为

$$V_i = G \sum_{j=1}^{N} \frac{m_j}{r_{ij}}, \quad j \neq i \tag{9-3}$$

根据力学基本定律，可得 p_i 的运动方程为

$$\boldsymbol{F}_i = m \cdot \frac{\mathrm{d}^2 \boldsymbol{r}_i}{\mathrm{d}t^2} \tag{9-4}$$

也可以写成

$$\begin{cases} m_i\ddot{\xi}_i = m_i G\dfrac{\partial}{\partial \xi_i}\sum_{j=1}^{N}\dfrac{m_j}{r_{ij}} \\ m_i\ddot{\eta}_i = m_i G\dfrac{\partial}{\partial \eta_i}\sum_{j=1}^{N}\dfrac{m_j}{r_{ij}} \\ m_i\ddot{\zeta}_i = m_i G\dfrac{\partial}{\partial \zeta_i}\sum_{j=1}^{N}\dfrac{m_j}{r_{ij}} \end{cases} \text{或} \begin{cases} m_i\ddot{\xi}_i = G\dfrac{\partial}{\partial \xi_i}\sum_{j=1}^{N}\dfrac{m_i m_j}{r_{ij}} \\ m_i\ddot{\eta}_i = G\dfrac{\partial}{\partial \eta_i}\sum_{j=1}^{N}\dfrac{m_i m_j}{r_{ij}}, \quad j \neq i \\ m_i\ddot{\zeta}_i = G\dfrac{\partial}{\partial \zeta_i}\sum_{j=1}^{N}\dfrac{m_i m_j}{r_{ij}} \end{cases} \tag{9-5}$$

设$i=1,2,\cdots,N$，即可得N个质点的运动方程。

令

$$U = \frac{1}{2}G\sum_{i=1}^{N}\sum_{j=1}^{N}\frac{m_i m_j}{r_{ij}} \tag{9-6}$$

称为N体系统的力函数。可见，U是二次项，则有

$$U = \frac{1}{2}\boldsymbol{G}[1\cdots1]_{1\times N}\begin{bmatrix} 0 & U_{12} & U_{13} & \cdots & U_{1N} \\ U_{21} & 0 & \cdots & & U_{2N} \\ U_{31} & \cdots & \ddots & & U_{3N} \\ \vdots & & & & \vdots \\ U_{N1} & U_{N2} & U_{N3} & \cdots & 0 \end{bmatrix}_{N\times N}\begin{bmatrix} 1 \\ 1 \\ \vdots \\ 1 \\ 1 \end{bmatrix}_{N\times 1} \tag{9-7}$$

式中，$U_{ij} = \dfrac{m_i m_j}{r_{ij}}$。将$U$代入$N$体问题运动方程，则得

$$m_i\frac{\mathrm{d}^2\boldsymbol{r}_i}{\mathrm{d}t^2} = \nabla_i U, \quad i = 1,2,\cdots,N \tag{9-8}$$

式中，∇_i表示关于矢量$\boldsymbol{r}_i$分量的梯度算子，即

$$\nabla_i = \begin{bmatrix} \dfrac{\partial}{\partial \xi_i} \\ \dfrac{\partial}{\partial \eta_i} \\ \dfrac{\partial}{\partial \zeta_i} \end{bmatrix} \tag{9-9}$$

式（9-8）就是N体问题的运动方程，可见该方程是由$3N$个二阶微分方程组成的，故整个系统是$6N$阶微分方程组。

由U的定义可知，U表示作用于质点的引力分量，是一个标量，且U只与N体之间的距离有关，而与惯性坐标系的选择无关。函数U也可以看作引力将质点在无穷远处汇集成质点系所做的功的总和，即N体系统的总位能等于$-U$。

9.1.2 N体问题的初积分

要解决N体问题，必须对N体问题的微分方程组（9-8）进行积分，因此需要初始条件，即初积分。

已知N体系统中的N个质点之间仅受万有引力的影响，即对整个系统而言不受外力和

外力矩的影响。根据力学基本定理可知，N 体问题满足动量守恒定律、动量矩守恒定律和机械能守恒定律。

1. 动量守恒定律

由于 N 体系统合外力为零，则

$$\sum_{i=1}^{N} m_i \ddot{\boldsymbol{r}}_i = G\sum_{i=1}^{N}\sum_{\substack{j=1\\ i\neq j}}^{N}\frac{m_i m_j}{r_{ij}^3}\boldsymbol{r}_{ij} = 0 \tag{9-10}$$

将式（9-10）对时间积分一次，可得

$$\sum_{i=1}^{N} m_i \dot{\boldsymbol{r}}_i = \boldsymbol{A} \tag{9-11}$$

式中，$\boldsymbol{A}$ 为常矢量，它表示 N 体系统的总动量守恒。对式（9-11）积分一次，可得

$$\sum_{i=1}^{N} m_i \boldsymbol{r}_i = \boldsymbol{A}t + \boldsymbol{B} \tag{9-12}$$

式中，$\boldsymbol{B}$ 为常矢量。设 N 体系统质心的位置矢量为 $\boldsymbol{r}_0$，总质量为 $M = \sum_{i=1}^{N} m_i$，则

$$M \cdot \boldsymbol{r}_0 = \sum_{i=1}^{N} m_i \boldsymbol{r}_i = \boldsymbol{A}t + \boldsymbol{B} \tag{9-13}$$

式（9-13）表明 N 体系统的引力质心相对于惯性坐标系做等速直线运动，这也是质心运动守恒的体现。常矢量 $\dfrac{\boldsymbol{B}}{M}$ 代表引力中心初始位置的 3 个分量，常矢量 $\dfrac{\boldsymbol{A}}{M}$ 代表引力中心运动速度的 3 个分量。可见，动量守恒定律提供了 6 个运动常数，即 6 个初积分。

2. 动量矩守恒定律

由于 N 体系统的合外力矩为零，则 N 体系统对于惯性坐标系原点 O 的动量矩的时间导数为零，即

$$\frac{\mathrm{d}}{\mathrm{d}t}\sum_{i=1}^{N} m_i \boldsymbol{r}_i \times \dot{\boldsymbol{r}}_i = 0 \tag{9-14}$$

将式（9-14）对时间积分，可得

$$\sum_{i=1}^{N} m_i \boldsymbol{r}_i \times \dot{\boldsymbol{r}}_i = \boldsymbol{C} \tag{9-15}$$

式中，$\boldsymbol{C}$ 为常矢量，它表明 N 体系统的总动量矩守恒，且总动量矩为 $\boldsymbol{C}$。可见，动量矩守恒定律提供了 3 个运动常数，即 3 个初积分。

3. 机械能守恒定律

将式（9-8）两端同时点乘 $\dot{\boldsymbol{r}}_i$，并求和，可得

$$\sum_{i=1}^{N} m_i \dot{\boldsymbol{r}}_i \cdot \ddot{\boldsymbol{r}}_i = \sum_{i=1}^{N} \dot{\boldsymbol{r}}_i \cdot \nabla_i U = \frac{\mathrm{d}U}{\mathrm{d}t} \tag{9-16}$$

即

$$\frac{\mathrm{d}}{\mathrm{d}t}\sum_{i=1}^{N}\frac{1}{2} m_i \dot{\boldsymbol{r}}_i \cdot \dot{\boldsymbol{r}}_i = \frac{\mathrm{d}U}{\mathrm{d}t} \tag{9-17}$$

将式（9-17）对时间积分，可得

$$T=\frac{1}{2}\sum_{i=1}^{N}m_i\dot{\boldsymbol{r}}_i\cdot\dot{\boldsymbol{r}}_i=U+D \tag{9-18}$$

式中，T 为 N 体系统的总动能，D 为积分常数。已知力函数 $-U$ 为 N 体系统的总位能，故 $T-U$ 为 N 体系统的总机械能。可见，机械能守恒定律提供了 1 个运动常数，即 1 个初积分。

通过对上述 3 个守恒定律的分析，获得了 $\boldsymbol{A},\boldsymbol{B},\boldsymbol{C},D$ 共 10 个初积分，称为 N 体问题的 10 个初积分。由于 N 体运动方程为 $6N$ 阶微分方程组，因此需要 $6N$ 个初积分才可以完全求解运动方程。但是，除了这 10 个初积分，至今还没有寻找到 N 体问题的其他初积分。1843 年，雅可比通过研究得出结论：如果仅差 2 个初积分，而其他初积分都已找到，则这 2 个初积分可以用特殊方法求出。当 $N=2$ 时，N 体问题转化为二体问题，此时正好只差 2 个初积分，故二体问题是可解的。

9.2 二体问题的一般解

9.2.1 二体问题的基本方程

如图 9-1 所示，由 p_1,p_2 两个质点组成了一个二体系统。设两个质点的质量分别为 m_1,m_2，在惯性坐标系 O-XYZ 中，两个质点的位置矢量分别为 $\boldsymbol{r}_1,\boldsymbol{r}_2$。设该二体系统的质心为 C，质心的位置矢量为 $\boldsymbol{r}_C$。

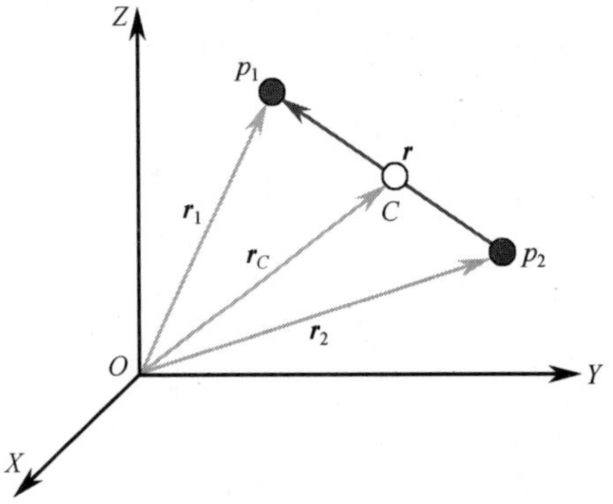

图 9-1 二体问题

两个质点之间的相对距离矢量为

$$\boldsymbol{r}=\boldsymbol{r}_1-\boldsymbol{r}_2 \tag{9-19}$$

根据质量矩相加，即

$$m_1(\boldsymbol{r}_1-\boldsymbol{r}_C)+m_2(\boldsymbol{r}_2-\boldsymbol{r}_C)=0 \tag{9-20}$$

将式（9-19）代入式（9-20），得

$$\begin{cases}\boldsymbol{r}_1=\boldsymbol{r}_C+\dfrac{m_2\boldsymbol{r}}{m_1+m_2}\\ \boldsymbol{r}_2=\boldsymbol{r}_C-\dfrac{m_1\boldsymbol{r}}{m_1+m_2}\end{cases} \tag{9-21}$$

则

$$\boldsymbol{r}_C = \frac{m_1\boldsymbol{r}_1 + m_2\boldsymbol{r}_2}{m_1 + m_2} \tag{9-22}$$

设作用在质点 p_1, p_2 上的万有引力分别为 $\boldsymbol{F}_1, \boldsymbol{F}_2$，则

$$\begin{cases} \boldsymbol{F}_1 = m_1\ddot{\boldsymbol{r}}_1 = m_1\ddot{\boldsymbol{r}}_C + \dfrac{m_1 m_2 \ddot{\boldsymbol{r}}}{m_1 + m_2} \\ \boldsymbol{F}_2 = m_2\ddot{\boldsymbol{r}}_2 = m_2\ddot{\boldsymbol{r}}_C - \dfrac{m_1 m_2 \ddot{\boldsymbol{r}}}{m_1 + m_2} \end{cases} \tag{9-23}$$

根据牛顿第二定律可知

$$\boldsymbol{F}_1 = -\boldsymbol{F}_2 \tag{9-24}$$

代入式（9-23），可得

$$m_1\ddot{\boldsymbol{r}}_C = -m_2\ddot{\boldsymbol{r}}_C \tag{9-25}$$

即

$$\ddot{\boldsymbol{r}}_C = 0 \tag{9-26}$$

式（9-26）表明二体系统的质心永远没有加速度。将式（9-26）代入式（9-23），可得

$$\boldsymbol{F}_1 = -\boldsymbol{F}_2 = \frac{m_1 m_2}{m_1 + m_2}\ddot{\boldsymbol{r}} \tag{9-27}$$

由万有引力定律可得

$$\boldsymbol{F} = G\frac{m_1 m_2}{r^3}\boldsymbol{r} \tag{9-28}$$

将式（9-28）代入式（9-27），可得

$$\ddot{\boldsymbol{r}} + \frac{\mu}{r^3}\boldsymbol{r} = 0 \tag{9-29}$$

其中

$$\mu = G(m_1 + m_2) \tag{9-30}$$

式（9-29）就是二体运动基本方程。显然这是一个六阶非线性常微分方程组，若要完全解该方程组，必须找出包含 6 个相互独立的积分常数的解。已知 N 体问题共有 $3N$ 个二阶微分方程组，式（9-23）和式（9-29）这两组方程虽然都是描述二体问题的运动，但是式（9-29）描述的是二体系统的相对运动，而式（9-23）描述的是二体系统的绝对运动。因此，完全解式（9-29）只要 6 个积分常数，而解式（9-23）则要 12 个积分常数。

9.2.2　二体问题的一般解

下面用直接矢量法求解二体问题。首先将 $\boldsymbol{r}$ 左叉乘式（9-29），得

$$\boldsymbol{r} \times \frac{\mathrm{d}^2\boldsymbol{r}}{\mathrm{d}t^2} + \frac{\mu}{r^3}\boldsymbol{r} \times \boldsymbol{r} = 0 \tag{9-31}$$

考虑

$$\boldsymbol{r} \times \boldsymbol{r} = 0 \tag{9-32}$$

则

$$\boldsymbol{r}\times\frac{\mathrm{d}^2\boldsymbol{r}}{\mathrm{d}t^2}=\frac{\mathrm{d}}{\mathrm{d}t}\left(\boldsymbol{r}\times\frac{\mathrm{d}\boldsymbol{r}}{\mathrm{d}t}\right)-\frac{\mathrm{d}\boldsymbol{r}}{\mathrm{d}t}\times\frac{\mathrm{d}\boldsymbol{r}}{\mathrm{d}t}=0 \tag{9-33}$$

即

$$\frac{\mathrm{d}}{\mathrm{d}t}\left(\boldsymbol{r}\times\frac{\mathrm{d}\boldsymbol{r}}{\mathrm{d}t}\right)=0 \tag{9-34}$$

则

$$\boldsymbol{r}\times\frac{\mathrm{d}\boldsymbol{r}}{\mathrm{d}t}=\boldsymbol{h} \tag{9-35}$$

式中，$\boldsymbol{h}$ 为积分常矢量，称为单位质量动量矩。由此可见，二体系统的动量矩守恒。由式（9-35）可知，$\boldsymbol{h}$ 垂直于 $\boldsymbol{r}$ 和 $\dot{\boldsymbol{r}}$，故垂直于运动平面，所以二体系统的运动平面在惯性空间是固定的。

将 $\boldsymbol{h}$ 右叉乘式（9-29），得

$$\frac{\mathrm{d}^2\boldsymbol{r}}{\mathrm{d}t^2}\times\boldsymbol{h}=-\frac{\mu}{r^3}\boldsymbol{r}\times\boldsymbol{h}=-\frac{\mu}{r^3}\boldsymbol{r}\times\left(\boldsymbol{r}\times\frac{\mathrm{d}\boldsymbol{r}}{\mathrm{d}t}\right) \tag{9-36}$$

利用三矢量叉乘公式，即

$$\boldsymbol{a}\times(\boldsymbol{b}\times\boldsymbol{c})=(\boldsymbol{a}\cdot\boldsymbol{c})\cdot\boldsymbol{b}-(\boldsymbol{a}\cdot\boldsymbol{b})\cdot\boldsymbol{c} \tag{9-37}$$

且

$$\boldsymbol{r}\cdot\dot{\boldsymbol{r}}=r\dot{r} \tag{9-38}$$

代入式（9-36），可得

$$\frac{\mathrm{d}^2\boldsymbol{r}}{\mathrm{d}t^2}\times\boldsymbol{h}=\frac{\mu}{r^3}\left[r^2\frac{\mathrm{d}\boldsymbol{r}}{\mathrm{d}t}-\left(r\frac{\mathrm{d}r}{\mathrm{d}t}\right)\boldsymbol{r}\right] \tag{9-39}$$

即

$$\frac{\mathrm{d}^2\boldsymbol{r}}{\mathrm{d}t^2}\times\boldsymbol{h}=\mu\frac{\mathrm{d}}{\mathrm{d}t}\left(\frac{\boldsymbol{r}}{r}\right) \tag{9-40}$$

对式（9-40）进行积分，得

$$\frac{\mathrm{d}\boldsymbol{r}}{\mathrm{d}t}\times\boldsymbol{h}=\frac{\mu}{r}(\boldsymbol{r}+r\boldsymbol{e}) \tag{9-41}$$

式中，$\boldsymbol{e}$ 是积分常矢量，称为偏心率矢量，它提供了 3 个积分常数。

将式（9-41）点乘 $\boldsymbol{h}$，得

$$\left(\frac{\mathrm{d}\boldsymbol{r}}{\mathrm{d}t}\times\boldsymbol{h}\right)\cdot\boldsymbol{h}=\frac{\mu}{r}(\boldsymbol{r}+r\boldsymbol{e})\cdot\boldsymbol{h} \tag{9-42}$$

利用矢量混合积运算公式，即

$$(\boldsymbol{a}\times\boldsymbol{b})\cdot\boldsymbol{c}=\boldsymbol{a}\cdot(\boldsymbol{b}\times\boldsymbol{c}) \tag{9-43}$$

可得

$$\frac{\mathrm{d}\boldsymbol{r}}{\mathrm{d}t}\cdot(\boldsymbol{h}\times\boldsymbol{h})=\mu\boldsymbol{e}\cdot\boldsymbol{h} \tag{9-44}$$

即

$$\boldsymbol{e}\cdot\boldsymbol{h}=0 \tag{9-45}$$

式（9-45）表明 $\boldsymbol{e}$ 在轨道平面内，故常取其作为轨道平面内的参考轴，并令矢径 $\boldsymbol{r}$ 与矢量 $\boldsymbol{e}$

的夹角为θ，称为真近点角，则有

$$\frac{\boldsymbol{r}\cdot\boldsymbol{e}}{r\cdot e}=\cos\theta \tag{9-46}$$

将式（9-41）点乘$\boldsymbol{r}$，即

$$\left(\frac{\mathrm{d}\boldsymbol{r}}{\mathrm{d}t}\times\boldsymbol{h}\right)\cdot\boldsymbol{r}=\frac{\mu}{r}(\boldsymbol{r}+r\boldsymbol{e})\cdot\boldsymbol{r} \tag{9-47}$$

利用矢量混合积运算公式，可得

$$\boldsymbol{r}\times\frac{\mathrm{d}\boldsymbol{r}}{\mathrm{d}t}\cdot\boldsymbol{h}=\frac{\mu}{r}(r^2+r^2e\cos\theta) \tag{9-48}$$

即

$$h^2=\frac{\mu}{r}(r^2+r^2e\cos\theta) \tag{9-49}$$

式（9-49）可以改写为

$$r=\frac{\dfrac{h^2}{\mu}}{1+e\cos\theta} \tag{9-50}$$

式（9-50）就是二体系统相对运动的轨道方程，它是极坐标形式的圆锥曲线方程，且极坐标的原点就位于圆锥曲线的某个焦点上。式中，e为圆锥曲线的偏心率，表示圆锥曲线的形状。当$0<e<1$时，为椭圆；当$e=0$时，为圆；当$e=1$时，为抛物线；当$e>1$时，为双曲线。

令

$$p=\frac{h^2}{\mu} \tag{9-51}$$

p称为圆锥曲线的半正焦弦或半通径，它是关于焦点的参数。则式（9-51）可以改写为

$$r=\frac{p}{1+e\cos\theta} \tag{9-52}$$

由解析几何可知

$$p=a(1-e^2) \tag{9-53}$$

式中，a为圆锥曲线的半长轴。

9.2.3 天体在轨道上的速度

将基本运动方程式（9-29）的两边同时点乘$\dot{\boldsymbol{r}}$，得

$$\dot{\boldsymbol{r}}\cdot\ddot{\boldsymbol{r}}+\frac{\mu}{r^3}\dot{\boldsymbol{r}}\cdot\boldsymbol{r}=\frac{\mathrm{d}}{\mathrm{d}t}\left(\frac{1}{2}\dot{\boldsymbol{r}}\cdot\dot{\boldsymbol{r}}-\frac{\mu}{r}\right)=0 \tag{9-54}$$

对式（9-54）积分，得

$$\frac{1}{2}V^2-\frac{\mu}{r}=E \tag{9-55}$$

式中，E为积分常数，表示单位质量的总能量。可见，轨道上任意一点的单位质量总能量都相等，即满足能量守恒定律。

为了求总能量E，首先介绍几个单位矢量，即径向单位矢量$\boldsymbol{i}_r$、周向单位矢量$\boldsymbol{i}_\theta$、法向

单位矢量$\boldsymbol{i}_h$。$\boldsymbol{i}_r$和$\boldsymbol{i}_\theta$均位于轨道平面内，且相互垂直，$\boldsymbol{i}_h$垂直于轨道平面，与$\boldsymbol{h}$方向一致，即

$$\begin{cases}\boldsymbol{r}=r\boldsymbol{i}_r\\ \dot{\boldsymbol{r}}=\dot{r}\boldsymbol{i}_r+r\dot{\theta}\boldsymbol{i}_\theta\\ \boldsymbol{h}=r^2\dot{\theta}\,\boldsymbol{i}_h\end{cases} \tag{9-56}$$

则

$$r\dot{\theta}=\frac{h}{r} \tag{9-57}$$

将式（9-52）代入式（9-57）得

$$V_\theta=r\dot{\theta}=\frac{h}{p}(1+e\cos\theta) \tag{9-58}$$

V_θ称为周向速度。再将式（9-52）对时间t求导数，得

$$\dot{r}=\frac{r^2}{p}e\sin\theta\cdot\dot{\theta} \tag{9-59}$$

已知

$$\dot{\theta}=\frac{h}{r^2} \tag{9-60}$$

则

$$V_r=\dot{r}=\frac{h}{p}e\sin\theta \tag{9-61}$$

V_r称为径向速度。故有

$$V^2=V_\theta^2+V_r^2=\left(\frac{h}{p}\right)^2(1+2e\cos\theta+e^2) \tag{9-62}$$

已知在正焦弦端点处即$\theta=90°$或$270°$，有

$$r=p \tag{9-63}$$

代入式（9-62）得

$$V^2=\left(\frac{h}{p}\right)^2(1+e^2)=\frac{\mu}{p}(1+e^2) \tag{9-64}$$

将式（9-64）代入式（9-56），得单位质量的总能量为

$$E=\frac{1}{2}V^2-\frac{\mu}{p}=\frac{\mu}{2p}(e^2-1) \tag{9-65}$$

已知

$$a=\frac{p}{1-e^2} \tag{9-66}$$

则

$$E=-\frac{\mu}{2a} \tag{9-67}$$

将式（9-67）代入式（9-55），得

$$V^2=\mu\left(\frac{2}{r}-\frac{1}{a}\right) \tag{9-68}$$

式（9-68）称为活力公式。利用它可以很方便地计算出轨道上任意一点的速度。利用式（9-67）和式（9-68）可以获得不同类型轨道的能量情况，如表 9-1 所示。

表 9-1　不同类型轨道的能量

轨道类型	偏心率	半长轴	总能量	速度
圆轨道	$e=0$	$a=r$	$E<0$	$V=\sqrt{\frac{\mu}{r}}$
椭圆轨道	$0<e<1$	$a>0$	$E<0$	$V=\sqrt{\frac{2\mu}{r}-\frac{\mu}{a}}$
抛物线轨道	$e=1$	$a\to\infty$	$E=0$	$V=\sqrt{\frac{2\mu}{r}}$
双曲线轨道	$e>1$	$a<0$	$E>0$	$V=\sqrt{\frac{2\mu}{r}+\frac{\mu}{a}}$

9.2.4　二体系统的动能

根据质点动能的定义，可得二体系统的动能为

$$T=\frac{1}{2}(m_1V_1^2+m_2V_2^2) \tag{9-69}$$

其中

$$\begin{cases}V_1^2=\dot{\boldsymbol{r}}_1\cdot\dot{\boldsymbol{r}}_1\\ V_2^2=\dot{\boldsymbol{r}}_2\cdot\dot{\boldsymbol{r}}_2\end{cases} \tag{9-70}$$

已知

$$\begin{cases}\boldsymbol{r}_1=\boldsymbol{r}_C+\dfrac{m_2\boldsymbol{r}}{m_1+m_2}\\ \boldsymbol{r}_2=\boldsymbol{r}_C-\dfrac{m_1\boldsymbol{r}}{m_1+m_2}\end{cases} \tag{9-71}$$

将式（9-70）、式（9-71）代入式（9-69），得

$$T=\frac{1}{2}(m_1+m_2)\dot{\boldsymbol{r}}_C\cdot\dot{\boldsymbol{r}}_C+\frac{1}{2}\left(\frac{m_1m_2}{m_1+m_2}\right)\dot{\boldsymbol{r}}\cdot\dot{\boldsymbol{r}} \tag{9-72}$$

可见，式（9-72）右侧第一项正好是二体系统的平移动能，而第二项为绕质心 C 的旋转动能。

9.2.5　有心力运动

对于涉及宇宙飞行器的飞行轨道而言，二体问题中的一个天体的质量通常远远大于另一个天体的质量。假设 $m_1 \geqslant m_2$，则 m_2 对 m_1 的引力是微不足道的，可以认为对 m_1 的运动没有影响。因此，我们可以将 m_1 看作一个中心引力体，来研究 m_2 在中心引力体作用下的运动。这种问题就称为限制二体问题，其运动称为有心力运动。

由于 $m_1 \geqslant m_2$，则式（9-30）可以近似为

$$\mu \approx Gm_1 \tag{9-73}$$

且式（9-21）可以近似为

$$\begin{cases} \boldsymbol{r}_1 \approx \boldsymbol{r}_c \\ \boldsymbol{r}_2 \approx \boldsymbol{r}_c - \boldsymbol{r} \end{cases} \tag{9-74}$$

假定二体系统平移速度为零，即 $\dot{\boldsymbol{r}}_c = 0$，则二体系统的动能为

$$T = \frac{1}{2} m_2 \dot{\boldsymbol{r}} \cdot \dot{\boldsymbol{r}} \tag{9-75}$$

这样，有心力运动就产生了如图 9-2 所示的圆锥曲线轨道，引力中心在其中一个焦点上。

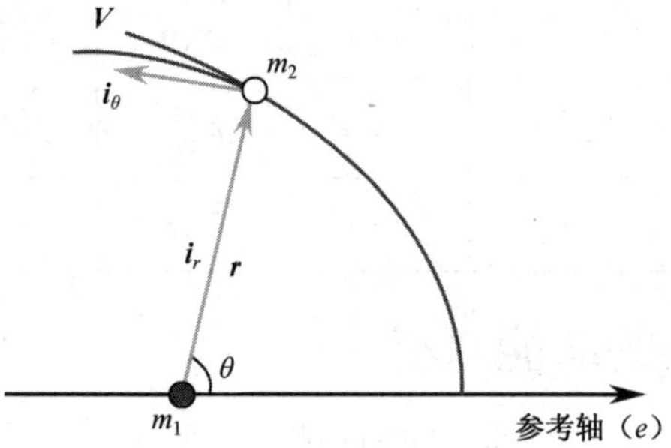

图 9-2　有心力运动

9.3　二体运动的一般特性

由上面介绍的有心力运动可知，二体运动可以看作质量为 $\dfrac{m_1 m_2}{m_1 + m_2}$、距离引力中心为 r 的一个质点的有心力运动。二体运动的各种轨道类型都有各自的应用价值，如人造地球卫星通常采用圆轨道或椭圆轨道，而星际航行则通常采用抛物线轨道或双曲线轨道。

9.3.1　速度图

已知圆轨道的半长轴就是轨道半径，即 $a = r$，抛物线轨道的半长轴趋于无穷，即 $a = \infty$，则利用活力公式可以导出距引力中心 r 处质点的两个特征速度，即圆周速度 V_{c} 和逃逸速度 V_{esc}，表达式为

$$V_{\mathrm{c}} = \sqrt{\frac{\mu}{r}} \tag{9-76}$$

$$V_{\mathrm{esc}} = \sqrt{\frac{2\mu}{r}} = \sqrt{2} V_{\mathrm{c}} \tag{9-77}$$

当 r 为地球平均半径时，代入式（9-76）获得的圆周速度称为第一宇宙速度，记为

$$V_{\mathrm{I}} = 7.9\mathrm{km/s} \tag{9-78}$$

代入式（9-77）获得的逃逸速度称为第二宇宙速度，记为

$$V_{\mathrm{II}} = 11.2\mathrm{km/s} \tag{9-79}$$

已知天体在轨道上的飞行速度可分解为径向速度 V_r 和周向速度 V_θ，即

$$\begin{cases} V_r = \dfrac{\mu}{h} e \sin\theta \\ V_\theta = \dfrac{\mu}{h}(1 + e\cos\theta) \end{cases} \tag{9-80}$$

令速度矢量 $\boldsymbol{V}$ 与周向速度 V_θ 之间的夹角为航迹角 γ，则

$$\tan\gamma = \frac{V_r}{V_\theta} = \frac{e\sin\theta}{1 + e\cos\theta}, \quad -90^\circ \leqslant \gamma \leqslant 90^\circ \tag{9-81}$$

对于抛物线轨道而言，$e = 1$，则

$$\tan\gamma = \tan\frac{\theta}{2} \tag{9-82}$$

即

$$\gamma = \frac{\theta}{2} \tag{9-83}$$

式（9-83）表明抛物线的航迹角与真近点角呈线性关系。图 9-3 所示为不同类型轨道航迹角与真近点角之间的关系。

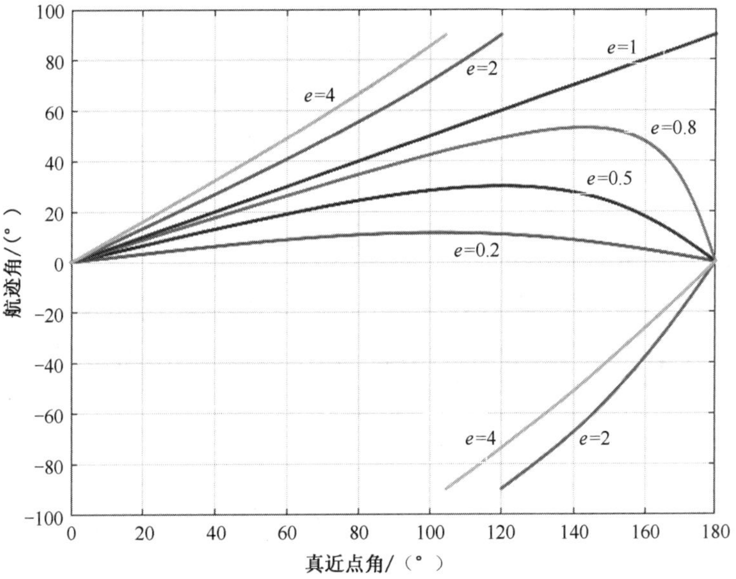

图 9-3　不同类型轨道航迹角与真近点角之间的关系（见彩插）

若将式（9-80）中的两个公式进行合并，则可得

$$V_r^2 + \left(V_\theta - \frac{\mu}{h}\right)^2 = \left(\frac{\mu e}{h}\right)^2 \tag{9-84}$$

显然，这是一个以 $V_r - V_\theta$ 为直角坐标轴的圆的方程。圆的中心位于 V_θ 轴上，距离原点 $\dfrac{\mu}{h}$，圆的半径为 $\dfrac{\mu e}{h}$，这是关于 V_r, V_θ 的速度图。图 9-4 给出了双曲线轨道、抛物线轨道和椭圆轨道的速度图。

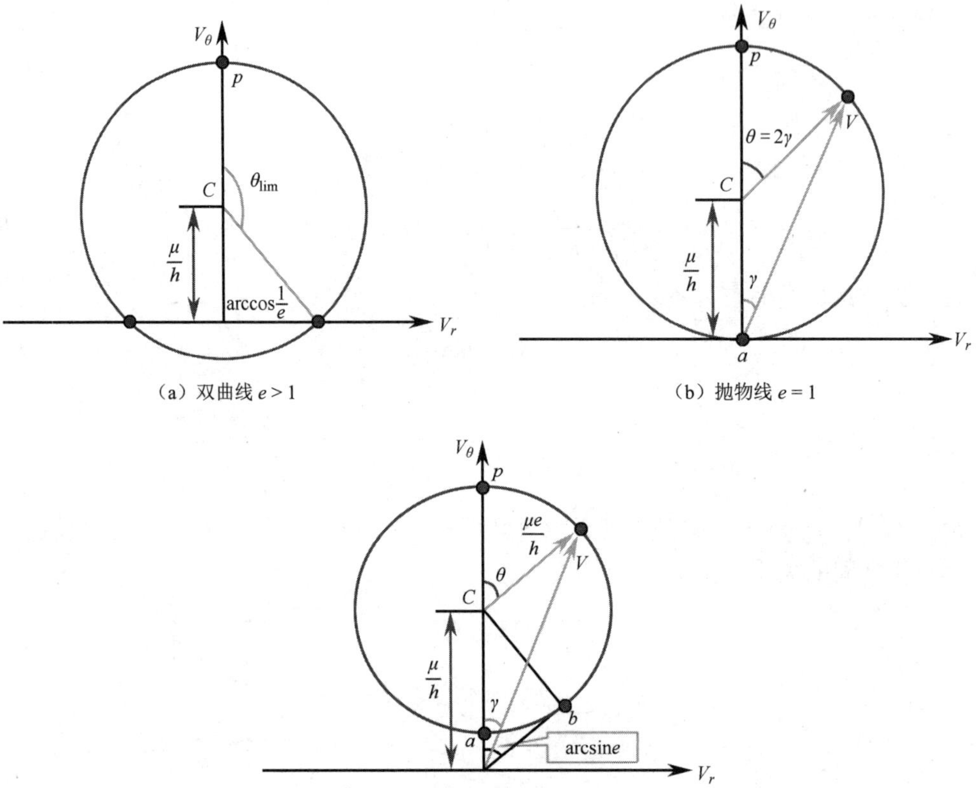

（a）双曲线 $e>1$　　（b）抛物线 $e=1$

（c）椭圆 $0<e<1$

图 9-4　V_r 和 V_θ 的速度图（见彩插）

图 9-4 中，a 表示远心点，p 表示近心点，b 表示短轴端点。因为 $V_\theta \geqslant 0$，所以双曲线运动的速度图中只有 $V_\theta \geqslant 0$ 的部分有意义，且当 $V_\theta=0$ 时 $r\to\infty$，此时的 θ 为极限值 $\theta_{\lim}$，速度 $V=V_r\neq 0$，这时的 V 又称为剩余速度，如图 9-4（a）所示。对于抛物线运动，在其远地点 a 处有 $r\to\infty$，且 $V=V_\theta=V_r=0$。显然，沿抛物线运动的天体在无穷远处的动能正好完全转化为势能，如图 9-4（b）所示。

如图 9-5 所示，也可将速度分解为垂直于长轴的分量 V_l 和矢径的法向分量 V_n。

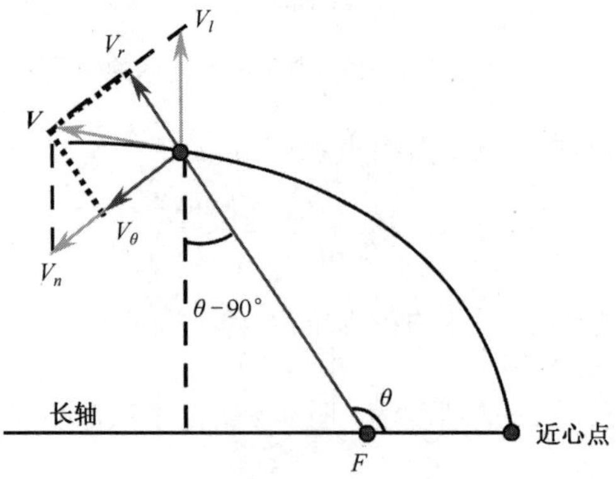

图 9-5　速度分量（见彩插）

图 9-5 中，F 为引力中心，则

$$\begin{cases} V_l = \dfrac{V_r}{\sin(180^\circ - \theta)} = \dfrac{V_r}{\sin\theta} = \dfrac{\mu e}{h} \\ V_n = V_\theta + \dfrac{V_r}{\tan(180^\circ - \theta)} = V_\theta - \dfrac{V_r}{\tan\theta} = \dfrac{\mu}{h} \end{cases} \tag{9-85}$$

可见，V_l 和 V_n 在数值上均为常量，且 $\boldsymbol{V}_l$ 的方向不变，即 $\boldsymbol{V}_l \perp \boldsymbol{e}$。

9.3.2 3 种圆锥曲线轨道的特点

综合上面介绍的二体系统相对运动方程、活力公式和速度的各种分解方式及 3 种轨道的速度图，可以获得 3 种圆锥曲线轨道的许多特点，下面将介绍几个重要的结论。

1. 椭圆轨道

1）速度在远心点处达到最小值且小于该处的圆周速度

已知远心点处 $\theta = 180^\circ$，代入式（9-52）可得远心点的矢径 $\boldsymbol{r}_a$ 的值，即

$$r_a = a(1+e) \tag{9-86}$$

则在远心点处的圆周速度为

$$V_{ca} = \sqrt{\frac{\mu}{a(1+e)}} \tag{9-87}$$

利用式（9-68）可得远心点处的速度为

$$V_a = \sqrt{\frac{\mu}{a}\left(\frac{1-e}{1+e}\right)} < V_{ca} \tag{9-88}$$

2）速度在近心点处达到最大值且大于该处的圆周速度

已知在近心点处 $\theta = 0^\circ$，代入式（9-52）可得近心点的矢径 $\boldsymbol{r}_p$ 的值，即

$$r_p = a(1-e) \tag{9-89}$$

则在近心点处的圆周速度为

$$V_{cp} = \sqrt{\frac{\mu}{a(1-e)}} \tag{9-90}$$

利用式（9-68）可得近心点处的速度为

$$V_p = \sqrt{\frac{\mu}{a}\left(\frac{1+e}{1-e}\right)} > V_{cp} \tag{9-91}$$

3）轨道与正焦弦的交点处径向速度取极值

已知轨道与正焦弦的交点处 $\theta = 90^\circ$ 或 $\theta = 270^\circ$，此时的径向速度为

$$V_r = \pm\frac{\mu}{h}e \tag{9-92}$$

由式（9-80）可知，此时径向速度的值最大，如图 9-4（c）所示。

4）轨道与短轴的交点处航迹角 γ 取极值

为了求航迹角的极值，令式（9-81）的右侧函数为

$$F(\theta) = \frac{e\sin\theta}{1+e\cos\theta} \tag{9-93}$$

令 $\dfrac{\partial F}{\partial \theta}=0$，得

$$e=-\cos\theta \tag{9-94}$$

将式（9-94）代入式（9-81）可得航迹角极值 $\gamma_{\lim}$ 为

$$\gamma_{\lim}=\arcsin e \tag{9-95}$$

如图 9-4（c）所示，航迹角取极值处就是轨道与短轴的交点 b 处。

2. 抛物线轨道

由式（9-68）、式（9-77）可知，抛物线轨道上任意一点的速度都等于该点的逃逸速度 V_{esc}，且当 $r\to\infty$ 时，$V_{\text{esc}}\to 0$。但是，绕引力中心天体的抛物线轨道，其逃逸速度的大小，不仅与距引力中心的距离有关，而且还与引力中心的质量有关。引力中心天体的质量越大，需要的逃逸速度也越大。

如图 9-4（b）所示，对于抛物线轨道，有

$$\begin{cases}\gamma=\dfrac{\theta}{2},\ 0^\circ\leqslant\theta\leqslant180^\circ\\ \gamma=\dfrac{\theta}{2}-180^\circ,\ 180^\circ<\theta<360^\circ\end{cases} \tag{9-96}$$

可见，航迹角与真近点角成线性关系。

3. 双曲线轨道

已知单位质量总能量为

$$E=\frac{1}{2}V^2-\frac{\mu}{r} \tag{9-97}$$

当 $r\to\infty$ 时，$V\to V_\infty$，这时的总能量为

$$E=\frac{1}{2}V_\infty^2 \tag{9-98}$$

又已知 $E=-\dfrac{\mu}{2a}$，代入式（9-98）得

$$V_\infty^2=-\frac{\mu}{a} \tag{9-99}$$

式中，$a<0$，V_∞ 为在沿双曲线轨道飞行的飞行器的双曲线剩余速度。

将式（9-77）、式（9-99）代入式（9-68），可得

$$V^2=V_{\text{esc}}^2+V_\infty^2 \tag{9-100}$$

可见，双曲线轨道上任意一点的速度都可以用该点的逃逸速度和双曲线剩余速度来表示，且当 $r\to\infty$ 时，有 $V_{\text{esc}}\to 0$，则

$$V=V_\infty \tag{9-101}$$

此时速度达到最小值。此时的真近点角为

$$\theta_\infty=\arccos\left(-\frac{1}{e}\right) \tag{9-102}$$

由图 9.4（a）可知，双曲线轨道上真近点角 θ 的取值范围为

$$-\pi+\arccos\left(\frac{1}{e}\right)\leqslant\theta\leqslant\pi-\arccos\left(\frac{1}{e}\right) \tag{9-103}$$

【例 9-1】 已知某卫星的近地点地心距为 6500km，远地点地心距为 60000km，求轨道高度为 600km 时的真近点角。

解：由式（9-86）和式（9-89）可知

$$\begin{cases} 6500 = a(1-e) \\ 60000 = a(1+e) \end{cases}$$

解得轨道半长轴和偏心率为

$$\begin{cases} a = 33250\text{km} \\ e = 0.8045 \end{cases}$$

由式（9-50）有

$$600 + R_e = \frac{a(1-e^2)}{1+e\cos\theta}$$

解得

$$\theta = 32.1670^\circ$$

9.4　位置与时间之间的关系

前面介绍的二体问题相对运动方程反映的是位置与真近点角之间的关系，而在实际情况下，获得飞行器在轨道上运动位置与时间的关系更有意义。

为了求时间 t 与真近点角 θ 的关系，将周向速度公式展开，即

$$\frac{\mathrm{d}\theta}{\mathrm{d}t} = \sqrt{\frac{\mu}{p^3}}(1+e\cos\theta)^2 \tag{9-104}$$

或

$$\mathrm{d}t = \sqrt{\frac{p^3}{\mu}}\frac{\mathrm{d}\theta}{(1+e\cos\theta)^2} \tag{9-105}$$

对式（9-105）进行积分，得

$$t - t_0 = \sqrt{\frac{p^3}{\mu}}\int_{\theta_0}^{\theta}\frac{\mathrm{d}\theta}{(1+e\cos\theta)^2} \tag{9-106}$$

式（9-106）建立了飞行器在轨道上的位置与其飞行时间之间的关系。通过对式（9-106）右侧积分，可以计算出圆轨道、椭圆轨道、抛物线轨道和双曲线轨道的飞行时间。下面分别进行讨论。

9.4.1　圆轨道

已知圆轨道 $e=0$，代入式（9-106），可得

$$t - t_0 = \sqrt{\frac{p^3}{\mu}}(\theta - \theta_0) \tag{9-107}$$

可见，圆轨道上飞行器的位置与飞行时间之间存在线性关系。由式（9-107）可得圆轨道的运动周期为

$$T_c = 2\pi\sqrt{\frac{r_c^3}{\mu}} \tag{9-108}$$

式中，r_c 为圆轨道半径。

当绕地球赤道上空的圆轨道飞行的卫星，其运行周期 T_c 正好为一个恒星日，且该卫星的轨道运动方向与地球自转方向相同时，卫星将在赤道上空保持一个固定位置，即与地球表面无相对运动，我们称这种卫星为地球静止卫星，其轨道半径为 42164km。每颗地球静止卫星对地表的覆盖范围可达到 42.4%。由于地球静止卫星可以和地面站建立连续不断的通信，所以在通信卫星中应用广泛。

需要注意的是，我们常说的地球同步卫星与地球静止卫星是有区别的，地球同步卫星只要求轨道周期为一个恒星日，而不要求在赤道上空，也不要求为圆轨道。

9.4.2 椭圆轨道

为了研究飞行器在椭圆轨道上的位置与飞行时间的关系，首先介绍两个新概念——面积速度和辅助圆。

1. 面积速度

求面积速度辅助图如图 9-6 所示。

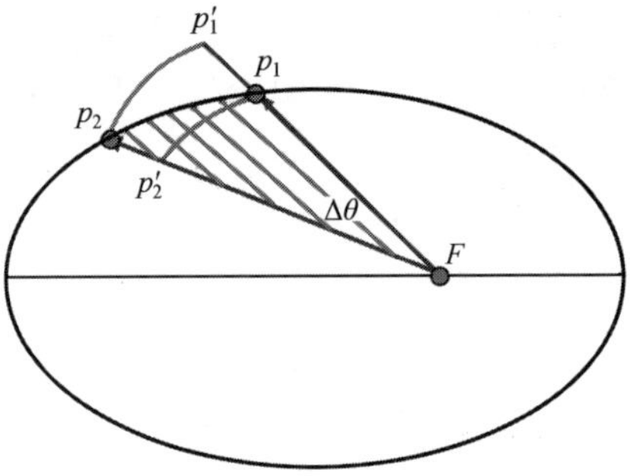

图 9-6　求面积速度辅助图

设飞行器在 Δt 时间内由 p_1 点飞至 p_2 点，扫过面积为 $\Delta\sigma$，如图 9-6 中斜线部分所示，则

$$\frac{1}{2}(r+\Delta r)^2\Delta\theta > \Delta\sigma > \frac{1}{2}r^2\Delta\theta \tag{9-109}$$

其中

$$\Delta r = Fp_2 - Fp_1 \tag{9-110}$$

则

$$\frac{1}{2}(r+\Delta r)^2\frac{\Delta\theta}{\Delta t} > \frac{\Delta\sigma}{\Delta t} > \frac{1}{2}r^2\frac{\Delta\theta}{\Delta t} \tag{9-111}$$

令 $\Delta t \to 0$，取极限，则

$$\dot{\sigma} = \frac{1}{2}r^2\dot{\theta} \tag{9-112}$$

已知$h = r^2\dot{\theta}$，则

$$\dot{\sigma} = \frac{1}{2}h \tag{9-113}$$

称为面积速度。可见，做椭圆运动的质点到引力中心 F 的连线在单位时间内所扫过的椭圆面积为一个常数，其数值等于该质点动量矩的一半。

由解析几何可知，整个椭圆的面积为πab，则质点绕椭圆运行一周的时间为

$$T = \frac{\pi ab}{\dot{\sigma}} \tag{9-114}$$

式中，a 为半长轴，b 为半短轴。它们满足以下关系

$$\begin{cases} a = \dfrac{p}{1-e^2} \\ b = \dfrac{p}{\sqrt{1-e^2}} \\ p = \dfrac{h^2}{\mu} \\ \dot{\sigma} = \dfrac{1}{2}h \end{cases} \tag{9-115}$$

将式（9-115）代入式（9-114），可得椭圆轨道的周期为

$$T = \frac{2\pi}{\sqrt{\mu}}a^{\frac{3}{2}} = 2\pi\sqrt{\frac{a^3}{\mu}} \tag{9-116}$$

可见，周期 T 只与椭圆的半长轴 a 有关，即只与机械能 E 有关。因此，沿半长轴相同的不同椭圆轨道运行的卫星，其运行周期是相同的，这就是天体力学中最著名的开普勒定律。

如果是人造卫星轨道，则$a > R_e$。令$a = R_e$，则

$$T = \frac{2\pi}{\sqrt{\mu}}R_e^{\frac{3}{2}} = 84.3(\text{min}) \tag{9-117}$$

式中，R_e为地球平均半径。式（9-117）说明，人造地球卫星的轨道周期不短于 84.3 分钟。

2. 辅助圆

以椭圆的半长轴为半径，以椭圆中心 O 为圆心作的圆称为椭圆的辅助圆，如图 9-7 所示。

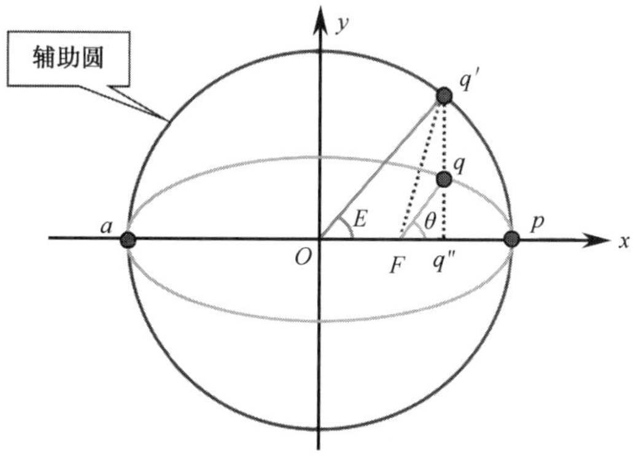

图 9-7　辅助圆（见彩插）

假设飞行器由 t_p 时刻的位置 p（近地点）飞至 t 时刻椭圆轨道上的位置 q，则

$$t-t_p=\frac{\sigma_{Fpq}}{\sigma} \tag{9-118}$$

式中，σ_{Fpq} 为飞行器由 p 飞至 q 所扫过的椭圆面积。显然，直接求 σ_{Fpq} 是困难的，所以做如下线性变换，将椭圆变为圆，即

$$\begin{cases} x=x' \\ y=\dfrac{b}{a}y' \end{cases} \tag{9-119}$$

代入椭圆方程

$$\frac{x^2}{a^2}+\frac{y^2}{b^2}=1 \tag{9-120}$$

得辅助圆的方程为

$$x'^2+y'^2=a^2 \tag{9-121}$$

可见，辅助圆与椭圆上的点一一对应，且满足式（9-119）所示的线性变换关系。另外，飞行器在椭圆上飞行一周的时间与在辅助圆上飞行一周的时间相等，均为 T。因此，就将飞行器在椭圆上由 p 飞至 q 所需的时间转变成飞行器在辅助圆上由 p 飞至 q' 所需时间的计算了。其中，q' 点为 q 点在辅助圆上的对应点，是由 q 作垂直于长轴的垂线与辅助圆的交点，定义 $\angle q'Op$ 为偏近点角，记为 E。

3. 开普勒方程

如图 9-7 所示，令

$$Fq''=d \quad q''q=y \quad q''q'=y' \quad Fq=r \quad Fq'=r' \tag{9-122}$$

$$\theta'=\angle q'Fp \qquad \theta=\angle qFp \tag{9-123}$$

则在 $\triangle Fq''q$ 和 $\triangle Fq''q'$ 中，有

$$\begin{cases} \tan\theta=\dfrac{y}{d} \\ \tan\theta'=\dfrac{y'}{d} \end{cases} \tag{9-124}$$

即

$$\tan\theta'=\frac{a}{b}\tan\theta \tag{9-125}$$

对 t 求导，得

$$(1+\tan^2\theta')\dot{\theta}'=\frac{a}{b}(1+\tan^2\theta)\dot{\theta} \tag{9-126}$$

已知

$$\begin{cases} 1+\tan^2\theta'=1+\dfrac{y'^2}{d^2}=\dfrac{r'^2}{d^2} \\ 1+\tan^2\theta=1+\dfrac{y^2}{d^2}=\dfrac{r^2}{d^2} \end{cases} \tag{9-127}$$

则

$$r'^2\dot{\theta}' = \frac{a}{b}r^2\dot{\theta} \tag{9-128}$$

椭圆的面积速度为

$$\dot{\sigma} = \frac{1}{2}r^2\dot{\theta} \tag{9-129}$$

同理可得

$$\dot{\sigma}' = \frac{1}{2}r'^2\dot{\theta}' \tag{9-130}$$

代入式（9-128）和式（9-129），可得辅助圆的面积速度为

$$\dot{\sigma}' = \frac{a}{b}\dot{\sigma} = \frac{\pi a^2}{T} \tag{9-131}$$

可见，飞行器在对应辅助圆上飞行的面积速度$\dot{\sigma}'$也为常值。

由图 9.7 可知，

$$\sigma'_{Fpq'} = \sigma'_{Opq'} - \sigma_{\triangle Fq'O} \tag{9-132}$$

显然

$$\begin{cases} \sigma'_{Opq'} = \dfrac{1}{2}a^2 E \\ \sigma_{\triangle Fq'O} = \dfrac{1}{2}OF \cdot q'q'' = \dfrac{1}{2}c \cdot a\sin E = \dfrac{1}{2}a^2 e\sin E \end{cases} \tag{9-133}$$

则

$$\sigma'_{Fpq'} = \frac{1}{2}a^2 E - \frac{1}{2}a^2 e\sin E \tag{9-134}$$

即

$$t - t_p = \frac{\sigma'_{Fpq'}}{\dot{\sigma}'} = \frac{E - e\sin E}{\dfrac{2\pi}{T}} \tag{9-135}$$

令飞行器在椭圆上运行的平均角速度为

$$n = \frac{2\pi}{T} = \sqrt{\frac{\mu}{a^3}} \tag{9-136}$$

代入式（9-135）得

$$n(t - t_p) = E - e\sin E \tag{9-137}$$

令

$$M = n(t - t_p) \tag{9-138}$$

称为平近点角，表示飞行器从近地点开始在$t - t_p$时间内以平均角速度n飞过的角度，则

$$M = E - e\sin E \tag{9-139}$$

式（9-139）称为开普勒方程。

4. 真近点角θ与偏近点角E的关系

由于飞行器在轨道上的位置和速度都是以真近点角θ为参变量的，而开普勒方程反映的是偏近点角E与时间的关系，所以要想求θ与飞行时间的关系，必须先获得θ与E的关系。

由图 9.7 可知，在$\triangle Oq''q'$中有

$$\begin{cases} q''q' = y' = \dfrac{a}{b}y = \dfrac{a}{b}r\sin\theta \\ q''q' = a\sin E \end{cases} \tag{9-140}$$

即

$$b\sin E = r\sin\theta \tag{9-141}$$

已知

$$\begin{cases} p = b\sqrt{1-e^2} \\ r = \dfrac{p}{1+e\cos\theta} \end{cases} \tag{9-142}$$

则

$$\sin E = \frac{r}{b}\sin\theta = \frac{\sqrt{1-e^2}\sin\theta}{1+e\cos\theta} \tag{9-143}$$

即

$$\cos E = \frac{e+\cos\theta}{1+e\cos\theta} \tag{9-144}$$

将三角公式$\tan\dfrac{E}{2} = \dfrac{1-\cos E}{\sin E}$代入式（9-144），得

$$\tan\frac{E}{2} = \sqrt{\frac{1-e}{1+e}}\cdot\frac{1-\cos\theta}{\sin\theta} = \sqrt{\frac{1-e}{1+e}}\tan\frac{\theta}{2} \tag{9-145}$$

式（9-145）即偏近点角 E 与真近点角 θ 的关系式。

5. 运动参数与偏近点角 *E* 的关系

将式（9-143）、式（9-144）进行变换，可得

$$\begin{cases} \cos\theta = \dfrac{\cos E - e}{1-e\cos E} \\ \sin\theta = \dfrac{\sqrt{1-e^2}\sin E}{1-e\cos E} \end{cases} \tag{9-146}$$

代入周向速度和径向速度的计算公式

$$\begin{cases} V_r = \sqrt{\dfrac{\mu}{p}}e\sin\theta \\ V_\theta = \sqrt{\dfrac{\mu}{p}}(1+e\cos\theta) \end{cases} \tag{9-147}$$

且已知

$$p = a(1-e^2) \tag{9-148}$$

则

$$\begin{cases} V_r = \sqrt{\dfrac{\mu}{a}}\dfrac{e\sin E}{1-e\cos E} \\ V_\theta = \sqrt{\dfrac{\mu}{a}}\dfrac{\sqrt{1-e^2}}{1-e\cos E} \end{cases} \tag{9-149}$$

即

$$\begin{cases} V = \sqrt{\dfrac{\mu}{a}} \dfrac{\sqrt{1-e^2\cos^2 E}}{1-e\cos E} \\ \tan\gamma = \dfrac{e\sin E}{\sqrt{1-e^2}} \end{cases} \tag{9-150}$$

又由△$Fq''q$ 可得

$$\begin{cases} r^2 = (Fq'')^2 + (qq'')^2 \\ Fq'' = Oq'' - OF = a\cos E - c = a(\cos E - e) \\ qq'' = y = \dfrac{b}{a} y' = b\sin E = a\sqrt{1-e^2}\sin E \end{cases} \tag{9-151}$$

可得偏近点角表示的椭圆轨道方程

$$r = a(1 - e\cos E) \tag{9-152}$$

【例 9-2】 某卫星的半长轴为 12500km、偏心率为 0.472，设卫星过近地点的时刻为 0，求卫星运行至真近点角为 120° 时的飞行时间。

解： 由式（9-136）得

$$n = \sqrt{\frac{\mu}{a^3}} = 4.5176\times 10^{-4}$$

根据真近点角与偏近点角的转换关系，可得 120° 的真近点角所对应的偏近点角为

$$E = 2\arctan\left(\sqrt{\frac{1-e}{1+e}}\tan\frac{\theta}{2}\right) = 92.1003^\circ$$

利用开普勒方程即可求出飞行时间，即

$$t = \frac{1}{n}(E - e\sin E) = 2510(\mathrm{s})$$

9.4.3 抛物线轨道

将 $e=1$ 代入式（9-106），可得

$$\tan\frac{\theta}{2} + \frac{1}{3}\tan^3\frac{\theta}{2} = 2\sqrt{\frac{\mu}{p^3}}(t-\tau) \tag{9-153}$$

式中，积分常数 τ 是飞行器过近心点的时间。式（9-153）称为巴克（Berker）方程。

如果飞行器从 $\theta = -90^\circ$ 运行到 $\theta = 90^\circ$，则所需时间为

$$T_p = \frac{4}{3}\sqrt{\frac{p^3}{\mu}} \tag{9-154}$$

9.4.4 双曲线轨道

为了讨论飞行器在双曲线轨道上的位置与飞行时间的关系，需要引入一个新概念——双曲近点角 H，如图 9-8 所示。

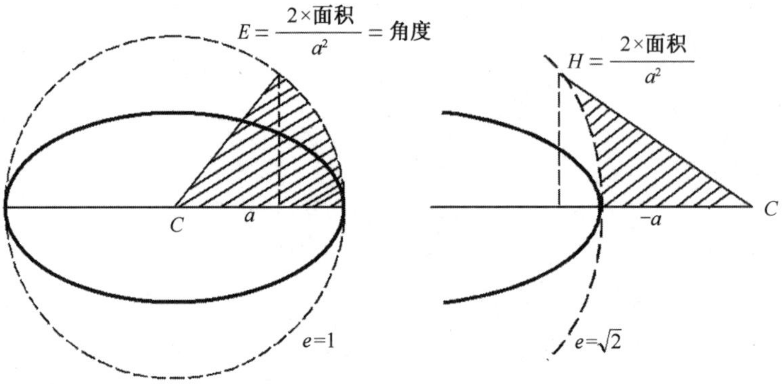

图 9-8　偏近点角和双曲近点角的几何表示方法

用双曲近点角 H 替换偏近点角 E，代入式（9-152）即可得到双曲线轨道方程，即

$$r=a_1(e\cdot \mathrm{ch}H-1) \tag{9-155}$$

式中，$a_1=-a>0$，$\mathrm{ch}(x)$ 为双曲余弦函数，即

$$\mathrm{ch}(x)=\frac{1}{2}(e^x+e^{-x})\quad,\quad x\in(-\infty,+\infty) \tag{9-156}$$

则飞行器在双曲线轨道上的位置与飞行时间的联系方程为

$$e\cdot \mathrm{sh}H-H=\sqrt{\frac{\mu}{a_1^3}}(t-\tau) \tag{9-157}$$

式中，$\mathrm{sh}(x)$ 为双曲正弦函数，即

$$\mathrm{sh}(x)=\frac{1}{2}(e^x-e^{-x})\quad,\quad x\in(-\infty,+\infty) \tag{9-158}$$

9.5　圆型限制性三体问题

9.5.1　限制性问题的提出

一个 N 体系统，$N=n+k$，其中 n 个大质点和 k 个小质点，质量分别记作 $M_i\left(i=1,2,\cdots,n\right)$ 和 $m_\alpha\left(\alpha=1,2,\cdots,k\right)$。其中，$m_\alpha \ll M_i$，与 M_i 相比，m_α 的质量几乎可以忽略，小质点的存在不会影响大质点的运动状态。那么，研究 n 个大质点的运动将与 k 个小质点无关，限制性问题就是关于这个 N 体系统，在 n 个大质点的运动已知的情况下，研究 k 个小质点的运动问题。

在太阳系中，研究小行星的运动会对应一个典型的限制性问题。大部分小行星的质量相对于太阳和各大行星的质量都很小，小到它们的存在，使各大行星相对太阳的运动没有“任何”改变，至少在当今的测量精度下还无法使其影响体现出来，符合限制性问题的基本前提。再如，深空探测中的人造航天器，其质量不会影响太阳系中任何一个自然天体（太阳、大小行星、自然卫星、彗星等）的运动状况，研究深空探测器的运动就是一个限制性问题。类似的力学系统在太阳系中还有很多，因此，限制性问题在实际中具有广泛的天文背景。

限制性问题中最简单的模型是限制性三体问题，这是一个 $N=(2+1)$ 系统，由两个大天体和一个小天体构成。例如，月球探测器的运动就涉及地球、月球两个大天体。由于小天体对两个大天体的运动没有影响，因此，两个大天体的运动即对应一个简单的二体运动问题，其相对运动轨迹是一条圆锥曲线。既然我们在探讨构成一个系统的问题，那么当然就排除了抛物线和双曲线的情况，即只限于圆周相对运动和椭圆相对运动，分别对应圆型限制性三体问题和椭圆型限制性三体问题。对于这样一类限制性三体问题，就是在两个大天体运动确定的情况下，研究第三个天体的运动。

太阳系中大多数天体的轨道偏心率都较小，作为第一近似可以视作圆轨道。例如，月球绕地球的运动轨道偏心率是 0.0549，地球绕太阳的运动轨道偏心率是 0.0167。因此，作为深空探测器的运动，其基本动力学模型可以处理成一个圆型限制性三体问题。其中，探测器在不同运动阶段可能对应不同的大天体引力影响。例如，月球探测器在发射阶段和绕行阶段分别对应地球和月球，火星探测器在发射阶段和绕行阶段分别对应地球和火星，等等。

深空探测器的运动除了受相关的两个大天体的引力作用外，实际上还会受其他大天体的影响，但相对而言作用较小，故可以将深空探测器的实际运动处理成一个受摄限制性三体问题。研究表明，只有圆型限制性三体问题存在一些可引用的基本特征，故确切地说是处理成受摄圆型限制性三体问题。

9.5.2　基本运动方程

下面针对圆型限制性三体问题开展分析。设两个物体 m_1 和 m_2 仅在相互引力的作用下运动，且它们之间互相绕行的轨道是半径为 r_{12} 的圆。设一非惯性坐标系 $G\text{-}xyz$，以二体系统的质心为坐标原点，与两个物体一起转动，如图 9-9 所示，x 轴指向 m_2，y 轴位于轨道平面内，z 轴与轨道平面相垂直，坐标系旋转角速度为 ω。

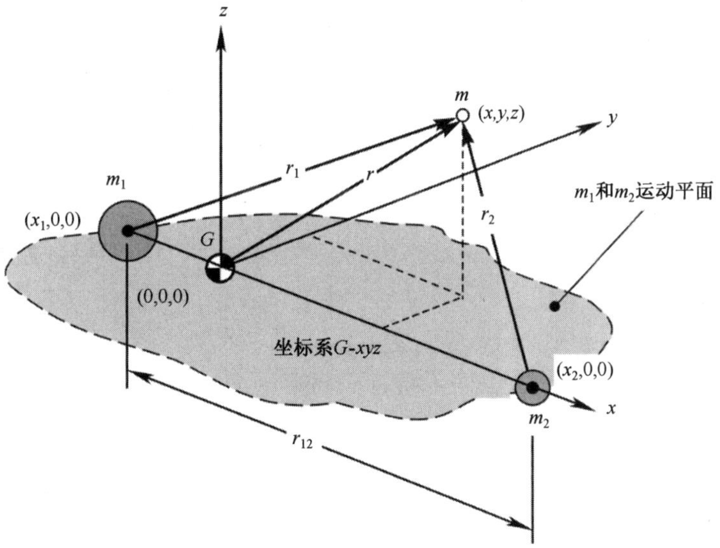

图 9-9　圆型限制性三体问题图示

引入质量为 m 的第三个物体，其质量与 m_1 和 m_2 相比可以忽略不计，m 对 m_1 和 m_2 相互运动没有影响。在 $G-xyz$ 坐标系中，质点 m 相对于 m_1 的位置矢量为

$$\boldsymbol{r}_1 = (x - x_1)\boldsymbol{i} + y\boldsymbol{j} + z\boldsymbol{k} \tag{9-159}$$

质点 m 相对于 m_2 的位置矢量为

$$\boldsymbol{r}_2 = (x - x_2)\boldsymbol{i} + y\boldsymbol{j} + z\boldsymbol{k} \tag{9-160}$$

质点 m 相对于质心 G 的位置矢量为

$$\boldsymbol{r} = x\boldsymbol{i} + y\boldsymbol{j} + z\boldsymbol{k} \tag{9-161}$$

对式（9-161）在惯性系下求导，根据矢量导数法则，有

$$\dot{\boldsymbol{r}} = \omega \times \boldsymbol{r} + \boldsymbol{v}_{相对} \tag{9-162a}$$

$$\ddot{\boldsymbol{r}} = \omega \times (\omega \times \boldsymbol{r}) + 2\omega \times \boldsymbol{v}_{相对} + \boldsymbol{a}_{相对} \tag{9-162b}$$

式中，$\omega = \sqrt{\dfrac{G(m_1 + m_2)}{r_{12}^3}}$ 为坐标系 $G - xyz$ 的旋转角速度；$\boldsymbol{v}_{相对}$ 和 $\boldsymbol{a}_{相对}$ 为质点 m 相对于坐标系 G-xyz 的速度和加速度，$\boldsymbol{v}_{相对} = \dot{x}\boldsymbol{i} + \dot{y}\boldsymbol{j} + \dot{z}\boldsymbol{k}$ ，$\boldsymbol{a}_{相对} = \ddot{x}\boldsymbol{i} + \ddot{y}\boldsymbol{j} + \ddot{z}\boldsymbol{k}$ 。

将式（9-161）代入式（9-162b）并简化，可得

$$\ddot{\boldsymbol{r}} = (\ddot{x} - 2\omega\dot{y} - \omega^2 x)\boldsymbol{i} + (\ddot{y} + 2\omega\dot{x} - \omega^2 y)\boldsymbol{j} + \ddot{z}\boldsymbol{k} \tag{9-163}$$

式（9-164）即质点 m 在惯性系中的加速度。

另外，利用牛顿第二定律，质点 m 在惯性系中的加速度可以表示为

$$\begin{aligned} \ddot{\boldsymbol{r}} &= \boldsymbol{F}_1 + \boldsymbol{F}_2 \\ &= -\frac{Gm_1}{r_1^3}\boldsymbol{r}_1 - \frac{Gm_2}{r_2^3}\boldsymbol{r}_2 \\ &= -\frac{\mu_1}{r_1^3}\boldsymbol{r}_1 - \frac{\mu_2}{r_2^3}\boldsymbol{r}_2 \end{aligned} \tag{9-164}$$

令式（9-163）和式（9-164）右侧对应项相等，有

$$\begin{cases} \ddot{x} - 2\omega\dot{y} - \omega^2 x = -\dfrac{\mu_1}{r_1^3}(x - x_1) - \dfrac{\mu_2}{r_2^3}(x - x_2) \\ \ddot{y} + 2\omega\dot{x} - \omega^2 y = -\dfrac{\mu_1}{r_1^3}y - \dfrac{\mu_2}{r_2^3}y \\ \ddot{z} = -\dfrac{\mu_1}{r_1^3}z - \dfrac{\mu_2}{r_2^3}z \end{cases} \tag{9-165}$$

式（9-165）是质点 m 在坐标系 G-xyz 中的运动方程，即圆型限制性三体问题的基本运动方程。进一步令

$$U = \frac{1}{2}\omega^2(x^2 + y^2) + \frac{\mu_1}{r_1} + \frac{\mu_2}{r_2}$$

则式（9-165）变为

$$\begin{cases} \ddot{x} - 2\omega\dot{y} = \dfrac{\partial U}{\partial x} \\ \ddot{y} + 2\omega\dot{x} = \dfrac{\partial U}{\partial y} \\ \ddot{z} = \dfrac{\partial U}{\partial z} \end{cases} \tag{9-166}$$

9.5.3　平动点与晕轨道

圆型限制性三体问题的基本运动方程没有封闭的解析解，但是存在 5 个特殊的解，我们可以利用这些特殊的解来确定平动点的位置（部分文献称为拉格朗日点），即质点 m 在坐标系 $G\text{-}xyz$ 中速度为零、加速度也为零的位置。平动点的约束条件为

$$\ddot{x}=\ddot{y}=\ddot{z}=0,\quad \dot{x}=\dot{y}=\dot{z}=0$$

将上式代入式（9-165），得

$$\begin{cases}-\omega^2 x=-\dfrac{\mu_1}{r_1^3}(x-x_1)-\dfrac{\mu_2}{r_2^3}(x-x_2)\\ -\omega^2 y=-\dfrac{\mu_1}{r_1^3}y-\dfrac{\mu_2}{r_2^3}y\\ 0=-\dfrac{\mu_1}{r_1^3}z-\dfrac{\mu_2}{r_2^3}z\end{cases}\tag{9-167}$$

式（9-167）为平动点的坐标满足的代数方程组。从式（9-167）的第三式可知

$$\left(\frac{\mu_1}{r_1^3}+\frac{\mu_2}{r_2^3}\right)z=0$$

显然，$\dfrac{\mu_1}{r_1^3}>0,\dfrac{\mu_2}{r_2^3}>0$，因此必然有 $z=0$，即平动点的位置位于轨道运动平面（$x\text{-}y$ 平面）内。

又由式（9-167）的第二式可知

$$\left(\omega^2-\frac{\mu_1}{r_1^3}-\frac{\mu_2}{r_2^3}\right)y=0\tag{9-168}$$

式（9-168）分为两种情况，即 $y\neq 0$ 和 $y=0$，下面分别针对这两种情况讨论平动解。

1. $y\neq 0$

此时，式（9-168）成立的条件为

$$\frac{G(m_1+m_2)}{r_{12}^3}=\frac{Gm_1}{r_1^3}+\frac{Gm_2}{r_2^3}\tag{9-169}$$

显然，存在特解 $r_{12}=r_1=r_2$ 使式（9-169）成立。利用该解，并结合质心的定义，可以得到

$$x=\frac{r_{12}}{2}-\frac{m_2}{m_1+m_2}r_{12},\quad y=\pm\frac{\sqrt{3}}{2}r_{12}$$

由此我们得到了平动点中的两个点，即 L_4 和 L_5。L_4 和 L_5 的距离、m_1 和 m_2 的距离均为 r_{12}，且在坐标系 $G\text{-}xyz$ 中的坐标为

$$L_4,L_5:\quad x=\frac{r_{12}}{2}-\frac{m_2}{m_1+m_2}r_{12},\quad y=\pm\frac{\sqrt{3}}{2}r_{12},\quad z=0$$

L_4 和 L_5 分别与 m_1 和 m_2 构成等边三角形且对称分布，我们称之为三角平动点或对称平动点。

2. $y=0$

将 $y=0$ 和 $z=0$ 代入式（9-167）的第一式，有

$$\omega^2 x-\mu_1\frac{x-x_1}{(x-x_1)^3}-\mu_2\frac{x-x_2}{(x-x_2)^3}=0 \tag{9-170}$$

即

$$\omega^2 x(x-x_1)^2(x-x_2)^2-\mu_1(x-x_2)^2-\mu_2(x-x_1)^2=0 \tag{9-171}$$

利用数值求解，可以得到该代数方程的 3 个实数根，记为 x_1, x_2, x_3，其分别对应 x 轴上的 3 个平动点 L_1, L_2, L_3，我们称之为共线平动点。

【例 9-3】求地月系统的平动点。已知 $m_{地}=5.974\times10^{24}\,\text{kg}$，$m_{月}=7.348\times10^{22}\,\text{kg}$，$r_{地—月}=3.844\times10^{5}\,\text{km}$。

解：将地球、月球质量和地—月距离分别代入式（9-171），绘制函数曲线，通过精确测定曲线与 x 轴的交点值，可以得到地月系统 3 个平动点 L_1, L_2, L_3，如图 9-10 所示。

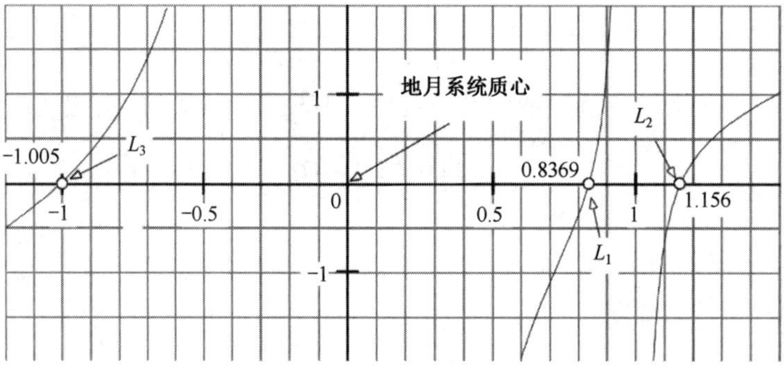

图 9-10　地月系统共线平动点的位置分布（相对于地月系统质心）

L_1：$x_1=0.8369r_{地—月}=3.217\times10^5\,\text{km}$

L_2：$x_2=1.156r_{地—月}=4.444\times10^5\,\text{km}$

L_3：$x_3=-1.005r_{地—月}=-3.863\times10^5\,\text{km}$

利用式（9-170）可以得到平动点 L_4, L_5

L_4：$x_4=1.8753\times10^5\,\text{km},\ y_4=3.329\times10^5\,\text{km}$

L_5：$x_5=1.8753\times10^5\,\text{km},\ y_5=-3.329\times10^5\,\text{km}$

地月系统的 5 个平动点的位置分布如图 9-11 所示。为绘制方便，图中平动点的位置以地心为原点，而不是以地月系统质心为原点。地月系统质心位于距地心 4670km 处，即地球半径的 73%处。由于平动点相对地球系统是固定的，因此地月系统 5 个平动点也是以与月球相同的周期、以圆轨道绕地球运行的。

研究表明，圆型限制性三体问题的 5 个平动点，只有 L_4, L_5 平动点在满足一定条件下是线性稳定的，而共线的 L_1, L_2, L_3 3 个平动点是不稳定的。

对于线性稳定的平动点，当航天器因受到外力轻微扰动而偏离时，会产生关于平动点的微小周期性振荡，并最终回到原位置。稳定的条件为

$$0<\frac{m_2}{m_1+m_2}<0.038520896504551\cdots$$

理论上讲，当满足上述条件时，运行在 L_4, L_5 平动点的航天器能够自行稳定，但航天器

会受到其他天体的引力摄动影响，从而导致 L_4 和 L_5 不稳定。因此，实际上为了维持航天器在平动点处的稳定，还需要进行一定的位置保持。

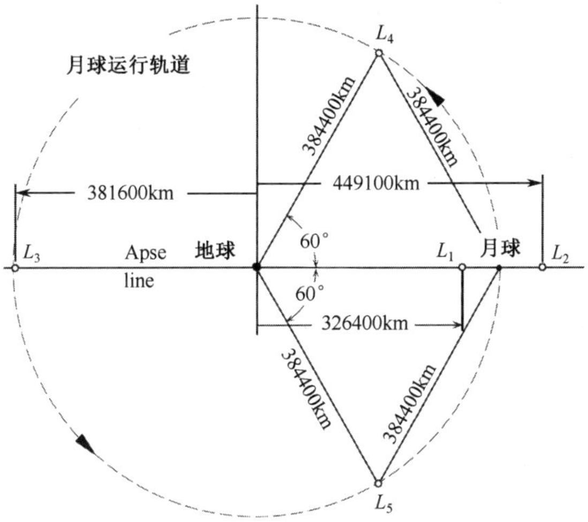

图 9-11　地月系统 5 个平动点的位置分布（相对地心）

对于不稳定的 L_1, L_2, L_3 3 个平动点，当航天器受到外力扰动时，会产生发散振荡，并最终完全偏离原位置。但是，可以通过选取适当的初始扰动，使得相应平动点附近的运动仍为周期运动或拟周期运动，这种方式称为条件稳定。如果航天器需要定位在共线平动点附近，则需要进行一定的轨控使其保持在平动点附近而不远离，从而能够在一定的工作寿命期间内完成探测任务。此时，该航天器不仅在 x-y 平面内是一个周期运动，而且在 z 方向上也是一个周期振荡，在三维空间中相对平动点则呈现出一个拟周期轨道。当 x-y 平面和 z 方向上的振荡频率可通约时，就呈现出周期运动轨道，我们通常称之为 Lissajous Trajectory（李萨如轨道、不封闭轨道）或 Halo Orbit（晕轨道、封闭轨道）。对于后者，从 x 方向上看过去（视线方向），航天器在 y-z 平面上的轨道投影围绕平动点像一种“光晕”。

运行在平动点附近的航天器轨道实际上是一种节能轨道，无论是稳定的平动点还是不稳定的平动点，各自都有相应的应用价值，可以在深空探测中被利用。我国的“鹊桥”中继卫星，运行在地月系统的平动点 L_2 附近的晕轨道上（距地球约 40 万千米，距月球约 6.5 万千米），成功为“嫦娥四号”探测器开展月球背面探测任务提供了通信与中继支持。

9.5.4　雅可比积分与零速度面

圆型限制性三体问题没有解析解，但是可以得到一个积分。分别用 $\dot{x}, \dot{y}, \dot{z}$ 乘以式（9-166）方程各式的两边并相加，可得

$$\dot{x}\ddot{x} + \dot{y}\ddot{y} + \dot{z}\ddot{z} = \dot{x}\frac{\partial U}{\partial x} + \dot{y}\frac{\partial U}{\partial y} + \dot{z}\frac{\partial U}{\partial z} \tag{9-172}$$

即

$$\frac{1}{2}\frac{\mathrm{d}}{\mathrm{d}t}(\dot{x}^2 + \dot{y}^2 + \dot{z}^2) = \frac{\mathrm{d}U}{\mathrm{d}t} \tag{9-173}$$

可积分为

$$\frac{1}{2}v^2 - U = C \tag{9-174}$$

将U代入，可得

$$\frac{1}{2}v^2 - \frac{1}{2}\omega^2(x^2+y^2) - \frac{\mu_1}{r_1} - \frac{\mu_2}{r_2} = C \tag{9-175}$$

式（9-175）即旋转坐标系中的雅可比（Jacobi）积分，这也是目前为止，在圆型限制性三体问题中找到的唯一一个积分。式（9-175）中，$\frac{1}{2}v^2$为质点m在坐标系$G\text{-}xyz$中单位质量的动能，$-\frac{\mu_1}{r_1}$和$-\frac{\mu_2}{r_2}$为质点m相对m_1和m_2的引力势能，而$-\frac{1}{2}\omega^2(x^2+y^2)$则可以视作坐标系旋转产生的势能。$C$为雅可比常数，是德国数学家卡尔·雅可比在1836年发现的，类似能量积分。

分析式（9-175），可得下列曲面

$$-\frac{1}{2}\omega^2(x^2+y^2) - \frac{\mu_1}{r_1} - \frac{\mu_2}{r_2} = C \tag{9-176}$$

这是一个空间曲面方程，称为零速度面。雅可比常数C可由初始条件确定。设质点m的初始位置为(x_0, y_0, z_0)，有

$$C_0 = \frac{1}{2}(\dot{x}_0^2 + \dot{y}_0^2 + z_0^2) - \frac{1}{2}\omega^2(x_0^2 + y_0^2) - \left.\frac{\mu_1}{r_1}\right|_0 - \left.\frac{\mu_2}{r_2}\right|_0$$

对于已经确定的C_0，有确定的零速度面。在零速度面上，质点m的速度为0，将无法穿越零速度面的边界。

以地月系为例。已知，

$\mu_1 = \mu_{地球} = 398600(\mathrm{km}^3/\mathrm{s}^2)$，

$\mu_2 = \mu_{月球} = 4903.02(\mathrm{km}^3/\mathrm{s}^2)$，

$\omega = \sqrt{\dfrac{\mu_1+\mu_2}{r_{12}}} = \sqrt{\dfrac{\mu_{地球}+\mu_{月球}}{r_{地—月}}} = 2.66538\times10^{-6}(\mathrm{rad/s})$。

将这些值代入式（9-176）就可以得到不同的雅可比常数值。图9-12给出了不同雅可比常数值下的零速度剖面。图9-12中，$C_0=-1.800$，$C_1=-1.6735$，$C_2=-1.6649$，$C_3=-1.5810$，$C_4=-1.5683$，$C_5=-1.5600$。

如图9-12所示，零速度面将空间分为两个区域，即可达区域和不可达区域（图中阴影区域）。对于初始位置固定的情况，随着初始速度的增加，雅可比常数C逐渐变大，不可达区域将逐渐变小。

若一开始时，航天器从地球附近某点出发，其雅可比常数为C_0，则其只能在地球附近运行，如图9-12（a）所示。

当雅可比常数为C_1时，航天器到达平动点L_1时的速度刚好为0，继续增加初始速度，航天器就可以通过平动点L_1从地球系统到达月球系统，如图9-12（b）所示。

当雅可比常数为C_2时，航天器到达平动点L_2时的速度刚好为0，继续增加初始速度，航天器就可以通过平动点L_2离开地月系统，C_2表示航天器通过环绕月球的狭窄走廊逃离

地月系统的最小能量，如图 9-12（c）所示。

当雅可比常数为 C_3 时，航天器到达平动点 L_3 时的速度刚好为 0，继续增加初始速度，航天器就可以通过平动点 L_3 离开地月系统（从月球反方向离开地月系统），如图 9-12（d）所示。

最后的不可到达区在平动点 L_4 和 L_5 附近，如图 9-12（e）所示；继续增加初始速度，使得雅可比常数 C 进一步增加，则使从地表发射的航天器从任何方向逃离地月系统成为可能，如图 9-12（f）所示。

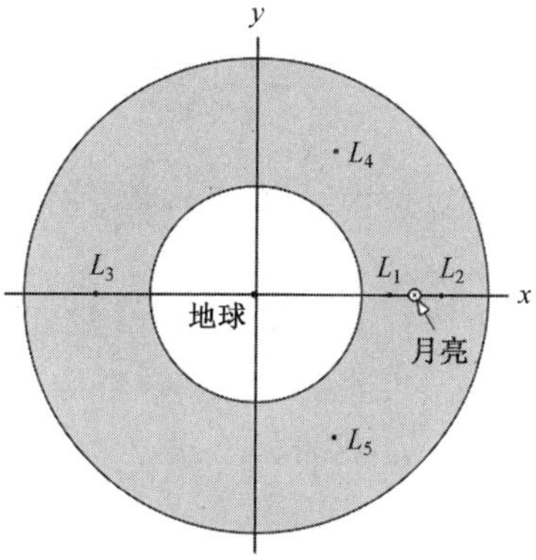

（a）雅可比常数为 C_0

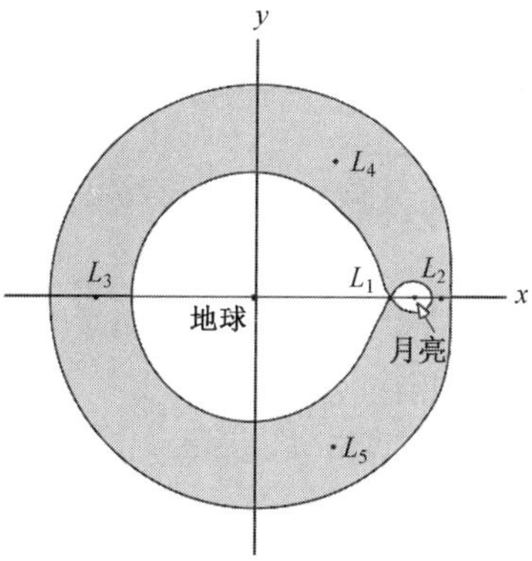

（b）雅可比常数为 C_1

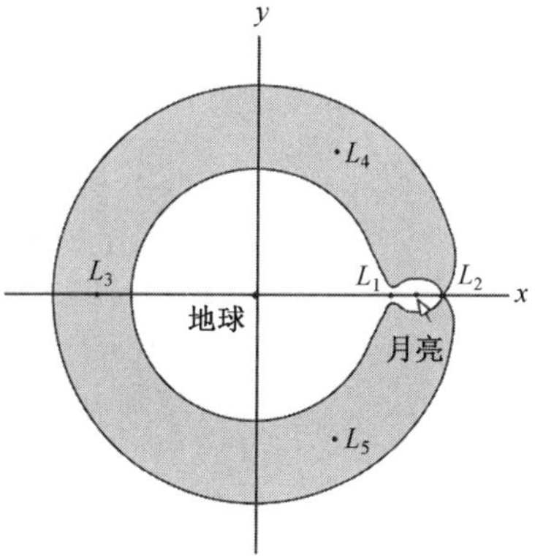

（c）雅可比常数为 C_2

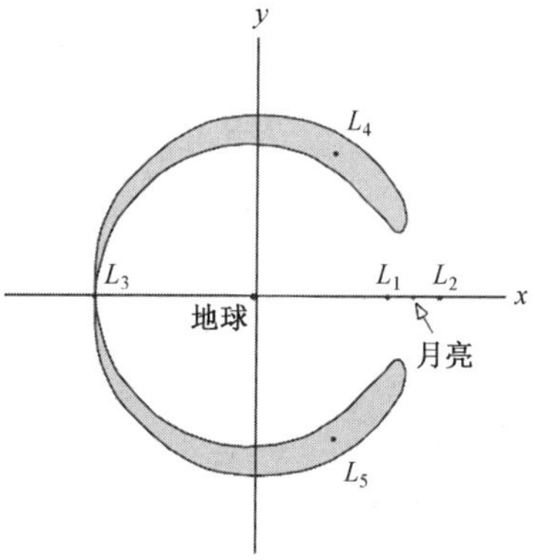

（d）雅可比常数为 C_3

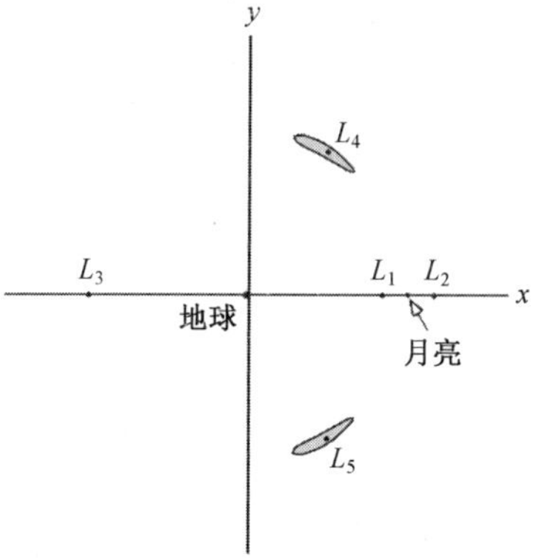

（e）雅可比常数为 C_4

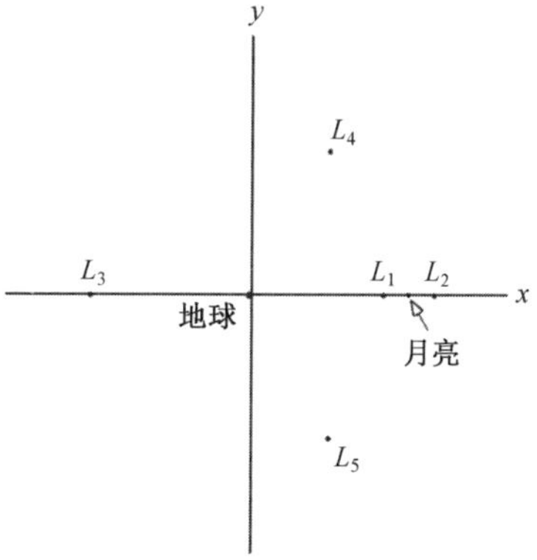

（f）雅可比常数为 C_5

图 9-12　雅可比常数（C_0～C_5）与零速度面分布情况

利用平动点转移进行深空探测，可以节省能量。航天器通过平动点飞往目标天体时，需要相应的能量最小。平动点的这种利用，实质上是一种借力加速机制。

练 习 题

1．设某卫星轨道的近地点轨道高度为 500km，偏心率为 0.5，求轨道周期、远地点轨道高度、远地点速度和近地点速度。

2．已知轨道的近地点速度是远地点速度的 2 倍，近地点地心距为 9000km，求轨道的正焦弦和偏心率。

3．已知椭圆轨道几何参数为 $a = 8900\text{km}, b = 6800\text{km}$，求椭圆轨道半短轴端点处的速度大小和速度倾角。

4．设某飞行器在轨道高度为 500km 时的近地点飞行速度为 15km/s，求真近点角为 110° 时的地心距、速度和经过近地点的时刻。

5．已知近地点地心距为 6600km，远地点地心距为 8800km，求卫星由半短轴一端飞至另一端所需的时间。

第 10 章　飞行器自由段弹道特性

☞　**基本概念**

关机点参数、能量参数、射程、飞行时间、最小能量参数、最佳速度倾角、最大射程

☞　**重要公式**

关机点参数与圆锥曲线参数的关系：式（10-32）、式（10-33）

飞行器成为人造地球卫星或导弹的判别条件：式（10-82）

飞行器经过主动段的动力飞行以后，在关机点具有了一定的位置和速度，并以关机点为起始点转入无动力、无控制的自由飞行状态，即自由段。对于远程弹道导弹而言，其自由段运动特性与卫星的轨道运动特性是相同的，都可以近似看成二体运动。本章将对飞行器的轨道运动特性进行分析，并针对远程弹道导弹，分析其主动段关机点参数与自由段轨道参数之间的关系。

10.1　飞行器自由段弹道方程

自由段与主动段不同，飞行器的自由段运动特点是无动力、无控制的自由飞行状态。为了便于分析有效载荷在自由段的基本运动规律，通常做如下假设。

（1）假设飞行器的自由段运动是在真空中进行的，即不受空气动力 $\boldsymbol{R}$ 的作用，因此稳定力矩为零，即 $\boldsymbol{M}_{\mathrm{st}}=0$。

（2）由于自由段飞行器是无控制的，即 $\boldsymbol{M}_{\mathrm{c}}=0$，所以根据“瞬时平衡假设”，即 $\boldsymbol{M}_{\mathrm{st}}+\boldsymbol{M}_{\mathrm{c}}=0$，可以不考虑飞行器在空间的姿态变化情况，也就是说将飞行器看成质量集中在质心的质点。

（3）认为飞行器仅受地球引力的作用，且将地球视为一个均质圆球。

下面就在上述假设条件下推导飞行器自由段弹道方程。

设主动段关机点为 k，飞行器在关机点的位置和速度为 $(\boldsymbol{r}_k,\boldsymbol{V}_k)$，即飞行器在自由段起点的矢径为 $\boldsymbol{r}_k$，绝对速度为 $\boldsymbol{V}_k$。根据上述假设（3）可知，自由段飞行器仅受的地球引力 $\boldsymbol{F}$ 的表达式为

$$\boldsymbol{F}=-\frac{GM\cdot m}{r^3}\boldsymbol{r}=\frac{\mu m}{r^3}\boldsymbol{r} \tag{10-1}$$

式中，m 为飞行器质量，$\mu=GM$，为地球引力常数。显然地球引力 $\boldsymbol{F}$ 与飞行器的地心距 $\boldsymbol{r}$ 反向。

根据牛顿第二定律，有

$$\boldsymbol{F}=m\frac{\mathrm{d}^2\boldsymbol{r}}{\mathrm{d}t^2} \tag{10-2}$$

将其代入式（10-1），得

$$\frac{\mathrm{d}^2\boldsymbol{r}}{\mathrm{d}t^2}=-\frac{\mu}{r^3}\boldsymbol{r} \tag{10-3}$$

即

$$\frac{\mathrm{d}\boldsymbol{V}}{\mathrm{d}t}=-\frac{\mu}{r^3}\boldsymbol{r} \tag{10-4}$$

用 $\boldsymbol{V}$ 点乘式（10-4），有

$$\boldsymbol{V}\cdot\frac{\mathrm{d}\boldsymbol{V}}{\mathrm{d}t}=-\frac{\mu}{r^3}(\boldsymbol{V}\cdot\boldsymbol{r}) \tag{10-5}$$

即

$$\frac{1}{2}\frac{\mathrm{d}\boldsymbol{V}^2}{\mathrm{d}t}=-\frac{\mu}{r^3}\left(\frac{1}{2}\frac{\mathrm{d}\boldsymbol{r}^2}{\mathrm{d}t}\right) \tag{10-6}$$

将式（10-6）化为标量方程，则有

$$\frac{1}{2}\frac{\mathrm{d}V^2}{\mathrm{d}t}=-\frac{\mu}{r^2}\frac{\mathrm{d}r}{\mathrm{d}t}=\frac{\mathrm{d}\left(\frac{\mu}{r}\right)}{\mathrm{d}t} \tag{10-7}$$

对式（10-7）积分，可得

$$\frac{1}{2}V^2=\frac{\mu}{r}+E \tag{10-8}$$

式中，E 为积分常数，即

$$E=\frac{V^2}{2}-\frac{\mu}{r} \tag{10-9}$$

式（10-9）即飞行器在自由段的机械能。可见，整个自由段上各点运动参数 (r,V) 均满足式（10-9），即满足机械能守恒。

将式（10-3）两边同时叉乘 $\boldsymbol{r}$，得

$$\boldsymbol{r}\times\frac{\mathrm{d}^2\boldsymbol{r}}{\mathrm{d}t^2}=-\frac{\mu}{r^2}\boldsymbol{r}\times\boldsymbol{r}=0 \tag{10-10}$$

即

$$\frac{\mathrm{d}}{\mathrm{d}t}\left(\boldsymbol{r}\times\frac{\mathrm{d}\boldsymbol{r}}{\mathrm{d}t}\right)=0 \tag{10-11}$$

令

$$\boldsymbol{h}=\boldsymbol{r}\times\frac{\mathrm{d}\boldsymbol{r}}{\mathrm{d}t}=\boldsymbol{r}\times\boldsymbol{V} \tag{10-12}$$

称为单位质量动量矩，是一个常值矢量。这说明飞行器在自由段动量矩守恒。因为 $\boldsymbol{h}$ 为矢量，所以飞行器在自由段的运动为平面运动，且该平面是由关机点参数 $(\boldsymbol{r}_k,\boldsymbol{V}_k)$ 决定的。

将式（10-3）两边同时叉乘 $\boldsymbol{h}$，得

$$\frac{\mathrm{d}^2\boldsymbol{r}}{\mathrm{d}t^2}\times\boldsymbol{h}=-\frac{\mu}{r^3}\boldsymbol{r}\times\boldsymbol{h} \tag{10-13}$$

式（10-13）等号左侧的项可以转化为

$$\frac{\mathrm{d}^2\boldsymbol{r}}{\mathrm{d}t^2}\times\boldsymbol{h}=\frac{\mathrm{d}}{\mathrm{d}t}\left(\frac{\mathrm{d}\boldsymbol{r}}{\mathrm{d}t}\times\boldsymbol{h}\right) \tag{10-14}$$

式（10-13）等号右侧的项可以转化为

$$-\frac{\mu}{r^3}\boldsymbol{r}\times\boldsymbol{h}=-\frac{\mu}{r^3}\boldsymbol{r}\times(\boldsymbol{r}\times\boldsymbol{V}) \tag{10-15}$$

根据矢量叉乘公式，式（10-15）等号右侧的项可以转化为

$$\begin{aligned}-\frac{\mu}{r^3}\boldsymbol{r}\times(\boldsymbol{r}\times\boldsymbol{V})&=-\frac{\mu}{r^3}\left[\boldsymbol{r}\cdot(\boldsymbol{r}\cdot\boldsymbol{V})-\boldsymbol{V}\cdot(\boldsymbol{r}\cdot\boldsymbol{r})\right]\\&=-\frac{\mu}{r^3}(rV\cdot\boldsymbol{r}-r^2\boldsymbol{V})\\&=-\mu\left(\frac{\boldsymbol{r}}{r^2}\frac{\mathrm{d}r}{\mathrm{d}t}-\frac{1}{r}\frac{\mathrm{d}\boldsymbol{r}}{\mathrm{d}t}\right)\\&=-\mu\frac{\mathrm{d}}{\mathrm{d}t}\left(\frac{\boldsymbol{r}}{r}\right)\end{aligned} \tag{10-16}$$

则式（10-13）可以转化为

$$\frac{\mathrm{d}}{\mathrm{d}t}\left(\frac{\mathrm{d}\boldsymbol{r}}{\mathrm{d}t}\times\boldsymbol{h}\right)=\mu\frac{\mathrm{d}}{\mathrm{d}t}\left(\frac{\boldsymbol{r}}{r}\right) \tag{10-17}$$

对式（10-17）积分，可得

$$\frac{\mathrm{d}\boldsymbol{r}}{\mathrm{d}t}\times\boldsymbol{h}=\mu\left(\frac{\boldsymbol{r}}{r}+\boldsymbol{e}\right) \tag{10-18}$$

式中，$\boldsymbol{e}$ 为待定积分常矢量。

将式（10-18）两边同时点乘 $\boldsymbol{r}$，即

$$\boldsymbol{r}\cdot\left(\frac{\mathrm{d}\boldsymbol{r}}{\mathrm{d}t}\times\boldsymbol{h}\right)=\mu[r+re\cos(\widehat{\boldsymbol{re}})] \tag{10-19}$$

根据矢量混合积的轮换性，得

$$\boldsymbol{r}\cdot\left(\frac{\mathrm{d}\boldsymbol{r}}{\mathrm{d}t}\times\boldsymbol{h}\right)=\boldsymbol{h}\cdot\left(\boldsymbol{r}\times\frac{\mathrm{d}\boldsymbol{r}}{\mathrm{d}t}\right)=\boldsymbol{h}\cdot(\boldsymbol{r}\times\boldsymbol{v})=\boldsymbol{h}\cdot\boldsymbol{h}=h^2 \tag{10-20}$$

则式（10-19）可以转化为

$$h^2=\mu[r+re\cos(\widehat{\boldsymbol{re}})] \tag{10-21}$$

即

$$r=\frac{\dfrac{h^2}{\mu}}{1+e\cos(\widehat{\boldsymbol{re}})} \tag{10-22}$$

令

$$p=\frac{h^2}{\mu} \tag{10-23}$$

称为半通径或半正焦弦，则

$$r = \frac{p}{1 + e\cos(\hat{\boldsymbol{re}})} \tag{10-24}$$

式（10-24）即飞行器在自由段的弹道方程。式中，e 为积分常矢量的值，称为偏心率，它决定了自由段弹道的形状，而 e, p 共同决定自由段轨道的大小，$\hat{\boldsymbol{re}}$ 表示 $\boldsymbol{r}$ 与 $\boldsymbol{e}$ 的夹角。显然，式（10-24）所表示的弹道方程与第 9 章介绍的二体运动轨道方程相同，所以飞行器的自由段运动可以近似认为是二体运动，并满足二体运动特性。

10.2 关机点参数与弹道的关系

本节将以主动段运动方程为基础，分析主动段关机点参数对自由段运动特性的影响。

10.2.1 *e*, *p* 与主动段关机点参数之间的关系

由式（10-24）及其分析可知，e, p 是决定飞行器自由段弹道形状、大小的重要参数，且与主动段关机点参数有关。下面将进行具体分析。

设飞行器在关机点的运动参数为 $\boldsymbol{r}_k$ 和 $\boldsymbol{V}_k$，即已知它们的大小为 r_k, V_k，且 $\boldsymbol{r}_k$ 的方向为地心 O_E 与关机点 k 的连线方向，$\boldsymbol{V}_k$ 的方向用 $\boldsymbol{V}_k$ 与关机点 k 的所在当地水平面的夹角 Θ_k 来表示。因此，关机点参数可以用 (r_k, V_k, Θ_k) 来表示。

自由飞行段参数示意图如图 10-1 所示。

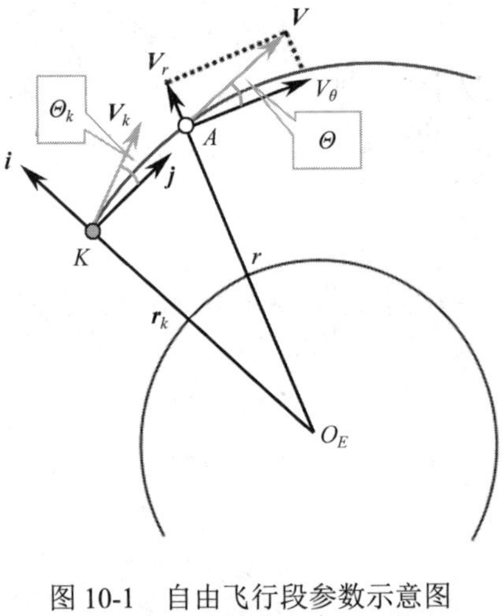

图 10-1　自由飞行段参数示意图

图 10-1 中，在关机点 K 建立当地坐标系 $K\text{-}ijk$，i 轴指向天（$\boldsymbol{r}_k$ 的方向），j 轴位于当地水平面内指向运动方向，k 轴与 $\boldsymbol{h}$ 矢量方向一致。

由式（10-18）可知，

$$\boldsymbol{V} \times \frac{\boldsymbol{h}}{\mu} = \frac{\boldsymbol{r}}{r} + \boldsymbol{e} \tag{10-25}$$

已知

$$h = |\boldsymbol{r} \times \boldsymbol{V}| = rV\cos\Theta \tag{10-26}$$

则

$$\boldsymbol{h} = rV\cos\Theta \cdot \boldsymbol{k} \tag{10-27}$$

将式（10-25）应用于关机点 k，则有

$$\begin{cases} \boldsymbol{V}_k \times \dfrac{\boldsymbol{h}}{\mu} = \begin{vmatrix} \boldsymbol{i} & \boldsymbol{j} & \boldsymbol{k} \\ V_k\sin\Theta_k & V_k\cos\Theta_k & 0 \\ 0 & 0 & \dfrac{r_kV_k\cos\Theta_k}{\mu} \end{vmatrix} \\ \quad = \dfrac{r_kV_k^2\cos^2\Theta_k}{\mu}\cdot\boldsymbol{i} - \dfrac{r_kV_k^2\sin\Theta_k\cos\Theta_k}{\mu}\boldsymbol{j} + 0\cdot\boldsymbol{k} \\ \boldsymbol{r} = r_k\cdot\boldsymbol{i} \end{cases} \tag{10-28}$$

代入式（10-25），得

$$\boldsymbol{e} = \boldsymbol{V}\times\frac{\boldsymbol{h}}{\mu} - \frac{\boldsymbol{r}}{r} = \frac{r_kV_k^2\cos^2\Theta_k}{\mu}\cdot\boldsymbol{i} - \frac{r_kV_k^2\sin\Theta_k\cos\Theta_k}{\mu}\boldsymbol{j} - \boldsymbol{i} \tag{10-29}$$

令

$$\nu_k = \frac{V_k^2}{\dfrac{\mu}{r_k}} \tag{10-30}$$

称为能量参数，表示弹道上一点动能的 2 倍与势能之比。则式（10-29）转化为

$$\boldsymbol{e} = (\nu_k\cos^2\Theta_k - 1)\cdot\boldsymbol{i} - \nu_k\sin\Theta_k\cos\Theta_k\cdot\boldsymbol{j} \tag{10-31}$$

已知 $\boldsymbol{e}$ 的值为偏心率，即

$$e = \sqrt{1 + \nu_k(\nu_k - 2)\cos^2\Theta_k} \tag{10-32}$$

利用式（10-26）可得半通径为

$$p = \frac{h^2}{\mu} = \frac{r_k^2V_k^2\cos^2\Theta_k}{\mu} = r_k\nu_k\cos^2\Theta_k \tag{10-33}$$

由式（10-32）、式（10-33）可知，e, p 由关机点参数 r_k, V_k, Θ_k 决定。则由弹道方程（10-24）可知，对于弹道上任意一点的地心距大小 r，仅与 $\boldsymbol{r}, \boldsymbol{e}$ 的夹角 $\hat{\boldsymbol{re}}$ 有关，记为 $\theta = \hat{\boldsymbol{re}}$，称为真近点角。定义由 $\boldsymbol{e}$ 矢量为起始极轴顺飞行器飞行方向到 $\boldsymbol{r}$ 矢量方向为正角。显然，有

$$\theta = \arccos\frac{p - r}{er} \tag{10-34}$$

由弹道方程（10-24）可知，当 $\theta = \hat{\boldsymbol{re}} = 0°$ 时，$r_{\min} = \dfrac{p}{1+e}$。如果定义该点为近地点 p，则 $r_p = \dfrac{p}{1+e}$，且 $\boldsymbol{e}$ 的方向与 $\boldsymbol{r}_p$ 的方向一致，即由地心 O_E 指向近地点 p，则弹道方程也可写成

$$r = \frac{p}{1 + e\cos\theta} \tag{10-35}$$

式(10-35)是一个圆锥曲线方程，且圆锥曲线参数 e,p 由主动段关机点参数 (r_k,V_k,Θ_k) 决定，r 仅与 θ 有关，r 表示圆锥曲线上对应 θ 点的地心距。

已知

$$\begin{cases} V_r = \dot{r} \\ V_\theta = r \cdot \dot{\theta} \end{cases} \tag{10-36}$$

式中，V_r 为径向速度($\boldsymbol{i}$)，V_θ 为周向速度($\boldsymbol{j}$)。则

$$V_r = \dot{r} = \frac{p}{(1+e\cos\theta)^2} e\sin\theta \cdot \dot{\theta} \tag{10-37}$$

又已知

$$\begin{cases} h = r^2\dot{\theta} \\ p = \dfrac{h^2}{\mu} \end{cases} \tag{10-38}$$

则

$$\dot{\theta} = \frac{\sqrt{p\mu}}{r^2} = \frac{1}{r}\sqrt{p\mu} \cdot \frac{1+e\cos\theta}{p} = \frac{1}{r}\sqrt{\frac{\mu}{p}}(1+e\cos\theta) \tag{10-39}$$

代入式（10-36），得

$$\begin{cases} V_r = \dfrac{p}{(1+e\cos\theta)^2} e\sin\theta \cdot \dfrac{1}{r}\sqrt{\dfrac{\mu}{p}}(1+e\cos\theta) = \sqrt{\dfrac{\mu}{p}} e\sin\theta \\ V_\theta = r\dot{\theta} = \sqrt{\dfrac{\mu}{p}}(1+e\cos\theta) \end{cases} \tag{10-40}$$

则飞行器在自由段弹道上任意一点的速度为

$$\begin{cases} V = \sqrt{V_r^2 + V_\theta^2} \\ \Theta = \arctan \dfrac{V_r}{V_\theta} \end{cases} \tag{10-41}$$

式中，Θ 为当前位置的当地速度倾角。将式（10-40）代入式（10-41），可得

$$\begin{cases} V = \sqrt{\dfrac{\mu}{p}(1+2e\cos\theta+e^2)} \\ \Theta = \arctan \dfrac{e\sin\theta}{1+e\cos\theta} \end{cases} \tag{10-42}$$

10.2.2 圆锥曲线形状与主动段关机点参数之间的关系

已知飞行器自由段机械能守恒，所以可以利用关机点参数 r_k,V_k 的大小来求自由段的机械能 E。根据式（10-9），有

$$E = \frac{1}{2}V_k^2 - \frac{\mu}{r_k} \tag{10-43}$$

由 e,p 与关机点参数的关系式，即式（10-30）、式（10-32）和式（10-33），可得

$$e = \sqrt{1 + \frac{2p}{\mu} \cdot E} \tag{10-44}$$

前面提到偏心率 e 决定圆锥曲线的形状，所以下面将讨论偏心率 e 与圆锥曲线形状及关机点参数(r_k, V_k, Θ_k)之间的关系。根据偏心率 e 的取值不同，可分为以下 4 种情况。

1. $e = 0$

由式（10-24）得

$$r = r_k = p \tag{10-45}$$

则圆锥曲线的形状为圆形，且半径为r_k。

根据式（10-32），有

$$e = \sqrt{1 + \nu_k(\nu_k - 2)\cos^2\Theta_k} = 0 \tag{10-46}$$

可解得

$$\nu_k = 1 \pm \sqrt{1 - \frac{1}{\cos^2\Theta_k}} \tag{10-47}$$

由于能量参数ν_k不可能为虚数，所以有

$$1 - \frac{1}{\cos^2\Theta_k} \geqslant 0 \tag{10-48}$$

即

$$\Theta_k = 0 \tag{10-49}$$

这表示关机点速度矢量$\boldsymbol{V}_k$与当地水平面平行。也就是说，只有关机点速度矢量与当地水平面平行时，才能使飞行器自由段运动轨道为圆形。此时，能量参数为

$$\nu_k = 1 \tag{10-50}$$

则关机点速度为

$$V_k = \sqrt{\frac{\mu}{r_k}} \tag{10-51}$$

称为圆周速度。当关机点地心距为地球平均半径且不考虑大气层的影响时，此时的圆周速度称为第一宇宙速度，记为$V_{\mathrm{I}} = 7.91\mathrm{km/s}$，这是飞行器成为卫星的最低速度。当$V_k < V_{\mathrm{I}}$时，其运动将有一部分没入地球内，而另一部分即为导弹飞行轨道。因此，圆锥曲线形状呈圆形的条件为

$$\begin{cases} V_k = \sqrt{\dfrac{\mu}{r_k}} \\ \Theta_k = 0 \end{cases} \tag{10-52}$$

显然，由于机械能守恒，因此飞行器在自由段做圆周运动时，任意时刻的速度均等于V_k。

2. $e = 1$

由式（10-32）得

$$e = \sqrt{1 + \nu_k(\nu_k - 2)\cos^2\Theta_k} = 1 \tag{10-53}$$

分析可知，若不考虑$\Theta_k=90°$的情况，则有

$$\nu_k=2 \tag{10-54}$$

则关机点速度为

$$V_k=\sqrt{\frac{2\mu}{r_k}} \tag{10-55}$$

V_k称为逃逸速度。当关机点地心距为地球平均半径且不考虑大气层的影响时，此时的逃逸速度称为第二宇宙速度，记为$V_{\mathrm{II}}=11.81\mathrm{km/s}$，这是飞行器成为宇航飞行器的最低速度。在此情况下，飞行器将脱离地球引力作用飞向宇宙空间。

将式（10-54）代入式（10-43），得

$$E=0 \tag{10-56}$$

这表示飞行器在自由段任意时刻所具有的动能恰好等于将该点从r_k移至无穷远处时克服地球引力所做的功，即当飞行器的能量参数$\nu_k=2$时，不论Θ_k为何值（除了$\Theta_k=90°$），飞行器都将沿着抛物线轨道离开地球引力场飞向宇宙空间。因此，圆锥曲线是抛物线形状的条件为

$$\begin{cases}V_k=\sqrt{\dfrac{2\mu}{r_k}}\\0\leqslant\Theta_k\leqslant 90°\end{cases} \tag{10-57}$$

3. $e>1$

由式（10-24）可知，此时的圆锥曲线为双曲线。则根据式（10-32），有

$$e=\sqrt{1+\nu_k(\nu_k-2)\cos^2\Theta_k}>1 \tag{10-58}$$

可知

$$\begin{cases}\nu_k>2\\V_k>\sqrt{\dfrac{2\mu}{r_k}}\end{cases} \tag{10-59}$$

此时，飞行器的机械能大于零，即

$$E=\frac{V_k^2}{2}-\frac{\mu}{r_k}=\frac{V_\infty^2}{2}>0 \tag{10-60}$$

也就是说，飞行器将沿着双曲线轨道飞向宇宙空间，且在距离地心无穷远处，飞行器具有速度V_∞，称为双曲线剩余速度。因此，圆锥曲线呈双曲线形状的条件为

$$\begin{cases}V_k>\sqrt{\dfrac{2\mu}{r_k}}\\0\leqslant\Theta_k<90°\end{cases} \tag{10-61}$$

4. $0<e<1$

由式（10-24）可知，此时的圆锥曲线为椭圆形状。则根据式（10-32），有

$$e=\sqrt{1+\nu_k(\nu_k-2)\cos^2\Theta_k}<1 \tag{10-62}$$

可知

$$\begin{cases} \nu_k < 2 \\ V_k < \sqrt{\dfrac{2\mu}{r_k}} \end{cases} \tag{10-63}$$

此时，飞行器的机械能小于零，即

$$E = \frac{V_k^2}{2} - \frac{\mu}{r_k} < 0 \tag{10-64}$$

这表明飞行器所具有的动能不足以摆脱地球引力场而飞向宇宙空间，即飞行器自由段沿椭圆轨道运动时，其地心距 r 为有限值。因此，圆锥曲线呈椭圆形状的条件为

$$\begin{cases} V_k < \sqrt{\dfrac{2\mu}{r_k}} \\ 0 \leqslant \Theta_k < 90^\circ \end{cases} \tag{10-65}$$

综上所述，飞行器在主动段关机点具有一定的动能后，若能量参数 $\nu_k \geqslant 2$，则飞行器将做星际航行；若能量参数 $\nu_k < 2$，则飞行器将沿圆形轨道或椭圆轨道绕地球运行。

【例 10-1】 已知某卫星的速度为 10.7654km/s，距离地面的高度为 1500km，速度倾角为 23.174°，求卫星轨道的偏心率和半长轴。

解： 由式（10-30）可得能量参数为

$$\nu = \frac{10.7654^2}{\dfrac{\mu}{R_e + 1500}} = 2.2906$$

则由式（10-46）可得偏心率为

$$e = \sqrt{1 + 2.2906 \times (2.2906 - 2)\cos^2 23.174} = 1.25$$

根据活力公式可以求得半长轴，即

$$a = \frac{1}{\dfrac{2}{R_e + 1500} - \dfrac{10.7654^2}{\mu}} = -27111.36(\text{km})$$

可见，半长轴小于 0，该卫星轨道为双曲线。另外，从偏心率和能量参数也可以判断出卫星的轨道类型为双曲线轨道。

10.2.3　椭圆的几何参数与主动段关机点参数之间的关系

椭圆的几何参数如图 10-2 所示。

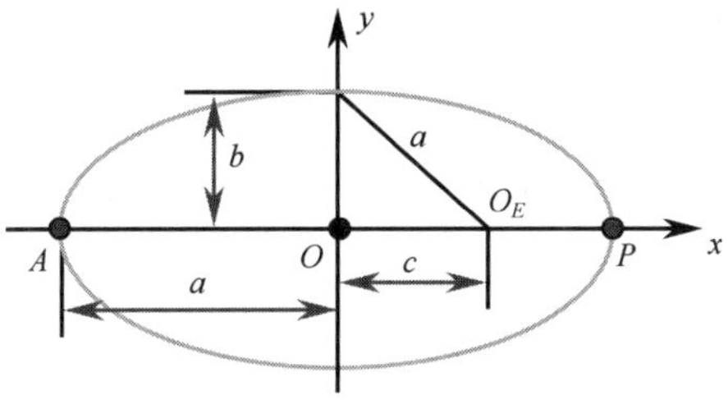

图 10-2　椭圆的几何参数

椭圆方程的直角坐标表示形式为

$$\frac{x^2}{a^2}+\frac{y^2}{b^2}=1 \tag{10-66}$$

式中，a 为半长轴，b 为半短轴，椭圆中心为 O，地心 O_E 为其椭圆的一个焦点，OO_E 之间的距离为 c，$c=\sqrt{a^2-b^2}$，称为半焦距。

可见，在直角坐标系中，椭圆的几何参数为 a,b,c 中的任意两个，而由式（10-24）可知，椭圆在极坐标中的几何参数为 e,p，且它们与关机点参数 r_k,V_k,Θ_k 有关。因此，要想获得 a,b,c 与关机点参数 r_k,V_k,Θ_k 的关系，必须先获得 a,b,c 与 e,p 的关系。

由轨道方程（10-24）可知：

（1）当 $\theta=0^\circ$ 时，

$$r=r_{\min}=\frac{p}{1+e} \tag{10-67}$$

此时椭圆上的点为距地心最近的点，称为近地点，如图 10-2 中的 P 点。

（2）当 $\theta=180^\circ$ 时，

$$r=r_{\max}=\frac{p}{1-e} \tag{10-68}$$

此时椭圆上的点为距地心最远的点，称为远地点，如图 10-2 中的 A 点。

通常，将椭圆轨道的近地点和远地点地心距记为 r_p,r_a，即

$$\begin{cases} r_p=\dfrac{p}{1+e} \\ r_a=\dfrac{p}{1-e} \end{cases} \tag{10-69}$$

如图 10-2 所示，则椭圆半长轴的长度为

$$a=OP=\frac{r_a+r_p}{2} \tag{10-70}$$

将式（10-69）代入式（10-70），得

$$a=\frac{p}{1-e^2} \tag{10-71}$$

同理可得

$$c=\frac{r_a-r_p}{2}=\frac{ep}{1-e^2}=ea \tag{10-72}$$

则

$$b=\frac{p}{\sqrt{1-e^2}} \tag{10-73}$$

对式（10-71）、式（10-73）进行转化，可得

$$\begin{cases} e=\sqrt{1-\left(\dfrac{b}{a}\right)^2} \\ p=\dfrac{b^2}{a} \end{cases} \tag{10-74}$$

将 e,p 与关机点参数 r_k,V_k,Θ_k 的关系式，即将式（10-30）、式（10-32）代入式（10-71）、式（10-72）、式（10-73），即可得 a,b,c 与关机点参数 r_k,V_k,Θ_k 的关系如下：

$$\begin{cases} a=-\mu\dfrac{r_k}{r_kV_k^2-2\mu} \\ b=\sqrt{\dfrac{v_k}{2-v_k}}r_k\cos\Theta_k \\ c=-\mu\dfrac{er_k}{r_kV_k^2-2\mu} \end{cases} \tag{10-75}$$

可见，当关机点参数 r_k,V_k 一定时，则椭圆轨道半长轴 a 为定值，而半短轴 b 将随 Θ_k 变化。

将式（10-44）代入式（10-74）的第一式，即

$$\sqrt{1+\frac{2b^2}{\mu a}E}=\sqrt{1-\left(\frac{b}{a}\right)^2} \tag{10-76}$$

解得

$$a=-\frac{\mu}{2E} \tag{10-77}$$

可见，半长轴 a 只与机械能 E 有关，且当 $E<0$ 时，半长轴将随着机械能的增加而增加。

已知机械能为

$$E=\frac{V^2}{2}-\frac{\mu}{r} \tag{10-78}$$

将式（10-77）代入式（10-78），可得

$$V^2=\mu\left(\frac{2}{r}-\frac{1}{a}\right) \tag{10-79}$$

式（10-79）即活力公式。

将椭圆轨道近地点和远地点的地心距分别代入活力公式，即可求出飞行器在椭圆轨道近地点和远地点的速度，即

$$\begin{cases} V_p=\sqrt{\mu\dfrac{r_a}{ar_p}}=\sqrt{\dfrac{2\mu r_a}{r_p(r_a+r_p)}} \\ V_a=\sqrt{\mu\dfrac{r_p}{ar_a}}=\sqrt{\dfrac{2\mu r_p}{r_a(r_a+r_p)}} \end{cases} \tag{10-80}$$

比较近地点速度和远地点速度，可得

$$\frac{V_p}{V_a}=\frac{r_a}{r_p}=\frac{1+e}{1-e} \tag{10-81}$$

可见，同一椭圆轨道上的远地点速度小于近地点速度，即 $V_a<V_p$，且当半长轴 a 保持不变时，偏心率 e 越大，则近地点和远地点的速度差越大。

【例 10-2】 已知 $\dfrac{V_p}{V_a}=2$、$r_p=6000\text{km}$，求半通径 p 和偏心率 e。

解：由式（10-81）可解得偏心率为

$$\frac{1+e}{1-e}=2\Rightarrow e=0.3333$$

利用轨道方程式（10-35）可得

$$r_p=\frac{p}{1+e\cos 0^\circ}\Rightarrow p=r_p(1+e)=7999.8(\text{km})$$

10.2.4 成为人造地球卫星或导弹的条件

根据上面的讨论可知，在不考虑大气影响的情况下，当关机点参数满足下列条件之一时，即

①圆轨道：$\nu_k=1,\varTheta_k=0$

②椭圆轨道：$\nu_k<2,r_{\min}>R_e$

飞行器就可以在不与地球相交的轨道上绕地球运行，成为人造地球卫星。但是，由于大气的存在，使得卫星的轨道高度越来越低，直至与地球相交，所以要使飞行器成为所要求的卫星，必须使其运行在离地面一定高度之上，我们将此高度称为生存高度，记为 h_{L}。h_{L} 根据卫星完成任务要求所需在空间停留时间（运行多少周）来决定。故要使飞行器成为所要求的人造卫星，就必须满足以下条件

$$r_p\geqslant r_{\text{L}}=R+h_{\text{L}} \tag{10-82}$$

而 r_p 由关机点参数 $r_k,V_k,\varTheta_k$ 决定，因此可以获得飞行器经过主动段后成为人造地球卫星的主动段关机点条件。

1. r_k 应满足的条件

由于主动段关机点 k 也是椭圆轨道上的一点，故有

$$r_k\geqslant r_p\geqslant r_{\text{L}} \tag{10-83}$$

2. $\varTheta_k$ 应满足的条件

由式（10-82）可知

$$\frac{p}{1+e}\geqslant r_{\text{L}} \tag{10-84}$$

代入 e,p 与 $r_k,V_k,\varTheta_k$ 的关系式，即式（10-32）、式（10-33），可得

$$\frac{r_k\nu_k\cos^2\varTheta_k}{1+\sqrt{1+(\nu_k-2)\nu_k\cos^2\varTheta_k}}\geqslant r_{\text{L}} \tag{10-85}$$

即

$$\cos\varTheta_k\geqslant\frac{r_{\text{L}}}{r_k}\sqrt{1+\frac{2\mu}{V_k^2}\left(\frac{1}{r_{\text{L}}}-\frac{1}{r_k}\right)} \tag{10-86}$$

3. V_k 应满足的条件

由式（10-86）可知，在 $r_k\geqslant r_{\text{L}}$ 的条件下，当 V_k 减小时，$\varTheta_k$ 也减小。考虑在发射卫星时，能量消耗应尽量小，即 V_k 应尽量小，所以当 $\cos\varTheta_k=1$ 时是最省能量的，即

$$\frac{r_L}{r_k}\sqrt{1+\frac{2\mu}{V_k^2}\left(\frac{1}{r_L}-\frac{1}{r_k}\right)}\leqslant 1 \tag{10-87}$$

整理后得

$$\nu_k \geqslant \frac{2}{1+\dfrac{r_k}{r_L}} \tag{10-88}$$

综上所述，关机点参数 r_k, V_k, Θ_k 只有满足上述 3 个条件时，飞行器才能成为人造地球卫星。

如果飞行器为导弹，则要求其自由段轨道必须与地球有交点，即除了满足 $0<\nu_k<2$ 条件，还必须满足以下条件：

$$r_p=\frac{p}{1+e}<R_e \tag{10-89}$$

代入 e,p 与 r_k,V_k,Θ_k 的关系式，即式（10-32）、式（10-33），整理后得

$$\cos\Theta_k<\frac{R_e}{r_k}\sqrt{1+\frac{2\mu}{V_k}\left(\frac{1}{R_e}-\frac{1}{r_k}\right)} \tag{10-90}$$

式中，R_e 为地球平均半径。

【例 10-3】测得某飞行器的运行参数为 $r=6700\text{km},\ V=7.8\text{km/s},\ \Theta=20°$，试问该飞行器是否为一颗人造地球卫星。

解：假设该飞行器为人造地球卫星，则由式（10-30）可以解得能量参数为

$$\nu=\frac{V^2}{\dfrac{\mu}{r}}=1.0226$$

由式（10-32）解得椭圆轨道偏心率为

$$e=\sqrt{1+\nu(\nu-2)\cos^2\Theta}=0.3427$$

由式（10-33）解得椭圆轨道半通径为

$$p=r\nu\cos^2\Theta=6050.2(\text{km})$$

则近地点地心距为

$$r_p=\frac{p}{1+e}=4506.1(\text{km})$$

可见，近地点地心距小于地球平均半径，故该飞行器不可能是人造地球卫星。

10.3　飞行时间的计算

10.2 节已经介绍了主动段关机点参数（r_k,V_k,Θ_k）与轨道参数 e,p 之间的关系，即根据飞行器在主动段终点的位置、速度可以确定飞行器的自由段运动。本节将介绍主动段关机点参数与被动段飞行时间之间的关系。

10.3.1 主动段关机点参数与自由段运动参数之间的关系

首先介绍主动段关机点参数（t_k, r_k, V_k, Θ_k）与自由段任意飞行时刻t及飞行器的运动参数$V(t), r(t), \Theta(t)$之间的关系。这里，t_k为主动段终点时刻。

根据 10.2 节介绍的内容，可以由主动段关机点参数（r_k, V_k, Θ_k）求出飞行器自由段弹道参数e, p，即

$$e=\sqrt{1+\nu_k(\nu_k-2)\cos^2\Theta_k} \tag{10-91}$$

$$p=r_k\nu_k\cos^2\Theta_k \tag{10-92}$$

式中，$\nu_k=\dfrac{V_k^2}{\dfrac{\mu}{r_k}}$为关机点能量参数，从而获得自由段轨道几何参数，即

$$a=\frac{p}{1-e^2} \tag{10-93}$$

$$b=\frac{p}{\sqrt{1-e^2}} \tag{10-94}$$

将a, e, r_k代入偏近点角表示的椭圆轨道方程（9-152），即可求出主动段终点在自由段轨道上对应的偏近点角E_k，即

$$\cos E_k=\frac{1-\dfrac{r_k}{a}}{e}=\frac{a-r_k}{ae} \tag{10-95}$$

然后，将主动段终点时刻t_k及其对应的偏近点角E_k代入开普勒方程，即

$$n(t_k-t_p)=E_k-e\sin E_k \tag{10-96}$$

即可求出飞行器飞经近地点p的时刻t_p，即轨道要素中的过近地点时刻τ。式中，$n=\sqrt{\dfrac{\mu}{a^3}}$，为平均角速度。此时，将给定自由段飞行时刻$t$代入开普勒方程，即

$$n(t-t_p)=E-e\sin E \tag{10-97}$$

并利用附录 D 中介绍的 3 种解法解该超越方程，即可得到t时刻飞行器在轨道上的偏近点角$E(t)$。将求得的偏近点角$E(t)$代入 9.4 节介绍的偏近点角与运动参数的关系式，即

$$\begin{cases}V=\sqrt{\dfrac{\mu}{a}}\cdot\dfrac{\sqrt{1-e^2\cos^2E}}{1-e\cos E}\\ \tan\Theta=\dfrac{e\sin E}{\sqrt{1-e^2}}\\ r=a(1-e\cos E)\end{cases} \tag{10-98}$$

即可求出飞行器在t时刻的运动参数（$V(t), r(t), \Theta(t)$）。

【例 10-4】已知导弹的关机点参数为

$$r_k=6570\text{km}\quad V_k=6\text{km/s}\quad \Theta_k=20^\circ$$

设过近地点的时间为0，求$t=120\text{s}$时的运动参数。

解：首先由关机点参数确定自由段轨道参数，即

$$\nu_k=\frac{V_k^2}{\frac{\mu}{r_k}}=0.5934$$

$$e=\sqrt{1+\nu_k(\nu_k-2)\cos^2\Theta_k}=0.5128$$

$$p=r_k\nu_k\cos^2\Theta_k=3442.4(\text{km})$$

$$a=\frac{p}{1-e^2}=4670.8(\text{km})$$

则平均角速度为

$$n=\sqrt{\frac{\mu}{a^3}}=0.002(\text{rad/s})$$

利用迭代法求解式（10-97），可得 $t=120\text{s}$ 时的偏近点角为

$$E=27.912^\circ$$

将上述结果代入式（10-98），可得 $t=120\text{s}$ 时的运动参数为

$$\begin{cases}V=\sqrt{\dfrac{\mu}{a}}\cdot\dfrac{\sqrt{1-e^2\cos^2E}}{1-e\cos E}=15.059(\text{km/s})\\ \Theta=\arctan\left(\dfrac{e\sin E}{\sqrt{1-e^2}}\right)=15.622^\circ\\ r=a(1-e\cos E)=2554.2(\text{km})\end{cases}$$

10.3.2　主动段关机点参数与被动段飞行时间之间的关系

如果飞行器为导弹，且其攻击目标为地面目标，则导弹经自由段飞行后必将进入再入段，并最终与地面相交，该交点称为落点，记为 C 点。由于自由段轨道射程远远大于再入段射程，因此可以近似认为再入段是自由段轨道的延续，则被动段飞行时间 T_c 就是飞行器由主动段终点 k 沿轨道运动至落点 C 的时间。

首先将关机点参数 r_k,V_k,Θ_k 代入式（10-91）和式（10-92），即可求出自由段轨道参数 e,p 。根据轨道方程式（10-24），可以解出主动段终点 k 和落点 C 的真近点角 θ_k,θ_c，即

$$\begin{cases}\cos\theta_k=\dfrac{p-r_k}{r_ke}\\ \cos\theta_c=\dfrac{p-r_c}{r_ce}\end{cases}\tag{10-99}$$

式中，r_c 为落点 C 的地心距。通常设 $r_c=R_e$，即落点的地心距为地球平均半径。利用真近点角与偏近点角的关系，即可求出主动段终点 k 和落点 C 的偏近点角 E_k,E_c，即

$$\begin{cases}\tan\dfrac{E_k}{2}=\sqrt{\dfrac{1-e}{1+e}}\tan\dfrac{\theta_k}{2}\\ \tan\dfrac{E_c}{2}=\sqrt{\dfrac{1-e}{1+e}}\tan\dfrac{\theta_c}{2}\end{cases}\tag{10-100}$$

由式（10-97）可知，飞行器飞至关机点 k 的时刻为

$$t_{pk} = \frac{1}{n}(E_k - e\sin E_k) \tag{10-101}$$

飞行器飞至落点 C 的时刻为

$$t_{pc} = \frac{1}{n}(E_c - e\sin E_c) \tag{10-102}$$

式（10-101）和式（10-102）中，E_k 和 E_c 分别为关机点 k 点和落点 C 在轨道上对应的偏近点角。则被动段飞行时间为

$$T_c = t_{pc} - t_{pk} = \frac{1}{n}\left[(E_c - E_k) + e(\sin E_k - \sin E_c)\right] \tag{10-103}$$

上述被动段飞行时间的求解方法比较简单，但是不能直观地反映出被动段飞行时间 T_c 与主动段关机点参数 r_k, V_k, Θ_k 之间的关系。下面介绍另一种方法，可以获得它们之间的显式关系。

求飞行时间的参考图如图 10-3 所示。

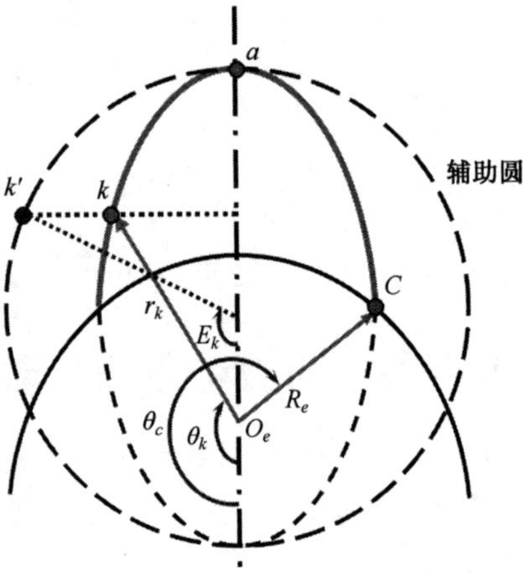

图 10-3　求飞行时间的参考图（见彩插）

图 10-3 中，k 点为主动段关机点，k' 点为 k 点在辅助圆上的对应点，C 点为落点，R_e 为地球平均半径。设被动段弹道为椭圆轨道的一部分，且椭圆轨道的半长轴为 a，偏心率为 e，则有

$$r_k \cos(\pi - \theta_k) = a \cdot e + a \cdot \cos(\pi - E_k) \tag{10-104}$$

由轨道方程可知

$$r_k = \frac{a(1-e^2)}{1 + e \cdot \cos\theta_k} \tag{10-105}$$

设 k 点与其轨道上关于半长轴的对称点之间的地心角为 β_e，即

$$\pi - \theta_k = \frac{\beta_e}{2} \tag{10-106}$$

代入式（10-104）、式（10-105），整理得

$$\cos(\pi - E_k) = \frac{\cos\dfrac{\beta_e}{2} - e}{1 - e\cos\dfrac{\beta_e}{2}} \tag{10-107}$$

由 10.4 节的内容可知

$$\cos\frac{\beta_e}{2} = \frac{1 - \nu_k \cos^2 \Theta_k}{e} \tag{10-108}$$

代入式（10-107），得

$$\begin{cases} E_k = \pi - \arccos\dfrac{1-\nu_k}{e} \\ \sin E_k = \sin\left(\arccos\dfrac{1-\nu_k}{e}\right) \end{cases} \tag{10-109}$$

式中，ν_k 为 k 点的能量参数。同理，对于落点 C 也可以得到类似的结果，即

$$\begin{cases} E_c = \pi - \arccos\dfrac{1-\nu_c}{e} \\ \sin E_c = \sin\left(\arccos\dfrac{1-\nu_c}{e}\right) \end{cases} \tag{10-110}$$

式中，ν_c 为 C 点的能量参数。将式（10-109）、式（10-110）代入式（10-103），整理后可得被动段飞行时间为

$$T_c = \sqrt{\frac{a^3}{\mu}}\left\{\arccos\frac{1-\nu_k}{e} + \arccos\frac{1-\nu_c}{e} + e\left[\sin\left(\arccos\frac{1-\nu_k}{e}\right) + \sin\left(\arccos\frac{1-\nu_c}{e}\right)\right]\right\} \tag{10-111}$$

由于被动段机械能守恒，所以有

$$\nu_c = \nu_k + (2 - \nu_k)\frac{h_k}{r_k} \tag{10-112}$$

代入式（10-111），可得

$$T_c = \sqrt{\frac{a^3}{\mu}}\left\{\arccos\frac{1-\nu_k}{e} + \arccos\frac{(1-\nu_k)-(2-\nu_k)\dfrac{h_k}{r_k}}{e} + e\left[\sin\left(\arccos\frac{1-\nu_k}{e}\right) + \sin\left(\arccos\frac{(1-\nu_k)-(2-\nu_k)\dfrac{h_k}{r_k}}{e}\right)\right]\right\} \tag{10-113}$$

显然，如果要求自由段飞行时间 T_e，则只需令 $\nu_c = \nu_k$，代入式（10-111），即可得

$$T_e = 2\sqrt{\frac{a^3}{\mu}}\left[\arccos\frac{1-\nu_k}{e} + e\sin\left(\arccos\frac{1-\nu_k}{e}\right)\right] \tag{10-114}$$

【例 10-5】 已知关机点参数为 $r_k = 6586\text{km}, \nu_k = 0.7904$，被动段偏心率为 0.322，求被

动段飞行时间。

解：由能量参数公式可以求出关机点速度，即

$$V_k^2 = \nu_k \cdot \frac{\mu}{r_k} = 0.7904 \times \frac{3.986 \times 10^{14}}{6586000} = 4.7837 \times 10^7$$

则利用活力公式可以求出被动段半长轴，即

$$a = \frac{1}{\dfrac{2}{r_k} - \dfrac{V_k^2}{\mu}} = 5444.8(\text{km})$$

代入式（10-113），即可求出被动段飞行时间

$$T_c = 1519.9(\text{s})$$

10.3.3 飞行时间偏差分析

因为导弹被动段飞行时间 T_c 是 $\boldsymbol{r}_k, \boldsymbol{V}_k$ 的函数，所以被动段飞行时间也会存在偏差 ΔT_c。由式（10-113）可知被动段飞行时间也是主动段关机点参数的函数，即

$$T_c = T_c(V_k, r_k, \Theta_k) \tag{10-115}$$

所以，当参数 r_k, V_k, Θ_k 存在偏差 $\Delta r_k, \Delta V_k, \Delta\Theta_k$ 时，必然造成 T_c 的变化，即存在飞行时间偏差 ΔT_c。将 T_c 在标准关机点进行泰勒级数展开并取至一阶项，则可得被动段飞行时间偏差为

$$\Delta T_c = \frac{\partial T_c}{\partial V_k}\Delta V_k + \frac{\partial T_c}{\partial r_k}\Delta r_k + \frac{\partial T_c}{\partial \Theta_k}\Delta\Theta_k \tag{10-116}$$

式中，$\dfrac{\partial T_c}{\partial V_k}, \dfrac{\partial T_c}{\partial \Theta_k}, \dfrac{\partial T_c}{\partial r_k}$ 称为飞行时间偏差系数，它们的解析表达式为

$$\begin{cases} \dfrac{\partial T_c}{\partial V_k} = \dfrac{3\nu_k a T_c}{V_k r_k} + \dfrac{2\nu_k}{nV_k}\left\{(2-\nu_k)F_k + (2-\nu_c)\dfrac{R_e}{r_k}F_c - \right. \\ \qquad \left. \dfrac{(1-\nu_k)\cos^2\Theta_k}{e^2}\left[(1-\nu_k+e^2)F_k + (1-\nu_c+e^2)F_c\right]\right\} \\ \dfrac{\partial T_c}{\partial \Theta_k} = \dfrac{\nu_k(2-\nu_k)\sin^2\Theta_k}{2ne^2}\left[(1-\nu_k+e^2)F_k + (1-\nu_c+e^2)F_c\right] \\ \dfrac{\partial T_c}{\partial r_k} = \dfrac{3aT_c}{r_k^2} + \dfrac{1}{nr_k}\left\{\nu_k(2-\nu_k)F_k + (2-\nu_c)\dfrac{2R_e}{r_k}F_c + \right. \\ \qquad \left. \dfrac{\nu_k(\nu_k-1)\cos^2\Theta_k}{e^2}\left[(1-\nu_k+e^2)F_k + (1-\nu_c+e^2)F_c\right]\right\} \end{cases} \tag{10-117}$$

式中，$n = \sqrt{\dfrac{\mu}{a^3}}$，为平均角速度，则有

$$\begin{cases} F_k = \dfrac{1}{\sqrt{e^2 - (1-\nu_k)^2}} \\ F_c = \dfrac{1}{\sqrt{e^2 - (1-\nu_c)^2}} \end{cases} \tag{10-118}$$

10.4　射程计算与落点误差

射程是导弹等武器的重要战术指标之一，它不仅是导弹的主要设计参数之一，而且在导弹的全研制过程中需要估算导弹射程，以及根据给定射程选择主动段关机点参数，从而决定射击装订诸元。因此，计算导弹射程，并研究其射程与主动段关机点参数的关系是很有必要的。

在研究射程问题时，可以假设地球为一个均质圆球，则自由段弹道应由关机点参数 $\boldsymbol{r}_k,\boldsymbol{V}_k$ 决定，且弹道位于一个过地球球心的平面内，该平面与地球表面相截的截痕为一段大圆弧。

被动段的绝对射程是指在弹道平面内，从导弹主动段终点（关机点）k 到 $r=R_e$ 的落点 C 所对应的一段大圆弧长度，记为 L_{kc}。自由段与被动段的射程角如图 10-4 所示，则有

$$L_{kc}=L_{ke}+L_{ec} \tag{10-119}$$

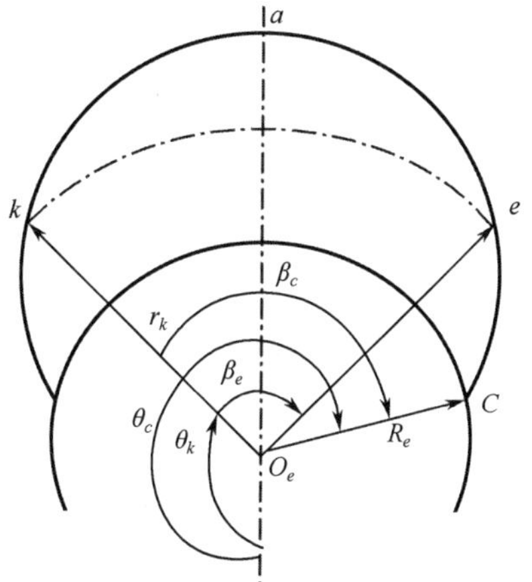

图 10-4　自由段与被动段的射程角

图 10-4 中，k 为关机点，e 为再入点即被动段中自由段与再入段的分界点，C 为落点；L_{ke} 为自由段射程，L_{ec} 为再入段射程，均对应为地面的大圆弧长度。设 L_{kc},L_{ke},L_{ec} 对应的地心角分别为 $\beta_c,\beta_e,\beta_{ec}$，称为射程角，$R_e$ 表示地球平均半径，则

$$\beta_c=\beta_e+\beta_{ec} \tag{10-120}$$

根据假设条件，可得被动段射程、自由段射程和再入段射程分别为

$$\begin{cases} L_{kc}=\beta_c\cdot R_e \\ L_{ke}=\beta_e\cdot R_e \\ L_{ec}=\beta_{ec}\cdot R_e \end{cases} \tag{10-121}$$

实际上，再入段弹道在大气层内，再入速度较大，受空气动力作用的影响也较大，使得再入段弹道比较复杂，不再是简单的椭圆弹道。但是，再入段射程相对整个被动段射程要小得多，所以为了方便计算，就近似认为再入段弹道是自由段椭圆弹道的延伸，也就是说，将整个被动段射程用椭圆弹道来计算。

10.4.1 被动段射程的计算

如图 10-4 所示，关机点 k 和落点 C 均位于椭圆弹道上，它们的真近点角分别为 θ_k,θ_c，则

$$\beta_c=\theta_c-\theta_k \tag{10-122}$$

由椭圆弹道方程可知

$$\cos\theta=\frac{p-r}{er} \tag{10-123}$$

则

$$\begin{cases}\cos\theta_k=\dfrac{p-r_k}{er_k}\\ \cos\theta_c=\dfrac{p-R_e}{eR_e}\end{cases} \tag{10-124}$$

设 $r_e=r_k$，考虑椭圆弹道具有轴对称性，如图 10-4 所示，对于远地点 a 有

$$\angle kO_e a=\angle aO_e e=\frac{\beta_e}{2} \tag{10-125}$$

则

$$\begin{cases}\cos\theta_k=\cos\left(\pi-\dfrac{\beta_e}{2}\right)=-\cos\dfrac{\beta_e}{2}\\ \cos\theta_c=\cos(\theta_k+\beta_c)=\cos\left(\pi-\dfrac{\beta_e}{2}+\beta_c\right)=-\cos\left(\beta_c-\dfrac{\beta_e}{2}\right)\end{cases} \tag{10-126}$$

代入式（10-124），得

$$\begin{cases}\cos\dfrac{\beta_e}{2}=\dfrac{r_k-p}{er_k}\\ \cos\left(\beta_c-\dfrac{\beta_e}{2}\right)=\dfrac{R_e-p}{eR_e}\end{cases} \tag{10-127}$$

将式（10-127）中的第二式展开后得

$$\cos\frac{\beta_e}{2}\cos\beta_c+\sin\frac{\beta_e}{2}\sin\beta_c=\frac{R_e-p}{eR_e} \tag{10-128}$$

由式（10-127）的第一式可知

$$\sin\frac{\beta_e}{2}=\sqrt{1-\cos^2\frac{\beta_e}{2}}=\frac{1}{er_k}\sqrt{r_k^2e^2-(r_k-p)^2} \tag{10-129}$$

已知自由段轨道参数 e,p 与主动段关机点参数（r_k,V_k,Θ_k）之间的关系如下：

$$\begin{cases}e=\sqrt{1+\nu_k(\nu_k-2)\cos^2\Theta_k}\\ p=r_k\nu_k\cos^2\Theta_k\end{cases} \tag{10-130}$$

式中，$\nu_k=\dfrac{r_kV_k^2}{\mu}$ 为 k 点的能量参数，将 ν_k 和式（10-130）一并代入式（10-129），得

$$\sin\frac{\beta_e}{2}=\frac{p}{er_k}\tan\Theta_k \tag{10-131}$$

将式（10-127）第一式、式（10-131）代入式（10-127）第二式，并利用三角关系式，即

$$\begin{cases}\cos\beta_c=\dfrac{1-\tan^2\dfrac{\beta_c}{2}}{1+\tan^2\dfrac{\beta_c}{2}}\\ \sin\beta_c=\dfrac{2\tan\beta_c}{1+\tan^2\dfrac{\beta_c}{2}}\end{cases} \tag{10-132}$$

和

$$\frac{1}{\cos^2\Theta_k}=1+\tan^2\Theta_k \tag{10-133}$$

进行三角变换，并经整理得

$$\left[2R_e(1+\tan^2\Theta_k)-v_k(R_e+r_k)\right]\tan^2\frac{\beta_c}{2}-2R_e v_k\tan\Theta_k\tan\frac{\beta_c}{2}+v_k(R_e-r_k)=0 \tag{10-134}$$

令

$$\begin{cases}A=2R_e(1+\tan^2\Theta_k)-v_k(R_e+r_k)\\ B=2R_e v_k\tan\Theta_k\\ C=v_k(R_e-r_k)\end{cases} \tag{10-135}$$

则式（10-134）变成如下形式，即

$$A\tan^2\frac{\beta_c}{2}-B\tan\frac{\beta_c}{2}+C=0 \tag{10-136}$$

这是一个以 $\tan\frac{\beta_c}{2}$ 为未知数的二次代数方程，所以解为如下形式，即

$$\tan\frac{\beta_c}{2}=\frac{B+\sqrt{B^2-4AC}}{2A} \tag{10-137}$$

综上所述，当给定主动段关机点参数（r_k,V_k,Θ_k）时，即可利用式（10-137）求出被动段射程角 β_c，且利用 $L_{kc}=R_e\cdot\beta_c$ 求出被动段射程 L_{kc}。

【例 10-6】已知关机点参数为 $r_k=6566\text{km}, V_k=6.5\text{km/s}, \Theta_k=30°$，求被动段射程 L_{kc}。

解：首先计算关机点能量参数，即

$$v_k=\frac{V_k^2}{\dfrac{\mu}{r_k}}=0.696$$

则由式（10-135）求中间参数，即

$$\begin{cases}A=2R_e(1+\tan^2\Theta_k)-v_k(R_e+r_k)=7.9996\times10^6\\ B=2R_e v_k\tan\Theta_k=5.1257\times10^6\\ C=v_k(R_e-r_k)=-1.3075\times10^5\end{cases}$$

代入式（10-137）可得被动段射程角为

$$\beta_c = 67.2723°$$

则被动段射程为

$$L_{kc} = \beta_c \cdot R_e = 7488.7(\text{km})$$

10.4.2 自由段射程的计算

用 r_k 代替 R_e，则式（10-135）变为

$$\begin{cases} A = 2r_k(1+\tan^2\Theta_k) - 2\nu_k r_k \\ B = 2r_k\nu_k\tan\Theta_k \\ C = 0 \end{cases} \tag{10-138}$$

代入式（10-137）即可获得自由段射程角为

$$\tan\frac{\beta_e}{2} = \frac{B}{A} = \frac{\nu_k\sin\Theta_k\cos\Theta_k}{1-\nu_k\cos^2\Theta_k} \tag{10-139}$$

则自由段的射程为

$$L_{ke} = R_e \cdot \beta_e \tag{10-140}$$

【例 10-7】已知关机点参数为 $r_k = 6566\text{km}, V_k = 6.5\text{km/s}, \Theta_k = 30°$，求自由段射程 L_{ke}。

解：首先计算关机点能量参数，即

$$\nu_k = \frac{V_k^2}{\frac{\mu}{r_k}} = 0.696$$

代入式（10-139）可得自由段射程角为

$$\beta_e = 64.4578°$$

则自由段射程为

$$L_{ke} = \beta_e \cdot R_e = 7175.4(\text{km})$$

与例 10-6 比较，可见自由段射程是被动段射程的主要部分。

图 10-5 给出了不同关机高度 h_k、不同能量参数 ν_k、不同当地速度倾角 Θ_k 下的射程角 β 变化曲线。其中，横坐标为当地速度倾角 Θ_k，纵坐标为射程角 β，不同曲线簇对应不同的关机高度 h_k 和能量参数 ν_k 取值。

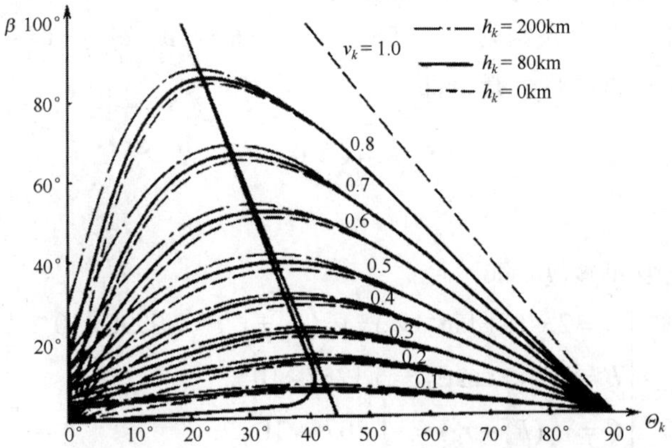

图 10-5 射程角β与关机点参数ν_k,Θ_k之间的关系曲线（见彩插）

由图 10-5 可以看出：当能量参数 ν_k 一定时，总可以找到一个速度倾角 Θ_k 使射程角 β 最大，此时的速度倾角 Θ_k 称为最佳速度倾角，记为 $\Theta_{k\cdot\mathrm{OPT}}$。连接图 10-5 中每条曲线的最大值点，即得到图中的红色曲线。在实际应用中，最佳速度倾角具有很重要的物理意义，主要包括以下两个方面。

（1）当主动段关机点参数 r_k, V_k 一定，即 ν_k 确定时，也就是说，k 点的机械能 E 是确定值时，最佳速度倾角 $\Theta_{k\cdot\mathrm{OPT}}$ 可以在同样机械能条件下，确保导弹能量得到完全利用，使射程达到最大，即 $\beta=\beta_{\max}$。

（2）当射程角 β 一定时，若速度倾角 $\Theta_k=\Theta_{k\cdot\mathrm{OPT}}$，则所需的能量参数 ν_k 为最小，即当 r_k 给定时，V_k 取最小值，也就是说，要求导弹在关机点 k 具有的机械能最小。这种具有最小能量参数 $\nu_{k\cdot\min}$ 值的弹道称为最小能量弹道。实际上，满足射程最大的弹道也就是最小能量弹道。

因此，在进行弹道设计时，通常将主动段终点的速度倾角 Θ_k 控制在最佳速度倾角 $\Theta_{k\cdot\mathrm{OPT}}$ 附近是比较合理的。

【例 10-8】 已知关机点地心距为 6521km，为使自由段射程 $L_{ke}=9260\mathrm{km}$，求所需关机点速度最小的速度倾角 $\Theta_{k\cdot\mathrm{OPT}}$ 和 $V_{k\cdot\min}$。

解： 这是一个最小能量最大射程问题，即要求

$$\frac{\partial V_k}{\partial \Theta_k}=0 \text{ 或 } \frac{\partial \nu_k}{\partial \Theta_k}=0$$

已知

$$\beta_e=\frac{L_{ke}}{R_e}=1.4519(\mathrm{rad})$$

令

$$A=\tan\left(\frac{\beta_e}{2}\right)=0.8877$$

由式（10-139）可得

$$\nu_k=\frac{A}{A\cos^2\Theta_k+\sin\Theta_k\cos\Theta_k}$$

令 $\dfrac{\partial \nu_k}{\partial \Theta_k}=0$，可得

$$\tan 2\Theta_k=\frac{1}{A}\Rightarrow \Theta_{k\cdot\mathrm{OPT}}=24.2031^\circ$$

代入上式，得

$$\nu_{k\cdot\min}=0.798$$

从而解得

$$V_{k\cdot\min}=\sqrt{\frac{\mu\nu_{k\cdot\min}}{r_k}}=6.984(\mathrm{km/s})$$

10.4.3 已知主动段关机点参数求最大被动段射程

由式（10-139）可知被动段射程主动段关机点参数的函数，即

$$\beta_c = \beta_c(r_k, V_k, \Theta_k) \tag{10-141}$$

所以，当 r_k, V_k 给定后，则 β_c 仅是 Θ_k 的函数。因此要使 β_c 最大，必须满足极值条件

$$\frac{\partial \beta_c}{\partial \Theta_k} = 0 \tag{10-142}$$

由于

$$\frac{\partial}{\partial \Theta_k}\left(\tan\frac{\beta_c}{2}\right) = \frac{1}{2}\sec^2\frac{\beta_c}{2}\frac{\partial \beta_c}{\partial \Theta_k} \tag{10-143}$$

且 $\sec^2\dfrac{\beta_c}{2} \neq 0$，则极值条件转化为

$$\frac{\partial}{\partial \Theta_k}\left(\tan\frac{\beta_c}{2}\right) = 0 \tag{10-144}$$

用式（10-136）对 Θ_k 求偏导数，且已知参数 A,B 中均含有 Θ_k，而参数 C 中无 Θ_k，则可得

$$\frac{\partial A}{\partial \Theta_k}\tan^2\frac{\beta_c}{2} + 2A\tan\frac{\beta_c}{2}\frac{\partial}{\partial \Theta_k}\left(\tan\frac{\beta_c}{2}\right) - \frac{\partial B}{\partial \Theta_k}\tan\frac{\beta_c}{2} - B\frac{\partial}{\partial \Theta_k}\left(\tan\frac{\beta_c}{2}\right) = 0 \tag{10-145}$$

整理后得

$$\frac{\partial A}{\partial \Theta_k}\tan^2\frac{\beta_c}{2} - \frac{\partial B}{\partial \Theta_k}\tan\frac{\beta_c}{2} + \left(2A\tan\frac{\beta_c}{2} - B\right)\frac{\partial}{\partial \Theta_k}\tan\frac{\beta_c}{2} = 0 \tag{10-146}$$

已知

$$\begin{cases} \dfrac{\partial A}{\partial \Theta_k} = 4R_e \tan\Theta_k \sec^2\Theta_k \\ \dfrac{\partial B}{\partial \Theta_k} = 2R_e \nu_k \sec^2\Theta_k \end{cases} \tag{10-147}$$

将式（10-144）和式（10-145）代入式（10-146），解得

$$\nu_{k\cdot\min} = 2\cdot\tan\frac{\beta_{c\cdot\max}}{2}\cdot\tan\Theta_{k\cdot\mathrm{OPT}} \tag{10-148}$$

将其代入式（10-136），整理后得

$$\begin{cases} \tan\Theta_{k\cdot\mathrm{OPT}} = \sqrt{\dfrac{\nu_k\left[2R_e - (r_k + R_e)\nu_k\right]}{2\left[R_e\nu_k - 2(R_e - r_k)\right]}} \\ \tan\dfrac{\beta_{c\cdot\max}}{2} = \sqrt{\dfrac{\nu_k\left[R_e\nu_k + 2(r_k - R_e)\right]}{2\left[2R_e - \nu_k(R_e + r_k)\right]}} \end{cases} \tag{10-149}$$

【例 10-9】已知关机点地心距为 7000km，关机点速度为 7km/s，求速度倾角为多少时被动段射程最大。

解：首先求关机点能量参数，即

$$\nu_k = \frac{V_k^2}{\dfrac{\mu}{r_k}} = 0.8605$$

则由式（10-149）可得最佳速度倾角为

$$\Theta_{k\cdot\mathrm{OPT}}=\arctan\left(\sqrt{\frac{\nu_k\left[2R_e-(r_k+R_e)\nu_k\right]}{2\left[R_e\nu_k-2(R_e-r_k)\right]}}\right)=15.748^\circ$$

根据上述公式，在给定 r_k,V_k 后，可以绘制出 $\Theta_{k\cdot\mathrm{OPT}}$ 与 $\beta_{c\cdot\max}$ 的关系曲线，如图 10-6 所示。

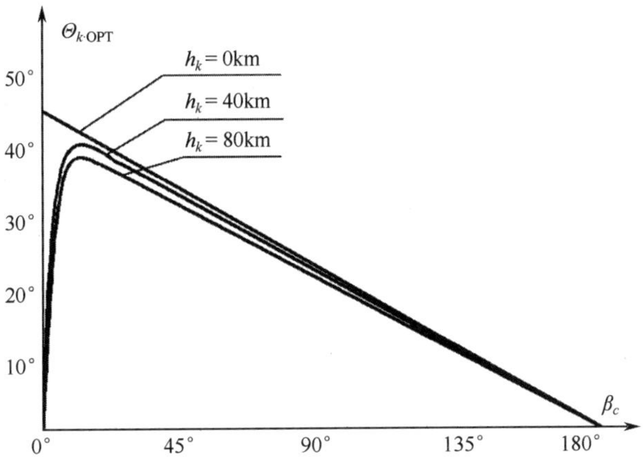

图 10-6 最佳速度倾角 $\Theta_{k\cdot\mathrm{OPT}}$ 与射程角 $\beta_{c\cdot\max}$ 和关机点高度 h_k 之间的关系曲线

可见，最佳速度倾角通常小于 45°，即 $0^\circ\leqslant\Theta_{k\cdot\mathrm{OPT}}\leqslant45^\circ$；当最大射程角 $\beta_{c\cdot\max}$ 较大时，随着 $\beta_{c\cdot\max}$ 的增大，最佳速度倾角 $\Theta_{k\cdot\mathrm{OPT}}$ 将减小，且成线性反比关系。

上述讨论的是被动段最佳速度倾角与最大射程角和关机点参数之间的关系，那么对于自由段而言，只需用 r_k 代替 R_e 代入相关公式即可，则自由段最佳速度倾角与最大射程角和关机点参数之间的关系为

$$\begin{cases}\tan\Theta_{k\cdot\mathrm{OPT}}=\sqrt{1-\nu_k}=e\\ \tan\dfrac{\beta_{e\cdot\max}}{2}=\dfrac{1}{2}\dfrac{\nu_k}{\sqrt{1-\nu_k}}\end{cases}\tag{10-150}$$

即

$$\Theta_{e\cdot\mathrm{OPT}}=\frac{1}{4}(\pi-\beta_{e\cdot\max})\tag{10-151}$$

10.4.4 已知被动段射程求最佳速度倾角和最小能量参数

将再入段看成自由段的延续，且已知被动段弹道为平面弹道，所以，当已知 r_k,β_c，并令落点地心距为 r_c 时，如图 10-7 所示。图 10-7 中，O' 为被动段椭圆轨道的另一个焦点，称为虚焦点。

根据椭圆几何特性可知

$$\begin{cases}r_k+kO'=2a\\ r_c+CO'=2a\end{cases}\tag{10-152}$$

两式相加得

$$r_k+r_c+kO'+CO'=4a\tag{10-153}$$

由 $\triangle CkO'$ 可知

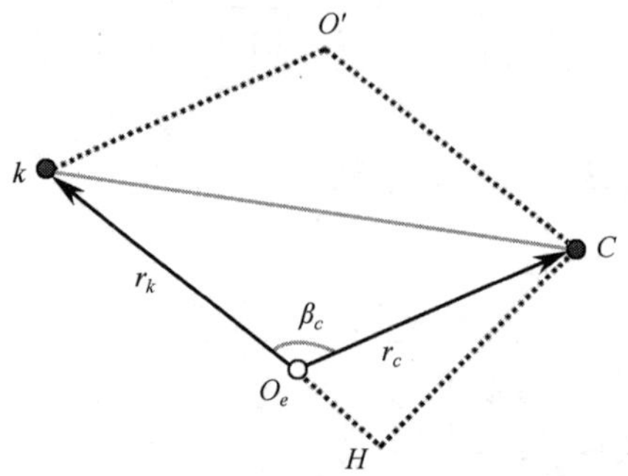

图 10-7　图解法示意图

$$kO' + CO' \geqslant kC \tag{10-154}$$

则有

$$a \geqslant \frac{r_k + r_c + kC}{4} \tag{10-155}$$

已知

$$a = \frac{r_k}{2 - \nu_k} \tag{10-156}$$

因此，当 r_k 确定时，即半长轴 a 取最小值 $a_{\min}$ 时，能量参数也取最小值 $\nu_{k\cdot\min}$。故由式（10-155）可得

$$a_{\min} = \frac{r_k + r_c + kC}{4} \tag{10-157}$$

这表示虚焦点位于 kC 连线上。已知椭圆上任意一点的法线必平分该点与椭圆两焦点连线的夹角，而 k 点的速度矢量方向与该点的法线方向垂直，所以有

$$\Theta_{k\cdot\text{OPT}} = \frac{\angle CkO_e}{2} \tag{10-158}$$

如图 10-7 所示，

$$\tan\angle CkO_e = \frac{CH}{kH} = \frac{r_c \sin\beta_c}{r_k - r_c\cos\beta_c} \tag{10-159}$$

将式（10-158）代入式（10-159），可得最佳速度倾角为

$$\tan 2\Theta_{k\cdot\text{OPT}} = \frac{r_c \sin\beta_c}{r_k - r_c\cos\beta_c} \tag{10-160}$$

将式（10-160）代入式（10-148），即可获得最小能量参数为

$$\nu_{k\cdot\min} = 2\tan\Theta_{k\cdot\text{OPT}} \cdot \tan\frac{\beta_c}{2} \tag{10-161}$$

【例 10-10】 已知导弹被动段射程为 10000km，设 $h_k = 120\text{km},\ h_c = 80\text{km}$，求最佳速度倾角和最小能量参数。

解： 已知射程角为

$$\beta_c = \frac{10000}{R_e} = 1.5679(\text{rad})$$

代入式（10-160）可得最佳速度倾角为

$$\Theta_{k\cdot\mathrm{OPT}} = 22.4534^\circ$$

代入式（10-161）可得最小能量参数为

$$\nu_{k\cdot\min} = 0.8241$$

10.4.5 落点偏差分析

假设地球为均质、不旋转的圆球，则理想情况下导弹被动段的运动完全取决于主动段的终点参数 r_k, V_k，所以通过对主动段关机点参数进行控制，即可实现对整个被动段弹道的控制。为了能够使导弹命中目标，主动段的终点参数 r_k, V_k 必须位于射击平面内，且要求 $\beta_k + \beta_c$ 等于发射点 O 与目标点 C（落点）之间所夹的地心角。

但是，实际上主动段制导方法存在缺陷及制导系统工具误差，使得主动段的终点参数 $r_k, V_k, \Theta_k, \beta_k$ 存在偏差，而且使得主动段的终点参数 r_k, V_k 偏离射击平面，这将导致导弹落点 C' 偏离目标 C（理论落点），从而产生落点偏差，如图 10-8 所示。

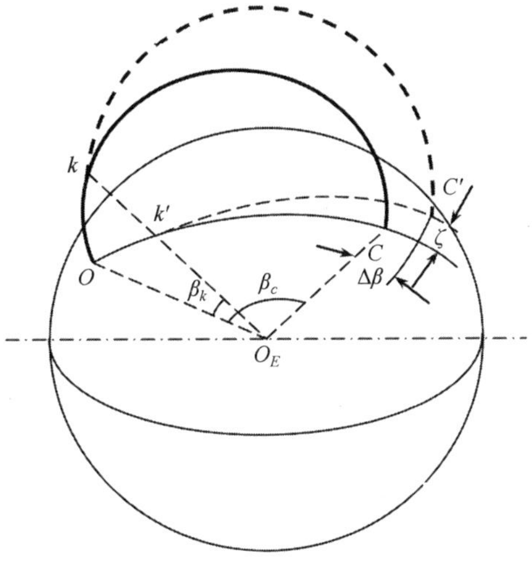

图 10-8　落点偏差示意图（见彩插）

通常，将落点偏差分为纵向偏差 $\Delta\beta$ 和侧向偏差 ζ。纵向偏差是指导弹落点在射击平面内的投影与理论落点 C 的偏差，又称为射程偏差，它是由 $r_k, V_k, \Theta_k, \beta_k$ 的偏差引起的，即

$$\Delta\beta = \Delta\beta_k + \Delta\beta_c \tag{10-162}$$

式中，$\Delta\beta_k$ 为主动段射程偏差，$\Delta\beta_c$ 为被动段射程偏差。侧向偏差是指导弹落点偏离射击平面的偏差，即落点在垂直射击平面方向上的偏差，它是由 $\boldsymbol{r}_k, \boldsymbol{V}_k$ 矢量中至少一个偏离射击平面引起的。

1. 射程偏差

假设主动段射程偏差 $\Delta\beta_k$ 已知，只讨论被动段射程偏差 $\Delta\beta_c$ 与主动段关机点参数偏差 $\Delta r_k, \Delta V_k, \Delta\Theta_k$ 之间的关系。考虑 $\Delta r_k, \Delta V_k, \Delta\Theta_k$ 的值一般不大，通常略去高于一阶的各项，故射程偏差 $\Delta\beta_c$ 为

$$\Delta\beta_c = \frac{\partial\beta_c}{\partial V_k}\Delta V_k + \frac{\partial\beta_c}{\partial\Theta_k}\Delta\Theta_k + \frac{\partial\beta_c}{\partial r_k}\Delta r_k \tag{10-163}$$

式中，$\dfrac{\partial\beta_c}{\partial V_k},\dfrac{\partial\beta_c}{\partial\Theta_k},\dfrac{\partial\beta_c}{\partial r_k}$称为角射程偏差系数，它们的解析表达式为

$$\begin{cases}\dfrac{\partial\beta_c}{\partial V_k}=\dfrac{4R_e}{V_k}\cdot\dfrac{(1+\tan^2\Theta_k)\sin^2\dfrac{\beta_c}{2}\tan\dfrac{\beta_c}{2}}{\nu_k\left(r_k-R_e+R_e\tan\Theta_k\tan\dfrac{\beta_c}{2}\right)}\\ \dfrac{\partial\beta_c}{\partial\Theta_k}=\dfrac{2R_e(1+\tan^2\Theta_k)\left(\nu_k-2\tan\Theta_k\tan\dfrac{\beta_c}{2}\right)\sin^2\dfrac{\beta_c}{2}}{\nu_k\left(r_k-R_e+R_e\tan\Theta_k\tan\dfrac{\beta_c}{2}\right)}\\ \dfrac{\partial\beta_c}{\partial r_k}=\dfrac{\nu_k+\dfrac{2R_e}{r_k}(1+\tan^2\Theta_k)\sin^2\dfrac{\beta_c}{2}}{\nu_k\left(r_k-R_e+R_e\tan\Theta_k\tan\dfrac{\beta_c}{2}\right)}\tan\dfrac{\beta_c}{2}\end{cases}\tag{10-164}$$

若用r_k代替式（10-164）中的R_e，用β_e代替β_c，则可以得到自由段射程角误差系数，即

$$\begin{cases}\dfrac{\partial\beta_e}{\partial V_k}=\dfrac{4}{V_k}\cdot\dfrac{(1+\tan^2\Theta_k)\sin^2\dfrac{\beta_e}{2}}{\nu_k\tan\Theta_k}\\ \dfrac{\partial\beta_e}{\partial\Theta_k}=\dfrac{(1+\tan^2\Theta_k)\left(\nu_k-2\tan\Theta_k\tan\dfrac{\beta_e}{2}\right)\sin\dfrac{\beta_e}{2}}{\nu_k\tan\Theta_k}\\ \dfrac{\partial\beta_e}{\partial r_k}=\dfrac{\nu_k+2(1+\tan^2\Theta_k)\sin^2\dfrac{\beta_e}{2}}{\nu_k\tan\Theta_k}\end{cases}\tag{10-165}$$

由式（10-164）、式（10-165）可知，射程角误差系数也是主动段关机点参数r_k,V_k,Θ_k的函数。

2. 侧向偏差

侧向偏差产生的原因：一是当$\boldsymbol{V}_k$偏离射击平面，即存在侧向分速时，产生方位角误差$\Delta\alpha_k$；二是当$\boldsymbol{r}_k$偏离射击平面，即导弹在主动段终点处存在侧向偏差z_k时，通常用侧向角位移偏差量ζ_k来表示，即

$$\zeta_k=\frac{z_k}{r_k}\tag{10-166}$$

所以，总侧向偏差的求解公式为

$$\zeta_c=\frac{\partial\zeta_c}{\partial\Delta\alpha_k}\Delta\alpha_k+\frac{\partial\zeta_c}{\partial\zeta_k}\zeta_k\tag{10-167}$$

式中，$\dfrac{\partial\zeta_c}{\partial\Delta\alpha_k},\dfrac{\partial\zeta_c}{\partial\zeta_k}$称为侧向偏差系数，它们的解析表达式为

$$
\begin{cases}
\dfrac{\partial \zeta_c}{\partial \Delta \alpha_k} = \sin \beta_c \\
\dfrac{\partial \zeta_c}{\partial \zeta_k} = \cos \beta_c - \tan \Theta_k \sin \beta_c
\end{cases}
\tag{10-168}
$$

练 习 题

1. 已知关机点参数 $r_k = 6570\text{km}$, $V_k = 6.7\text{km/s}$, $\Theta_k = 10°$，计算椭圆轨道参数 a, b, c, e, p 。

2. 已知导弹的关机点参数为 $r_k = 7050\text{km}$, $V_k = 6.7\text{km/s}$, $\Theta_k = 0°$，设过近地点的时间为 0，求 $t = 100\text{s}$ 时的运动参数。

3．已知关机点轨道高度为 100km，速度倾角为 20°，求自由段射程为 8000km 时的关机点速度大小。

4．已知关机点速度倾角为 30°，轨道高度为 150km，求自由段的最大射程角、最小能量参数及自由段轨道偏心率和半通径。

5．已知卫星轨道的近地点能量参数是远地点能量参数的 1.5 倍，求近地点能量参数和轨道偏心率。

6．已知关机点参数 $r_k = 6564\text{km}$, $V_k = 7.068\text{km/s}$, $\Theta_k = 0.25\text{rad}$，求被动段飞行时间。

第 11 章　飞行器的轨道运动及其特性

☞　**基本概念**

轨道要素、星下点轨迹、圆轨道、椭圆轨道、顺行轨道、逆行轨道、极轨道、回归轨道、地球同步轨道、地球静止轨道、太阳同步轨道、冻结轨道

☞　**重要公式**

位置速度转换为轨道要素关系式：式（11-6）、式（11-7）

旋转地球星下点轨迹计算方程式：式（11-47）

轨道要素也称轨道根数，是二体运动微分方程意义明确且相互独立的一组积分常数，它们与运动的初值一致，确定了轨道的特性，是直观、形象地描述飞行器轨道运动特征的重要参数。本章同时对轨道要素与飞行器的位置速度之间的转换关系进行了详细的介绍。航天器的测控、运行管理及对地服务都与其星下点轨迹紧密相关；而卫星的轨道类型又有多种分类方式，且不同的轨道类型会影响卫星的不同应用。可以说，星下点轨迹和轨道类型是与航天器的应用直接相关的两个非常重要的概念。本章将详细介绍星下点轨迹的定义、计算方法，以及轨道的分类方法及其特点。

微课：卫星轨道六要素　　微课：升交点赤经

11.1　轨道要素

由前面章节可知，飞行器绕某天体的运动可以近似看成一个二体运动，其运动轨道为圆锥曲线，轨道方程为

$$r=\frac{p}{1+e\cos\theta}=\frac{a(1-e^2)}{1+e\cos\theta} \tag{11-1}$$

且圆锥曲线根据其偏心率 e 的大小不同，呈现不同的形状，即抛物线轨道（$e=1$）、椭圆轨道（$e<1$）和双曲线轨道（$e>1$）。这里，将圆轨道视为椭圆轨道的一个特例。本节将对描述椭圆轨道的特征参数——轨道要素进行分析。

椭圆轨道空间布局图如图 11-1 所示。

图 11-1 中，*O-XYZ* 为赤道直角坐标系，*S* 为轨道的近心点，*N* 为轨道的升交点，即飞行器由南半球飞向北半球时与赤道的交点。由 9.2 节可知，单位质量动量矩 $\boldsymbol{h}$ 是一个常矢量，其垂直于运动平面，即二体系统的运动平面在惯性空间是固定的。由式（9-41）可知，$\boldsymbol{e}$ 也为常矢量，且位于轨道平面内，常取其作为轨道平面内的参考轴，其大小决定了轨道的形状，称为偏心率。并令飞行器当前地心矢径 $\boldsymbol{r}$ 与矢量 $\boldsymbol{e}$ 的夹角为 θ，称为真近点角，图 11-1（b）中所示的 θ 即飞行器位于轨道上 *B* 点时的真近点角。

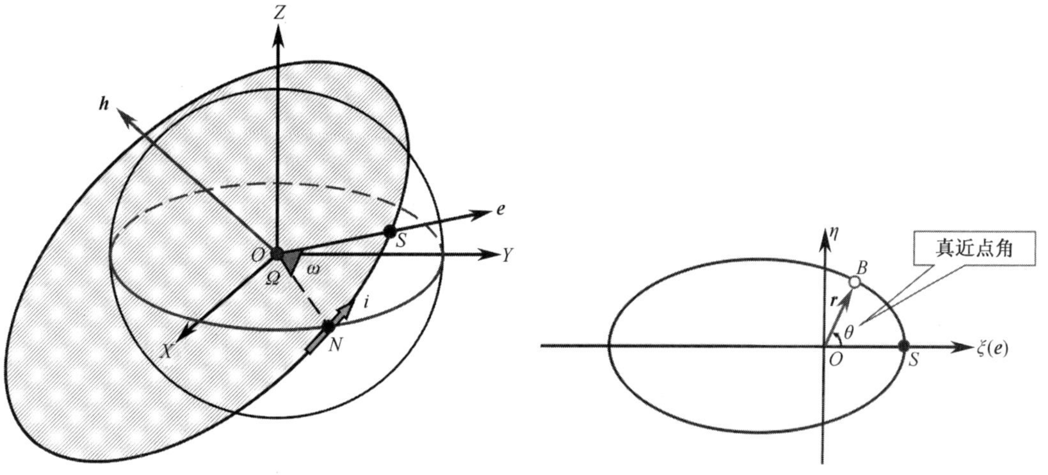

（a）椭圆轨道在空间的方位　　（b）航天器在椭圆轨道上的位置

图 11-1　椭圆轨道空间布局图（见彩插）

可见，两个积分矢量 $\boldsymbol{h}$ 和 $\boldsymbol{e}$ 共同确定了圆锥曲线的大小、形状和方向。但是，由于 $\boldsymbol{e}\cdot\boldsymbol{h}=0$，所以即使将 $\boldsymbol{h}$ 和 $\boldsymbol{e}$ 在赤道直角坐标系中投影，获得 6 个积分常数，却也只有 5 个是独立的积分常数，已知解二体运动相对运动微分方程需要 6 个积分常数，所以还需要引入另一个积分常数才能完全确定飞行器的轨道运动。通常，引入过近地点的时刻 τ 作为第 6 个积分常数。

对于椭圆轨道而言，通常取以下 6 个积分常数来确定轨道运动：半长轴 a；偏心率 e；轨道倾角 i；升交点赤经 $\varOmega$；近地点幅角 ω；过近地点时刻 τ。

上述 6 个积分常数称为轨道要素或轨道根数。其中，轨道倾角 i 表示轨道平面与赤道平面之间的夹角，升交点赤经 $\varOmega$ 表示轨道平面与赤道平面的交点（升交点）的赤经，近地点幅角 ω 表示轨道近地点距离升交点的角距。利用 a,e 可以确定轨道的大小、形状；利用 $\boldsymbol{e}$ 可以确定轨道的拱线方向；利用 $i,\varOmega,\omega$ 可以确定轨道在空间的方位，且它们可由矢量 $\boldsymbol{h}$ 和 $\boldsymbol{e}$ 求得。下面分析 $i,\varOmega,\omega$ 与 $\boldsymbol{h},\boldsymbol{e}$ 的关系。

设飞行器在轨道上某处的地心距矢量 $\boldsymbol{r}$ 和速度矢量 $\boldsymbol{V}$ 在赤道坐标系的投影为 $(x,y,z),(V_x,V_y,V_z)$，则单位质量动量矩为

$$\boldsymbol{h}=\boldsymbol{r}\times\boldsymbol{V}=\begin{vmatrix}\boldsymbol{i} & \boldsymbol{j} & \boldsymbol{k}\\ x & y & z\\ V_x & V_y & V_z\end{vmatrix}=\begin{bmatrix}yV_z-zV_y\\ zV_x-xV_z\\ xV_y-yV_x\end{bmatrix}=\begin{bmatrix}h_x\\ h_y\\ h_z\end{bmatrix} \tag{11-2}$$

式中，$\begin{bmatrix}h_x & h_y & h_z\end{bmatrix}^{\mathrm{T}}$ 为 $\boldsymbol{h}$ 在赤道直角坐标系中的投影。

由式（9-41）可知

$$\boldsymbol{e}=\frac{1}{\mu}\left(\frac{\mathrm{d}\boldsymbol{r}}{\mathrm{d}t}\times\boldsymbol{h}\right)-\frac{1}{r}\boldsymbol{r} \tag{11-3}$$

其中

$$\frac{\mathrm{d}\boldsymbol{r}}{\mathrm{d}t}\times\boldsymbol{h}=\begin{vmatrix}\boldsymbol{i} & \boldsymbol{j} & \boldsymbol{k}\\ V_x & V_y & V_z\\ h_x & h_y & h_z\end{vmatrix}=\begin{bmatrix}V_yh_z-V_zh_y\\ V_zh_x-V_xh_z\\ V_xh_y-V_yh_x\end{bmatrix} \tag{11-4}$$

则

$$\boldsymbol{e}=\frac{1}{\mu}\begin{bmatrix}V_yh_z-V_zh_y\\ V_zh_x-V_xh_z\\ V_xh_y-V_yh_x\end{bmatrix}-\frac{1}{r}\begin{bmatrix}x\\ y\\ z\end{bmatrix}=\begin{bmatrix}\dfrac{V_yh_z-V_zh_y}{\mu}-\dfrac{x}{r}\\ \dfrac{V_zh_x-V_xh_z}{\mu}-\dfrac{y}{r}\\ \dfrac{V_xh_y-V_yh_x}{\mu}-\dfrac{z}{r}\end{bmatrix}=\begin{bmatrix}e_x\\ e_y\\ e_z\end{bmatrix} \tag{11-5}$$

式中，$r=\sqrt{x^2+y^2+z^2}$，为飞行器当前的地心距。

由图 11-1 可知，轨道倾角 i、升交点赤经 Ω 和近地点幅角 ω 与积分矢量 $\boldsymbol{h}$ 和 $\boldsymbol{e}$ 的关系如下：

$$\begin{cases}\cos i=\dfrac{h_z}{h}\\ \tan\Omega=-\dfrac{h_x}{h_y}\\ \sin\omega=\dfrac{e_z}{e\cdot\sin i}\end{cases} \tag{11-6}$$

若已知 h,e，则可以利用式（11-7）计算半正焦弦 p 和平近点角 M，即

$$\begin{cases}p=\dfrac{h^2}{\mu}\\ a=\dfrac{p}{1-e^2}\\ M=n(t-\tau)\end{cases} \tag{11-7}$$

式中，$n=\sqrt{\dfrac{\mu}{a^3}}$，为平均角速度。可见，半长轴 a 与半正焦弦 p 或单位质量的动量矩 $\boldsymbol{h}$ 是一一对应的，所以也可以用半正焦弦 p 或单位质量动量矩 $\boldsymbol{h}$ 代替轨道要素中的半长轴 a，或者用平近点角 M 代替轨道要素中的过近地点时刻 τ，组成轨道要素的其他形式。

11.2 轨道要素与位置速度的转换关系

飞行器在轨道上的运动情况可以用上面介绍的轨道要素 a,e,i,Ω,ω,M 来确定，除此之外，还可以用飞行器在直角坐标系中的瞬时位置分量 (x,y,z) 和瞬时速度分量 $(\dot{x},\dot{y},\dot{z})$ 来确定，或者用飞行器在球坐标系中的瞬时位置分量 $\boldsymbol{r},\alpha,\delta$ 和瞬时速度分量 V,γ,ψ 来确定。其中，$\boldsymbol{r}$ 为矢径，α 为赤经，δ 为赤纬，V 为速度，γ 为速度矢量与当地水平面之间的夹角，称为高低角，ψ 为速度矢量在当地水平面上的投影与该地正北方向的夹角，称为方位角。

上述 3 种轨道参数表示方式都可以描述飞行器在轨道上的位置和速度，只是用轨道要素表示飞行器的位置、速度时需要进行转换。下面将具体介绍它们之间的转换关系，且这些转换关系仅对椭圆轨道有效。需要注意的是，本节选取不旋转的地心赤道直角坐标系作为参考系。

11.2.1 由轨道要素求位置速度

首先分析如何由轨道要素 $a,e,i,\Omega,\omega,M(t)$ 计算 t 时刻飞行器在赤道直角坐标系中的瞬时位置和瞬时速度分量，即 $x(t),y(t),z(t),\dot{x}(t),\dot{y}(t),\dot{z}(t)$。具体分为以下 6 个步骤。

第一步：利用开普勒方程计算 t 时刻的偏近点角 E，即

$$E-e\sin E=n(t-\tau)=M(t) \tag{11-8}$$

式中，$n=\sqrt{\dfrac{\mu}{a^3}}$。式（11-8）为一个超越方程，可以利用附录 D 中介绍的图解法、迭代法和级数展开法进行求解。

第二步：利用真近点角 θ 与偏近点角 E 之间的转换公式计算 t 时刻的真近点角 θ，即

$$\tan\frac{\theta}{2}=\sqrt{\frac{1+e}{1-e}}\tan\frac{E}{2} \tag{11-9}$$

第三步：利用轨道方程计算 t 时刻的地心距 r，即

$$r=\frac{a(1-e^2)}{1+e\cos\theta} \tag{11-10}$$

第四步：如图 11-1 所示，计算飞行器 t 时刻在卫星轨道直角坐标系 $O\text{-}\xi\eta\zeta$ 中的坐标，即

$$\begin{cases}\xi=r\cos\theta\\ \eta=r\sin\theta\\ \zeta=0\end{cases} \tag{11-11}$$

第五步：利用轨道坐标系 $O\text{-}\xi\eta\zeta$ 与赤道直角坐标系 $O\text{-}XYZ$ 之间的转换关系式，将在轨道坐标系中的位置坐标转换到赤道直角坐标系中，即

$$\begin{bmatrix}x\\ y\\ z\end{bmatrix}=\boldsymbol{M}\begin{bmatrix}\xi\\ \eta\\ \zeta\end{bmatrix} \tag{11-12}$$

式中，$\boldsymbol{M}$ 为轨道坐标系到地心惯性坐标系的方向余弦阵，即

$$\boldsymbol{M}=\boldsymbol{M}_3[-\Omega]\boldsymbol{M}_1[-i]\boldsymbol{M}_3[-\omega] \tag{11-13}$$

将式（11-13）代入式（11-12），展开后可得

$$\begin{cases}x=l_1\xi+l_2\eta\\ y=m_1\xi+m_2\eta\\ z=n_1\xi+n_2\eta\end{cases} \tag{11-14}$$

式中，l_1,l_2,m_1,m_2,n_1,n_2 为 i,Ω,ω 的函数，即

$$\begin{cases} l_1 = \cos\omega\cos\Omega - \sin\omega\sin\Omega\cos i \\ l_2 = -\sin\omega\cos\Omega - \cos\omega\sin\Omega\cos i \\ m_1 = \cos\omega\sin\Omega + \sin\omega\cos\Omega\cos i \\ m_2 = -\sin\omega\sin\Omega + \cos\omega\cos\Omega\cos i \\ n_1 = \sin\omega\sin i \\ n_2 = \cos\omega\sin i \end{cases} \tag{11-15}$$

第六步：对式（11-14）进行求导，可得

$$\begin{cases} \dot{x} = l_1(\dot{r}\cos\theta - r\dot{\theta}\sin\theta) + l_2(\dot{r}\sin\theta + r\dot{\theta}\cos\theta) \\ \dot{y} = m_1(\dot{r}\cos\theta - r\dot{\theta}\sin\theta) + m_2(\dot{r}\sin\theta + r\dot{\theta}\cos\theta) \\ \dot{z} = n_1(\dot{r}\cos\theta - r\dot{\theta}\sin\theta) + n_2(\dot{r}\sin\theta + r\dot{\theta}\cos\theta) \end{cases} \tag{11-16}$$

已知

$$\begin{cases} V_r = \dot{r} = \dfrac{\mu}{h}e\sin\theta \\ V_\theta = r\dot{\theta} = \dfrac{\mu}{h}(1 + e\cos\theta) \end{cases} \tag{11-17}$$

将式（11-17）代入式（11-16），可得速度分量为

$$\begin{cases} \dot{x} = \dfrac{\mu}{h}[-l_1\sin\theta + l_2(e + \cos\theta)] \\ \dot{y} = \dfrac{\mu}{h}[-m_1\sin\theta + m_2(e + \cos\theta)] \\ \dot{z} = \dfrac{\mu}{h}[-n_1\sin\theta + n_2(e + \cos\theta)] \end{cases} \tag{11-18}$$

至此，即可求出 t 时刻飞行器在地心赤道直角坐标系中的瞬时位置和瞬时速度。注意，上述公式中计算的中间值及式（11-14）和式（11-18）求出的位置、速度均与时刻 t 有关。

11.2.2 由位置速度求轨道要素

由于位置、速度可以分别利用直角坐标和球坐标来表示，所以下面将分别介绍它们与轨道要素的关系。

1. 由直角坐标求轨道要素

由 t 时刻飞行器在赤道直角坐标系中的瞬时位置分量 $x(t), y(t), z(t)$ 和瞬时速度分量 $\dot{x}(t), \dot{y}(t), \dot{z}(t)$ 求轨道要素 $a, e, i, \Omega, \omega, M(t)$，可以具体分为以下 7 个步骤。

第一步：利用式（11-19）、式（11-20）计算 t 时刻飞行器的地心距 r 和速度 V，即

$$r = \sqrt{x^2 + y^2 + z^2} \tag{11-19}$$

$$V = \sqrt{\dot{x}^2 + \dot{y}^2 + \dot{z}^2} \tag{11-20}$$

第二步：利用活力公式计算轨道半长轴 a，即

$$V^2 = \mu\left(\frac{2}{r} - \frac{1}{a}\right) \tag{11-21}$$

第三步：利用式（11-22）计算轨道偏心率 e 和 t 时刻飞行器在轨道上的偏近点角 E，即

$$\begin{cases} e\sin E = \dfrac{\boldsymbol{r}\cdot\boldsymbol{V}}{\sqrt{\mu a}} = \sqrt{\dfrac{1}{\mu a}}(x\dot{x}+y\dot{y}+z\dot{z}) \\ e\cos E = 1-\dfrac{r}{a} \end{cases} \tag{11-22}$$

第四步：利用式（11-23）计算 t 时刻飞行器在轨道上的平近点角 M，即

$$M = E - e\sin E \tag{11-23}$$

第五步：由式（11-2）和式（11-6）第一式计算轨道倾角 i，即

$$i = \arccos\left(\frac{x\dot{y}-y\dot{x}}{h}\right) \tag{11-24}$$

第六步：$\boldsymbol{h}$ 在 OXY 平面上的投影如图 11-2 所示。综合式（11-6），可求出轨道升交点赤经，即

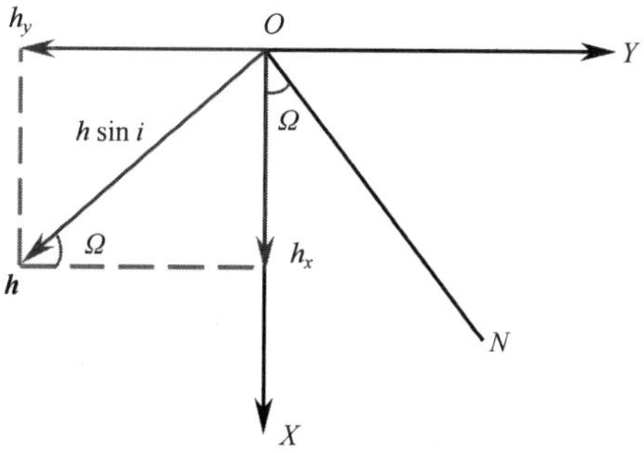

图 11-2　$\boldsymbol{h}$ 在 OXY 平面上的投影

$$\begin{cases} \sin\Omega = \dfrac{h_x}{h\sin i} = \dfrac{y\dot{z}-z\dot{y}}{h\sin i} \\ \cos\Omega = \dfrac{-h_y}{h\sin i} = \dfrac{x\dot{z}-z\dot{x}}{h\sin i} \end{cases} \tag{11-25}$$

第七步：首先求 t 时刻的真近点角 θ，即

$$\theta = 2\arctan\left(\sqrt{\frac{1+e}{1-e}}\tan\frac{E}{2}\right) \tag{11-26}$$

然后，根据图 11-1 推导得到飞行器在 t 时刻的升交点角距 u，即

$$\begin{cases} \sin u = \dfrac{z}{r\sin i} \\ \cos u = \dfrac{y}{r}\sin\Omega + \dfrac{x}{r} = \cos\Omega \end{cases} \tag{11-27}$$

其中，

$$u = \omega + \theta \tag{11-28}$$

因此，可以计算出轨道的近地点幅角 ω。

【例 11-1】已知某卫星在真近点角为 90° 时的位置坐标为 $x = 6427.196\text{km}$，$y = 2370.065\text{km}$，$z = 6850.359\text{km}$，速度为 $V_x = -0.306896\text{km/s}$，$V_y = 6.191046\text{km/s}$，$V_z = 1851522\text{km/s}$，求卫星轨道倾角、半长轴和偏心率。

解：由式（11-19）和式（11-20）可得

$$r = 9687.8\text{km}$$
$$V = 6.4693\text{km/s}$$

则由活力公式可得半长轴为

$$a = \frac{1}{\dfrac{2}{r} - \dfrac{V^2}{\mu}} = 9857.1\text{km}$$

由式（11-22）可得

$$\tan E = \frac{\sqrt{\dfrac{1}{\mu a}}(x\dot{x} + y\dot{y} + z\dot{z})}{1 - \dfrac{r}{a}} \Rightarrow E = 87.5737°$$

则偏心率为

$$e = 0.4053$$

则有

$$p = a(1 - e^2) = 8237.7\text{km}$$
$$h = \sqrt{\mu p} = 5.73 \times 10^{10}$$

由式（11-24）可以求轨道倾角为

$$i = \arccos\left(\frac{x\dot{y} - y\dot{x}}{h}\right) = 45°$$

2. 由球坐标求轨道要素

由 t 时刻飞行器在球坐标系中的瞬时位置分量 $r(t), \alpha(t), \delta(t)$ 和瞬时速度分量 $V(t), \gamma(t), \psi(t)$ 求轨道要素 $a, e, i, \Omega, \omega, M(t)$，可以具体分为以下 7 个步骤。

第一步：根据 10.2 节介绍的偏心率与关机点参数的关系求轨道偏心率 e，即

$$e = \sqrt{1 + \nu(\nu - 2)\cos\gamma} \tag{11-29}$$

式中，$\nu = \dfrac{rV^2}{\mu}$，为飞行器在 t 时刻的能量参数。

第二步：利用活力公式求轨道半长轴 a，即

$$a = \frac{\mu r}{2\mu - rV^2} \tag{11-30}$$

第三步：利用式（11-31）求 t 时刻的偏近点角 E，即

$$\begin{cases} e\sin E = \dfrac{rV\sin\gamma}{\sqrt{\mu a}} \\ e\cos E = 1 - \dfrac{r}{a} \end{cases} \tag{11-31}$$

第四步：利用开普勒方程求t时刻的平近点角M，即

$$M = E - e\sin E \tag{11-32}$$

第五步：如图 3-8 所示，因为球面角$\angle BDC = 90^\circ$，所以球面三角形BDC为直角球面三角形，则利用直角球面三角形的基本公式可以求出轨道倾角i，即

$$i = \arccos(\cos\delta \sin\psi) \tag{11-33}$$

第六步：同理，利用直角球面三角形的基本公式可以求出轨道升交点赤经Ω，即

$$\begin{cases} \sin(a - \Omega) = \dfrac{\tan\delta}{\tan i} \\ \cos(a - \Omega) = \dfrac{\cos\psi}{\sin i} \end{cases} \tag{11-34}$$

第七步：首先求t时刻的真近点角θ，即

$$\theta = 2\arctan\left(\sqrt{\frac{1+e}{1-e}}\tan\frac{E}{2}\right) \tag{11-35}$$

然后，利用直角球面三角形的基本公式求出飞行器在t时刻的升交点角距u，即

$$\begin{cases} \sin u = \dfrac{\sin\delta}{\sin i} \\ \cos u = \dfrac{\cos\delta\cos\psi}{\sin i} \end{cases} \tag{11-36}$$

其中，

$$u = \omega + \theta \tag{11-37}$$

因此，可以计算出轨道的近地点幅角ω。

11.3　星下点轨迹

星下点是指空间飞行器与地心连线和地面的交点，星下点轨迹是指当航天器在轨道上运动时星下点在地面形成的连续曲线，星下点轨迹的方位角是指星下点轨迹的切线方向与正北方向的夹角。由于星下点轨迹与地球模型密切相关，所以针对不同的用途或精度要求，可以选择不同的地球模型研究航天器的星下点轨迹。

11.3.1　无旋地球上的星下点轨迹

假设将地球视为不旋转的均质圆球，则由于轨道平面必过地球球心，所以轨道平面内任何大小形状的轨道，其星下点轨迹都是一个大圆，即轨道平面与地球相截而成的大圆。显然，无旋地球上的星下点轨迹是一个封闭的曲线。

假设某时刻卫星的星下点为 S，卫星轨道的升交点为 N，星下点的几何关系如图 11-3 所示。

若以赤经α、赤纬δ表示星下点位置，如图 11-3 所示，赤经α可以由式（11-38）计算，即

$$\alpha = \Omega + \alpha^* \tag{11-38}$$

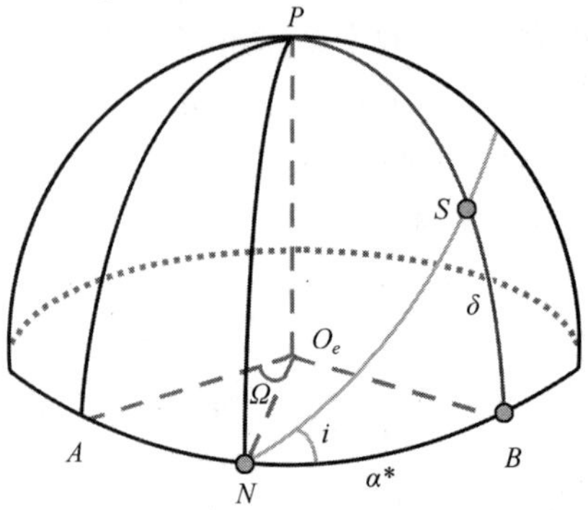

图 11-3　星下点的几何关系（见彩插）

式中，Ω 为卫星轨道的升交点赤经。已知球面三角形 SBN 为直角球面三角形，且 $\overset{\frown}{SB}$ 为赤纬 δ，球面角 SNB 为卫星轨道倾角 i，卫星的升交点角距 u 为 $\overset{\frown}{SN}$，则有

$$\begin{cases}\delta = \arcsin(\sin i \cdot \sin u) \\ \alpha^* = k \cdot 180° + \arctan\left(\dfrac{\cos i \cdot \sin u}{\cos u}\right)\end{cases} \tag{11-39}$$

式中，当 $90° < u < 270°$ 时，$k=1$；当 $0° \leqslant u \leqslant 90°$ 或 $270° \leqslant u \leqslant 360°$ 时，$k=0$。

如图 11-3 所示，星下点 S 的方位角就是球面角 NSB，则同理可得星下点轨迹的方位角 A 为

$$A = \arctan\left(\frac{\cot i}{\cos u}\right) \tag{11-40}$$

由式（11-40）可以获得星下点轨迹的性质：

（1）由式（11-39）可知，无旋地球上的星下点轨迹只与轨道倾角 i 和升交点赤经 Ω 有关，即只与轨道平面在惯性空间的位置有关，而与轨道的大小、形状及其近地点方向在轨道平面内的方向无关。

（2）由式（11-39）可知，无旋地球上的星下点轨迹是升交点角距 u 的函数，且升交点角距 u 在 $0° \leqslant u \leqslant 360°$ 范围内周期变化，故无旋地球上的星下点轨迹是一个封闭曲线，即每圈重复相同的星下点轨迹。

（3）由式（11-39）的第一式可知，当 $0° \leqslant u \leqslant 180°$ 时，$\delta \geqslant 0°$，即星下点轨迹位于北半球；当 $180° < u \leqslant 360°$ 时，$\delta \leqslant 0°$，即星下点轨迹位于南半球。

（4）由式(11-39)的第二式可知，当 $0° \leqslant u \leqslant 90°$ 和 $270° \leqslant u \leqslant 360°$ 时，$0° \leqslant \alpha^* \leqslant 180°$，此时卫星由南向北飞行，通常将这部分轨道称为升段；当 $90° < u < 270°$ 时，$180° < \alpha^* \leqslant 360°$，此时卫星由北向南飞行，通常将这部分轨道称为降段。

（5）由式（11-39）的第一式可知，当 $u = 90°$ 时，δ 取极大值 $\delta_{\max}$；当 $u = 270°$ 时，δ 取极小值 $\delta_{\min}$，且

$$\begin{cases}\delta_{\min} = \begin{cases}-i & i \leqslant 90° \\ i - 180° & i > 90°\end{cases} \\ \delta_{\max} = \begin{cases}i & i \leqslant 90° \\ 180° - i & i > 90°\end{cases}\end{cases} \tag{11-41}$$

可见，轨道倾角 i 决定了星下点轨迹能够达到的南北纬极值。

（6）由式（11-40）可知，当 $i = 0°,90°,180°$ 时，星下点轨迹的方位角 A 为固定值，即相应为 $A = 90°,0°$ 或 $180°,270°$。除此之外，方位角 A 是升交点角距 u 的函数，且令

$$\frac{\partial A}{\partial u} = 0 \tag{11-42}$$

可得方位角 A 的极值为

$$\begin{cases} A_{\min} = 90° - i & u = 0° \\ A_{\max} = 90° + i & u = 180° \end{cases} \tag{11-43}$$

可见，轨道倾角 i 决定了星下点轨迹方位角的变化范围，且当 $u = \pm 90°$ 时，有

$$\begin{cases} A = 90° & i < 90° \\ A = -90° & i > 90° \end{cases} \tag{11-44}$$

（7）对于 $i < 90°$ 的轨道，卫星在升段向东北方向飞行，在降段向东南方向飞行；对于 $i > 90°$ 的轨道，卫星在升段向西北方向飞行，在降段向西南方向飞行。

【例 11-2】 设轨道倾角 i 为 $30°$，升交点赤经 Ω 为 $0°$，绘制该轨道平面在无旋地球上的星下点轨迹。

解： 图 11-4 为无旋地球上星下点轨迹的二维投影。

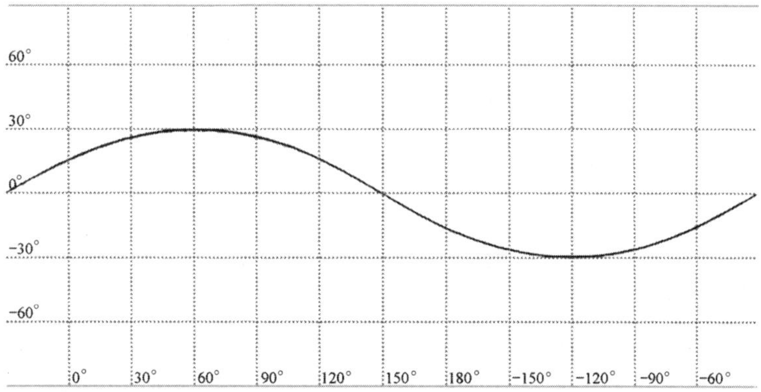

图 11-4　无旋地球上星下点轨迹的二维投影

11.3.2　旋转地球上的星下点轨迹

无旋地球上的星下点轨迹是在惯性空间描述卫星运动的一种方式。而在实际应用中，通常需要获得在旋转地球表面上描述的卫星星下点轨迹。一般用地心纬度 φ 和经度 λ 来描述旋转地球上的星下点轨迹。某时刻 t 卫星的地心经纬度与赤经赤纬之间的关系为

$$\begin{cases} \varphi = \delta \\ \lambda = \alpha - \bar{S}(t) \end{cases} \tag{11-45}$$

式中，$\bar{S}(t)$ 为 t 时刻的格林尼治平恒星时，即 t 时刻格林尼治天文台的赤经。若取卫星通过升交点的时间为起始时间，即 $t = 0$，则式（11-45）可以改写为

$$\begin{cases} \varphi = \delta \\ \lambda = \alpha - \bar{S}(0) - \omega_e \cdot t \end{cases} \tag{11-46}$$

式中，$\bar{S}(0)$为卫星通过升交点时刻的格林尼治平恒星时，ω_e为地球自转角速度。可见，旋转地球上的星下点轨迹与无旋地球上的星下点轨迹的差别就在于前者的经度多了两个时间项，即$-\bar{S}(0)$和$-\omega_e \cdot t$。

将式（11-38）、式（11-39）代入式（11-46），可得旋转地球上的星下点轨迹方程为

$$\begin{cases} \varphi = \arcsin(\sin i \cdot \sin u) \\ \lambda = \Omega + k \cdot 180^\circ + \arctan(\cos i \cdot \tan u) - \bar{S}(0) - \omega_e \cdot t \end{cases} \tag{11-47}$$

可见，旋转地球上的星下点轨迹是升交点角距u和时间t的函数，而u表示卫星在轨道上的位置，是t的函数且与轨道的大小、形状及轨道近地点方向有关。因此，旋转地球上的星下点轨迹与$(a,e,i,\Omega,\omega,\tau)$ 6 个轨道要素和时间t都有关，且a,e,i,ω决定星下点轨迹的形状，Ω,τ决定星下点轨迹相对于旋转地球的相对位置。

【例 11-3】设轨道高度h为500km的圆轨道，轨道倾角i为60°，升交点赤经Ω为50°，绘制该轨道在旋转地球上的星下点轨迹。

解：假设卫星在2002年6月1日12时通过升交点，且定义此时为计算起始时间，则$\bar{S}(0) = 70^\circ$。由于旋转地球上的星下点轨迹与卫星的运行时间有关，图11-5为旋转地球上星下点轨迹的墨卡托投影。

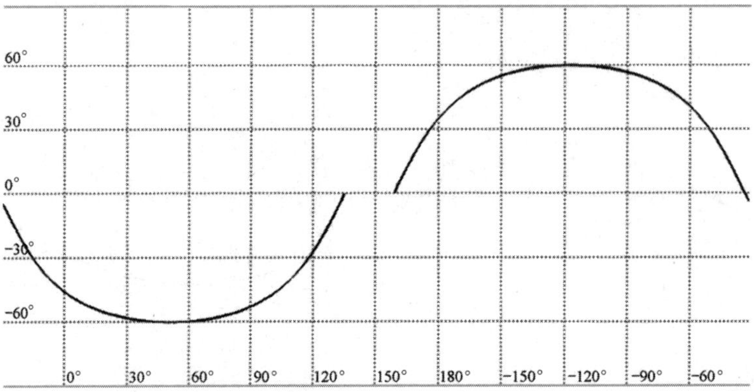

图 11-5　旋转地球上星下点轨迹的墨卡托投影

图11-5中，横坐标为经度，纵坐标为地心纬度。可见，卫星沿轨道运行一圈以后，星下点轨迹并没有重合而是存在一个经度差，即升交点沿赤道西退一个经度差

$$\Delta\lambda = \omega_e \cdot T \tag{11-48}$$

其中，

$$T = 2\pi\sqrt{\frac{a^3}{\mu}} \tag{11-49}$$

为卫星沿轨道运行一圈所需的时间，称为轨道周期。

已知该卫星轨道的半长轴为

$$a = 6378.137(\text{km})+500(\text{km})=6878.137(\text{km})$$

则轨道周期为

$$T = 2\pi\sqrt{\frac{6878137^3}{3.986\times10^{14}}} = 5677(\text{s})$$

即

$$\Delta\lambda = \omega_e \cdot T = 7.292115\times10^{-5}\times5677 = 0.414(\text{rad}) = 23.7^\circ$$

卫星运行 5 圈时旋转地球上的星下点轨迹如图 11-6 所示。

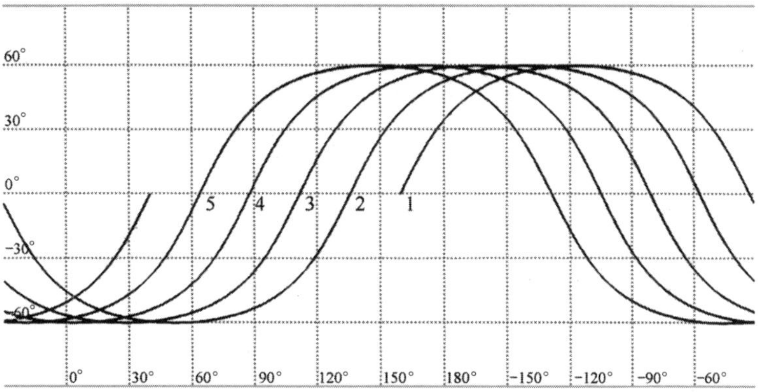

图 11-6　旋转地球上星下点轨迹

可见，每圈星下点轨迹的升交点都沿赤道西退了 23.7°。

星下点轨迹受地球旋转的影响，图形发生了变化，使星下点轨迹的方位角也发生了变化。

设星下点轨迹上的一点 S，此点正北方向的微分弧段为 $\Delta\boldsymbol{r}_\varphi$，正东方向的微分弧段为 $\Delta\boldsymbol{r}_\lambda$，沿星下点轨迹方向的微分弧段为 $\mathrm{d}\boldsymbol{r}$，如图 11-7 所示。

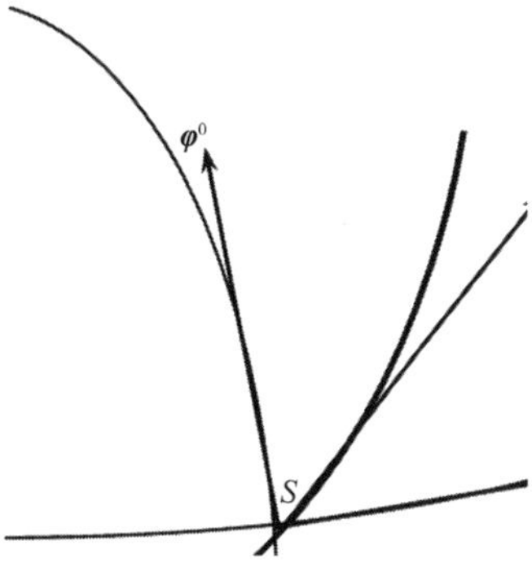

根据曲面上曲线弧段的定义，可得

$$\begin{cases}\Delta\boldsymbol{r}_\varphi = R\Delta\varphi\cdot\boldsymbol{\varphi}^0\\ \Delta\boldsymbol{r}_\lambda = R\cos\varphi\Delta\lambda\cdot\boldsymbol{\lambda}^0\\ \mathrm{d}\boldsymbol{r} = R(\mathrm{d}\varphi\cdot\boldsymbol{\varphi}^0+\cos\varphi\mathrm{d}\lambda\cdot\boldsymbol{\lambda}^0)\end{cases} \tag{11-50}$$

已知 S 点的方位角为

$$\cos A = \frac{\Delta\boldsymbol{r}_\varphi\cdot\mathrm{d}\boldsymbol{r}}{|\Delta\boldsymbol{r}_\varphi||\mathrm{d}\boldsymbol{r}|} \tag{11-51}$$

将式（11-50）代入式（11-51），得

$$\cos A = \pm\frac{\mathrm{d}\varphi}{\sqrt{\mathrm{d}\varphi^2+(\cos\varphi\mathrm{d}\lambda)^2}} \tag{11-52}$$

由式（11-47）可知

$$\begin{cases}\dfrac{\mathrm{d}\varphi}{\mathrm{d}t} = \dfrac{\sin i\cdot\cos u\cdot\mathrm{d}u}{\cos\varphi\cdot\mathrm{d}t} = \dfrac{\sin i\cdot\cos u\cdot\mathrm{d}u}{\sqrt{1-\sin^2 u\cdot\sin^2 i}\cdot\mathrm{d}t}\\ \dfrac{\mathrm{d}\lambda}{\mathrm{d}t} = \dfrac{\cos i\cdot\mathrm{d}u}{\cos^2 u\cdot(1+\cos^2 i\cdot\tan^2 u)\cdot\mathrm{d}t}-\omega_e\end{cases} \tag{11-53}$$

已知

$$\frac{\mathrm{d}u}{\mathrm{d}t}=\sqrt{\frac{\mu}{p^3}}\cdot[1+e\cdot\cos(u-\omega)]^2 \tag{11-54}$$

将式（11-53）、式（11-54）代入式（11-52），可得旋转地球上星下点轨迹的方位角计算公式为

$$\cos A=\pm\left[1+\left(\frac{1-\sin^2 u\cdot\sin^2 i}{\sin i\cdot\cos u}\right)^2\cdot\left(\frac{\cos i}{\cos^2 u\cdot(1+\cos^2 i\cdot\tan^2 u)}-\frac{\omega_e}{n\cdot[1+e\cos(u-\omega)]^2}\right)^2\right]^{\frac{1}{2}} \tag{11-55}$$

式中，$n=\sqrt{\dfrac{\mu}{p^3}}$ 为轨道的平均角速度，$p=a(1-e^2)$ 为轨道的半正焦弦。可见，考虑地球旋转时的星下点轨迹的方位角 A 与轨道半长轴 a、偏心率 e、轨道倾角 i 和升交点角距 u 有关。

对于圆轨道而言，将 $e=0$ 代入式（11-55）可得圆轨道在旋转地球的星下点轨迹方位角计算公式为

$$\cos A=\pm\left[1+\left(\frac{1-\sin^2 u\cdot\sin^2 i}{\sin i\cdot\cos u}\right)^2\cdot\left(\frac{\cos i}{\cos^2 u\cdot(1+\cos^2 i\cdot\tan^2 u)}-\frac{\omega_e}{n}\right)^2\right]^{\frac{1}{2}} \tag{11-56}$$

【例 11-4】设轨道倾角 i 为 $60°$、轨道半长轴为 16763km 的圆轨道，求当 $u=0°$ 时，星下点轨迹在考虑地球旋转和不考虑地球旋转两种情况下的方位角。

解：利用式（11-40），可得无旋地球上星下点轨迹在升交点处的方位角为

$$A=\arctan\left(\frac{\cot i}{\cos u}\right)=\arctan(\tan 30°)=30°$$

已知 $a=16763\text{km}$，则

$$n=\sqrt{\frac{\mu}{a^3}}=2.9089\times10^{-4}\,(\text{rad/s})$$

利用式（11-55）可得考虑旋转情况下星下点轨迹在升交点处的方位角为

$$A=\arccos\left[1+\left(\frac{1}{\sin i}\right)^2\cdot\left(\cos i-\frac{\omega_e}{n}\right)^2\right]^{-\frac{1}{2}}=\arccos(0.9508)=16.0957°$$

可见，是否考虑地球旋转，会影响星下点轨迹的方位角。

11.3.3 考虑摄动影响时的星下点轨迹

由于摄动因素的影响，卫星轨道会发生变化，因此星下点轨迹也会相应发生改变。对于近地人造地球卫星而言，主要的摄动项为地球非球形摄动，本节以 J_2 项摄动为例，其余摄动因素的影响可以以此类推。

当考虑 J_2 项摄动时，无论是否考虑地球旋转，轨道平面将在惯性空间发生西移（或东进），即平均角速度为

$$\dot{\Omega} = -\frac{3}{2}J_2 n\left(\frac{R_e}{p}\right)^2 \cos i \tag{11-57}$$

所以，对于无旋地球上的星下点轨迹，其赤经α的计算公式为

$$\alpha = \Omega + k\cdot 180^\circ + \arctan\left(\frac{\cot i \cdot \sin u}{\cos u}\right) + \dot{\Omega}\cdot t \tag{11-58}$$

对于旋转地球上的星下点轨迹，其经度λ的计算公式为

$$\lambda = \Omega + k\cdot 180^\circ + \arctan(\cos i\cdot \tan u) - \overline{S}(0) - (\omega_e - \dot{\Omega})\cdot t \tag{11-59}$$

11.4 卫星轨道分类

微课：轨道类型

人造地球卫星轨道的形状、大小各不相同，根据轨道的不同特征可以有多种分类方法。下面介绍 3 种常用的轨道分类方法。

11.4.1 按照轨道形状分类

人造地球卫星轨道按照形状可以分为圆轨道和椭圆轨道。圆轨道是指轨道的偏心率$e=0$的轨道，椭圆轨道是指轨道偏心率$0<e<1$的轨道。

已知形状的地球上的星下点轨迹与 6 个轨道要素都有关系，而星下点轨迹的形状只与a,e,ω,i有关。下面举例说明椭圆轨道和圆轨道的星下点轨迹的区别。

【例 11-5】设圆轨道的轨道周期为$T=6\text{h}$、轨道倾角$i=60^\circ$、升交点赤经$\Omega=50^\circ$，椭圆轨道具有相同的轨道周期、轨道倾角和升交点赤经，且偏心率$e=0.5$、近地点幅角$\omega=0^\circ$，则旋转地球上的圆轨道和椭圆轨道星下点轨迹的墨卡托投影如图 11-8 所示。

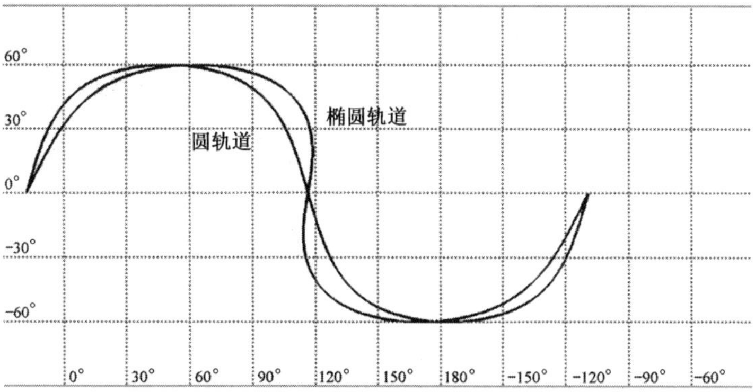

图 11-8 旋转地球上的圆轨道和椭圆轨道星下点轨迹的墨卡托投影（见彩插）

11.4.2 按照轨道倾角分类

微课：极轨和极轨卫星

轨道倾角是指轨道平面与地球赤道平面的夹角。轨道倾角的取值范围为 0°～180°。轨道倾角为 0°的轨道称为赤道轨道，轨道倾角为 90°的轨道称为极轨道，轨道倾角不为 0°或 90°的轨道称为倾斜轨道。另外，还定义轨道倾角$0^\circ<i<90^\circ$的轨道称为顺行轨道，轨道倾角为

$90^\circ < i < 180^\circ$ 的轨道称为逆行轨道，如图 11-9 所示。

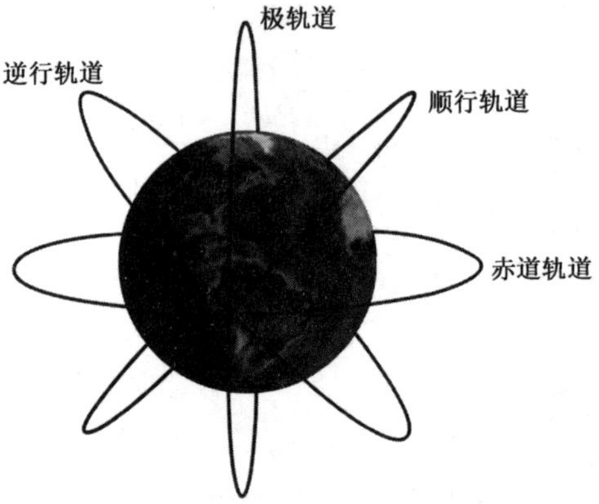

图 11-9　不同轨道倾角的卫星轨道（见彩插）

可见，极轨道通过地球两极，地球的自转极轨道具有较好的全球覆盖性能，而赤道轨道对赤道附近的低纬度地区具有较好的覆盖性能。

图 11-10 为赤道轨道、极轨道和倾斜轨道的星下点轨迹的墨卡托投影。

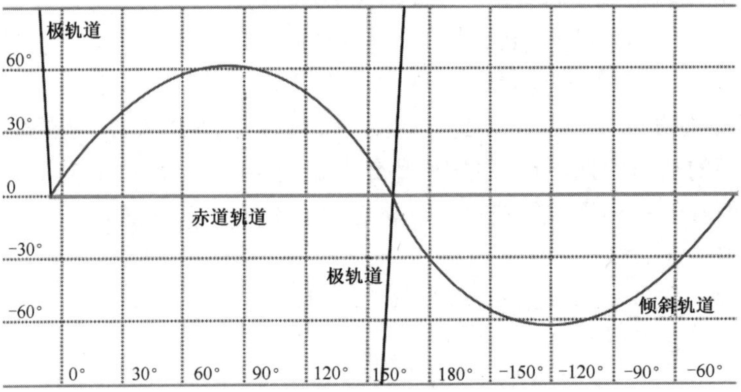

图 11-10　不同轨道倾角星下点轨迹的墨卡托投影（见彩插）

11.4.3　按照轨道高度分类

人造地球卫星轨道按照高度可以分为低轨道、中轨道、高轨道和地球静止轨道，如图 11-11 所示。

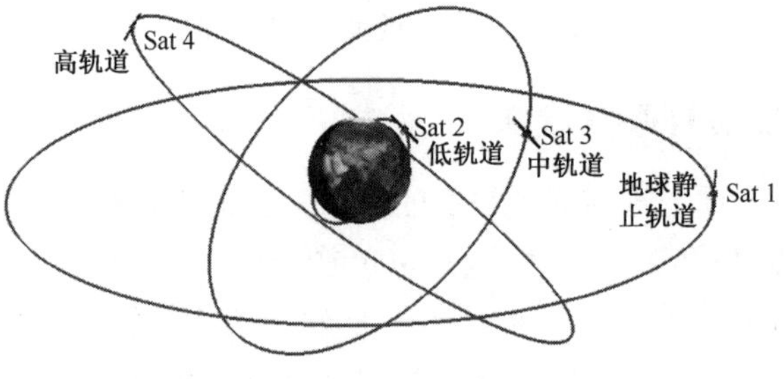

图 11-11　不同高度的卫星轨道（见彩插）

低轨道是指轨道高度为 300～2000km 的卫星轨道。由于低轨道的轨道高度低、覆盖区域小、受大气影响大，所以低轨道卫星的工作寿命较短，且需要 40 颗以上的卫星才可以实现全球覆盖。

中轨道是指轨道高度为 10000～20000km 的卫星轨道。

高轨道是指轨道高度为 20000km 以上的卫星轨道。中轨道和高轨道的轨道高度较高、覆盖区域大、受大气影响小，所以工作寿命较长，且只需要 7～15 颗卫星就可以实现全球覆盖。但是由于有些星载有效载荷的工作条件要求轨道高度不能太高（如可见光相机等），因此只能运行于低轨道。

静止轨道是指轨道高度为 35786km、轨道倾角为 0° 的圆轨道。静止轨道卫星的周期为 1 恒星日，即 23 时 56 分 4 秒，也就是说，静止轨道卫星相对地球表面不运动，即 GEO 卫星将定点于地球赤道上空的某一个点。静止轨道是迄今为止应用最多的一种轨道。

除了上述 4 种轨道，通常还将 110～120km 范围内的轨道高度称为临界轨道高度，轨道高度为 20～100km 的卫星轨道称为亚轨道。临界轨道高度是指能够维持卫星自由飞行的最低轨道高度。运行于亚轨道的飞行器受大气影响很大，无法自行绕地球运行一圈，必须借助卫星自身携带的动力控制系统。

微课：回归轨道

11.5　常用轨道类型

11.5.1　回归轨道与准回归轨道

回归轨道是指地球自转周期是轨道周期的整数倍的卫星轨道，又称为亚地球同步轨道。也就是说，卫星在一天内运行 N 圈后星下点轨迹重合，即回归到原来的轨道上。若回归周期为一天的整数倍，则称为准回归轨道。设卫星在 M 天内运行 N 圈后轨迹重合，则有

$$N \cdot T = M \cdot \frac{360^\circ}{\omega_e} \tag{11-60}$$

图 11-12 为轨道周期为 6h、偏心率为 0、轨道倾角为 60° 的回归轨道星下点轨迹的墨卡托投影。

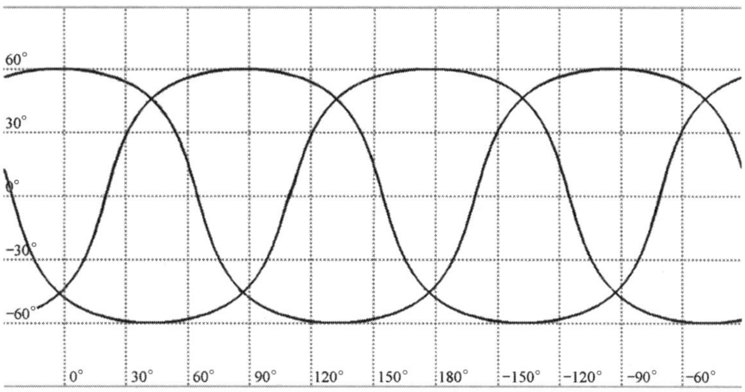

图 11-12　回归轨道星下点轨迹的墨卡托投影

当计入摄动因素后，要考虑轨道摄动对卫星运行轨道的影响，在此仅讨论主要地球非球形摄动 J_2 项对回归与准回归轨道成立条件的改变，其余摄动因素可同理讨论。考虑 J_2 项摄动后，升交点在旋转地球上西移角速度除需要考虑地球自转角速度 ω_e 外，还要考虑轨道面进动平均角速度 $\dot{\Omega} = \mathrm{d}\Omega / \mathrm{d}t$，因此升交点在旋转地球上移动的角速度为 $\omega = \omega_e + \dot{\Omega}$，可知考虑 J_2 项摄动后，回归与准回归轨道成立的条件是

$$N \cdot T = M \cdot \frac{360^\circ}{\omega_e + \dot{\Omega}} \tag{11-61}$$

需要特别指出的是，此时 M 的单位为升交日，也就是考虑地球旋转与摄动后，升交点连续两次上中天的时间间隔。当不计摄动因素时，升交日即恒星日，考虑摄动后，两者并不相同。当摄动使轨道面西退时，升交日短于恒星日；当摄动使轨道面东进时，升交日长于恒星日。

11.5.2 地球同步轨道与地球静止轨道

微课：地球静止轨道　微课：地球同步轨道

地球同步轨道（Geosynchronous Orbit）是指轨道周期与地球自转周期相同的卫星轨道。若轨道周期是地球自转周期的整数倍，则称这种轨道为超同步轨道。周期等于地球自转周期几分之一的轨道有时也被称为地球同步轨道，对地面上的人来说，这种卫星在每天相同时刻出现的方向也大致相同。

地球同步轨道的星下点轨迹能够很清楚地说明轨道要素对星下点轨迹形状的影响。令 $a = 42164.171\text{km}$，即 $T = 24\text{h}$，图 11-3～图 11-5 给出了不同轨道要素下的星下点轨迹图。

（1）设轨道倾角 $i = 60^\circ$、升交点赤经 $\Omega = 150^\circ$、近地点幅角 $\omega = 0^\circ$，则当偏心率 e=0.2, 0.5, 0.8 时，即不同偏心率时旋转地球同步轨道上星下点轨迹的墨卡托投影如图 11-13 所示。

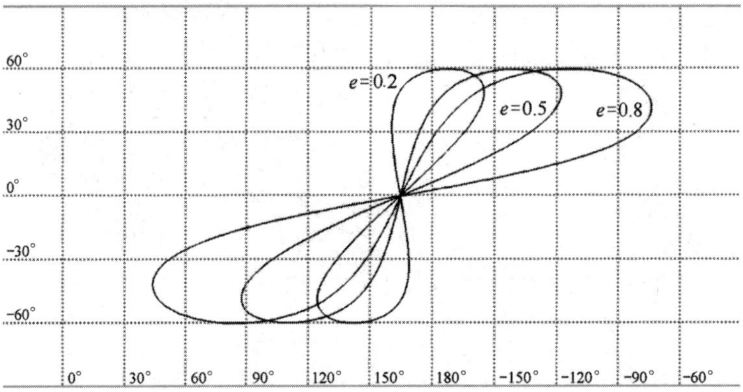

图 11-13　不同偏心率时旋转地球同步轨道上星下点轨迹的墨卡托投影（见彩插）

（2）偏心率 $e = 0.3$、升交点赤经 $\Omega = 150^\circ$、近地点幅角 $\omega = 0^\circ$，则当轨道倾角 $i = 30^\circ, 60^\circ, 80^\circ$ 时，即不同轨道倾角时旋转地球同步轨道上星下点轨迹的墨卡托投影如图 11-14 所示。

（3）偏心率 $e = 0.3$、升交点赤经 $\Omega = 150^\circ$、轨道倾角 $i = 60^\circ$，则当近地点幅角 $\omega = -60^\circ, 0^\circ, 60^\circ$ 时，即不同近地点幅角时旋转地球同步轨道上星下点轨迹的墨卡托投影如图 11-15 所示。

地球静止轨道是轨道倾角为 0°、偏心率为 0 的特殊地球同步轨道。地球静止轨道上的卫星将在赤道上空保持固定位置，即与地球表面无相对运动，这种卫星称为地球静止卫星，其轨道半径为 42164km。因为卫星相对地面不动，所以地面站天线容易跟踪、测控。每颗地球静止卫星对地表的覆盖范围都可达 42.4%，3 颗等间距配置在赤道上空的静止卫星，可覆盖除两极地区外的全球区域，因此预警卫星、通信卫星、广播卫星和气象卫星常选用这种轨道。

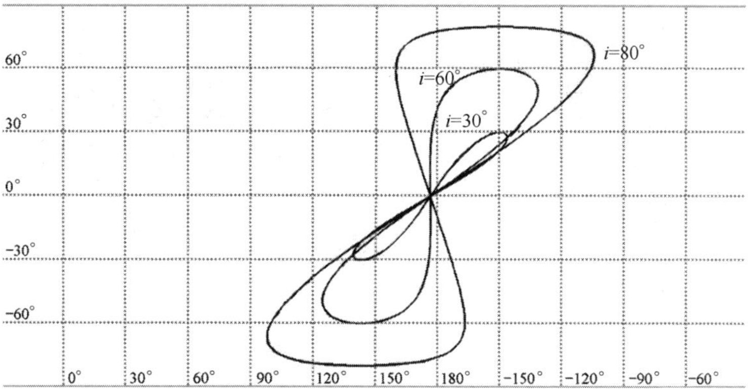

图 11-14 不同轨道倾角时旋转地球同步轨道上星下点轨迹的墨卡托投影（见彩插）

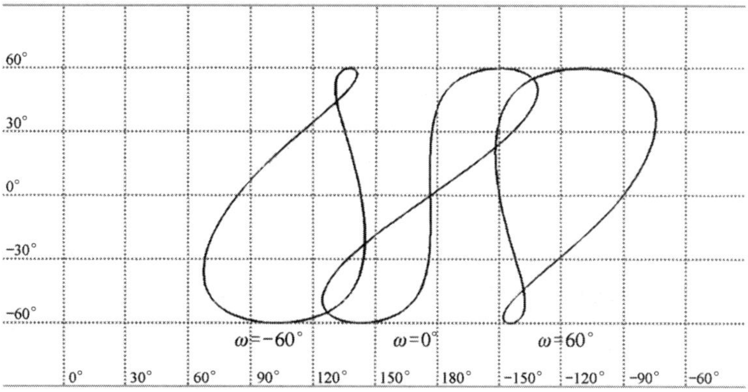

图 11-15 不同近地点幅角时旋转地球同步轨道上星下点轨迹的墨卡托投影（见彩插）

例如，美国国防支援计划卫星（Defense Support Program satellite，DSP 卫星）为导弹预警卫星，即选用地球静止轨道，其任务是为美国国家指挥机构和作战司令部提供导弹发射和核爆炸的探测和预警服务。通常，该系统可对洲际导弹、战术导弹分别给出 20～30min、1.5～2min 的预警时间。

11.5.3 太阳同步轨道

微课：太阳同步轨道

太阳同步轨道（Sunsynchronous Orbit）是指轨道平面绕地球自转轴旋转的方向与地球公转方向相同，且旋转角速度等于地球公转平均角速度的卫星轨道。由于地球公转周期为 365.25 天，即地球公转角速度为 0.9856°，所以太阳同步轨道的半长轴 a、偏心率 e 和轨道倾角 i 之间必须满足以下关系：

$$\cot i = -K(1-e^2)^2 a^{\frac{7}{2}} \tag{11-62}$$

式中，$K = 4.7736\times10^{-15}$。由式（11-62）可知，太阳同步轨道的轨道倾角大于 90°，即太阳同步轨道为逆行轨道。通常，太阳同步轨道的轨道倾角为 90°～100°，轨道高度为 500～1000km，且太阳同步轨道的最大轨道高度不会超过 6000km。对于圆轨道而言，轨道倾角越大，卫星轨道高度越高。由于太阳同步轨道的轨道倾角大于 90°又靠近 90°，因此有时也称为近极轨道。

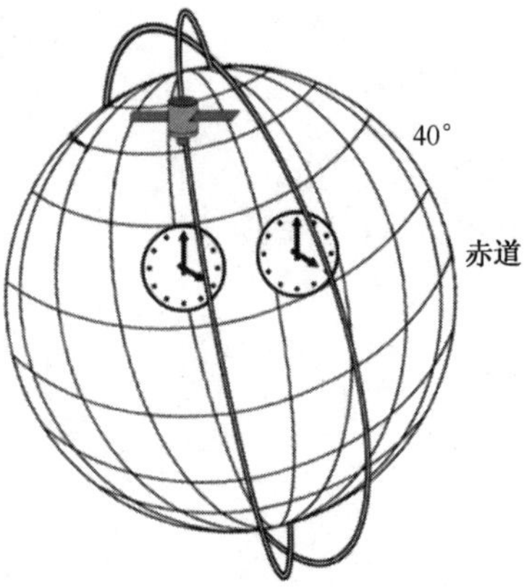

图 11-16　太阳同步轨道上的卫星以相同方向经过同一纬度的当地时间相同

由于太阳同步轨道是逆行轨道，卫星发射时需要逆着地球自转方向发射，所以要求发射运载火箭的推力较大，但是运行于太阳同步轨道的卫星，每次以相同方向从具有相同纬度的地面目标上空经过时，当地时间是相同的。例如，卫星最初由南向北（升段）经过北纬 40°上空是下午 4 时，以后升段经过北纬 40°的时间就都是当地时间下午 4 时（见图 11-16）。由于地球公转，即使地方时相同，不同季节的地面光照条件也有明显差别，但在一段不长的时间内，光照条件可视为大致相同。因此，太阳同步轨道对于那些对光照条件有要求的星载有效载荷非常有用，如可见光成像侦察卫星、气象卫星、地球资源卫星。在进行轨道设计时，往往选择兼有回归轨道特点的太阳同步轨道，即太阳同步回归轨道。

前文提到气象卫星也常选择地球静止轨道，事实上，气象卫星按轨道不同，可分为太阳同步轨道气象卫星和地球静止轨道气象卫星。太阳同步轨道气象卫星可以获得全球气象信息，如我国的风云一号气象卫星。地球静止轨道气象卫星可以对目标区域进行连续气象观测，如我国的风云二号气象卫星。两种类型的气象卫星相互补充，协同观测。

另外，由于太阳同步轨道卫星与太阳保持固定的相对取向，有利于以太阳能为能源的卫星长期稳定地工作。其中，最典型的就是晨昏线太阳同步轨道，该轨道可以使卫星的太阳能帆板始终接受稳定的太阳光照射，适用于功率较大的卫星全天时工作。

11.5.4　冻结轨道与闪电轨道

微课：大椭圆轨道与闪电轨道

冻结轨道是指轨道偏心率和近地点幅角保持不变的轨道。轨道摄动的影响会使轨道的近地点幅角和偏心率发生变化，以 J_2 项摄动影响为例，其导致的拱线转动的平均角速度为

$$\frac{\mathrm{d}\omega}{\mathrm{d}t} = \frac{3}{4}J_2\sqrt{\frac{\mu}{R_e^3}}\left(\frac{R_e}{a}\right)^{\frac{7}{2}}\frac{(5\cos^2 i-1)}{(1-e^2)^2} \tag{11-63}$$

当近地点幅角保持不变时，要求上述方程式的右侧等于零，即 $\frac{\mathrm{d}\omega}{\mathrm{d}t}=0$，此时卫星轨道倾角 $i=63.4°$ 或 $116.6°$，称为临界倾角。实际上，若考虑地球非球形的高阶小量摄动，冻结轨道的条件将发生改变。

由于冻结轨道的偏心率和近地点幅角保持不变，故卫星飞越同纬度地区的上空时，其

轨道高度始终如一，这是它很重要的特性，对于考察地面或进行垂直剖面内的科学测量都是非常有利的。美国有多颗大气探测卫星、海洋卫星、陆地卫星都使用了冻结轨道。如果进一步将冻结轨道与回归轨道相结合，就能使卫星在保持高度不变的条件下，对预定观测区域进行多次重复观测。很多选择太阳同步轨道的对地观测卫星也兼具冻结特性，此时可称为太阳同步冻结轨道。

苏联闪电号通信卫星系列采用的就是临界倾角的大椭圆冻结轨道，该轨道现被称为闪电轨道。轨道近地点在南半球上空，高度为 460～650km，远地点在北半球上空，高度约为 40000km，倾角为 62.8°～65.5°，周期约为 12h（见图 11-17）。由于苏联地处高纬度地区，地球静止轨道卫星无法全部覆盖，而闪电轨道上的卫星运行一圈大约有 2/3 的时间处于北半球上空，相对卫星通信地球站的视运动速度很慢，便于地球站跟踪，对高纬度地区通信极为有利。利用该轨道，1 颗卫星能保证苏联和北半球许多国家在一天内 8～10h 的通信，3 颗分布适当的卫星可实现昼夜连续通信。在闪电轨道上运行的闪电号通信卫星系列是苏联的主要通信卫星系列之一，主要用于向苏联转播电视、广播节目，进行电话、电报、传真通信，并实现国际通信及电视广播节目交换，也可用于军事通信。闪电 3 号通信卫星还承担莫斯科和美国华盛顿之间的直接通信任务。

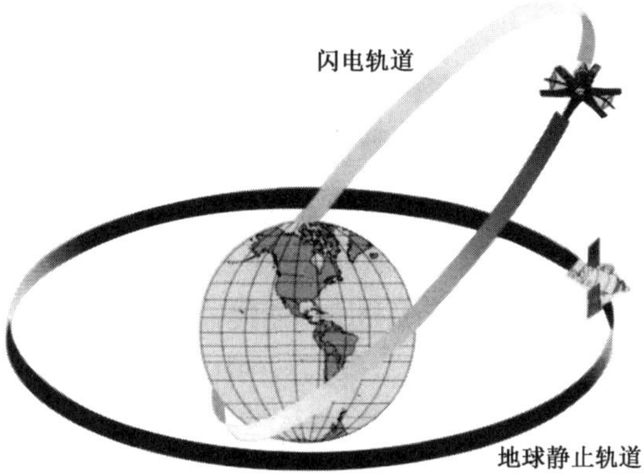

图 11-17 闪电轨道（见彩插）

11.5.5 伴随轨道

微课：伴随轨道

伴随轨道是由多个近距离紧密编队飞行的卫星所形成的相对轨道。区别于卫星的绝对轨道（描述的是卫星相对地心的运动），卫星的伴随轨道描述的是卫星之间的相对运动，相当于将观测坐标系移到卫星上，从一颗卫星上去看另一颗卫星的运动。

伴随轨道的形成包括多颗卫星，其中一颗是参考星，也就是观测坐标系所在的卫星，它是描述航天器之间相对运动的参考基准。参考基准可以是一颗真实的卫星，也可以是一个虚拟的运动点，这个运动点具有轨道运动的所有动力学特性，因此统称为参考星。参考星的轨道称为编队的参考轨道。伴随星是相对参考星实现编队飞行运动的卫星。

伴随星相对参考星的运动轨迹，也即伴随轨道，可以是一条闭合的曲线，如参考星轨道平面内的椭圆（见图 11-18），通常椭圆的半长轴是半短轴的 2 倍。如果运行在同一轨道的两颗卫星仅有真近点角差，则伴随轨道就是一个相对不动点。常见的伴随轨道设计方法有基于相对运动的动力学方程及基于相对轨道根数差的方法。要实现卫星周期性的稳定编队飞行，一个必要的条件是卫星之间的轨道周期 T 是相同的，也就是两个卫星绝对轨道的半长轴大小相同。在此情况下，无须额外施加力，伴随星相对参考星就能够呈现出沿伴随轨道的周期性相对运动。

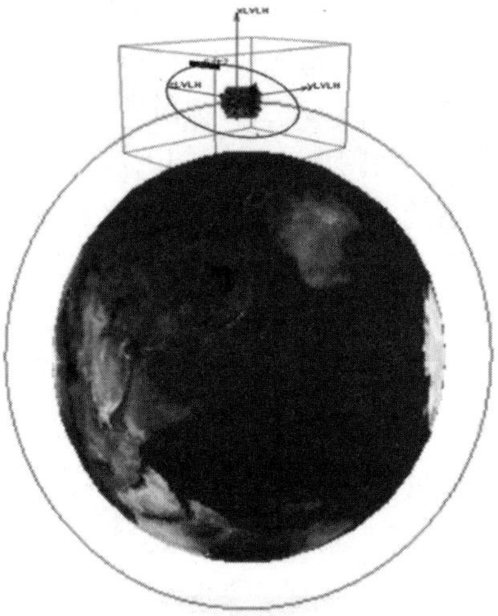

图 11-18　伴随轨道示意图（见彩插）

卫星编队飞行形成伴随轨道，各卫星通过星间通信相互联系，协同工作，共同承担空间信号的采集与处理及承载有效载荷等任务。整个卫星编队系统构成一个满足任务需要、规模较大的虚拟传感器或探测器，从功能上讲，卫星编队系统构成了一个规模更大的虚拟卫星或卫星网络，相较于单个大卫星，具有更高的性能、更高的可靠性、更低的成本。卫星编队飞行在对地观测和重力场测量等领域都具有广泛的应用。例如，对地观测，利用分布式雷达成像卫星系统，可以极大地增加干涉测量的雷达孔径，也可以在较大的离散空间对任务目标进行多角度同步观测，从而实现多观测任务组合。

练 习 题

1．已知卫星的近地点轨道高度为300km，远地点轨道高度为1500km，轨道倾角为45°，近地点幅角为30°，某时刻的升交点赤经为150°，求真近点角为60°时的星下点赤纬、赤经。

2．已知卫星近地点轨道高度为500km，远地点轨道高度为10000km，轨道倾角为63.4°，升交点赤经为0°，近地点幅角为90°，过近地点时刻为0，求飞行时间为100s时卫星在地心直角坐标系中的位置和速度。

3．试问是否任意轨道高度的圆轨道，只要选择适当的轨道倾角都可以成为太阳同步轨道？

4．轨道高度小于1500km的圆轨道中有几种可能的回归轨道？

第 12 章　轨道摄动

☞　**基本概念**

轨道摄动、密切轨道、地球非球形摄动、大气阻力摄动、三体引力摄动、太阳光压摄动

第 11 章对理想情况，也就是二体运动假设下的航天器轨道进行了描述，通过对理想轨道的分析，可以建立航天器空间运动的基本概念，理解其运动的特点和相对于地面的轨迹。然而，在实际应用中为获得更高的预报精度，必须分析除中心引力之外的受力情况。例如，在研究绕地球运行航天器的高精度轨道时，还需要分析航天器受到地球非球形部分、大气、太阳光压及日月等力的作用。

12.1　摄动的定义

在天体力学中，将这些中心引力（中心引力体等效为质点）之外的作用力统称为摄动力，将航天器的实际运动相对理想轨道的偏差称为摄动。摄动是相对理想轨道的。在摄动力作用下，航天器的运动方程可以表述为

$$\frac{\mathrm{d}^2\boldsymbol{r}}{\mathrm{d}t^2}=-\frac{\mu}{r^3}\boldsymbol{r}+\boldsymbol{a} \tag{12-1}$$

式中，$-\frac{\mu}{r^3}\boldsymbol{r}$ 为地球质心引力加速度，$\boldsymbol{a}$ 为摄动加速度的矢量和。

由于摄动加速度的存在，式（12-1）无法像二体问题那样直接求解。航天器在空间的运动轨迹也不再为特定空间平面上大小形状不变的圆锥曲线。图 12-1 给出了摄动作用下的航天器轨道偏离。

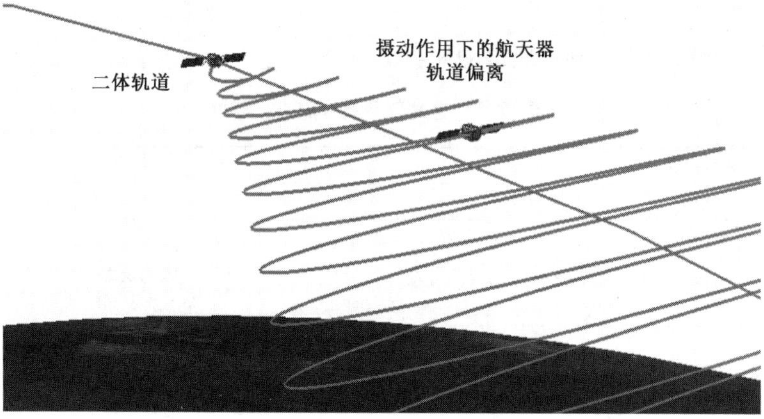

图 12-1　摄动作用下的航天器轨道偏离（见彩插）

相应地，二体问题中获得的 6 个轨道根数也会产生不同程度的变化。设航天器初轨的轨道高度为 300km、偏心率为 0、轨道倾角为 60°，图 12-2 给出了低轨道航天器轨道倾角在摄动影响下的变化图。

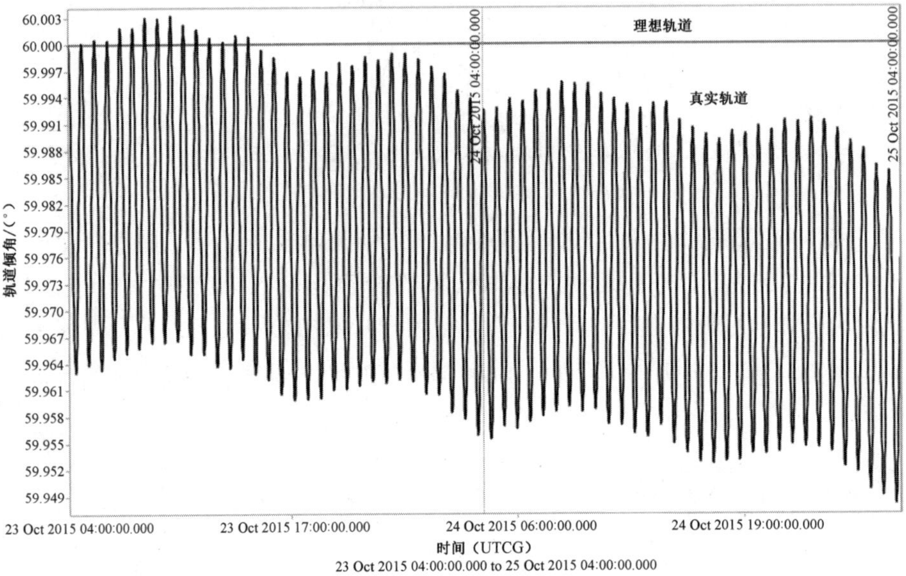

图 12-2　摄动对轨道倾角的影响

从图 12-2 中可以看出，摄动对轨道根数的影响可以分为长期影响和周期性影响。其中：长期摄动引起轨道根数长期朝着一个方向偏离；周期摄动引起轨道根数以正弦函数、余弦函数的形式周期性地变化。对周期摄动按照影响的周期还可以分为长周期项摄动和短周期项摄动，长周期项摄动的周期大于轨道周期，短周期项摄动的周期小于轨道周期。

一般来说，航天器轨道的主要摄动来源可分为以下 4 类：

（1）中心引力体的非球形部分；

（2）其他非中心引力体的引力；

（3）航天器所处空间环境中的各种环境要素；

（4）其他摄动来源。

对于近地航天器来说，其主要摄动如表 12-1 所示。

表 12-1　近地航天器的主要摄动

序号	分　类	摄动来源
1	中心引力体的非球形部分	地球非球形引力
2	其他非中心引力体的引力	月球引力 太阳引力 其他行星引力
3	航天器所处空间环境中的各种环境要素	大气阻力 太阳光压 地球磁场
4	其他摄动来源	地球形变 潮汐

这些摄动对航天器轨道造成的影响与摄动力类型、轨道的自身特性（如轨道的高低、偏心率及轨道所处的平面）等均有关系。

12.2　密切轨道与摄动方程

12.2.1　密切轨道

摄动的影响，使航天器的轨道根数不再为定值。但是，由于摄动力与地心引力相比是个小量，因此在研究轨道摄动时，仍可以以二体问题的开普勒轨道为基础，把航天器的实际轨道看成不断变化的圆锥曲线，该圆锥曲线就称为密切轨道。

密切轨道由航天器当前的瞬时位置、速度矢量决定。即已知航天器当前的瞬时位置 (x, y, z)、速度矢量 $(\dot{x}, \dot{y}, \dot{z})$，将其转换为轨道根数，该轨道根数确定的圆锥曲线即密切轨道。密切轨道示意图如图 12-3 所示。摄动的影响，使密切轨道与实际轨道相切，且随时间不断发生变化。

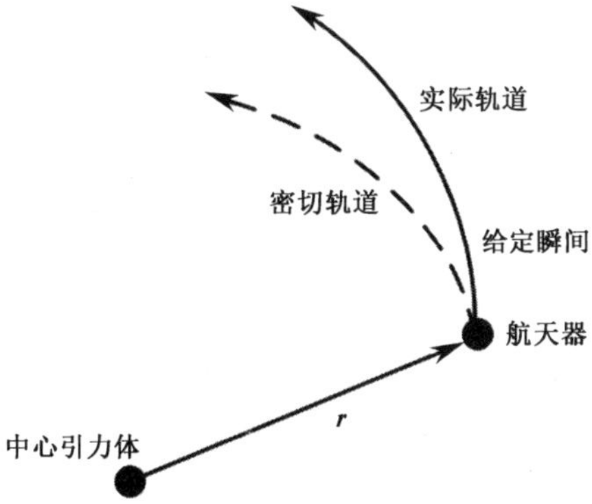

图 12-3　密切轨道示意图

12.2.2　拉格朗日摄动方程

由于摄动力与地心引力相比为小量，因此在研究轨道摄动时，仍以二体问题的开普勒轨道为基础，利用密切轨道的概念研究轨道的摄动。

如果摄动力为保守力（力做的功不因路径的不同而改变），也就是摄动加速度可用位函数的形式给出，则可以给出简化的摄动方程形式。设摄动位函数为 R，则摄动加速度可以表达成摄动位函数 R 的导数，即

$$\boldsymbol{a} = \left[\frac{\partial R}{\partial x}, \frac{\partial R}{\partial y}, \frac{\partial R}{\partial z}\right]^{\mathrm{T}}$$

可以得到拉格朗日行星摄动方程，具体形式为

$$
\begin{cases}
\dfrac{\mathrm{d}a}{\mathrm{d}t}=\dfrac{2}{na}\dfrac{\partial R}{\partial M} \\
\dfrac{\mathrm{d}e}{\mathrm{d}t}=\dfrac{1-e^2}{na^2e}\dfrac{\partial R}{\partial M}-\dfrac{\sqrt{1-e^2}}{na^2e}\dfrac{\partial R}{\partial \omega} \\
\dfrac{\mathrm{d}i}{\mathrm{d}t}=\dfrac{\cos i}{na^2\sqrt{1-e^2}\sin i}\dfrac{\partial R}{\partial \omega}-\dfrac{1}{na^2\sqrt{1-e^2}\sin i}\dfrac{\partial R}{\partial \Omega} \\
\dfrac{\mathrm{d}\Omega}{\mathrm{d}t}=\dfrac{1}{na^2\sqrt{1-e^2}\sin i}\dfrac{\partial R}{\partial i} \\
\dfrac{\mathrm{d}\omega}{\mathrm{d}t}=\dfrac{\sqrt{1-e^2}}{na^2e}\dfrac{\partial R}{\partial e}-\dfrac{\cos i}{na^2\sqrt{1-e^2}\sin i}\dfrac{\partial R}{\partial i} \\
\dfrac{\mathrm{d}M}{\mathrm{d}t}=n-\dfrac{1-e^2}{na^2e}\dfrac{\partial R}{\partial e}-\dfrac{2}{na}\dfrac{\partial R}{\partial a}
\end{cases}
\tag{12-2}
$$

式中，n 为航天器运动的平均角速度。

拉格朗日行星摄动方程是拉格朗日在讨论行星运动时首先提出的，因此而命名。

12.2.3 高斯摄动方程

拉格朗日行星摄动方程要求已知摄动力的位函数，若摄动力为耗散力（如大气阻力），那么该方程就无法使用。为此，必须建立更普遍的方程，使之能适用于各种摄动力。

建立轨道坐标系 $O\text{-}rth$，原点位于航天器当前所处位置，r 指向航天器矢径方向（径向），h 沿轨道平面正法向方向（法向），t 方向（横向）与 r,h 构成右手直角坐标系。设任意时刻作用在航天器上的摄动加速度分解为 $O\text{-}rth$ 下相互垂直的 3 个分量 f_r, f_t, f_h。建立轨道要素随时间的变化率与上述 3 个分量之间的关系式，可表示为

$$
\begin{cases}
\dfrac{\mathrm{d}a}{\mathrm{d}t}=\dfrac{2\left[e\sin f\cdot f_r+(1+e\cos f)\cdot f_t\right]}{n\sqrt{1-e^2}} \\
\dfrac{\mathrm{d}e}{\mathrm{d}t}=\dfrac{\sqrt{1-e^2}}{na}\left[\sin f\cdot f_r+(\cos f+\cos E)\cdot f_t\right] \\
\dfrac{\mathrm{d}i}{\mathrm{d}t}=\dfrac{r\cos u}{na^2\sqrt{1-e^2}}f_h \\
\dfrac{\mathrm{d}\Omega}{\mathrm{d}t}=\dfrac{r\sin u}{na^2\sqrt{1-e^2}\sin i}f_h \\
\dfrac{\mathrm{d}\omega}{\mathrm{d}t}=\dfrac{\sqrt{1-e^2}}{nae}\left[-\cos f\cdot f_r+\sin f\left(1+\dfrac{r}{p}\right)\cdot f_t\right]-\cos i\cdot\dfrac{\mathrm{d}\Omega}{\mathrm{d}t} \\
\dfrac{\mathrm{d}M}{\mathrm{d}t}=n+\dfrac{1-e^2}{nae}\left[\left(\cos f-2e\dfrac{r}{p}\right)\cdot f_r-\left(1+\dfrac{r}{p}\right)\sin f\cdot f_t\right]
\end{cases}
\tag{12-3}
$$

式中，$p=a(1-e^2)$ 为圆锥曲线的半通径。

上述摄动方程是高斯在研究木星对智神星（二号小行星）的一阶摄动时首先提出的，称为高斯型拉格朗日方程，又称高斯摄动方程。高斯摄动方程以摄动加速度分量的形式给

出，适用于任何摄动力，特别是应用在轨道控制方面。由高斯摄动方程可知：如果要改变轨道根数 a,e,M ，则需要施加轨道平面内的力；而轨道根数 Ω,i 的改变只与轨道平面法向方向的力相关。

基于同样的机理，还可以给出轨道坐标系 $O\text{-}UNH$ 下的高斯摄动方程。轨道坐标系 $O\text{-}UNH$ 的定义：原点位于航天器当前所处位置，U 指向切向方向，即航天器的运动方向，H 为轨道平面法向量；N 方向（也称为轨道面内的法向量）由右手螺旋定则确定。

轨道坐标系 $O\text{-}UNH$ 下，高斯摄动方程的形式为

$$\begin{cases}\dfrac{\mathrm{d}a}{\mathrm{d}t}=\dfrac{2(1+2e\cos f+e^2)^{1/2}\cdot f_U}{n\sqrt{1-e^2}}\\ \dfrac{\mathrm{d}e}{\mathrm{d}t}=\dfrac{\sqrt{1-e^2}(1+2e\cos f+e^2)^{-1/2}}{na}\times\\ \qquad\left[2(\cos f+e)\cdot f_U-\sqrt{1-e^2}\sin E\cdot f_N\right]\\ \dfrac{\mathrm{d}\omega}{\mathrm{d}t}=\dfrac{\sqrt{1-e^2}(1+2e\cos f+e^2)^{-1/2}}{nae}\times\\ \qquad[2\sin f\cdot f_U+(\cos E+e)\cdot f_N]-\cos i\cdot\dfrac{\mathrm{d}\Omega}{\mathrm{d}t}\\ \dfrac{\mathrm{d}M}{\mathrm{d}t}=n-\dfrac{(1-e^2)(1+2e\cos f+e^2)^{-1/2}}{nae}\times\\ \qquad\left[\left(2\sin f+\dfrac{2e^2}{\sqrt{1-e^2}}\sin E\right)\cdot f_U-(\cos E-e)\cdot f_N\right]\end{cases} \tag{12-4}$$

式中，$\dfrac{\mathrm{d}i}{\mathrm{d}t},\dfrac{\mathrm{d}\Omega}{\mathrm{d}t}$ 的表达式与式（12-3）中的相同。

12.3　地球非球形摄动

12.3.1　摄动模型

由于地球是一个形状复杂的不规则椭球，这使地球不能完全等效为圆球。地球非球形部分对航天器轨道造成的影响就是地球非球形摄动，其本质仍然是万有引力。地球引力为有势力，引力位函数可写为

$$U=\frac{\mu}{r}+\Delta U \tag{12-5}$$

式中，ΔU 为地球非球形部分的引力位。当 $\Delta U=0$ 时，地球为匀质圆球。

根据不同需要，可将该不规则椭球做以下近似。

（1）旋转椭球：由一个椭圆绕其短轴旋转所成，其中椭圆的长轴（赤道半径）比短轴（极半径）多出约 20km。在该近似中，地球赤道半径 $a=6378.140\text{km}$，扁率 $\alpha=(a-c)/a=1/298.257$， $\mu=GM=398600.5\text{km}^3/\text{s}^2$ 。

（2）三轴椭球：赤道的形状为椭圆形，南北半球对称。根据测量，地球赤道椭圆半长轴

为 6378.351km，半短轴为 6378.139km，赤道扁率为 1/30000，长轴方向在西经 35° 附近。

地球非球形部分对航天器轨道的影响是十分复杂的。为研究问题方便，在近地轨道设计中，经常将地球近似为旋转椭球，即仅考虑带谐项，在此情况下地球的引力位函数可简化为

$$R=\frac{GM}{r}\left[1-\sum_{n=2}^{\infty}J_n\left(\frac{a_E}{r}\right)^n P_n(\sin\phi)\right] \tag{12-6}$$

式中，$J_2=1.0826e^{-3}$，$J_3=-2.54e^{-6}$，$J_4=-1.619e^{-6}$。

若仅考虑地球非球形摄动中的 J_2 项，则可以忽略短周期项的影响，即可得到如下公式：

$$\begin{cases}\dot{a}=0\\ \dot{e}=0\\ \dot{i}=0\\ \dot{\Omega}=-\dfrac{3J_2a_E^2}{2p^2}n\cos i\\ \dot{M}=\dfrac{3J_2a_E^2}{2p^2}n\left(2-\dfrac{5}{2}\sin^2 i\right)\\ \dot{\omega}=\dfrac{3J_2a_E^2}{2p^2}n\left(1-\dfrac{3}{2}\sin^2 i\right)\sqrt{1-e^2}\end{cases} \tag{12-7}$$

12.3.2 摄动影响分析

由式（12-7）可知，地球非球形的 J_2 项摄动使轨道平面产生进动，因而产生 $\Delta\Omega$。对于顺行轨道（$i<90°$），$\dot{\Omega}<0$，升交点西退；对于逆行轨道（$i>90°$），$\dot{\Omega}>0$，升交点东进。i 越小，$\dot{\Omega}$ 量值越大；当 $i=90°$ 时，轨道面不进动。

图 12-4 给出了一个圆轨道和一个椭圆轨道的升交点赤经进动率随着航天器轨道倾角变化的规律，图中实线代表椭圆轨道，虚线代表圆轨道。圆轨道的轨道高度为 400km，椭圆轨道近地点高度为 400km，远地点高度为 1000km，椭圆轨道的偏心率为 0.0424。

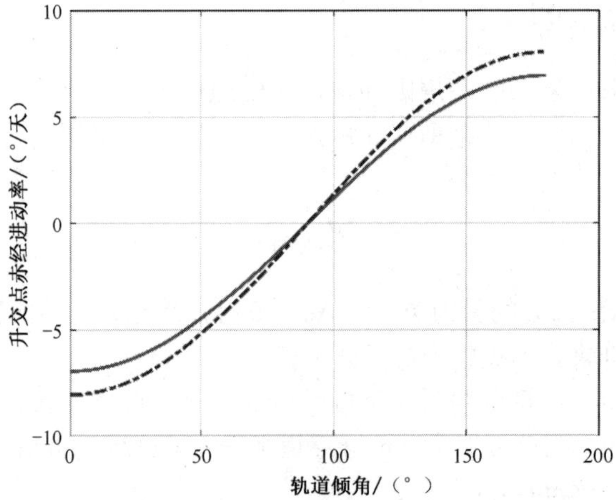

图 12-4　升交点赤经进动率随轨道倾角变化规律

从图 12-4 可知，圆轨道的升交点赤经进动率显著高于椭圆轨道的升交点赤经进动率。地球引力与距离的平方成反比，卫星轨道高度越高，地球非球形引力摄动对轨道的影响越小。同时，轨道倾角越小，地球非球形引力摄动对轨道的影响越显著。

近地点幅角的进动率$\dot{\omega}$很难从物理上解释，具体体现为轨道半长轴（拱线）在轨道面内的转动。由式（12-7）可知，当$i = 63.4^\circ$或116.4°时，近地点保持不动，称该倾角为临界倾角；当$i < 63.4^\circ$或$i > 116.4^\circ$时，$\dot{\omega} > 0$，半长轴转动方向和航天器运动方向一致；当$63.4^\circ < i < 116.4^\circ$时，$\dot{\omega} < 0$，半长轴转动方向和航天器运动方向相反。

图 12-5 给出了椭圆轨道的近地点幅角进动率随着航天器轨道倾角变化的规律，其轨道参数同图 12-4 中的椭圆轨道参数。

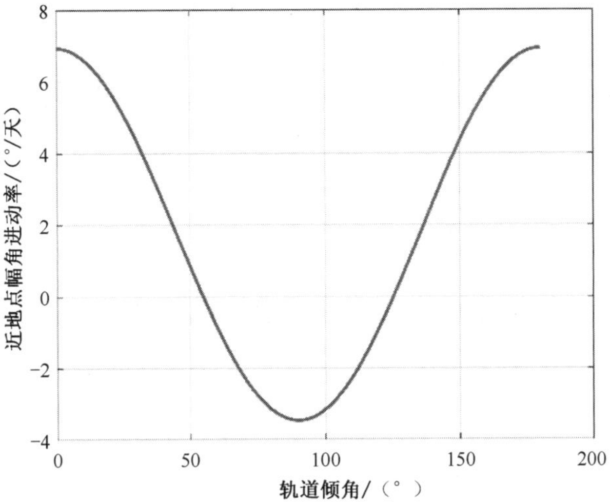

图 12-5　近地点幅角进动率随轨道倾角变化规律

12.4　大气阻力摄动

航天器在近地空间内飞行，不可避免地会受到大气的影响。与地球非球形摄动不同，大气阻力是耗散力，会使航天器轨道的整体能量减少，从而直接影响低轨航天器的寿命。

大气对低轨航天器的主要作用包括以下两个方面。

（1）阻力：方向与航天器相对于气流的运动速度方向相反。

（2）升力和法向力：力的方向垂直于相对速度。

在研究大气阻力摄动对航天器的影响时，大多数情况下可以忽略后两种力，即升力和法向力忽略不计，主要考虑大气阻力。大气阻力加速度的大小与航天器所处高度的大气状态及航天器本身的外形等都相关，具体可以表述为

$$\boldsymbol{f} = -\frac{1}{2} C_D \frac{S}{m} \rho v^2 \tag{12-8}$$

式中，C_D是阻力系数，为无量纲量，描述大气与航天器表面材料的相互作用（包括航天器表面材料、大气的化学成分、分子质量及碰撞粒子等），一般取值范围为 1.5～3.0，若航天器为球体，可粗略地认为$C_D = 2$，对于非球形的凸状航天器，C_D的典型值为 2.0～2.3；S/m

为航天器面质比，S 为相对大气阻力而言的有效截面积，m 为航天器质量；ρ 为航天器所处位置的大气密度；v 为航天器相对于大气的运动速度。

研究航天器相对于大气的运动速度时，需要考虑一个问题，也就是大气是静止的还是运动的。总的来说，大气的运动主要源自地球自转，若大气的旋转角速度为 ω_a，地球自转角速度为 ω_e，则在 200km 以下，一般认为 $\omega_a=\omega_e$；而在 200km 以上则有

$$\omega_a=(0.8\sim1.4)\omega_e \tag{12-9}$$

很显然，根据式（12-8），静止大气中的和旋转大气中的大气阻力摄动加速度有明显区别。

12.4.1 静止大气的摄动影响

假设大气为静止的，则大气的运动速度为零，航天器相对大气的运动速度等于航天器本身的速度，方向与航天器的运动速度相同。

由此可以得到轨道坐标系 $O\text{-}UNH$ 下的大气阻力摄动加速度的形式为

$$\begin{cases} f_U=-\dfrac{1}{2}C_D\dfrac{S}{m}\rho v^2 \\ f_N=0 \\ f_H=0 \end{cases} \tag{12-10}$$

将上述摄动加速度代入 $O\text{-}UNH$ 下的高斯摄动方程，可得

$$\begin{cases} \dfrac{\mathrm{d}a}{\mathrm{d}t}=\dfrac{2(1+2e\cos f+e^2)^{1/2}}{n\sqrt{1-e^2}}\cdot f_U \\ \dfrac{\mathrm{d}e}{\mathrm{d}t}=\dfrac{2\sqrt{1-e^2}(1+2e\cos f+e^2)^{-1/2}}{na}(\cos f+e)\cdot f_U \\ \dfrac{\mathrm{d}i}{\mathrm{d}t}=0 \\ \dfrac{\mathrm{d}\Omega}{\mathrm{d}t}=0 \\ \dfrac{\mathrm{d}\omega}{\mathrm{d}t}=\dfrac{2\sqrt{1-e^2}(1+2e\cos f+e^2)^{-1/2}}{nae}\sin f\cdot f_U \\ \dfrac{\mathrm{d}M}{\mathrm{d}t}=n-\dfrac{(1-e^2)(1+2e\cos f+e^2)^{-1/2}}{nae}\left(2\sin f+\dfrac{2e^2}{\sqrt{1-e^2}}\sin E\right)\cdot f_U \end{cases} \tag{12-11}$$

由式（12-11）可知，在静止大气下，大气阻力摄动不改变轨道平面，只对轨道平面内的轨道根数有影响。对于近地轨道航天器来说有

$$\frac{\mathrm{d}a}{\mathrm{d}t}<0 \tag{12-12}$$

由于近地点高度 $r_p=a(1-e)$，将其代入 $\mathrm{d}a/\mathrm{d}t$ 的表达式，可以得到

$$\frac{\mathrm{d}r_p}{\mathrm{d}t}<0 \tag{12-13}$$

由式（12-12）和式（12-13）可知，在大气阻力作用下，航天器的轨道半长轴不断缩短，近地点高度不断降低。

由于 $\cos f + e$ 不一定大于 0，所以轨道偏心率的变化率在轨道周期内可能为正，也可能为负。但是，如果进一步分析，对其在一个轨道周期内积分，可以获得轨道偏心率的平均变化呈现减小趋势。也就是说，在大气阻力摄动的影响下，航天器轨道的偏心率总的来说是不断减小的。

图 12-6 描述了大气阻力对某航天器轨道的影响，航天器的面质比为 0.075，大气阻力系数取 2.1，采用大气密度指数模型，初始时刻航天器的轨道近地点高度为 250km，远地点高度为 350km。

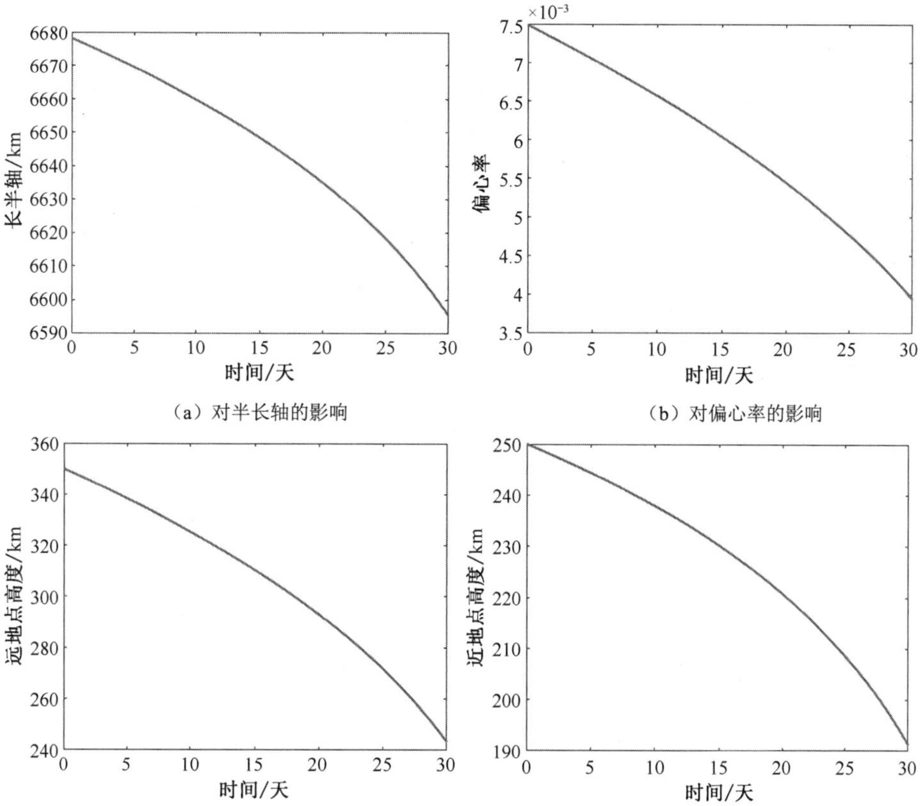

（a）对半长轴的影响　　（b）对偏心率的影响

（c）对远地点高度的影响　　（d）对近地点高度的影响

图 12-6　大气阻力对某航天器轨道的影响

12.4.2　旋转大气的摄动影响

真实情况下，大气会随着地球的自转而旋转，旋转的速度与高度、季节等有关。假设大气的旋转速度与地球自转速度相同，即 $\omega_a = \omega_e$，则大气速度 v_a 为

$$v_a = r\omega_e \cos\varphi \tag{12-14}$$

式中，r,φ 分别为航天器当前时刻所处位置的地心距和纬度。

将大气速度首先分解到轨道坐标系 $O\text{-}rth$ 下，可得

$$\begin{cases} (v_a)_r = 0 \\ (v_a)_t = v_a \cos A' \\ (v_a)_h = v_a \sin A' \end{cases} \tag{12-15}$$

式中，A' 为轨道平面与当地纬圈所形成的二面角，如图 12-7 所示。则有

$$\begin{cases} \cos A' = \dfrac{\cos i}{\cos\varphi} \\ \sin A' = \dfrac{\cos u \sin i}{\cos\varphi} \end{cases} \tag{12-16}$$

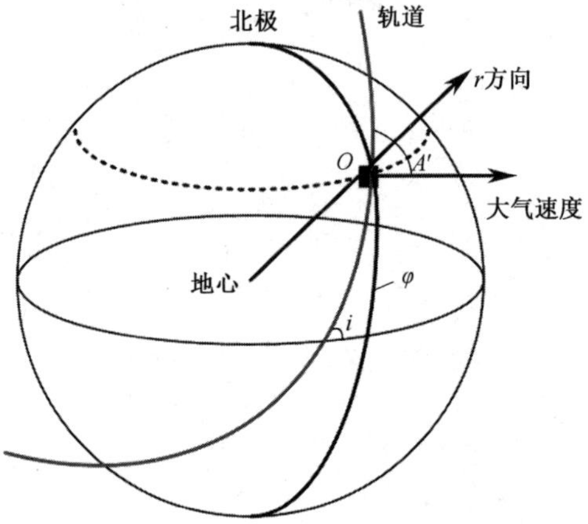

图 12-7　大气速度在轨道坐标系 *O-rth* 中的分解（见彩插）

进一步转换到坐标系 *O-UNH* 下，可得

$$\begin{cases} (v_a)_U = (v_a)_T \sin\theta \\ (v_a)_N = (v_a)_T \cos\theta \\ (v_a)_H = (v_a)_h \end{cases} \tag{12-17}$$

式中，θ 为 r 方向与速度矢量方向的夹角。

旋转大气阻力摄动加速度的 3 个分量为

$$\begin{cases} f_U = -\dfrac{1}{2} C_D \dfrac{S}{m} \rho\left(v - (v_a)_U\right)^2 \\ f_N = -\dfrac{1}{2} C_D \dfrac{S}{m} \rho (v_a)_N^2 \\ f_H = -\dfrac{1}{2} C_D \dfrac{S}{m} \rho (v_a)_H^2 \end{cases} \tag{12-18}$$

若航天器轨道的偏心率 $e < 0.2$，略去 $\left(\dfrac{r\omega_e}{v}\right)e$ 及更高阶小项，可将式（12-18）化为

$$
\begin{cases}
f_U = -\mu\left(\dfrac{1}{2}\dfrac{C_D S}{m}\rho\right)\dfrac{(1+2e\cos f+e^2)}{a(1-e^2)}\left(1-\dfrac{r\omega_e}{v}\cos i\right)^2 \\
f_N = 0 \\
f_H = -\sqrt{\mu} r\omega_e\left(\dfrac{1}{2}\dfrac{C_D S}{m}\rho\right)\left[\dfrac{(1+2e\cos f+e^2)}{a(1-e^2)}\right]^{1/2} \cdot \\
\qquad \cos u\sin i\left(1-\dfrac{r\omega_e}{v}\cos i\right)
\end{cases}
\tag{12-19}
$$

将式（12-19）代入高斯摄动方程，可以得到旋转大气下大气阻力摄动对轨道根数的影响。与静止大气不同的是，由于存在 f_H，因此大气阻力摄动将对轨道平面参数 i,Ω 产生影响，且有

$$
\frac{\mathrm{d}i}{\mathrm{d}t} < 0 \tag{12-20}
$$

即引起轨道倾角的减小。由于大气的运动速度远小于航天器本身的运动速度，因此大气阻力摄动造成航天器轨道倾角的变化量不会很大。

12.5　三体引力摄动

前面我们在介绍二体问题时，研究的是航天器与中心引力体（一般为地球）之间的受力问题，忽略了其他非中心引力体对航天器轨道的影响。事实上，万有引力的存在，这些非中心引力体在航天器寿命期间对航天器不断产生力的作用，使航天器的轨道偏离。这些非中心引力体的引力摄动一般称为三体引力摄动。对于近地航天器而言，三体引力摄动主要是由太阳和月球的引力产生的，因此也常称为日月引力摄动。

如图 12-8 所示的惯性坐标系 *O-XYZ* 中，航天器、中心天体和非中心引力体（三体）的位置矢量分别为 $\boldsymbol{r}_M,\boldsymbol{r}_m,\boldsymbol{r}_{M'}$，质量分别为 M、m、M'，它们之间的相对位置矢量为

$$
\begin{cases}
\boldsymbol{r} = \boldsymbol{r}_m - \boldsymbol{r}_M \\
\boldsymbol{\rho} = \boldsymbol{r}_{M'} - \boldsymbol{r}_M \\
\boldsymbol{d} = \boldsymbol{r}_m - \boldsymbol{r}_{M'}
\end{cases}
\tag{12-21}
$$

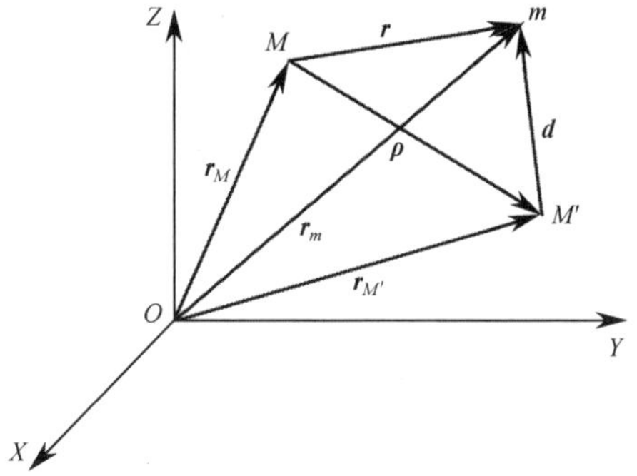

图 12-8　三体引力摄动示意图

则 M 与 m 在惯性坐标系中的运动方程为

$$\begin{cases} \ddot{\boldsymbol{r}}_M = \dfrac{GM}{r^3}\boldsymbol{r} + \dfrac{GM'}{\rho^3}\boldsymbol{\rho} \\ \ddot{\boldsymbol{r}}_m = -\left(\dfrac{Gm}{r^3}\boldsymbol{r} + \dfrac{GM'}{d^3}\boldsymbol{d}\right) \end{cases} \tag{12-22}$$

将式（12-22）中的两式相减，可以得到航天器的运动方程为

$$\ddot{\boldsymbol{r}} = -GM'\left(\frac{\boldsymbol{d}}{d^3} + \frac{\boldsymbol{\rho}}{\rho^3}\right) - G\frac{M+m}{r^3}\boldsymbol{r} \tag{12-23}$$

很显然，式（12-23）右侧第二项为二体问题中中心引力体的加速度，而第一项则为非中心引力体产生的摄动加速度。

由式（12-23）可知，太阳引力摄动加速度为

$$\boldsymbol{f}_{\Theta} = -GM_{\Theta}\left(\frac{\boldsymbol{d}}{d^3} + \frac{\boldsymbol{\rho}}{\rho^3}\right) \tag{12-24}$$

式中，M_{Θ} 为太阳质量。对式（12-24）进行简化，已知地球与太阳的距离为 A（日地平均距离），设航天器与太阳的距离为 $|\boldsymbol{d}| = A - r$，其中 r 为航天器的地心距，则太阳引力摄动与地心引力之间的比值可近似为

$$K_{\Theta} = \frac{GM_{\Theta}\left(\dfrac{1}{(A-r)^2} - \dfrac{1}{A^2}\right)}{GM_E\left(\dfrac{1}{r^2}\right)} \tag{12-25}$$

式中，M_E 为地球质量。

同理，设地心与月球的距离为 $a_M = 384747.981\text{km}$，航天器与月球的距离为地月距离与航天器地心距离之间的差值，则月球引力摄动与地心引力之间的比值可近似为

$$K_M = \frac{GM_M\left(\dfrac{1}{(a_M - r)^2} - \dfrac{1}{{a_M}^2}\right)}{GM_E\left(\dfrac{1}{r^2}\right)} \tag{12-26}$$

式中，M_M 为月球质量。

取航天器的地心距在 200～36000km 之间变化，则太阳、月球引力摄动与地心引力的比值变化情况如图 12-9 所示。航天器所受的月球、太阳引力摄动加速度的比值如图 12-10 所示。

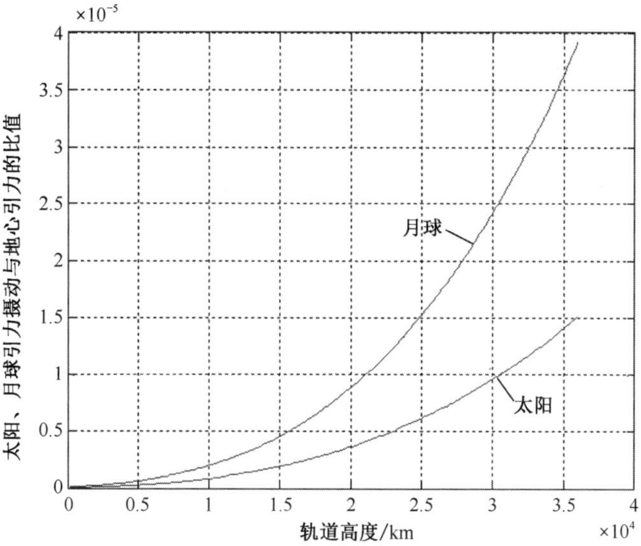

图 12-9 太阳、月球引力摄动与地心引力的比值

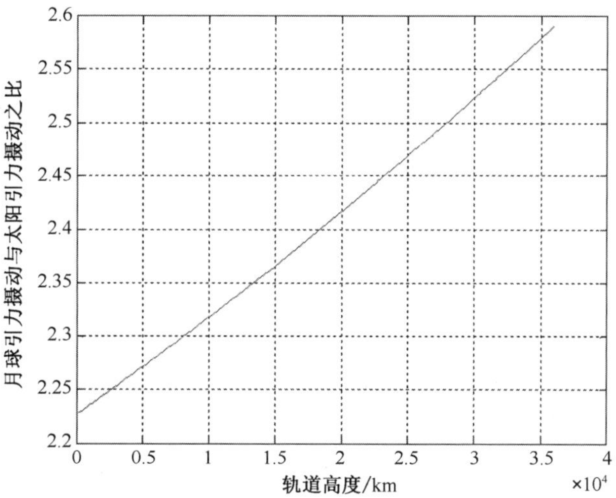

图 12-10 月球、太阳引力摄动加速度的比值

由图 12-9 可知，太阳、月球引力摄动对航天器的摄动影响，随着航天器轨道高度的升高而越来越明显。由图 12-10 可知，在近地航天器运行中，月球引力摄动约为太阳引力摄动的 2.2 倍，且比值随着航天器轨道高度的升高而增加。

更细致的分析表明：日月引力摄动量主要取决于航天器轨道的形状、轨道面位置和拱线相对月地、日地连线的位置。若月地、日地连线位于轨道平面内，则日月引力摄动对轨道面没有影响；对于圆轨道，甚至高轨圆轨道，只要轨道面相对白道面或黄道面的倾角不大，轨道总是比较稳定；但对于很扁的椭圆轨道，情况就不同了，日月引力摄动有可能导致轨道完全被破坏。在椭圆轨道上，远地点受到的摄动最为严重；若轨道的远地点位于月球轨道之外，可能导致轨道的近地点降低，最终使轨道遭到破坏。

12.6 太阳光压摄动

光是由光子组成的，光子具有一定动量。光线照射到航天器表面，被吸收或者发射，按照动量定律，必将产生力的作用，这种力或者现象被称为光压或者辐射压。在地球空间内运行的航天器，受到来自太阳电磁辐射、地球自身辐射、地球反照辐射等产生的光压作用。然而，相比太阳电磁辐射，地球自身辐射、地球反照辐射等产生的影响要小得多。因此，在研究航天器轨道摄动时，主要考虑太阳辐射造成的太阳光压。

太阳光压的大小取决于航天器所处位置的太阳流量。在距离太阳 1 个日地距离处，太阳流量 $\varPhi \approx 1367\mathrm{W}\cdot\mathrm{m}^{-2}$ 。若航天器表面垂直于辐射入射方向，且吸收所有光子，则太阳辐射产生的压强为 $P \approx 4.56\times10^{-6}\,\mathrm{N}\cdot\mathrm{m}^{-2}$ 。

假设航天器表面的法向量为 $\boldsymbol{n}$ ，太阳光（平行光）入射方向反方向的矢量为 $\boldsymbol{l}$ ，如图 12-11 所示。

则太阳光压产生的摄动加速度为

$$\boldsymbol{f}_R = -P\left(\frac{A}{m}\right)\cos\theta\left[(1-\varepsilon)\boldsymbol{l} + 2\varepsilon\cos\theta\boldsymbol{n}\right] \tag{12-27}$$

式中， ε 为航天器表面反射系数，取值为 0.2～0.9。一般情况下，太阳帆板取值 0.21，高增益天线取值 0.30。

在很多应用中，尤其是在装有大规模太阳电池阵的航天器中，可以假定法向 $\boldsymbol{n}$ 指向太阳，则 $\theta = 0°$ ；同时，考虑实际上航天器与太阳之间的距离为 $r \neq 1\mathrm{AU}$ ，则式（12-27）可以简化为

$$\boldsymbol{f}_R = -P\frac{1\mathrm{AU}^2}{r^2}\left(\frac{A}{m}\right)(1+\varepsilon)\boldsymbol{n} \tag{12-28}$$

对于特定航天器而言，太阳光压摄动的大小主要取决于航天器与太阳之间的距离。由于地球绕太阳的运行周期为 1 年，因此，一般情况下航天器在轨道周期内受到来自太阳辐射的光压摄动力的方向近似相同（惯性空间内），如图 12-12 所示。

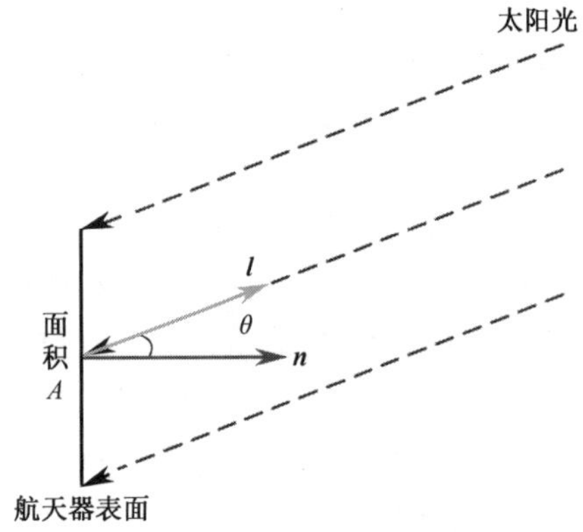

图 12-11 太阳光对航天器的照射（见彩插）

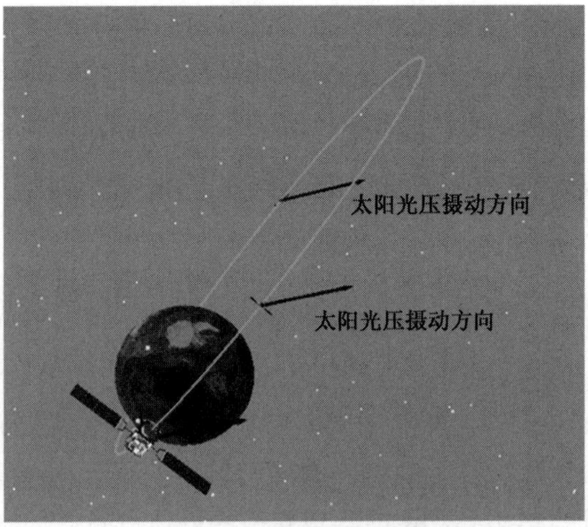

图 12-12 轨道周期内的太阳光压摄动方向（见彩插）

总的来说，太阳光压摄动可引起所有轨道参数的周期性变化。对于轨道高度小于 800km 的卫星，大气阻力引起的加速度大于太阳光压引起的加速度；对于轨道高度在 800km 以上的卫星，太阳光压引起的摄动加速度更大。

练 习 题

1．简述密切轨道和密切轨道根数的定义。
2．简述拉格朗日摄动方程和高斯摄动方程的概念和特点。
3．描述轨道摄动中各种摄动因素的来源及其对轨道的影响。

第 13 章　轨道机动

☞　**基本概念**

轨道调整、轨道改变、轨道转移、轨道拦截、最小能量拦截、固定时间拦截

☞　**重要公式**

霍曼转移方程：式（13-41）

轨道机动能力是航天器完成复杂任务的必备条件。本章主要介绍轨道机动的含义、分类；以共面轨道机动为主，讨论轨道调整、轨道改变、轨道转移的方法及其应用；分别推导了最小能量拦截轨道和固定时间拦截轨道的确定公式。

13.1　轨道机动的含义

自然界的天体一般都具有较大的质量，人们难以改变其运动轨道，而航天飞行器的质量比较小，人们能干预其运动，使其运动轨道发生预期的变化。

随着航天技术的发展，人们对航天飞行任务提出了越来越多的复杂要求，要求航天飞行器的运动轨道是可以控制的，即要求航天飞行器在运动过程中能按照指令改变轨道从而完成给定的任务。例如，2005 年 7 月 3 日 22 时 52 分，美国国家航空航天局发射的“深度撞击”飞行器在飞行了 4 亿多千米后释放出的撞击器在导航控制系统的操纵下，又经过 80 万千米的自主飞行，其间 3 次发动机点火调整轨道，最终精确地“打”中直径不到 6 千米的坦普尔 1 号彗星的彗核。此次撞击中，坦普尔 1 号彗星的运动速度高达 30 千米/秒，撞击器的运动速度也达到了 20 千米/秒。

前面讲述的航天器在中心引力场中的运动，即开普勒轨道运动及在非理想条件下航天器的摄动运动，都属于被动运动，即在初始条件给定后完全由环境条件决定的运动。但是，现代航天器的运动并不是完全被动的。有时，航天器要利用火箭发动机推力或者有意利用由环境提供的力（如空气动力、太阳光压力）主动改变飞行轨道，这就是航天器的主动运动，称为轨道机动（Orbit Maneuver）。

13.1.1　轨道机动的定义和作用

航天飞行器在控制系统作用下使其轨道发生有意的改变，称为轨道机动。或者说，轨道机动是指沿已知轨道运动的航天飞行器改为沿另一根要求的轨道运动，已知的轨道称为初轨道（或称停泊轨道），要求的轨道称为终轨道（或称预定轨道）。目前，对航天飞行器可控飞行轨道的研究已形成一个新的研究领域，成为天体力学的一个新分支，这个分支称为应用天体力学。

轨道机动不仅可以用于完成复杂的飞行任务和消除干扰偏差，而且在交会对接、发射、

返回等任务中有广泛的应用。

13.1.2　轨道机动系统

轨道机动系统如图 13-1 所示。

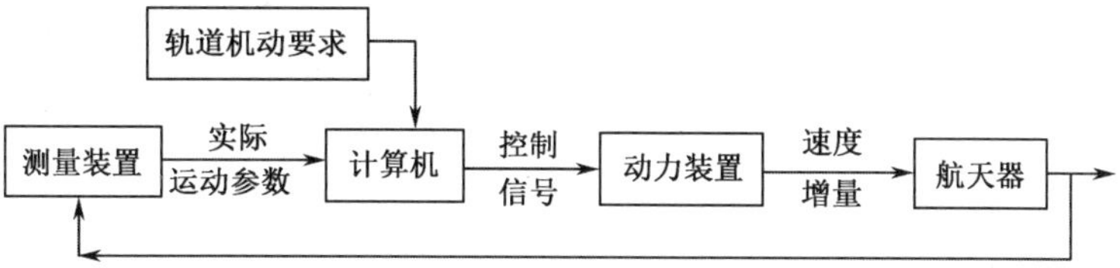

图 13-1　轨道机动系统

动力装置提供轨道机动所需的推力，动力装置一般为具有多次点火启动能力的火箭发动机。

测量装置用来测量航天器的实际运动参数。

计算机的输入为航天器的实际运动参数和轨道机动要求，在计算机中由轨道机动要求计算出航天器在某一时刻运动参数的预期值，将同一时刻运动参数的实际值与预期值进行比较后，求出此时刻应提供的速度增量的大小和方向，据此形成航天器的姿态控制系统和动力装置的控制信号，姿态控制系统和动力装置按控制信号工作，控制航天器完成预定的轨道机动。

测量装置和计算机可以安装在航天器上，也可以安装在地面测控站中，在后一种情况下，控制信号由地面测控站发出，由航天器接收，航天器的姿态控制系统和动力装置按接收的信号工作，这一做法可以减少航天器上安装的设备数量，但降低了轨道机动的灵活性。

当采用火箭发动机作为轨道机动系统的动力装置时，由于火箭发动机能提供较大的推力，因而短时间工作即可使航天器获得所需的速度增量，故在初步讨论轨道机动问题时，假设发动机按冲量方式工作，即在航天器位置不发生变化的情况下，使航天器的速度发生瞬时变化，这一假设可使问题得到简化，为更深入的研究提供必要基础。

13.1.3　轨道机动的分类

航天器轨道机动可以人为地分成以下 3 个类型（但这些并没有绝对的界限，而且没有实质的差别）。

（1）轨道调整（Orbit Adjusting）：为了克服轨道要素的偏差而进行的小冲量修正。可以利用轨道摄动方程进行分析。

（2）轨道改变或轨道转移（Orbit Change or Orbit Transfer）：大幅度改变轨道要素。例如，从低轨道转移到高轨道，从椭圆轨道转移到圆轨道，从小倾角轨道转移到大倾角轨道。这种转移的特点是需要大的速度增量。

（3）空间交会（Space Rendezvous）：主动航天器通过一系列机动动作达到与被动航天器会合的目的。这里主要控制航天器的相对运动。

按照持续时间，航天器轨道机动可以分为以下 2 个类型。

（1）脉冲式机动：发动机在非常短暂的时间内产生推力，使航天器获得脉冲速度。分析时可以认为速度变化是在一瞬间完成的，当然这是对实际问题的抽象化。

（2）连续式机动：在持续的一段时间内依靠小的作用力改变轨道。例如，利用电离子火箭发动机、空气动力、太阳光压力等进行的机动。

为讨论方便起见，也可以将轨道机动分为轨道改变和轨道转移。

当终轨道与初轨道相交（切）时，在交（切）点施加一次冲量即可使航天器由初轨道进入终轨道，这称为轨道改变。

当终轨道与初轨道不相交（切）时，则至少要施加两次冲量才能使航天器由初轨道进入终轨道，这称为轨道转移。连结初轨道与终轨道的过渡轨道称为转移轨道。

在轨道机动问题中，初轨道、转移轨道、终轨道可以是圆锥曲线轨道中的任何一种轨道，但在这里只讨论椭圆轨道的情况。

轨道机动问题可在地心惯性坐标系中进行研究，也可在适当选择的动坐标系中进行研究。

13.2 轨道调整

轨道调整利用推力来消除轨道根数的微小偏差，所用的速度增量较小，相应的小推力加速度可以视为摄动加速度，因此可以利用轨道摄动的方法进行研究。

轨道调整的目的是实现轨道捕获和轨道保持。

在发射卫星时，不可避免的入轨误差，使卫星的轨道要素对标称值有较小的偏离，为了消除入轨误差，使卫星获得标称轨道要素而进行的轨道机动称为轨道捕获。

完成轨道捕获后，卫星在运行过程中受到各种摄动因素的作用，轨道要素也将产生偏差。当偏差积累到一定数值时，为了消除这些偏差而进行的轨道机动称为轨道保持。

轨道调整的特点是轨道机动所需要的速度增量较小，即终轨道与初轨道的轨道要素之差为小量。

13.2.1 小推力作用下轨道要素的变化

建立轨道坐标系 $O\text{-}XYZ$，即 X 轴为径向，Y 轴为周向，Z 轴为 $\boldsymbol{h}$ 方向，如图 13-2 所示。

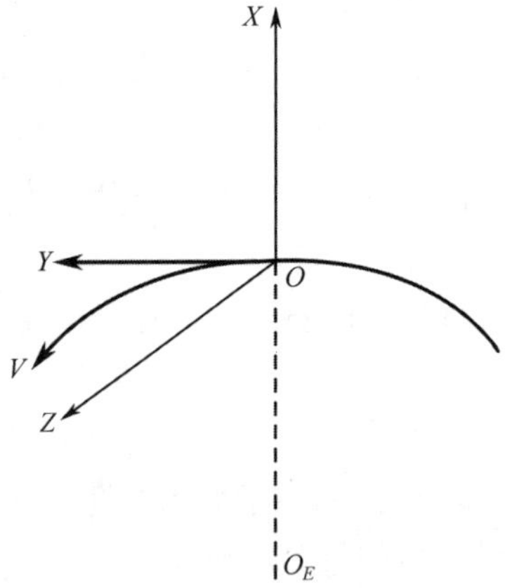

图 13-2 轨道坐标系

设推力加速度在 $O\text{-}XYZ$ 坐标系中的投影为 a_X, a_Y, a_Z，则由卫星摄动运动方程可知，在小推力加速度作用下的轨道因素变化率为

$$
\begin{cases}
\dfrac{\mathrm{d}a}{\mathrm{d}t}=\dfrac{2a^2\left[e\sin f\cdot a_X+(1+e\cos f)\cdot a_Y\right]}{\sqrt{\mu p}}\\
\dfrac{\mathrm{d}e}{\mathrm{d}t}=\dfrac{r\left[\sin f(1+e\cos f)\cdot a_X+(2\cos f+e+e\cos^2 f)\cdot a_Y\right]}{\sqrt{\mu p}}\\
\dfrac{\mathrm{d}\omega}{\mathrm{d}t}=\dfrac{r\left[-\cos f(1+e\cos f)\cdot a_X+\sin f(2+e\cos f)\cdot a_Y\right]}{e\sqrt{\mu p}}-\cos i\cdot\dfrac{\mathrm{d}\Omega}{\mathrm{d}t}\\
\dfrac{\mathrm{d}\Omega}{\mathrm{d}t}=\dfrac{r\sin u\cdot a_Z}{\sin i\cdot\sqrt{\mu p}}\\
\dfrac{\mathrm{d}i}{\mathrm{d}t}=\dfrac{r\cos u\cdot a_Z}{\sqrt{\mu p}}\\
\dfrac{\mathrm{d}M}{\mathrm{d}t}=\dfrac{(p\cos f-2re)\cdot a_X-(p+r)\sin f\cdot a_Y}{e\sqrt{\mu p}}+\sqrt{\dfrac{\mu}{a^3}}
\end{cases}
\tag{13-1}
$$

当火箭发动机以冲量方式工作时，设冲量使航天器获得的速度增量在 $O\text{-}XYZ$ 坐标系上的分量分别为 $\Delta v_X,\Delta v_Y,\Delta v_Z$，则冲量使轨道要素产生的瞬时变化为

$$
\begin{cases}
\Delta a=\dfrac{2a^2\left[e\sin f\cdot\Delta v_X+(1+e\cos f)\cdot\Delta v_Y\right]}{\sqrt{\mu p}}\\
\Delta e=\dfrac{r\left[\sin f(1+e\cos f)\cdot\Delta v_X+(2\cos f+e+e\cos^2 f)\cdot\Delta v_Y\right]}{\sqrt{\mu p}}\\
\Delta\omega=\dfrac{r\left[-\cos f(1+e\cos f)\cdot\Delta v_X+\sin f(2+e\cos f)\cdot\Delta v_Y\right]}{e\sqrt{\mu p}}-\cos i\cdot\Delta\Omega\\
\Delta\Omega=\dfrac{r\sin u\cdot\Delta v_Z}{\sin i\cdot\sqrt{\mu p}}\\
\Delta i=\dfrac{r\cos u\cdot\Delta v_Z}{\sqrt{\mu p}}\\
\Delta M=\dfrac{(p\cos f-2re)\cdot\Delta v_X-(p+r)\sin f\cdot\Delta v_Y}{e\sqrt{\mu a}}+\sqrt{\dfrac{\mu}{a^3}}
\end{cases}
\tag{13-2}
$$

可见，轨道平面内的速度增量 Δv_X 和 Δv_Y 可用来修正 a,e,ω 和 M 的偏差，而 Δv_Z 可用来修正 Ω,i,ω 的偏差。

13.2.2 轨道周期的调整

对地观测卫星的轨道运动周期 T 影响其对地面的覆盖情况及轨道平面的进动角速度。

由于轨道运动周期 T 只与轨道半长轴 a 有关，所以当轨道运动周期有小偏差 $\mathrm{d}T$ 时，则相应轨道半长轴的偏差为

$$
\frac{\mathrm{d}a}{a}=\frac{2}{3}\cdot\frac{\mathrm{d}T}{T}
$$

设半长轴的修正量为 $\Delta a=-\mathrm{d}a$，则

$$
-\frac{1}{3}\cdot\frac{\mathrm{d}T}{T}=\frac{a\left[e\sin f\cdot\Delta v_X+(1+e\cos f)\cdot\Delta v_Y\right]}{\sqrt{\mu p}}
\tag{13-3}
$$

设安装在卫星纵对称面内的发动机提供的瞬时速度增量为Δv（位于轨道平面内），在$O\text{-}XYZ$坐标系中与Y轴的夹角为φ，且轨道顺时针方向为正，则有

$$\begin{cases}\Delta v_X = \Delta v\sin\varphi \\ \Delta v_Y = \Delta v\cos\varphi\end{cases}$$

令

$$F(f,\varphi) = e\sin f\sin\varphi + (1+e\cos f)\cos\varphi$$

则有

$$\Delta v = -\frac{1}{3}\cdot\frac{\mathrm{d}T}{T}\cdot\frac{\sqrt{\mu p}}{a}\frac{1}{F(f,\varphi)} > 0 \tag{13-4}$$

可见，当$\mathrm{d}T<0$时，要使$\Delta v=\Delta v_{\min}$，则要求$F=F_{\max}>0$；当$\mathrm{d}T>0$时，要使$\Delta v=\Delta v_{\min}$，则要求$F=F_{\min}<0$。因此，求Δv极小值问题就转变为求$F(f,\varphi)$的极值问题。

令$\dfrac{\partial F}{\partial\varphi}=0$，则

$$\tan\varphi = \frac{e\sin f}{1+e\cos f} \tag{13-5}$$

可见，此时的φ正好为椭圆轨道在f时的当地速度倾角Θ。已知

$$\frac{\partial^2 F}{\partial^2\varphi} = -\cos\varphi\left[\frac{e^2\sin^2 f + (1+e\cos f)^2}{1+e\cos f}\right]$$

可得结论为

$$\begin{aligned}&\varphi=\Theta \Rightarrow \cos\varphi>0 \Rightarrow \frac{\partial^2 F}{\partial^2\varphi}<0 \Rightarrow F=F_{\max} \Rightarrow \mathrm{d}T<0\\ &\varphi=\pi+\Theta \Rightarrow \cos\varphi<0 \Rightarrow \frac{\partial^2 F}{\partial^2\varphi}>0 \Rightarrow F=F_{\min} \Rightarrow \mathrm{d}T>0\end{aligned} \tag{13-6}$$

可见，对于轨道上的任意工作点，当发动机沿此点的轨道切线方向提供速度增量时，可以节省能量，即当$\mathrm{d}T<0$时，Δv应与速度方向相同；当$\mathrm{d}T>0$时，Δv应与速度方向相反。当f给定时Δv的极小值为局部极小值，即

$$\Delta v_{\min}^{*} = \frac{\sqrt{\mu p}}{3a\sqrt{1+e^2+2e\cos f}}\cdot\frac{|\mathrm{d}T|}{T} \tag{13-7}$$

可见，$\Delta v_{\min}^{*}$为f的函数，通过选择f可以获得Δv的全局最小值$\Delta v_{\min}$，即当$f=0$时，

$$\Delta v_{\min} = \frac{\sqrt{\mu p}}{3a(1+e)}\cdot\frac{|\mathrm{d}T|}{T} = \Delta v_Y \tag{13-8}$$

因此，调整轨道周期时，最省能量的方案是在轨道近地点沿切线方向施加速度增量。

13.2.3 半长轴和偏心率的调整

对地观测卫星的覆盖情况与轨道运动周期有关，而地面分辨力的均匀性则与偏心率有关。

1．方法 1：利用 $\Delta v_X, \Delta v_Y$ 对 a 和 e 进行调整

令

$$\begin{cases} A = e\sin f \cdot \Delta v_X + \dfrac{p}{r} \cdot \Delta v_Y \\ E = \sin f \cdot \Delta v_X + \left[\left(1 + \dfrac{r}{p}\right) \cdot \cos f + \dfrac{r}{p} \cdot e\right] \cdot \Delta v_Y \end{cases} \tag{13-9}$$

则

$$\begin{cases} A = -0.5\dfrac{h}{a} \cdot \dfrac{\mathrm{d}a}{a} \\ E = -\dfrac{h}{a} \cdot \dfrac{\mathrm{d}e}{1-e^2} \end{cases} \tag{13-10}$$

可见，当 a 和 e 的偏差 $\mathrm{d}a$ 和 $\mathrm{d}e$ 已知时，A 和 E 为已知量，则施加的速度增量 Δv_X 和 Δv_Y 是 f 的函数，即

$$\begin{cases} \Delta v_X = \dfrac{A + \dfrac{p}{r} \cdot \dfrac{a}{r} \cdot (eE - A)}{e\sin f} \\ \Delta v_Y = -\dfrac{a}{r} \cdot (eE - A) \end{cases} \tag{13-11}$$

则进行轨道调整所需要的速度增量 Δv 和 Δv 的方向角 φ 为

$$\begin{cases} \Delta v = \sqrt{\Delta v_X^2 + \Delta v_Y^2} \\ \varphi = \arctan\dfrac{\Delta v_X}{\Delta v_Y} \end{cases} \tag{13-12}$$

令

$$\begin{cases} Q = \dfrac{p}{r} \\ C = \dfrac{a(eE - A)}{p} \\ D = C\left[2A - C(1-e^2)\right] \end{cases}$$

则

$$\Delta v^2 = \frac{A^2 + CDQ^2 + 2C^2Q^3}{(e^2 - 1) + 2Q - Q^2} = \Delta v^2(Q) \tag{13-13}$$

可见，由于 A, C, D 均为常量，则速度增量是 Q 的函数，即是 f 的函数，可以通过选择发动机工作点使轨道调整所需要的速度增量为最小，即必要条件为

$$\frac{\mathrm{d}(\Delta v^2)}{\mathrm{d}Q} = 0 \tag{13-14}$$

2．方法 2：只利用 Δv_Y 对 a 和 e 同时进行调整

该方法可以简化推力方向的控制，且 $\varphi \equiv 0^\circ$ 或 180°，则

$$\begin{cases} A = \dfrac{p}{r} \cdot \Delta v_Y = Q \cdot \Delta v_Y \\ E = \left[\left(1 + \dfrac{r}{p}\right) \cdot \cos f + \dfrac{r}{p} \cdot e \right] \cdot \Delta v_Y = \left[(1+Q) \cdot \cos f + \dfrac{e}{Q} \right] \cdot \Delta v_Y \end{cases} \tag{13-15}$$

令

$$K = \frac{\dfrac{\Delta e}{1-e^2}}{\dfrac{\Delta a}{a}}$$

则对于确定的修正值 Δa 和 Δe，当 K 满足 $-\dfrac{1}{1-e} \leqslant K \leqslant \dfrac{1}{1+e}$ 时，在轨道上存在同时调整 a 和 e 的工作点，且该点所对应的 f 值为

$$Q = \sqrt{\frac{1-e^2}{1-2Ke}} \tag{13-16}$$

$$\cos f = \frac{1}{e}(Q-1)$$

则所需要的速度增量为

$$\Delta v_Y = \frac{A}{Q} = -0.5 \frac{h}{a} \cdot \frac{\dfrac{\mathrm{d}a}{a}}{Q} \tag{13-17}$$

3. 方法 3：只利用 Δv_Y 分别对 a 和 e 进行调整

当 K 不满足条件 $-\dfrac{1}{1-e} \leqslant K \leqslant \dfrac{1}{1+e}$ 时，则不能通过一次冲量同时对 a 和 e 进行调整，这时需要采用多次冲量对 a 和 e 进行调整，且采用多次冲量对 a 和 e 进行调整有可能使消耗的能量小于采用一次冲量时消耗的能量。

设标称轨道为近圆轨道，其偏心率 e 很小，可以略去 e^2 项，则

$$\begin{cases} \Delta a = \dfrac{2(1+e\cos f) \cdot \Delta v_Y}{n} \\ \Delta e = \dfrac{(2\cos f + e\sin^2 f) \cdot \Delta v_Y}{na} \end{cases} \tag{13-18}$$

用 Δv_Y 先对 e 进行调整，再对 a 进行调整。

当 $\Delta a, \Delta e$ 同号时，第一次冲量 Δv_{Y_1} 施加在 $f = 0°$ 处，第二次冲量 Δv_{Y_2} 施加在 $f = 180°$ 处，且

$$\begin{cases} \Delta v_{Y_1} = n\dfrac{\Delta a + (1-e)a\Delta e}{4} \\ \Delta v_{Y_2} = n\dfrac{\Delta a - (1+e)a\Delta e}{4} \end{cases} \tag{13-19}$$

当 $\Delta a, \Delta e$ 异号时，第一次冲量 Δv_{Y_1} 施加在 $f = 180°$ 处，第二次冲量 Δv_{Y_2} 施加在 $f = 0°$ 处，且

$$\begin{cases} \Delta v_{Y_1} = n\dfrac{\Delta a - (1+e)a\Delta e}{4} \\ \Delta v_{Y_2} = n\dfrac{\Delta a + (1-e)a\Delta e}{4} \end{cases} \tag{13-20}$$

【例 13-1】某一航天器的阻力系数与面质比的乘积 $C_D A/m$ 取值为 0.0826，当处于不同轨道高度的圆轨道上时，大气阻力造成了轨道半长轴的改变。相应地，轨道周期也会发生变化，如表 13-1 所示。

表 13-1 航天器运行一圈时，大气阻力对轨道参数的改变量

轨道高度/km	轨道参数变化	
	Δa_{rev}/m	ΔT_{rev}/s
200	6490.592	7.8584616
300	624.934	0.7623
400	122.320	0.1503
500	31.932	0.03953
600	9.8055	0.0122
700	3.354	0.00421
800	1.2702	0.00160
2000	0.009619	0.0000131

如果航天器长期承担对地侦察任务，轨道半长轴的变化会引起星下点轨迹的漂移，从而影响对地侦察，此时需要进行轨道保持。

假定允许的星下点轨迹漂移范围为 L(km)，大气摄动引起的半长轴衰减率导致的半长轴改变量为 $\dot{a}t(\text{km}/\text{d}^2)$。大气阻力使得半长轴减小，当 t 天内星下点轨迹向东漂移量达到允许值边界时，需要进行轨道控制。

$$\Delta at = \dot{a}t^2$$

$$L = \frac{3\pi R_e \Delta at}{2a} \tag{13-21}$$

图 13-3 与图 13-4 是以轨道高度为 644.8km 的航天器为例分别计算出的星下点漂移距离与漂移时间、轨道调整所需速度增量的关系曲线图。由图 13-3 可以看出，漂移距离为 500km 时所需漂移时间为 35 天，星下点轨迹的平均漂移速度约为 14.3km/d。由图 13-4 可以看出，当漂移距离为 500km 时进行轨道调整所需的速度增量约为 1.8m/s。

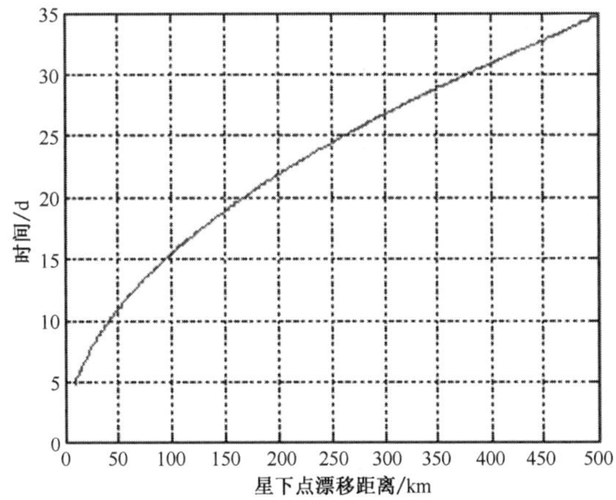

图 13-3 漂移距离与漂移时间的关系曲线

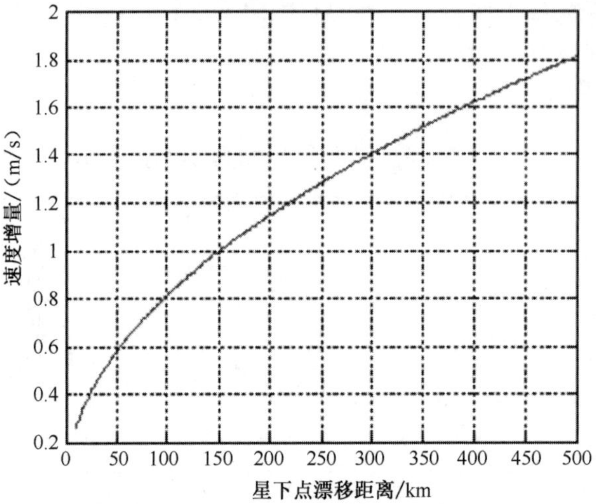

图 13-4　漂移距离与轨道调整所需速度增量的关系曲线

13.2.4　升交点赤经和轨道倾角的调整

已知：

$$\begin{cases}\Delta\Omega = \dfrac{r\sin u\cdot\Delta v_Z}{\sqrt{\mu p}\sin i}\\[2ex] \Delta i = \dfrac{r\cos u\cdot\Delta v_Z}{\sqrt{\mu p}}\end{cases}\tag{13-22}$$

可见，可以利用垂直于轨道平面 Z 方向的速度增量对升交点赤经和轨道倾角进行调整，且在 $u=0^\circ$ 或 $u=180^\circ$ 处施加冲量可单独调整轨道倾角而不引起升交点赤经的变化；在 $u=90^\circ$ 或 $u=270^\circ$ 处施加冲量可单独调整升交点赤经而不引起轨道倾角的变化。

对于圆轨道而言，单独调整 $\Delta\Omega$ 和 Δi 所需要的速度增量为

$$\begin{cases}\Delta v_{Z_\Omega} = v_c\cdot\sin i\cdot\Delta\Omega\\ \Delta v_{Z_i} = v_c\cdot\Delta i\end{cases}\tag{13-23}$$

式中，$v_c=\sqrt{\dfrac{\mu}{p}}$ 为圆周速度。可见，当 Δv_{Z_Ω} 和 Δv_{Z_i} 为正值时，速度增量与 Z 方向相同，反之则相反。由于卫星可以携带的燃料有限，所以对于一般应用卫星来说 Ω,i 的调整范围不大。

当同时存在 $\Delta\Omega$ 和 Δi 时，可以通过施加一次冲量对 Ω,i 同时进行调整，则发动机的工作点的 u 值和速度增量为

$$\begin{gathered}u=\arctan\left(\sin i\cdot\frac{\Delta\Omega}{\Delta i}\right)\\ \Delta v_Z=\frac{\sqrt{\mu p}\Delta i}{r\cos\left[\arctan\left(\sin i\cdot\dfrac{\Delta\Omega}{\Delta i}\right)\right]}\end{gathered}\tag{13-24}$$

13.2.5　轨道要素调整的特殊点

通过上述讨论，本小节归纳总结出由脉冲速度增量引起的椭圆轨道变化量的一些特殊点，即效果最大或效果为零的点。椭圆轨道的特殊点如图 13-5 所示，P 为近地点，A 为远地点，B_1 和 B_2 为椭圆短轴与椭圆的交点，Q_1 和 Q_2 为通过地心且垂直于长轴的直线与椭圆的交点。定义 Δv_t 为切向速度脉冲、Δv_n 为法向速度脉冲、Δv_h 为副法向速度脉冲。

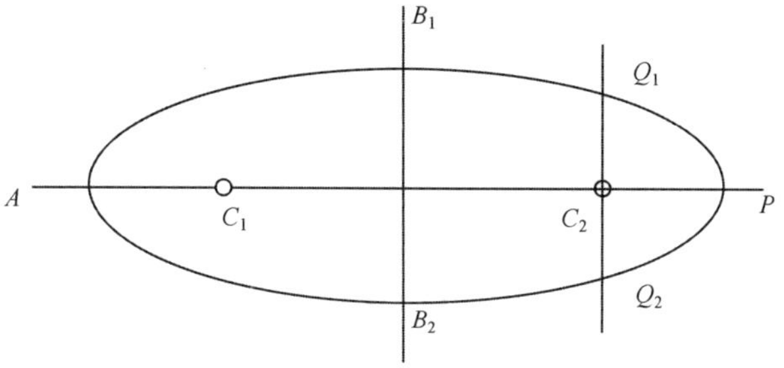

图 13-5　椭圆轨道的特殊点

（1）$\Delta a/\Delta v_t$：在 P 点为最大，在 A 点为最小。

（2）$\Delta e/\Delta v_t$：在 B_1 点和 B_2 点为零，在 P 点为正向最大，在 A 点为负向最大。

（3）$\Delta e/\Delta v_n$：在 P 点和 A 点为零，负向最大值发生在 B_1 与 A 之间的某点，正向最大值发生在 A 与 B_2 之间的某点。

（4）$\Delta T/\Delta v_n$：在 P 点和 A 点为零，正向最大值发生在 B_1 与 A 之间的某点，负向最大值发生在 A 与 B_2 之间的某点。

（5）$\Delta T/\Delta v_t$：在 P 点为最小，在 A 点为最大。

（6）$\Delta \omega/\Delta v_n$：在 P 点为正向最大，在 A 点为负向最大，在 B_1 与 A 之间的某点和在 A 与 B_2 之间的某点为零。

（7）$\Delta \omega/\Delta v_t$：在 P 点和 A 点为零，正向最大值发生在 Q_1 与 B_1 之间的某点，负向最大值发生在 B_2 与 Q_2 之间的某点。

（8）$\Delta \Omega/\Delta v_h$：在升交点和降交点为零，在最北点（$u=\pi/2$）为正向最大，在最南点（$u=3\pi/2$）为负向最大。

（9）$\Delta i/\Delta v_h$：在最北点（$u=\pi/2$）和最南点（$u=3\pi/2$）为零，在升交点为正向最大，在降交点为负向最大。

13.3　轨道改变

当终轨道与初轨道相交（切）时，在交（切）点施加一次冲量即可使航天器由初轨道进入终轨道，这称为轨道改变。分为共面轨道改变、轨道面改变和一般非共面轨道改变 3 种情况。

13.3.1 共面轨道改变

对于共面轨道改变问题，初轨道和终轨道具有相同的升交点赤经 Ω 和轨道倾角 i ，则只有 a,e,ω,τ 4 个轨道要素在轨道改变过程中发生变化。

设初轨道和终轨道的交点为 C 点，初轨道在 C 点的位置和速度为 r_1,V_1,Θ_1 ，终轨道在 C 点的位置和速度为 r_2,V_2,Θ_2 ，则 $r_1=r_2$ 。过 C 点的任意轨道根数 a_2,e_2,ω_2,τ_2 可以由该轨道在 C 点的速度 V_2 和速度倾角 Θ_2 表示，即

$$\begin{cases} \nu_2=\dfrac{r_1V_2^2}{\mu} \\ a_2=\dfrac{r_1}{2-\nu_2} \\ e_2=\sqrt{1+\nu_2(\nu_2-2)\cos^2\Theta_2} \\ \tan f_2=\dfrac{\nu_2\cos\Theta_2\sin\Theta_2}{\nu_2\cos^2\Theta_2-1} \\ \tan\dfrac{E_2}{2}=\sqrt{\dfrac{1-e_2}{1+e_2}}\tan\dfrac{f_2}{2} \\ \tau_2=t-\sqrt{\dfrac{a_2^3}{\mu}}(E_2-e_2\sin E_2) \\ \omega_2=u_2-f_2=u_1-f_2 \end{cases} \tag{13-25}$$

可见，当交点 C 确定后，已知 $a_2,e_2,\omega_2,\tau_2,V_2,\Theta_2$ 6 个参数中的任意 2 个就可以确定其余 4 个。

已知过交点 C 的终轨道的任意 2 个轨道参数，求在交点 C 施加的速度冲量和方向，如图 13-6 所示。

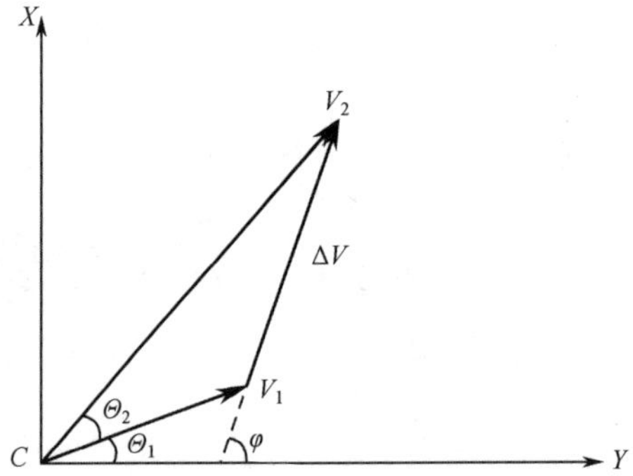

图 13-6 速度增量的大小与方向确定

速度增量在 O-XYZ 坐标系 X 轴和 Y 轴方向上的分量为

$$\begin{cases} \Delta V_x=V_2\sin\Theta_2-V_1\sin\Theta_1 \\ \Delta V_y=V_2\cos\Theta_2-V_1\cos\Theta_1 \end{cases} \tag{13-26}$$

总速度增量为

$$\Delta V = V_1\left[1 - 2\frac{V_2}{V_1}\cos\Delta\Theta + \left(\frac{V_2}{V_1}\right)^2\right]^{\frac{1}{2}} \tag{13-27}$$

$$\Delta\Theta = \Theta_2 - \Theta_1$$

速度增量的方向为

$$\tan\varphi = \frac{\Delta V_x}{\Delta V_y} = \frac{V_2\sin\Theta_2 - V_1\sin\Theta_1}{V_2\cos\Theta_2 - V_1\cos\Theta_1} \tag{13-28}$$

式中，$\Delta V, \varphi$ 分别为机动速度的大小和方向，$\Delta\Theta$为当地速度倾角之差，下标 1,2 分别表示航天器的初轨道和终轨道。显然，当 $\Delta\Theta = 0$ 时，$\Delta V = \Delta V_{\min}$。

13.3.2 轨道面改变

只是改变轨道平面的变轨，要求初轨道和终轨道满足以下条件：

$$\begin{cases} r_1 = r_2 = r \\ V_1 = V_2 = V \\ \Theta_1 = \Theta_2 = \Theta \end{cases} \Rightarrow \begin{cases} a_1 = a_2 \\ e_1 = e_2 \\ \tau_1 = \tau_2 \\ f_1 = f_2 \end{cases} \tag{13-29}$$

设初轨道与终轨道之间的夹角为ξ，速度V_1, V_2之间的夹角为α，如图 13-7 所示。

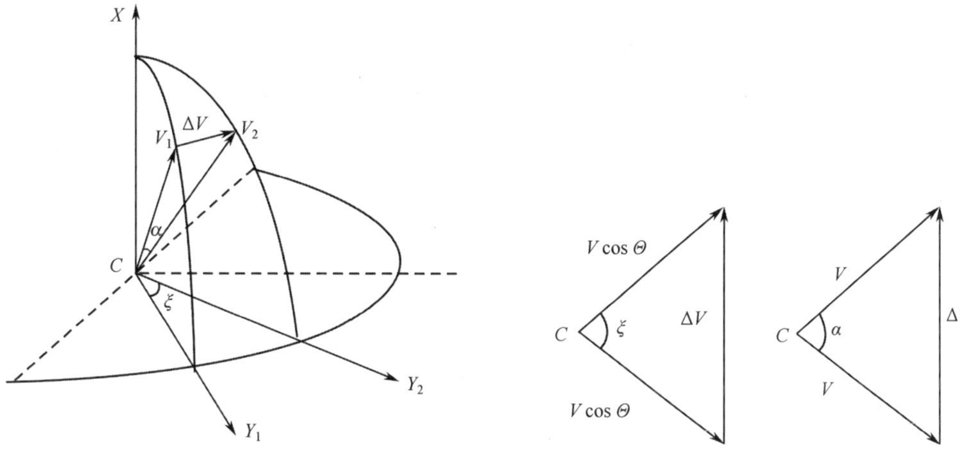

图 13-7 改变轨道平面的速度增量

可见，速度增量为

$$\Delta V = 2V\cos\Theta\sin\frac{\xi}{2} = 2V\sin\frac{\alpha}{2} \tag{13-30}$$

则

$$\sin\frac{\alpha}{2} = \cos\Theta\sin\frac{\xi}{2} \tag{13-31}$$

故在一般情况下α与ξ不相等，只有在$\Theta = 0°$时，两者才相等。

ξ 与两轨道平面之间的关系如图 13-8 所示。

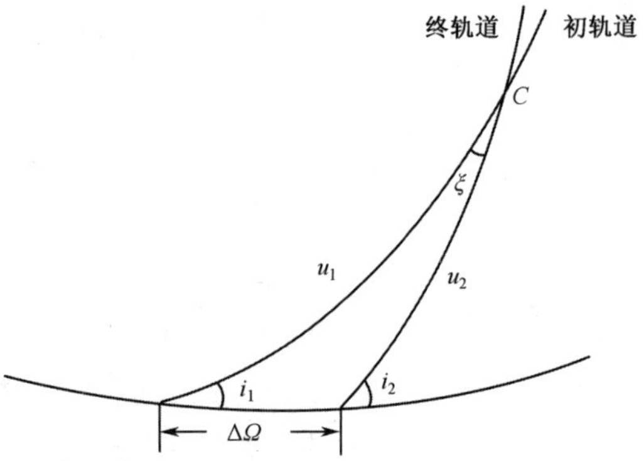

图 13-8　轨道平面改变对轨道根数的影响

由图 13-8 中球面三角形可得：

$$\begin{cases}\cos i_2=\cos i_1\cos\xi-\sin i_1\sin\xi\cos u_1\\ \sin\Delta\Omega=\sin u_1\dfrac{\sin\xi}{\sin i_2}\\ \Delta\omega=\arcsin\dfrac{\sin i_1\sin u_1}{\sin i_2}-u_1\end{cases}\tag{13-32}$$

可见，在改变轨道平面的变轨中，只有参数 ξ 是可以选择的，因而在 i_2,Ω_2,ω_2 这 3 个参数中，只能使一个参数通过改变轨道面的变轨与预定值相等。对于给定的预定值，利用式（13-32）可以求出 ξ 和速度增量 ΔV。

由式（13-32）可知：

（1）若将变轨点选在 $u_1=0°$ 或 $u_1=180°$ 处，则变轨时将改变 i_1 而 Ω_1,ω_1 不变，且 $\Delta i=\pm\xi$，正号对应于变轨点 $u_1=0°$，负号对应变轨点 $u_1=180°$。

（2）若 ξ 为小量，近似认为 $\cos\xi=1,\sin\xi=\xi$，则当变轨点选在 $u_1=90°$ 或 $u_1=270°$ 时，则 $\Delta i=0,\Delta\omega=0$。当 ξ 使 Ω 的变化也为小量时，近似认为 $\sin\Delta\Omega=\Delta\Omega$，则有 $\Delta\Omega=\pm\dfrac{\xi}{\sin i_1}$，正号对应变轨点 $u_1=90°$，负号对应于变轨点 $u_1=270°$。

当 ξ 确定后，将 ΔV 向变轨点 C 处的轨道坐标系进行投影，则

$$\begin{cases}\Delta V_X=0\\ \Delta V_Y=-2V\cos\Theta\sin^2\dfrac{\xi}{2}\\ \Delta V_Z=V\cos\Theta\sin\xi\end{cases}\tag{13-33}$$

则描述速度增量方向的俯仰角 φ 和偏航角 ψ 为

$$\begin{cases}\varphi=\arctan\dfrac{\Delta V_X}{\Delta V_Y}\\ \psi=\arctan\dfrac{\Delta V_Z\cos\varphi}{\Delta V_Y}\end{cases}\Rightarrow\begin{cases}\varphi=0°\\ \psi=90°+\dfrac{\xi}{2}\end{cases}\tag{13-34}$$

当轨道速度 V 较大时，利用一次冲量进行轨道平面改变所需要的速度增量较大，此时可以利用三冲量进行轨道平面改变，虽然其过程比较复杂，但是可以节省能量。三冲量非

共面轨道转移示意图如图 13-9 所示。

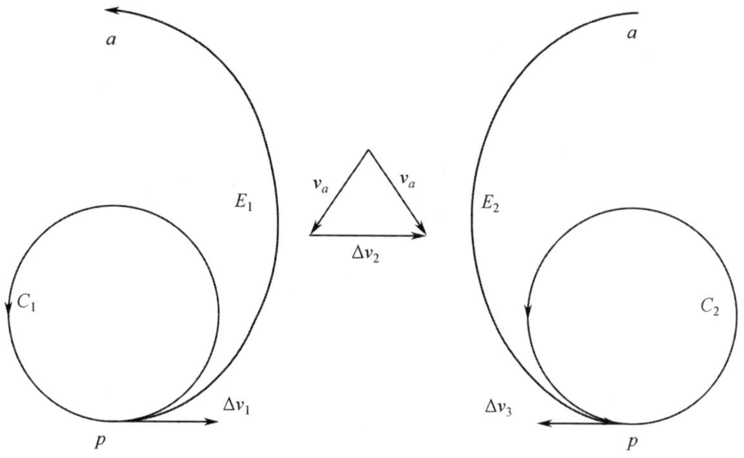

（a）在 C_1 平面内　（b）在远地点 A　（c）在 C_2 平面内

图 13-9　三冲量非共面轨道转移示意图

三冲量非共面轨道转移过程：第一个冲量 Δv_1 使初始圆轨道 C_1 变成同平面的椭圆轨道 E_1；第二个冲量 Δv_2 作用在椭圆轨道 E_1 的远地点，使轨道平面改变 ξ，轨道成为椭圆轨道 E_2；第三个冲量 Δv_3 反向作用在椭圆轨道 E_2 的近地点，使轨道变成与初始轨道同半径的圆轨道 C_2。则三冲量非共面轨道转移所需要的总速度增量为

$$\Delta v = \Delta v_1 + \Delta v_2 + \Delta v_3 = 2v \cdot \left[\sqrt{\frac{2\alpha}{\alpha+1}} - 1 + \sqrt{\frac{2}{\alpha(\alpha+1)}} \sin\frac{\xi}{2} \right] \tag{13-35}$$

式中，$\alpha = \dfrac{r_a}{r_c} \geqslant 1$。则转移椭圆轨道的半长轴为

$$a = \frac{r_c(1+\alpha)}{2} \tag{13-36}$$

转移时间为

$$T = 2\pi\sqrt{\frac{a^3}{\mu}} \tag{13-37}$$

令 $\dfrac{\partial \Delta v}{\partial \alpha} = 0$，可求得使总速度增量 Δv 最小的 α 值，即

$$\alpha^* = (2\alpha^* + 1)\sin\frac{\xi}{2}$$

则

$$\Delta v^* = 2v \cdot \left[2\sqrt{2\sin\frac{\xi}{2} \cdot \left(1 - \sin\frac{\xi}{2}\right)} - 1 \right] \tag{13-38}$$

当 $\xi = 38.94°$ 时，$\alpha^* = 1$，此时三冲量轨道转移的 Δv 与单冲量的 Δv 相同，这是临界情况；当 $\xi < 38.94°$ 时，单冲量较有利；当 $\xi > 38.94°$ 时，三冲量较有利。图 13-10 为单冲量轨道改变和三冲量非共面轨道转移所需速度增量关系图。

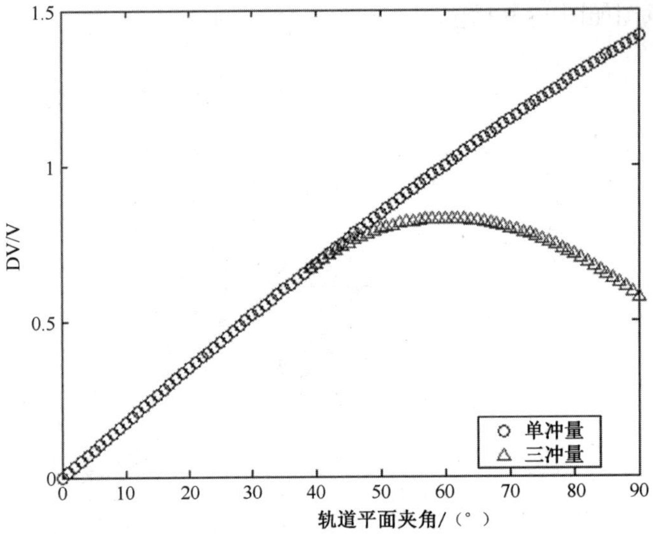

图 13-10　单冲量轨道改变和三冲量非共面轨道转移所需速度增量关系图（见彩插）

【例 13-2】考虑初始轨道为圆轨道的情况，对于不同的轨道高度、不同的机动速度增量，轨道倾角和轨道半径的改变量是不同的，如表 13-2 所示。

表 13-2　机动能力对轨道要素的改变量

初始轨道高度/km	机动能力/（km/s）	轨道倾角改变量/（°）	轨道半长轴改变量/km
700	0.5	3.82	943.21
	1	7.66	1886.42
	1.5	11.53	2829.6
	2	15.46	3772.8
20000	0.5	7.39	6785.73
	1	14～90	13571.47
	1.5	22.70	20357.2
	2	30.96	27142.93
35780	0.5	9.36	13712.48
	1	18.89	27420.97
	1.5	29.19	41131.45
	2	40.57	54841.93

通常航天器的最大机动能力是有限的，因此轨道改变能力也是有一定范围的。对于固定的机动能力，随着轨道高度的增加，轨道改变能力也逐渐增强。

【例 13-3】改变轨道升交点赤经的能量消耗。航天器轨道半径为 20330km，轨道倾角为 55°，受地球非球形引力的摄动影响，轨道的升交点赤经会发生变化。表 13-3 给出了不同时间消除 J_2 项对轨道升交点赤经影响的能量消耗。

表 13-3　不同时间消除 J_2 项对轨道升交点赤经影响的能量消耗

时间	1 天	1 个月	6 个月	1 年
轨道升交点赤经改变/（°）	−0.1764	−5.2925	−31.7552	−63.5104
控制能量消耗/（m/s）	10.4244	312.6589	1852.6589	3563.9537

从表 13-3 可以看出，随着运行时间的增加，用于消除 J_2 项对升交点赤经的影响的能量消耗也相应增加。

13.3.3　一般非共面轨道改变

一般非共面轨道改变实际上可以分解成上述两种情况的组合，称为混合机动。因此，其机动速度增量即二者的合成，即

$$\Delta V = \Delta V_1 + \Delta V_2$$

式中，ΔV_1 为改变轨道平面所需要的速度增量，ΔV_2 为轨道面改变后在终轨道平面内进行共轨道面改变所需要的速度增量。

当由轨道机动任务确定终轨道上的部分轨道要素（$i_2, \Omega_2, a_2, e_2, \tau_2, \omega_2$）以后，可由相应方程解算出 V_2, Θ_2, ξ。则 ΔV 的大小和方向可以由式（13-39）求得：

$$\begin{cases} \Delta V = \sqrt{\Delta V_X^2 + \Delta V_Y^2 + \Delta V_Z^2} \\ \varphi = \arctan \dfrac{\Delta V_X}{\Delta V_Y} \\ \psi = \arctan \dfrac{\Delta V_Z \cos\varphi}{\Delta V_Y} \end{cases} \tag{13-39}$$

式中，$(\Delta V_X, \Delta V_Y, \Delta V_Z)$ 为 ΔV 在变轨点的轨道坐标系中的投影，即

$$\begin{cases} \Delta V_X = V_2 \sin\Theta_2 - V_1 \sin\Theta_1 \\ \Delta V_Y = V_2 \cos\Theta_2 \cos\xi - V_1 \cos\Theta_1 \\ \Delta V_Z = V_2 \cos\Theta_2 \sin\xi \end{cases} \tag{13-40}$$

13.4　轨道转移

轨道转移是指航天器在其控制系统作用下，由沿初始轨道（或称停泊轨道）运动改变为沿目标轨道运动的一种轨道机动。不论初始轨道和目标轨道是否共面，两轨道均互不相交，显然，至少需要施加两次脉冲推力才能完成轨道转移。

轨道转移是初始轨道和目标轨道不相交的一种轨道机动，在地球同步轨道卫星发射、航天器的作战应用中都有广泛的应用。由于航天器单位质量发射费用极高，而实施轨道转移是要消耗能量的，航天器不可能携带很多燃料，为了保障航天器一定的工作寿命，在轨道转移中也不能随意消耗能量。因此，采用何种方法可以实现能量最省的轨道转移，是一个很重要的研究问题。航天器的初始轨道和目标轨道种类繁多，使得这一问题的研究非常复杂。

13.4.1　共面圆轨道的两冲量最优转移

在半径为 r_1 的圆轨道 C_1 上任意点 P 产生第一个速度冲量 ΔV_1，使轨道转移成椭圆轨道 E，其近地点为 P；在 E 的远地点 A 产生第二个速度冲量 ΔV_2，使轨道转移成半径为 r_2 的圆轨道 C_2，这样的双冲量轨道转移过程称为霍曼转移（Hohmann Transfer），如图 13-11 所示。

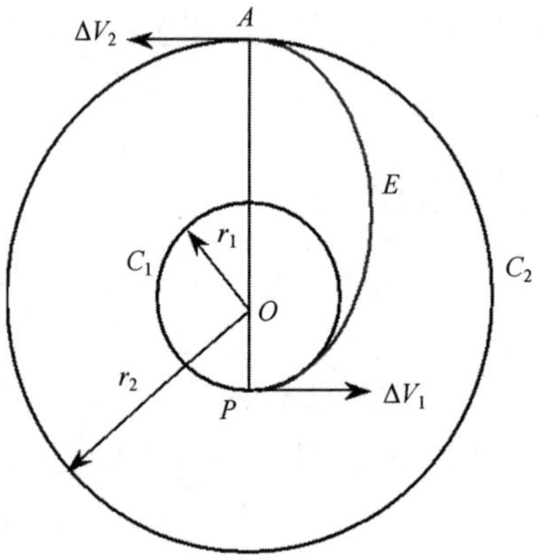

图 13-11　霍曼转移示意图（见彩插）

设V_{C_1}和V_{C_2}分别为半径为r_1和r_2的圆轨道的速度，椭圆轨道的近地点和远地点的速度分别为V_{E_P}和V_{E_A}，则

$$\begin{cases} V_{C_1}=\sqrt{\dfrac{\mu}{r_1}} \\ V_{C_2}=\sqrt{\dfrac{\mu}{r_2}} \\ V_{E_P}=\sqrt{2\mu\dfrac{r_2}{r_1(r_1+r_2)}}=V_{C_1}\sqrt{\dfrac{2r_2}{r_1+r_2}} \\ V_{E_A}=\sqrt{2\mu\dfrac{r_1}{r_2(r_1+r_2)}}=V_{C_2}\sqrt{\dfrac{2r_1}{r_1+r_2}} \end{cases} \tag{13-41}$$

根据转移过程可知

$$\begin{cases} V_{C_1}+\Delta V_1=V_{E_P} \\ V_{E_A}+\Delta V_2=V_{C_2} \end{cases} \tag{13-42}$$

所以，需要的两次速度冲量为

$$\begin{cases} \Delta V_1=V_{C_1}\left(\sqrt{\dfrac{2r_2}{r_1+r_2}}-1\right) \\ \Delta V_2=V_{C_2}\left(1-\sqrt{\dfrac{2r_1}{r_1+r_2}}\right) \end{cases} \tag{13-43}$$

总速度增量为

$$\Delta V=\Delta V_1+\Delta V_2 \tag{13-44}$$

霍曼转移的时间为半个椭圆轨道的周期，即

$$t_{\mathrm{tr}}=\frac{\pi}{\sqrt{\mu}}\left(\frac{r_1+r_2}{2}\right)^{\frac{3}{2}} \tag{13-45}$$

可以利用霍曼转移实现航天器的交会，如图 13-12 所示。设在初始时刻t_0追踪器（主动航天器）在半径为r_1的圆轨道的A_0点，目标器（被动航天器）在半径为r_2（$>r_1$）的圆轨

道的 P_0 点，且目标器超前追踪器一个圆心角 θ 。在此时刻，追踪器开始向大圆轨道进行霍曼转移，希望在远地点 R 处与目标器交会。追踪器从 A_0 到 R 的时间为 Δt_A，目标器从 P_0 到 R 的时间为 Δt_P，即

$$\begin{cases}\Delta t_A = \dfrac{\pi}{\sqrt{\mu}}\left(\dfrac{r_1+r_2}{2}\right)^{\frac{3}{2}} \\ \Delta t_P = \dfrac{\pi-\theta}{\sqrt{\mu}} r_2^{\frac{3}{2}}\end{cases} \tag{13-46}$$

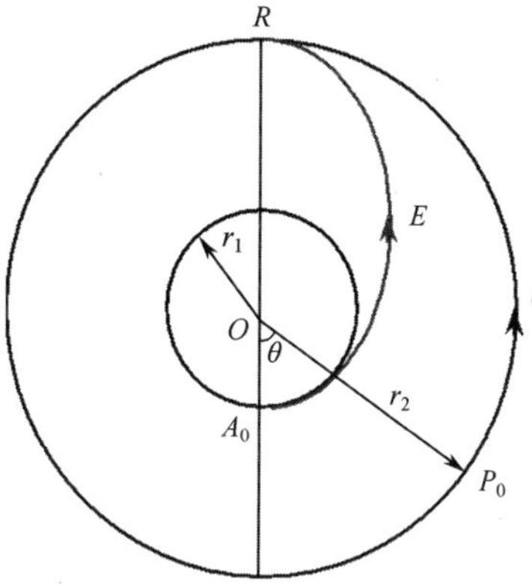

图 13-12 霍曼转移用于交会（见彩插）

实现交会的条件是 $\Delta t_A = \Delta t_P$ 。要想实现交会，提前角必须满足以下条件：

$$\theta = \pi\left[1-\left(\frac{r_1+r_2}{2r_2}\right)^{\frac{3}{2}}\right] \tag{13-47}$$

如果目标器的提前角不符合上述条件，可记为 $(\theta+\Delta\theta)$，则追踪器必须在停泊轨道上等待一段时间 Δt，当 $\Delta\theta$ 消除时才开始转移，所需要的等待时间为

$$\Delta t = \frac{\Delta\theta}{\sqrt{\mu}\left(r_1^{-\frac{3}{2}} - r_2^{-\frac{3}{2}}\right)} \tag{13-48}$$

霍曼转移最省能量，但是完成转移的时间不是最优的。时间和能量都达到最优几乎不可能，因此在实际应用中要对二者进行适当折中，以满足任务需求。表 13-4 为从地球发射太阳系各大行星探测器时，采用不同发射方式所需速度增量的对比。

表 13-4 双共切转移轨道所需速度增量对比

天体	水星	金星	火星	木星	土星	天王星	海王星	冥王星
地面直接发射速度/（km/s）	13.486	11.461	11.567	14.238	15.186	16.886	16.154	16.270
200km 初始轨道上的速度增量/（km/s）	5.554	3.504	3.612	6.304	7.277	7.977	8.247	8.364

13.4.2 共面圆轨道的三冲量转移

两次冲量双共切转移在一定条件下可以被双椭圆转移轨道改进，当半径比值达到一定范围时，其所需速度增量比霍曼转移轨道的速度增量还要小。双椭圆转移又称为三冲量转移，如图 13-13 所示，在目标轨道外任意选定一点 A，作为双椭圆转移轨道的公共远心点。转移椭圆 E_1 在近心点和停泊轨道相切，转移轨道 E_2 在近心点和目标轨道相切，航天器在做转移机动时，在 P_1, A 两处切向加速，在 P_2 处切向减速，使航天器进入目标轨道，实现三冲量转移。

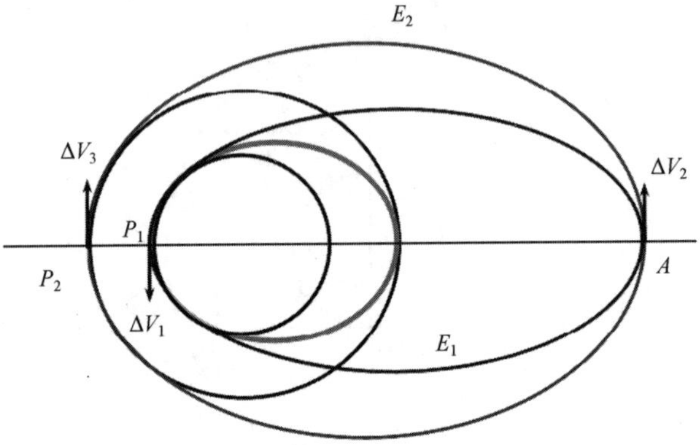

图 13-13　共面圆轨道的三冲量转移（见彩插）

设 V_{E_1p} 和 V_{E_1a} 分别为椭圆轨道 E_1 近地点的速度和远地点的速度，V_{E_2p} 和 V_{E_2a} 分别为椭圆轨道 E_2 近地点的速度和远地点的速度，则

$$\begin{cases} V_{C_1} = \sqrt{\dfrac{\mu}{r_1}} \\ V_{C_2} = \sqrt{\dfrac{\mu}{r_2}} \\ V_{E_1p} = \sqrt{2\mu\dfrac{r_a}{r_1(r_1 + r_a)}} \\ V_{E_1a} = \sqrt{2\mu\dfrac{r_a}{r_a(r_1 + r_a)}} \\ V_{E_2p} = \sqrt{2\mu\dfrac{r_a}{r_2(r_2 + r_a)}} \\ V_{E_2a} = \sqrt{2\mu\dfrac{r_2}{r_a(r_2 + r_a)}} \end{cases} \tag{13-49}$$

根据转移过程可知

$$\begin{cases} V_{C_1} + \Delta V_1 = V_{E_1p} \\ V_{E_1a} + \Delta V_2 = V_{E_2a} \\ V_{E_2p} - \Delta V_3 = V_{C_2} \end{cases} \tag{13-50}$$

所以总速度增量为

$$\Delta V = \Delta V_1 + \Delta V_2 + \Delta V_3 = f(r_1, r_2, r_a) \tag{13-51}$$

可见，r_1, r_2 是由轨道转移要求决定的，而 r_a 是可选的。按照优化条件 $\dfrac{\partial \Delta V}{\partial r_a} = 0$ 即可求出最优的 $(r_a)_{\text{opt}}$ 和相应的 $(\Delta V)_{\min}$。

结论：

（1）若 $(r_a)_{\text{opt}} > r_2$，则双椭圆转移较有利；

（2）若 $(r_a)_{\text{opt}} < r_2$，则霍曼转移较合适。

双椭圆转移在一定条件下最省能量，但是它的转移时间为

$$t_{\text{tr}} = \frac{T_1 + T_2}{2} \tag{13-52}$$

式中，T_1, T_2 分别为转移椭圆 E_1, E_2 的轨道周期。

双椭圆转移也可实现航天器的交会。设在初始时刻 t_0 追踪器（主动航天器）在半径为 r_1 的圆轨道的 A_0 点，目标器（被动航天器）在半径为 r_2（$> r_1$）的圆轨道的 P_0 点，且目标器超前追踪器一个圆心角 θ。在此时刻，追踪器开始双椭圆转移，希望在 R 处与目标器交会。追踪器从 A_0 到 R 的时间为 Δt_A，目标器从 P_0 到 R 的时间为 Δt_P，即

$$\begin{cases} \Delta t_A = \dfrac{\pi}{\sqrt{\mu}}\left(\dfrac{r_1 + r_a}{2}\right)^{\frac{3}{2}} + \dfrac{\pi}{\sqrt{\mu}}\left(\dfrac{r_a + r_2}{2}\right)^{\frac{3}{2}} \\ \Delta t_P = \dfrac{2\pi - \theta}{\sqrt{\mu}} r_2^{\frac{3}{2}} \end{cases} \tag{13-53}$$

实现交会的条件是 $\Delta t_A = \Delta t_P$。要想实现交会，提前角必须满足以下条件：

$$\theta = \pi\left[2 - \left(\frac{r_1 + r_a}{2r_2}\right)^{\frac{3}{2}} - \left(\frac{r_2 + r_a}{2r_2}\right)^{\frac{3}{2}}\right] \tag{13-54}$$

需要特别指出的是：第二次冲量时航天器的轨道速度很小，冲量的微小误差都会引起转移轨道 II 的轨道参数产生很大变化，这就影响了它的实用价值。

13.4.3 共面椭圆轨道之间的转移

如果两个椭圆轨道共面，但是没有公共点，则轨道转移需要至少两次冲量，且可能存在如下 3 种情况。

1. 第一种情况：两个椭圆轨道大小不同，拱线方向相同

两个椭圆轨道的拱线方向相同，近地点方向也相同，但大小不同，情况如图 13-14 所示。

首先在初始小椭圆轨道 E_1 的近拱点施加第一个冲量 ΔV_1，使航天器进入转移椭圆轨道 E_t，然后在转移椭圆轨道 E_t 的远拱点施加第二次冲量 ΔV_2，航天器进入最终大椭圆轨道 E_2，完成椭圆轨道的转移。设小椭圆轨道的近心距为 r_{1p}、远心距为 r_{1a}，大椭圆轨道的近心距为

r_{2p}、远心距为r_{2a}，转移椭圆轨道的近心距和远心距分别为r_{Tp}和r_{Ta}，则

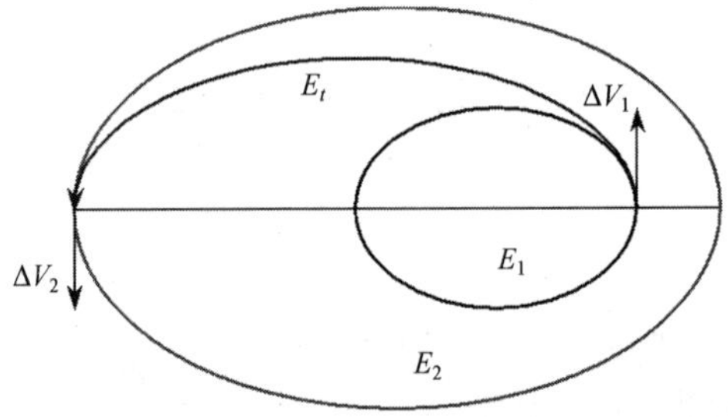

图 13-14　两个椭圆轨道大小不同，拱线方向相同（见彩插）

$$\begin{cases} r_{Tp} = r_{1p} \\ r_{Ta} = r_{2a} \end{cases}$$

设小椭圆轨道的近拱点速度为V_{1p}，大椭圆轨道的远拱点速度为V_{2a}，转移椭圆轨道的近拱点、远拱点的速度分别为V_{Tp}和V_{Ta}，则

$$\begin{cases} V_{1p} = \sqrt{2\mu \dfrac{r_{1a}}{r_{1p}(r_{1a}+r_{1p})}} \\ V_{Tp} = \sqrt{2\mu \dfrac{r_{2a}}{r_{1p}(r_{2a}+r_{1p})}} \\ V_{Ta} = \sqrt{2\mu \dfrac{r_{1p}}{r_{2a}(r_{2a}+r_{1p})}} \\ V_{2a} = \sqrt{2\mu \dfrac{r_{2p}}{r_{2a}(r_{2a}+r_{2p})}} \end{cases} \tag{13-55}$$

根据转移过程可得

$$\begin{cases} V_{1p} + \Delta V_1 = V_{Tp} \\ V_{Ta} + \Delta V_2 = V_{2a} \end{cases} \tag{13-56}$$

由式（13-56）可得$\Delta V_1, \Delta V_2$，然后可求出

$$\Delta V = \Delta V_1 + \Delta V_2 \tag{13-57}$$

所以只要知道了$r_{1a}, r_{1p}, r_{2a}, r_{2p}$，就可求出总速度增量。

当两个椭圆拱线方向相同，大小不同，近地点方向相反时，和上述情况相似，不同之处在于第一次冲量施加在小椭圆的远地点，进入转移轨道。计算方法同上。

在共面共拱线的椭圆轨道之间用二次冲量进行最小能量转移，其转移轨道是在拱线的最远点和目标轨道相切而在另一端和初始轨道相切的椭圆轨道。

2. 第二种情况：两个椭圆轨道大小相同，但拱线方向不同（见图 13-15）

这种转移的唯一目的就是使近拱点幅角改变$\Delta\omega$。初轨道E_1与终轨道E_2有两个交点B和H。假设转移变轨点为B，对于椭圆轨道E_1来说，B点的真近拱角为$f_B = \pi + \Delta\omega/2$，速度为$V_B$，速度倾角$\Theta_B < 0$。变轨所需的速度冲量为

$$\Delta V = -2V_B \sin\Theta_B = -2V_B \frac{1}{V_B}\sqrt{\frac{\mu}{P}} e \sin f_B = 2e\sqrt{\frac{\mu}{P}} \sin\frac{\Delta\omega}{2} \tag{13-58}$$

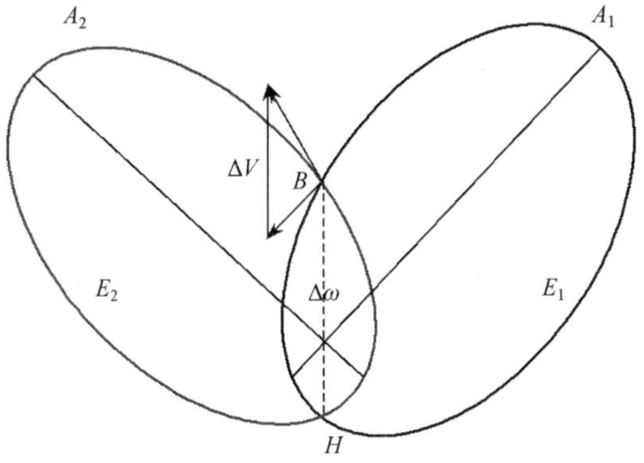

图 13-15　两个椭圆轨道大小相同，拱线方向不同（见彩插）

3. 第三种情况：两个椭圆的大小和拱线方向都不同

当两个椭圆轨道的大小不同，且拱线方向也不同时，可以按照前面介绍的两种情况，分别进行椭圆轨道大小的调整和椭圆轨道拱线方向的调整。具体调整顺序可以依据总能量消耗的大小进行确定。

13.4.4　非共面圆轨道之间的转移

非共面椭圆轨道之间的转移可以通过 3 种方式的二次速度冲量来实现。

（1）第一次冲量 ΔV_1 既改变轨道面夹角 ξ，又增加速度，以使转移椭圆轨道 E 的远地点距离 r_2，在转移椭圆轨道的远地点施加二次冲量 ΔV_2，使椭圆轨道变成大圆轨道。

（2）第一次冲量 ΔV_1 使圆轨道变成椭圆，在椭圆轨道远地点产生的第二次冲量既改变轨道面夹角 ξ，又使椭圆轨道变成大圆轨道。

（3）第一次冲量 ΔV_1 改变部分轨道面夹角 ξ_1，同时使轨道变成椭圆；在椭圆轨道远地点产生的第二次冲量 ΔV_2 再改变轨道面夹角 ξ_2，使 $\xi = \xi_1 + \xi_2$，并使轨道变成大圆轨道。

显然，第一种方式是最不利的，因为它在大速度时（椭圆轨道的近地点）改变轨道面夹角，很费能量。

13.5　调相机动

当目标与追踪航天器处于同一根轨道，但存在一定的相位差时，追踪航天器到目标位置的机动就是调相机动。如果机动前后追踪航天器需要处于同一根轨道，那么至少需要施加两次大小相等、方向相反的速度增量。

调相机动方法可用于同轨道多颗卫星之间的相位调整，也可用于静止轨道卫星定点位置的调整等。本小节分目标超前追踪航天器与目标滞后追踪航天器两种情况讨论，如图 13-16 所示。

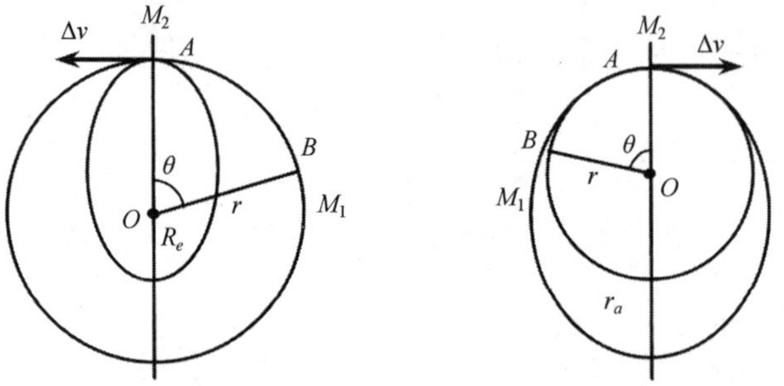

（a）目标超前追踪航天器　　（b）目标滞后追踪航天器

图 13-16　同轨道调相策略（见彩插）

13.5.1　目标超前追踪航天器地心角 θ

如图 13-16（a）所示，若目标 M_1 与追踪航天器 M_2 顺时针方向运行在同一轨道上，且目标 M_1 超前追踪航天器 M_2 地心角为 θ，则追踪航天器需要进入过渡椭圆轨道，缩短轨道周期，以期与目标交会于 A 点。则有

$$2\pi\sqrt{\frac{r^3}{\mu}}-2\pi\sqrt{\frac{(r+r_p)^3}{8\mu}}=2\pi\sqrt{\frac{r^3}{\mu}}\cdot\frac{\theta}{2\pi} \tag{13-59}$$

式（13-59）的解为

$$\theta=2\pi\cdot\left[1-\left(\frac{r+r_p}{2r}\right)^{\frac{3}{2}}\right] \tag{13-60}$$

显然 $r_p \geqslant R_e$，所以 θ 有极大值，即式（13-61），机动消耗见式（13-62）。

$$\theta\leqslant 2\pi\cdot\left[1-\left(\frac{r+R_e}{2r}\right)^{\frac{3}{2}}\right] \tag{13-61}$$

$$\begin{cases}v_1=2\sqrt{\dfrac{\mu}{r}}\cdot\left[1-\sqrt{2-\left(1-\dfrac{\theta}{2\pi}\right)^{-\frac{2}{3}}}\right]\\ \Delta t_1=T\cdot\left(1-\dfrac{\theta}{2\pi}\right)\end{cases} \tag{13-62}$$

13.5.2　目标滞后追踪航天器地心角 θ

如图 13-16（b）所示，若目标 M_1 与追踪航天器 M_2 沿顺时针方向运行在同一轨道上，且目标 M_1 滞后追踪航天器 M_2 地心角为 θ，则追踪航天器需要进入过渡椭圆轨道，增大轨道周期，以期与目标交会于 A 点。则有

$$2\pi\sqrt{\frac{a^3}{\mu}}-2\pi\sqrt{\frac{r^3}{\mu}}=2\pi\sqrt{\frac{r^3}{\mu}}\cdot\frac{\theta}{2\pi} \tag{13-63}$$

式中，$a=\dfrac{r+r_a}{2}$，式（13-63）的解为式（13-64），机动消耗为式（13-65）。

$$\begin{cases} a=r\cdot\left(1+\dfrac{\theta}{2\pi}\right)^{\frac{2}{3}} \\ e=1-\dfrac{r}{a}=1-\left(1+\dfrac{\theta}{2\pi}\right)^{-\frac{2}{3}} \end{cases} \tag{13-64}$$

$$\begin{cases} \Delta v_2=2\sqrt{\dfrac{\mu}{r}}\cdot\left[\sqrt{2-\left(1+\dfrac{\theta}{2\pi}\right)^{-\frac{2}{3}}}-1\right] \\ t_2=T\cdot\left(1+\dfrac{\theta}{2\pi}\right) \end{cases} \tag{13-65}$$

假定有足够的准备时间，如有 N 个轨道周期的时间，则可以将 θ 划分成 N 等份，卫星在中间轨道上运行 N 圈后再实施第二次机动，消耗的能量将大大减少。

【例13-4】目标与追踪航天器的轨道是高度为 500km 的圆轨道，由于存在相位差，经过惯性空间同一方向的时间（过境时间）存在超前与滞后，图 13-17 给出了用 1 圈消除预定过境时间差与轨道机动速度增量的仿真曲线，图 13-18 给出了用 1 圈消除相位差与过渡轨道近地点、远地点高度仿真曲线。图 13-19 给出了用 1 圈与 10 圈消除相位时间差的速度增量对比。

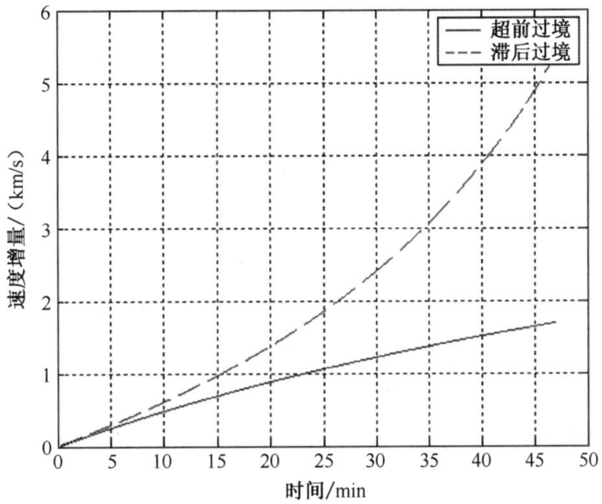

图 13-17　用 1 圈消除预定过境时间差与轨道机动速度增量的仿真曲线

从仿真结果可以看出，在相同的时间差（相位差）的情况下，图 13-16（a）对应的能量消耗比图 13-16（b）的小，因为前者是在椭圆的远地点改变的速度，而后者是在近地点改变的速度；机动到预定位置的时间越长，消耗的能量越少。

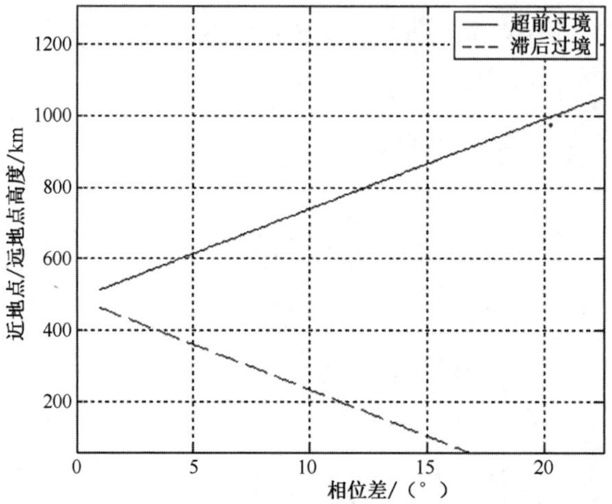

图 13-18　用 1 圈消除相位差与过渡轨道近地点、远地点高度仿真曲线

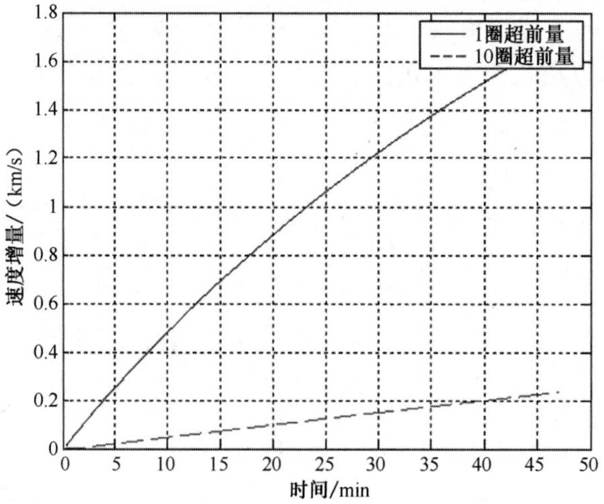

（a）对应图 13-16（a）

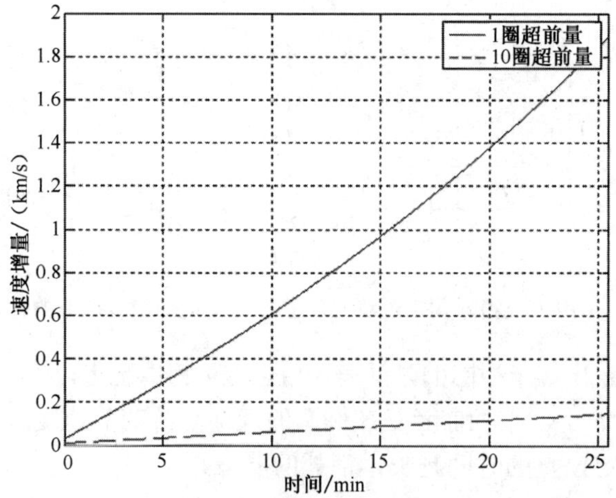

（b）对应图 13-16（b）

图 13-19　用 1 圈与 10 圈消除相位时间差的速度增量对比

13.6 轨道拦截

两个相同或不同轨道上的飞行器，如果要使它们在某指定点交会，且具有一定的速度差，就称为轨道拦截问题。轨道拦截过程只需要施加一次冲量，且拦截轨道（终轨道）是待定的，只要求拦截轨道能够与空间预定目标飞行器交会即可，如图 13-20 所示。

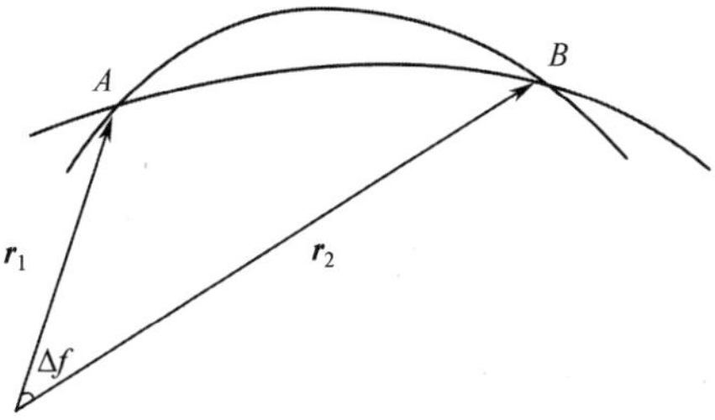

图 13-20 通过两个空间点的轨道族

图 13-20 中，A 点为空间武器初始变轨点，B 点为预定拦截点，$\boldsymbol{r}_1, \boldsymbol{r}_2$ 分别为 A, B 两点的地心距矢量，Δf 为 $\boldsymbol{r}_1$, $\boldsymbol{r}_2$ 的夹角，即

$$\Delta f = \arctan \frac{|\boldsymbol{r}_1 \times \boldsymbol{r}_2|}{\boldsymbol{r}_1 \cdot \boldsymbol{r}_2} \tag{13-66}$$

拦截所需要的速度增量为

$$\begin{aligned}\Delta V^2 = V_1^2 + \frac{\mu}{r_1}\left(2 + c_1 + c_2 q + \frac{c_0 - 1}{q}\right) - \\ 2V_1\sqrt{\frac{\mu}{r_1}} \sin\Theta_1 \sqrt{(c_2 - 1)q + 2 + c_1 + \frac{c_0 - 1}{q} + \cos\Theta_1 \cos\xi \sqrt{q}}\end{aligned} \tag{13-67}$$

式中，V_1 为变轨点的初始速度，Θ_1 为初始速度的速度倾角，ξ 为初始轨道和拦截轨道的轨道夹角，c_0, c_1, c_2 均为 r_1, r_2 的函数，q 为拦截轨道轨道参数的函数。下面将逐一介绍。

设拦截航天器运行的轨道为初轨道 I, t_1 时刻拦截器的位置矢量和速度矢量分别为 $\boldsymbol{r}_1$ 和 $\boldsymbol{V}_1$，通过在该点施加速度冲量 ΔV，使航天器的速度矢量变为 $\boldsymbol{V}_2$，并进入另一根轨道，于 t_2 时刻命中预定的空间位置矢量为 $\boldsymbol{r}_2$ 的目标即目标航天器。设通过两个已知点的椭圆轨道半通径为 p，偏心率为 e，则 $\boldsymbol{r}_1$ 和 $\boldsymbol{r}_2$ 的夹角为

$$\Delta f = \arctan \frac{|\boldsymbol{r}_1 \times \boldsymbol{r}_2|}{\boldsymbol{r}_1 \cdot \boldsymbol{r}_2} \tag{13-68}$$

$\boldsymbol{r}_1$ 和 $\boldsymbol{V}_1$ 决定了初轨道 I, $\boldsymbol{r}_1$ 和 $\boldsymbol{r}_2$ 决定了终轨道 F 的轨道平面即 $\boldsymbol{h}_F$。设初轨道、终轨道的动量矩矢量分别为 $\boldsymbol{h}_I$ 和 $\boldsymbol{h}_F$，则有

$$\begin{cases} \boldsymbol{h}_I = \dfrac{\boldsymbol{r}_1 \times \boldsymbol{V}_1}{|\boldsymbol{r}_1 \times \boldsymbol{V}_1|} \\ \boldsymbol{h}_F = \dfrac{\boldsymbol{r}_1 \times \boldsymbol{r}_2}{|\boldsymbol{r}_1 \times \boldsymbol{r}_2|} \end{cases} \tag{13-69}$$

故

$$\begin{cases}\cos\xi = \boldsymbol{h}_I \cdot \boldsymbol{h}_F \\ \sin\xi = (\boldsymbol{h}_I \times \boldsymbol{h}_F)\cdot \dfrac{\boldsymbol{r}_1}{r_1}\end{cases} \tag{13-70}$$

则初轨道、终轨道面的夹角为

$$\xi = \arctan\left[\frac{(\boldsymbol{h}_I \times \boldsymbol{h}_F)}{\boldsymbol{h}_I \cdot \boldsymbol{h}_F}\frac{\boldsymbol{r}_1}{r_1}\right] \tag{13-71}$$

令

$$\begin{cases} q = \dfrac{p}{r_1} \\ m = \dfrac{r_2}{r_1}\end{cases}$$

则可求得 e 与 q 的关系式为

$$e^2 = c_2 q^2 + c_1 q + c_0$$

其中

$$\begin{cases} c_2 = \left(1 - \dfrac{2\cos\Delta f}{m} + \dfrac{1}{m^2}\right)\csc^2\Delta f \\ c_1 = -\left(1 + \dfrac{1}{m}\right)\sec^2\dfrac{\Delta f}{2} \\ c_0 = \sec^2\dfrac{\Delta f}{2}\end{cases}$$

由于连接空间两点的轨道有许多根，所以为了唯一确定半通径 p 和偏心率 e，还需附加一个条件，椭圆轨道才完全确定。附加条件可根据实际轨道拦截的要求确定，如最小能量拦截和固定时间拦截。

最小能量拦截是指连接空间武器和目标的轨道族中满足 $\Delta v = \Delta v_{\min}$ 的轨道。固定时间拦截轨道是指由空间武器沿着拦截轨道攻击目标的时间固定的轨道。空间武器对空间目标的拦截通常采用最小能量拦截方式，如果对拦截时间有明确的要求，也可以采用固定时间拦截的方式。

13.6.1 最小能量拦截轨道

最小能量拦截是指连接空间武器和目标的轨道族中满足 $\Delta V = \Delta V_{\min}$ 的轨道，即通过施加一次冲量 ΔV 使初轨道 I 上的拦截航天器（简称拦截器）改变轨道，以最小能量沿终轨道（拦截轨道）到达目标点，即空间预定位置。

设已经求出 ξ 和 Δf，则令

$$\begin{cases} p_1 = \dfrac{\cos\xi}{1 - c_0} \\ q_1 = \dfrac{c_2}{1 - c_0}\end{cases}$$

$$\begin{cases} a = -4q_1 \\ b = -p_1^2 \end{cases}$$

$$\varDelta = \left(\frac{b}{2}\right)^2 + \left(\frac{a}{3}\right)^2$$

可求得

$$R^* = \sqrt[3]{-\frac{b}{2} + \sqrt{\varDelta}} + \sqrt[3]{-\frac{b}{2} - \sqrt{\varDelta}} \tag{13-72}$$

若令

$$\begin{cases} \varsigma = \dfrac{R^* - \dfrac{p_1}{\sqrt{R^*}}}{2} \\ \eta = \dfrac{R^* + \dfrac{p_1}{\sqrt{R^*}}}{2} \end{cases}$$

可解得

$$Y = \frac{\sqrt{R^*}}{2}\left[\sqrt{1 - \frac{4\varsigma}{R^*}} - 1\right] \tag{13-73}$$

确定

$$p = \frac{1}{Y^2} r_1$$

则根据活力公式、动量矩守恒可得

$$\begin{cases} V_2 = \sqrt{\dfrac{\mu}{r_1}} \cdot \sqrt{2 - \dfrac{1-e^2}{q}} \\ V_2 \cos\varTheta_2 = \sqrt{\dfrac{\mu q}{r_1}} \\ V_2 \sin\varTheta_2 = \sqrt{V_2^2 - (V_2\cos\varTheta_2)^2} = \sqrt{\dfrac{\mu}{r_1}} \cdot \sqrt{(c_2 - 1)q + (2 + c_1) + \dfrac{c_0 - 1}{q}} \end{cases} \tag{13-74}$$

或者利用公式求拦截点在拦截轨道上的真近点角，即

$$r_2 = \frac{p}{1 + e\cos f_2} \Rightarrow f_2$$

再根据式（13-75）求$V_2, \varTheta_2$，即

$$\begin{cases} V_2 = \sqrt{\dfrac{\mu}{r_1}} \cdot \sqrt{2 - \dfrac{1-e^2}{q}} \\ \varTheta_2 = \arctan\dfrac{r_1 e \sin f_2}{p} \end{cases} \tag{13-75}$$

则ΔV速度增量在变轨点的轨道坐标系中的投影$(\Delta V_X, \Delta V_Y, \Delta V_Z)$为

$$\begin{cases} \Delta V_X = V_2 \sin\varTheta_2 - V_1 \sin\varTheta_1 \\ \Delta V_Y = V_2 \cos\varTheta_2 \cos\xi - V_1 \cos\varTheta_1 \\ \Delta V_Z = V_2 \cos\varTheta_2 \sin\xi \end{cases} \tag{13-76}$$

且表示速度增量方向的俯仰角和偏航角为

$$\begin{cases} \Delta V = \sqrt{\Delta V_X^2 + \Delta V_Y^2 + \Delta V_Z^2} \\ \varphi = \arctan \dfrac{\Delta V_X}{\Delta V_Y} \\ \psi = \arctan \dfrac{\Delta V_Z \cos\varphi}{\Delta V_Y} \end{cases} \tag{13-77}$$

13.6.2 固定时间拦截轨道

通过施加一次冲量 ΔV 使初始轨道 I 上的拦截航天器改变轨道，在预定时间 Δt 内沿终轨道（拦截轨道）到达目标点（空间预定位置）。一般采用迭代求解。常用的高斯方法如下：

已知 $r_1, r_2, \Delta f$ 和 Δt，求得常数：

$$l = \frac{r_1 + r_2}{4\sqrt{r_1 r_2}\cos\dfrac{\Delta f}{2}} - \frac{1}{2}$$

$$l' = \frac{\mu \Delta t^2}{\left[2\sqrt{r_1 r_2}\cos\dfrac{\Delta f}{2}\right]^3} \tag{13-78}$$

设 Y 的初值为 1，由

$$\cos\frac{\Delta E}{2} = 1 - 2\left(\frac{l'}{Y^2 - l}\right) \tag{13-79}$$

求解 ΔE，根据

$$Y = 1 + \left(\frac{\Delta E - \sin\Delta E}{\sin^3\dfrac{\Delta E}{2}}\right)\left[l + \frac{1}{2}\left(1 - \cos\frac{\Delta E}{2}\right)\right] \tag{13-80}$$

计算新的 Y，反复计算 ΔE 和 Y，直到 Y 收敛。再根据

$$p = \frac{(Y r_1 r_2 \sin\Delta f)^2}{\mu \Delta t^2}$$

$$\frac{1}{a} = r_1 r_2 \frac{\left(2Y\sin\dfrac{\Delta E}{2}\cos\dfrac{\Delta f}{2}\right)^2}{\mu \Delta t^2} \tag{13-81}$$

求得 p 和 a。最后计算 ΔV，计算过程同最小能量拦截计算过程。

【例 13-5】 霍曼转移式拦截和快速拦截的时间及能量消耗比较。表 13-5 给出了在两种不同拦截方式下，相同拦截器打击相同目标的能量与时间消耗对比情况。

表 13-5 两种不同拦截方式的对比情况

拦截器轨道高度/km	目标轨道高度/km	攻击方式	速度增量/（km/s）	攻击时间/s
652.8	684	最省能量	0.00833	2943
		快速攻击	1.0	165

续表

拦截器轨道高度/km	目标轨道高度/km	攻击方式	速度增量/（km/s）	攻击时间/s
652.8	20000	最省能量	1.93	10743
		快速攻击	2.0	8137
13952	20000	最省能量	0.28	17759
		快速攻击	1.0	5645
16232	36000	最省能量	0.596	29146
		快速攻击	1.0	13775

由表 13-5 可以看出，最省能量攻击所消耗的时间远比快速攻击多，在能量消耗相当的情况下，适当增大速度增量，可以大大减少拦截时间。

练 习 题

1．简述轨道机动的含义、类型，并说明各类轨道机动都可用于哪些实际的航天飞行任务。

2．试求：采用霍曼转移方式，从轨道高度 600km 的圆轨道转移至 1500km 的圆轨道需要的速度增量和转移时间。并绘制示意图。

3．图 13-21 给出了 3 个圆轨道，其轨道半径分别为地球半径的 9 倍、16 倍、25 倍。试确定从轨道 I 到轨道 II，再到轨道III的双霍曼转移所需要的特征速度；计算从轨道 I 直接到轨道III的单霍曼转移所需要的特征速度。通过比较可以得出什么结论？

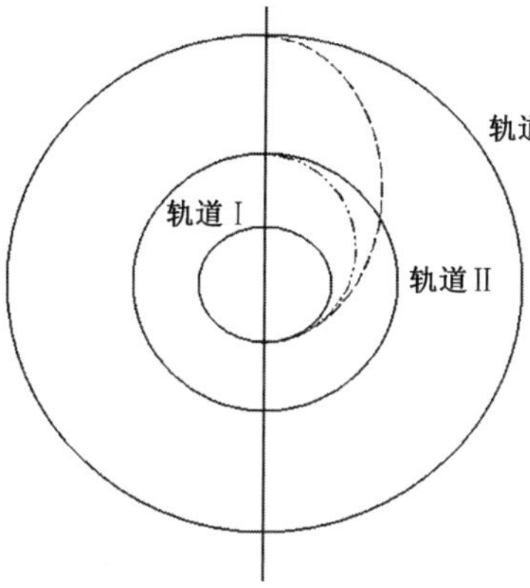

图 13-21　3 种转移轨道的示意图

4．某航天器需要在轨道平面上调整相位，如何根据完成任务的时间限制施加推力冲量，而且既能完成任务又能节省能量？

第 14 章　飞行器的返回与再入

☞　**基本概念**

返回、再入、返回轨道的分段、制动速度、4 类返回轨道、总攻角、总升力、总法向力、零攻角再入、配平攻角

☞　**重要公式**

总攻角计算公式：式（14-8）、式（14-9）

简化的再入段矢量运动方程：式（14-23）

返回是指航天器脱离原来的运行轨道，进入大气层，并且在地面安全着陆的过程。再入是指远程弹道导弹在飞行的最后阶段再次进入稠密大气层，沿着预定的弹道打击地面目标的过程。本章以返回式航天器为主阐述返回与再入的基本原理，部分内容同样适合于弹道导弹的再入运动。

14.1　返回轨道

具有返回能力的航天器称为返回式航天器，如载人飞船、航天飞机、返回式卫星等。返回式航天器在返回地球并降落到地球表面的过程中，其质心的运动轨迹称为航天器的返回轨道。

14.1.1　返回轨道的分段

航天器返回大致可以分成大气层外和大气层内两个阶段。大气层外阶段从制动点（航天器利用携带的火箭发动机使航天器脱离原来的轨道运行）开始到再入点（稠密大气层的边沿，一般取 80～120km）为止，也称为过渡阶段；大气层内阶段从再入点开始到着陆点（航天器在地面着陆）为止，此阶段内大气阻力使返回航天器逐渐减速。

如果细致划分，航天器返回过程还可分为如下几个阶段，如图 14-1 所示。

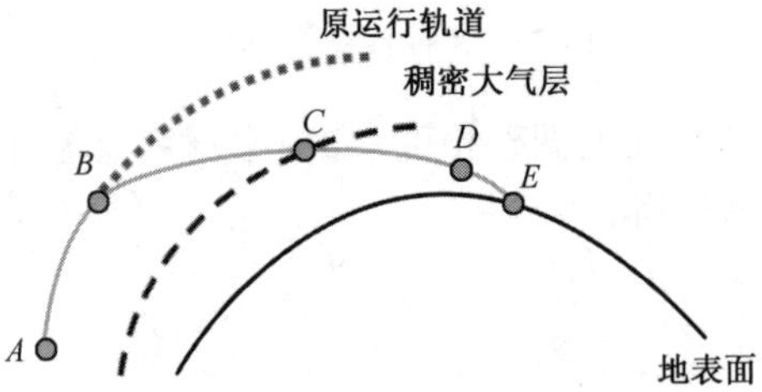

图 14-1　航天器返回阶段

（1）调姿段（A—B 段）：从航天器为准备返回而调整姿态时起至制动发动机开始点火时止。

（2）制动段（B 点附近）：从航天器制动发动机开始工作时起至发动机熄火时止。

（3）过渡段（B—C 段）：从航天器制动发动机熄火时起至航天器再入大气层边缘时止。

（4）再入段（C—E 段）：从航天器再入大气层边缘时起至航天器着陆时止。

（5）着陆段（D—E 段）：从航天器开伞时起至航天器着陆时止。

（6）航天器安全着陆（E 点）。

1. 调姿段与制动段

为了较长时间地在轨道上运行，航天器的轨道通常不与地球稠密大气层相交。通过改变航天器速度的大小与方向，可使航天器脱离原来的运行轨道转入新的轨道。如果速度改变适当，航天器就可以飞向地球大气层，实现返回。使航天器脱离原轨道进入新轨道，所需要的速度增量的大小和方向如图 14-2 所示。

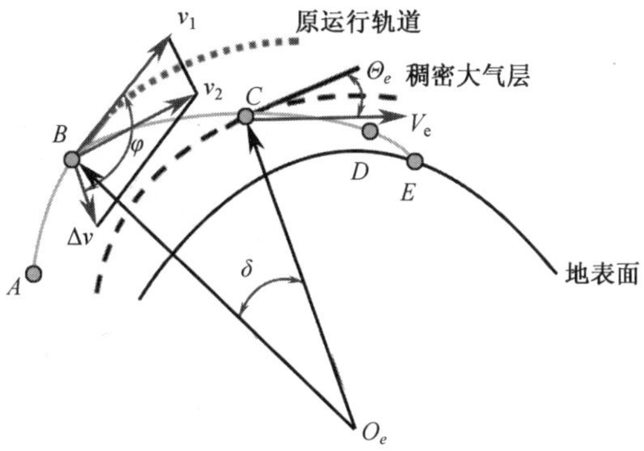

图 14-2　制动速度的获得（见彩插）

制动点 B 处航天器原轨道运行速度为 v_1，获得速度增量 Δv 后的速度为 v_2。航天器的离轨速度一般小于原轨道速度，因此速度增量 Δv 又称为制动速度。产生制动速度的发动机称为制动发动机。

在航天器沿正常轨道运行的过程中，制动发动机通常安装在飞行方向的后端，这种姿态一般不能满足制动要求。为了产生制动力，航天器首先需要调整姿态，建立制动姿态，然后点火制动发动机，并利用姿态控制系统或自旋稳定方法维持制动姿态，使发动机推力矢量保持在制动方向上。用自旋稳定方法维持制动姿态的航天器，如图 14-3 所示。

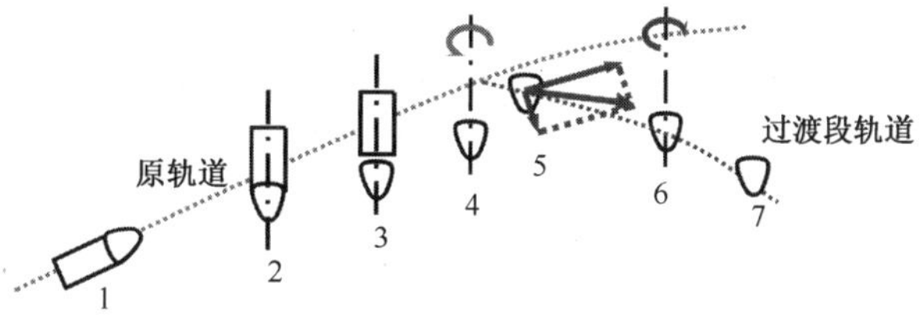

图 14-3　用自旋稳定方法维持制动姿态的航天器脱离原轨道的姿态调整（见彩插）

在脱离运行轨道后，还要消旋，其目的在于使航天器再入大气层后能够按照设计要求把防热结构稳定在朝向迎气流的姿态上。用姿态控制系统维持制动姿态的航天器，在进入大气层之前也要把姿态调整到设计的再入姿态，也是将防热结构稳定在迎气流的姿态。

制动点速度影响再入点位置、再入角和再入速度的大小及理论着陆点的位置，必须进行精确控制，包括姿态控制、程序控制、指令控制和速度控制，不容许超出规定的偏差范围。否则，航天器就会出现不能进入大气层、进入后过热烧毁、破坏着陆系统的正常条件或远远偏离预定着陆点等情况，导致返回任务失败。

2. 过渡段

航天器的再入状态是受到限制的。一定的航天器只能在一定的过渡轨道范围内实现再入。过渡轨道是与地球大气层边界相交的一组开普勒轨道，每根轨道都有相应的近地点。如果近地点高度超出某个限度（上限轨道），则航天器进入大气层后受到的气动力作用过小，不足以使航天器继续深入大气层，航天器又会复出大气层。而当近地点高度小于某个限度（下限轨道）时，航天器在大气层内轨道过陡，将受到过大的气动力作用，致使航天器受到的减速过载或气动加热超出所规定的范围。这两种情况都会使航天器不能正常再入。上下限轨道之间的通道通常称为再入走廊，如图 14-4 所示。

所谓安全返回，是指在假定着陆系统工作正常的条件下，返回航天器能够在再入走廊内进入大气层，在通过大气层时，最大减速过载及其持续时间在规定的范围内，产生的热量不会损坏航天器，以及能在预定区域或地点着陆。

在简化条件下，过渡轨道实际上是椭圆轨道的一部分，可以根据制动点 B 和再入点 C 的具体要求确定该轨道的参数。当给定一个再入速度 V_e，或给定一个再入角 θ，或给定一个航程角 δ 时，都可以从制动点算出一组满足安全返回条件的过渡轨道。

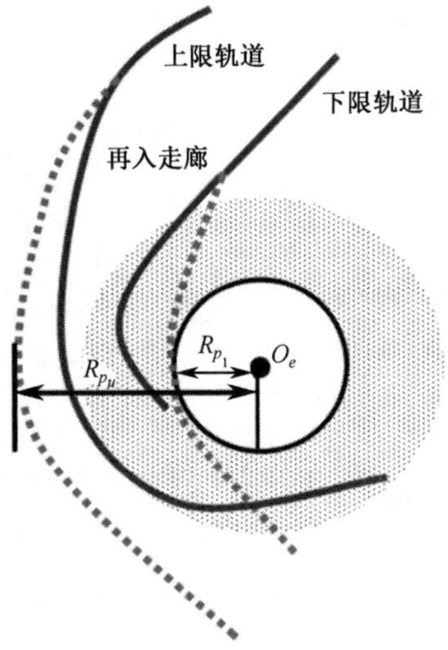

图 14-4　再入走廊示意图（见彩插）

3. 再入段

再入点 C 是返回轨道再入段的起点，也是气动力作用明显的稠密大气层的最高点。对于采用降落伞着陆系统的航天器，它的再入段是从 C 点减速到降落伞着陆系统开始工作的这段轨道。对于能够产生足够升力且机动下降到跑道上水平着陆的航天器，再入段是从 C 点到航天器开始导航操作为止的一段。再入段是返回轨道中环境最恶劣和最复杂的一段，并且具有如下几个特性。

（1）航天器在再入段的速度随其高度的下降而降低。

（2）在这一阶段，升阻比对再入段轨道有重要影响，升阻比增大，再入段的轨道趋于平缓，过载峰值和热流密度峰值均减小，从再入点到理论着陆点的航程增加。

因此，适当地控制航天器在该段的攻角和升阻比，可以得到适当的最大过载值和航程。

4. 着陆段

返回航天器的着陆方式有垂直着陆和水平着陆两种。垂直着陆也称为降落伞着陆，一般都是在航天器接近平衡速度后，继续减速到降落伞着陆系统能可靠工作的速度和高度时开始的。平衡速度是指航天器受到的气动阻力 D 等于它所受到的重力 W 时的速度。设气动阻力为

$$D=\frac{\rho v^2 SC_D}{2} \tag{14-1}$$

则平衡速度为

$$v_E=\sqrt{\frac{2W}{\rho SC_D}} \tag{14-2}$$

式中，ρ 为大气密度，S 为返回器的参考面积。降落伞着陆段也是降落伞着陆系统的工作段，该系统是根据这段轨道的起始点条件（主要是速度、高度和大气参数）和着陆条件（主要是着陆速度、当地风速和着陆区的地理情况）而设计的。

对水平着陆来说，从航天器达到着陆导引范围并开始操纵翼面控制升力和阻力时起，至航天器达到着陆点的这段轨道称为着陆段，也称为导引着陆段。在导引着陆段，航天器受导航系统导引，一面下滑一面机动飞行，最后达到准定常直线飞行状态所规定的高度、速度和相对于跑道的位置。之后，沿准定常直线轨道继续下滑，到一定高度后，放下起落架准备着陆。下滑继续到拉平高度为止，之后航天器平飞减速，到达跑道上空，飘落下降到跑道上，滑行减速直到停止。

14.1.2　返回轨道的类型

返回轨道按其形状可以分为弹道式轨道、升力式轨道、跳跃式轨道和椭圆衰减式轨道 4 种类型，如图 14-5 所示。

微课：返回轨道类型

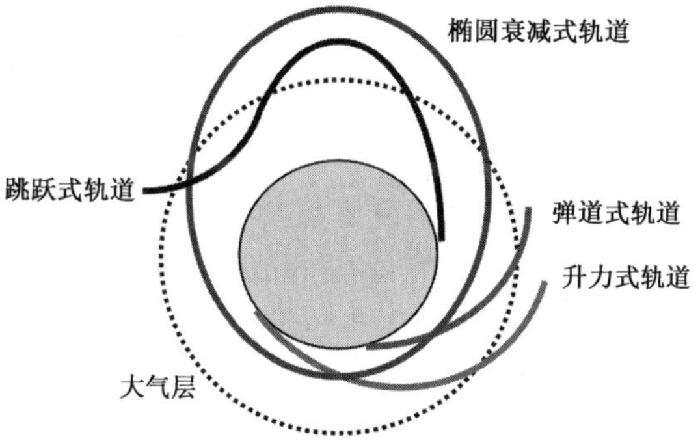

图 14-5　返回轨道的类型（见彩插）

1. 弹道式轨道

航天器再入大气层后，保持升力为零的状态飞行（或虽然有升力但是不控制升力的方向），航天器将沿着单调下降的路线返回地面。这种再入技术比较简单，但受空气动力的影响，落点精度较差。美国和俄罗斯的第一代载人飞船及中国返回式卫星都采用这种弹道式轨道。

2. 升力式轨道

采用这种返回轨道的航天器利用在大气层中运动时产生的升力，沿着一根较平缓的轨道下降。与弹道式轨道相比，这种轨道的减速时间长，航天器承受的过载大大降低。通过控制升力方向，航向和侧向都可以进行适当的轨道机动，从而提高落点精度。采用这种返回轨道的航天器有弹道-升力式航天器，如美国的“双子星座”号飞船、俄罗斯的“联盟”号飞船；还有升力式航天器，如美国的航天飞机。

3. 跳跃式轨道

航天器以较小的再入角进入大气层后，依靠升力再次冲出大气层，进行一段弹道式飞行，然后再进入大气层，如此反复多次，每次都可以利用大气进行减速，这种返回轨道的特征是轨道高度有较大的起伏变化。以接近第二宇宙速度再入大气层的航天器多采用跳跃式轨道，以降低再入过载和较大范围地调整落点。美国的“阿波罗”号飞船在完成月球任务后即采用该方式返回地球。

4. 椭圆衰减式轨道

以接近第二宇宙速度返回地球的航天器，如果没有进入地球稠密大气层，则将沿着一根开普勒椭圆轨道飞离地球，受稀薄大气阻力的影响，椭圆轨道的半长轴逐步缩短，这种椭圆称为“制动椭圆”。制动椭圆返回的缺点是无法预先选定着陆点，需要很长的制动时间。此外，反复穿越地球辐射带会损害航天员的健康，除非情况紧急，载人飞船一般不采用这种返回轨道。

14.2 再入段运动

本节重点讨论简化条件下的再入段平面运动方程。该部分运动方程适用于弹道导弹和弹道式返回航天器的再入。

在再入段，返回航天器受到地球引力、空气动力和空气动力矩的作用，使得再入段具有以下特点。

（1）再入段的运动参数与真空飞行时的运动参数有较大的区别。

（2）航天器以高速进入稠密大气层，受到强大的空气动力作用而产生很大的过载，且航天器表面显著加热，所以在研究落点精度和进行强度和防热设计时，都要考虑这个问题。

（3）航天器可以利用空气动力的升力特性，进行再入机动飞行。

14.2.1 再入段的一般运动方程

在再入段，航天器处于仅受地球引力、空气动力和空气动力矩作用的无动力、无控制的常质量飞行段，因此，将第 5 章中讲到的空间一般运动方程进行一系列简化即可得到再入段的运动方程。

1. 矢量形式的再入段动力学方程

已知在再入段：

$$\boldsymbol{P}=0 \quad \boldsymbol{F}_{\mathrm{c}}=0 \quad \boldsymbol{F}_k'=0$$

$$\boldsymbol{M}_{\mathrm{c}}=0 \quad \boldsymbol{M}'_{\mathrm{rel}}=0 \quad \boldsymbol{M}'_k=0$$

将它们代入惯性空间一般运动方程，可得：

（1）在惯性坐标系描述的矢量形式的再入段质心动力学方程为

$$m\frac{\mathrm{d}^2\boldsymbol{r}}{\mathrm{d}t^2}=\boldsymbol{R}+m\boldsymbol{g} \tag{14-3}$$

（2）在平移坐标系中建立的绕质心动力学方程为

$$\overline{\boldsymbol{I}}\cdot\frac{\mathrm{d}\boldsymbol{\omega}_T}{\mathrm{d}t}+\boldsymbol{\omega}_T\times(\overline{\boldsymbol{I}}\cdot\boldsymbol{\omega}_T)=\boldsymbol{M}_{\mathrm{st}}+\boldsymbol{M}_{\mathrm{d}} \tag{14-4}$$

式中，$\boldsymbol{\omega}_T=\boldsymbol{\omega}+\boldsymbol{\omega}_e$。

2. 地面发射坐标系中再入段空间运动方程

假设地球为均质旋转椭球，再入段运动方程具有以下特点。

（1）由于是无动力飞行，故 $\boldsymbol{P}_e=\boldsymbol{P}-\boldsymbol{X}_{1\mathrm{c}}=0$。

（2）由于再入是无控制飞行状态，故可去掉 3 个控制方程，即

$$\delta_\varphi=\delta_\psi=\delta_\gamma=0\Rightarrow \boldsymbol{X}_{1\mathrm{c}}=\boldsymbol{Y}_{1\mathrm{c}}=\boldsymbol{Z}_{1\mathrm{c}}=0$$

（3）由于再入过程中无燃料消耗，在理想情况下，航天器为常质量质点系，故可去掉质量计算方程，即 $\dot{m}=0$，$\dot{I}_{x_1}=\dot{I}_{y_1}=\dot{I}_{z_1}=0$。

（4）考虑再入段飞行时间很短，可以忽略地球的自转，即 $\boldsymbol{\omega}_T=\boldsymbol{\omega}$，则 $[\varphi_T,\psi_T,\gamma_T]=[\varphi,\psi,\gamma]$。

根据上述再入段的特点，将前面讲过的地面发射坐标系中的运动方程简化，即可得到再入段空间运动方程。

3. 以总攻角、总升力表示的再入段空间弹道方程

再入航天器所受的空气动力是一个非常有用的力，将气动力 $\boldsymbol{R}$ 在速度坐标系和箭体坐标系中表示，引入总攻角、总升力等新概念，本章将根据再入形式的需要，将气动力 $\boldsymbol{R}$ 用总攻角、总升力等来表示。

如图 14-6 所示，定义总攻角为速度轴 o_1x_v 与飞行器纵轴 o_1x_1 之间的夹角，记为 η。则空气动力 $\boldsymbol{R}$ 必定在 $x_1o_1x_v$ 所决定的平面内，称为总攻角平面。在该平面内，$\boldsymbol{n}^0\perp\boldsymbol{x}_1^0$，故可将 $\boldsymbol{R}$ 在总攻角平面内分解为

$$\boldsymbol{R}=-X_1\boldsymbol{x}_1^0+N\boldsymbol{n}^0$$

式中，X_1 为轴向力，N 为总法向力。

已知：

$$\boldsymbol{R}=-X_1\boldsymbol{x}_1^0+Y_1\boldsymbol{y}_1^0+Z_1\boldsymbol{z}_1^0$$

则

$$N\boldsymbol{n}^0=Y_1\boldsymbol{y}_1^0+Z_1\boldsymbol{z}_1^0$$

同理，在总攻角平面内，$\boldsymbol{l}^0\perp\boldsymbol{x}_v^0$，故可将 $\boldsymbol{R}$ 在总攻角平面内分解为

$$\boldsymbol{R}=-X\boldsymbol{x}_v^0+L\boldsymbol{l}^0$$

式中，X 为阻力，L 为总升力。

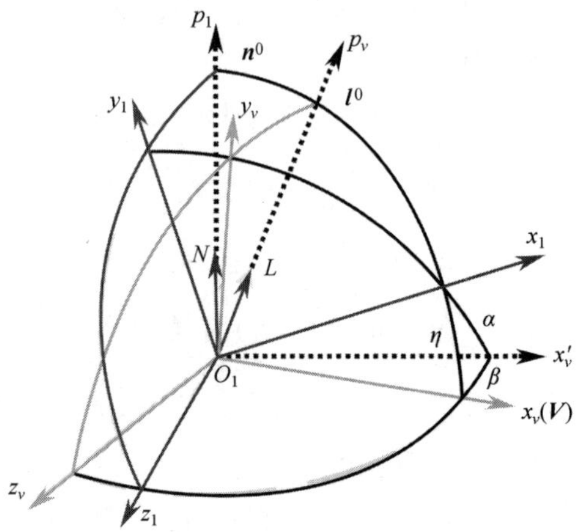

图 14-6　总攻角 η 、总法向力 N 与总升力 L（见彩插）

又已知：

$$\boldsymbol{R} = -X\boldsymbol{x}_v^0 + Y\boldsymbol{y}_v^0 + Z\boldsymbol{z}_v^0$$

则

$$L\boldsymbol{l}^0 = Y\boldsymbol{y}_v^0 + Z\boldsymbol{z}_v^0$$

（1）总攻角 η 与攻角 α 、侧滑角 β 之间的关系。

已知：

$$\begin{cases} \cos\eta = \boldsymbol{x}_v^0 \cdot \boldsymbol{x}_1^0 \\ \cos\alpha = \boldsymbol{x}_v'^0 \cdot \boldsymbol{x}_1^0 \\ \cos\beta = \boldsymbol{x}_v^0 \cdot \boldsymbol{x}_v'^0 \end{cases} \tag{14-5}$$

由图 14-6 中可看出

$$\begin{cases} \boldsymbol{x}_v^0 = \cos\beta\, \boldsymbol{x}_v'^0 + \sin\beta\, \boldsymbol{z}_1^0 \\ \boldsymbol{x}_1^0 = \cos\alpha\, \boldsymbol{x}_v'^0 + \sin\alpha\, \boldsymbol{y}_v^0 \end{cases} \tag{14-6}$$

则

$$\cos\eta = (\cos\beta\ \boldsymbol{x}_v'^0 + \sin\beta\ \boldsymbol{z}_1^0)\cdot(\cos\alpha\ \boldsymbol{x}_v'^0 + \sin\alpha\ \boldsymbol{y}_v^0) \tag{14-7}$$

注意：

$$\begin{cases} \boldsymbol{z}_1^0 \cdot \boldsymbol{x}_v'^0 = 0 \\ \boldsymbol{x}_v'^0 \cdot \boldsymbol{y}_v^0 = 0 \\ \boldsymbol{z}_1^0 \cdot \boldsymbol{y}_v^0 = 0 \end{cases}$$

于是得出总攻角的计算公式

$$\cos\eta = \cos\beta \cdot \cos\alpha$$

$$\Rightarrow \sin^2\eta = \sin^2\alpha + \sin^2\beta - \sin^2\alpha \cdot \sin^2\beta \tag{14-8}$$

当 α,β 为小角度时，η 也为小角度，在准确到小角度的平方量级时，则有近似关系式为

$$\eta = \sqrt{\alpha^2 + \beta^2} \tag{14-9}$$

（2）轴向力 X_1、总法向力 N 与阻力 X、总升力 L 之间的关系。

已知 X_1, N 与 X, L 均在 $x_1O_1x_v$ 所决定的平面（总攻角平面）内，如图 14-7 所示。

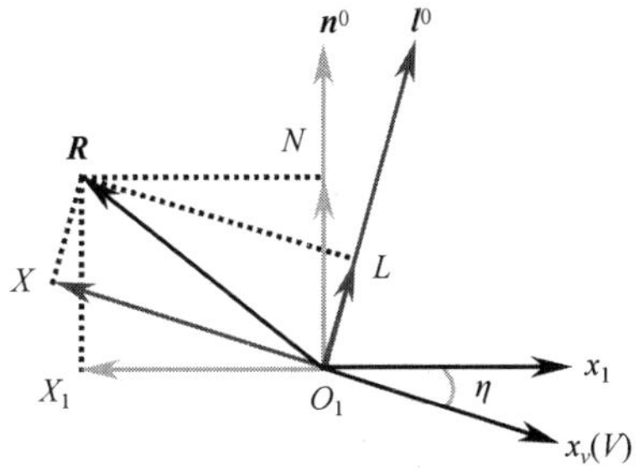

图 14-7　轴向力 X_1、总法向力 N 与阻力 X、总升力 L 之间的关系（见彩插）

由图 14-7 可得

$$\begin{cases} X = N\sin\eta + X_1\cos\eta \\ L = N\cos\eta - X_1\sin\eta \end{cases} \tag{14-10}$$

又已知

$$X = C_x q S_{\mathrm{m}}$$
$$L = C_L q S_{\mathrm{m}}$$
$$X_1 = C_{x_1} q S_{\mathrm{m}}$$
$$N = C_N q S_{\mathrm{m}}$$

式中，C_{x_1} 为轴向阻力系数，C_x 为阻力系数，C_N 为总法向力系数，C_L 为总升力系数，则由式（14-10）可以得到

$$\begin{cases} C_x = C_N\sin\eta + C_{x_1}\cos\eta \\ C_L = C_N\cos\eta - C_{x_1}\sin\eta \end{cases} \tag{14-11}$$

（3）总法向力 N 与法向力 Y_1、横向力 Z_1 之间的关系。

由公式

$$N\boldsymbol{n}^0 = Y_1\boldsymbol{y}_1^0 + Z_1\boldsymbol{z}_1^0 \tag{14-12}$$

可知

$$N = \sqrt{Y_1^2 + Z_1^2}$$

如图 14-8 所示，总法向力与法向力和横向力的关系为

$$\begin{cases} Y_1 = N\cos\phi_1 \\ Z_1 = -N\sin\phi_1 \end{cases} \tag{14-13}$$

已知 $\phi_1 = \phi_2$，利用球面三角形的知识可解得

$$\cos\phi_2 = \frac{\sin\alpha\cos\beta}{\sin\eta}$$

$$\Rightarrow Y_1 = N\frac{\sin\alpha\cos\beta}{\sin\eta} \qquad Z_1 = -N\frac{\sin\beta}{\sin\eta}$$

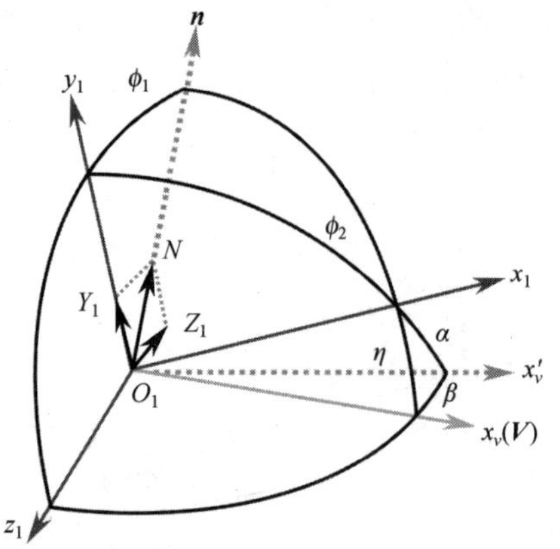

图 14-8　总法向力 N 与法向力 Y_1、横向力 Z_1 的关系（见彩插）

则系数关系式为

$$C_{y_1} = C_N \frac{\sin\alpha\cos\beta}{\sin\eta} \qquad C_{z_1} = -C_N \frac{\sin\beta}{\sin\eta} \tag{14-14}$$

式中，C_N 为总法向力系数，C_{y_1} 为法向力系数，C_{z_1} 为横向力系数，且 $C_N^2 = C_{y_1}^2 + C_{z_1}^2$ 。

（4）总升力 L 与升力 Y、侧力 Z 之间的关系。

由公式

$$L\boldsymbol{l}^0 = Y\boldsymbol{y}_v^0 + Z\boldsymbol{z}_v^0 \tag{14-15}$$

可知

$$L = \sqrt{Y^2 + Z^2}$$

如图 14-9 所示，总升力 L 与升力 Y、侧力 Z 之间的关系为

$$\begin{cases} Y = L\cos\phi_3 \\ Z = -L\sin\phi_3 \end{cases} \tag{14-16}$$

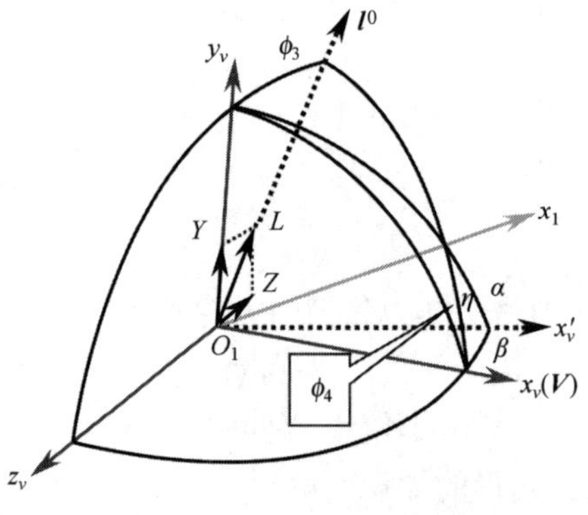

图 14-9　总升力 L 与升力 Y、侧力 Z 的关系（见彩插）

已知 $\phi_3 = \phi_4$，利用球面三角形的知识可解得

$$\cos\phi_4 = \frac{\cos\alpha\sin\beta}{\sin\eta}$$

$$\Rightarrow Y = L\frac{\sin\alpha}{\sin\eta} \qquad Z = -L\frac{\cos\alpha\sin\beta}{\sin\eta} \tag{14-17}$$

则系数关系式为

$$C_y = C_L\frac{\sin\alpha}{\sin\eta} \qquad C_z = -C_L\frac{\cos\alpha\sin\beta}{\sin\eta} \tag{14-18}$$

式中，C_L 为总升力系数，C_y 为升力系数，C_z 为侧力系数，且 $C_L^2 = C_y^2 + C_z^2$。

（5）气动力 $\boldsymbol{R}$ 在地面发射坐标系中的表示。

由图 14-7 可知：

$$\boldsymbol{x}_1^0 = \cos\eta\,\boldsymbol{x}_v^0 + \sin\eta\,\boldsymbol{l}^0$$
$$\boldsymbol{R} = -X\boldsymbol{x}_v^0 + L\boldsymbol{l}^0$$

则

$$\boldsymbol{R} = -X\boldsymbol{x}_v^0 + \frac{L}{\sin\eta}(\boldsymbol{x}_1^0 - \cos\eta\,\boldsymbol{x}_v^0) \tag{14-19}$$

利用速度系与发射系和方向余弦阵、箭体系与发射系和方向余弦阵，可得

$$\begin{cases} \boldsymbol{x}_1^0 = \cos\varphi\cos\psi\,\boldsymbol{x}^0 + \sin\varphi\cos\psi\,\boldsymbol{y}^0 - \sin\psi\,\boldsymbol{z}^0 \\ \boldsymbol{x}_v^0 = \cos\theta\cos\sigma\,\boldsymbol{x}^0 + \sin\theta\cos\sigma\,\boldsymbol{y}^0 - \sin\sigma\,\boldsymbol{z}^0 \end{cases} \tag{14-20}$$

又已知：

$$\begin{cases} v_x = v\cos\theta\cos\sigma \\ v_y = v\sin\theta\cos\sigma \\ v_z = -v\sin\sigma \end{cases} \Rightarrow \begin{cases} \cos\theta\cos\sigma = \dfrac{v_x}{v} \\ \sin\theta\cos\sigma = \dfrac{v_y}{v} \\ -\sin\sigma = \dfrac{v_z}{v} \end{cases} \tag{14-21}$$

则气动力 $\boldsymbol{R}$ 在地面发射坐标系中可表示为

$$\boldsymbol{R} = -X\begin{bmatrix} \dfrac{v_x}{v} \\ \dfrac{v_y}{v} \\ \dfrac{v_z}{v} \end{bmatrix} + \frac{L}{\sin\eta}\begin{bmatrix} \cos\varphi\cos\psi - \cos\eta\dfrac{v_x}{v} \\ \sin\varphi\cos\psi - \cos\eta\dfrac{v_y}{v} \\ -\sin\psi - \cos\eta\dfrac{v_z}{v} \end{bmatrix} \tag{14-22}$$

14.2.2　简化的再入段运动方程

考虑返回航天器在再入段飞行的射程较短，飞行时间也较短，因此，可以进行以下假设：
（1）不考虑地球的旋转，即 $\omega_e = 0$。

（2）地球为一个圆球，即引力场为与地心距平方成反比的有心力场，令 $g = \dfrac{\mu}{r^2}$。

（3）航天器的纵轴始终处于由再入点的速度矢量 $\boldsymbol{V}_e$ 及地心矢径 $\boldsymbol{r}_e$ 所决定的射面内，即侧滑角 $\beta = 0$。

在理想情况下，由上述假设条件可知整个再入段的运动为平面运动，不存在垂直射面的侧力。

已知质量为 m 的航天器再入段矢量运动方程为

$$m\frac{\mathrm{d}\boldsymbol{V}}{\mathrm{d}t}=\boldsymbol{R}+m\boldsymbol{g} \tag{14-23}$$

令飞行速度 $\boldsymbol{V}$ 对再入点 e 处的水平线倾角为 θ，而 $\boldsymbol{V}$ 对当地水平线的倾角为 Θ，如图 14-10 所示。由于再入段的速度在水平线之下，故 θ 和 Θ 均为负值。

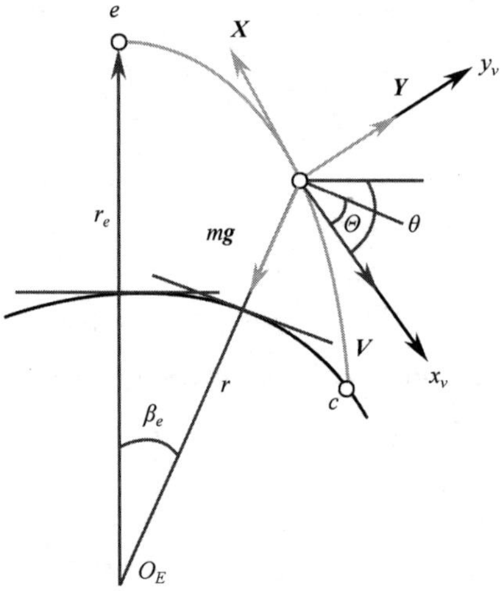

图 14-10　再入段受力示意图（见彩插）

注意到速度矢量的转动角速度为 $\dot{\theta}$，则

$$\frac{\mathrm{d}\boldsymbol{V}}{\mathrm{d}t}=\frac{\mathrm{d}V}{\mathrm{d}t}\boldsymbol{x}_v^0+V\frac{\mathrm{d}\theta}{\mathrm{d}t}\boldsymbol{y}_v^0 \tag{14-24}$$

由图 14-10 可知

$$\begin{cases}R_{x_v}=-X\\R_{y_v}=Y\\g_{x_v}=-g\sin\Theta\\g_{y_v}=-g\cos\Theta\end{cases} \tag{14-25}$$

故将式（14-23）在速度坐标系中投影，得

$$\begin{cases}\dfrac{\mathrm{d}V}{\mathrm{d}t}=-\dfrac{X}{m}-g\sin\Theta\\[2mm]\dfrac{\mathrm{d}\theta}{\mathrm{d}t}=\dfrac{Y}{mV}-\dfrac{g}{V}\cos\Theta\end{cases} \tag{14-26}$$

由图 14-10 可知

$$|\theta|=|\Theta|+|\beta_e|\Rightarrow\Theta=\theta+\beta_e$$

因此有

$$\dot{\Theta}=\dot{\theta}+\dot{\beta}_e$$

又由于速度矢量$\boldsymbol{V}$在径向$\boldsymbol{r}$及当地水平线方向（顺航天器运动方向为正）上的投影分别为

$$\begin{cases} \dot{r} = V\sin\Theta \\ r\dot{\beta}_e = V\cos\Theta \Rightarrow \dot{\beta}_e = \dfrac{V}{r}\cos\Theta \end{cases} \tag{14-27}$$

综上所述，可得到再入段运动微分方程为

$$\begin{cases} \dfrac{\mathrm{d}V}{\mathrm{d}t} = -\dfrac{X}{m} - g\sin\Theta \\ \dfrac{\mathrm{d}\Theta}{\mathrm{d}t} = \dfrac{Y}{mV} + \left(\dfrac{V}{r} - \dfrac{g}{V}\right)\cos\Theta \\ \dfrac{\mathrm{d}r}{\mathrm{d}t} = V\sin\Theta \\ \dfrac{\mathrm{d}\beta_e}{\mathrm{d}t} = \dfrac{V}{r}\cos\Theta \end{cases} \tag{14-28}$$

上述方程组中有 4 个未知量V,Θ,r,β_e，给定再入起点e的初值后，便可对该方程进行积分，直到$r = R$时为止，即可得到整个再入段的弹道参数。再入段任意位置的射程为$L = R\beta_e$。

14.2.3　弹道式轨道再入段运动

1. 弹道式轨道参数选择

弹道式轨道根据再入段升力的不同，可以分为有升力而不加以控制和升力为零两种类型。前者主要用于返回式卫星，后者用于美国和俄罗斯的第一代载人飞船。本小节主要介绍不加以控制升力的弹道式返回航天器的轨道参数选择方法。

1）返回航天器的动力学特性

对于只载有仪器的返回式卫星，允许其再入段的过载峰值较高（可以达到 20g），对着陆点精度的要求也较低（允许达到几十甚至一百多千米的范围）。为了简化设计，降低研制和生产费用，这类航天器再入大气层后，其姿态和轨道均不进行控制，返回航天器以其自身的稳定性，维持其头部朝前的姿态运动或较快地转到头部朝前的姿态运动。为了实现这种再入轨道，要求返回舱在大气层中飞行时具有如下特性。

（1）返回航天器必须是静稳定的，而且具有足够的静稳定度。所谓静稳定度是指压心和质心之间的距离与返回航天器参考长度之比。一般情况下，只要静稳定度不小于 5%，即可保证返回航天器较快地恢复到头部朝前的姿态，这不但有利于防热设计，而且也满足了正常开伞对返回航天器的姿态要求。

（2）返回航天器必须是动稳定的。当返回航天器的某些特征参数满足一定条件时，返回航天器就是动稳定的。对于满足静稳定条件的小头朝前的球头—截锥—球尾体的运动来说，是动稳定的。而在某些情况下，对于满足静稳定条件的大头朝前的球头—倒截锥—球尾体的运动来说，却不是动稳定的，要使其运动稳定，必须进行姿态控制。这就是这类返回航天器一般选择小头朝前运动方式的主要原因。

（3）返回航天器不具有倒向稳定性。当采用小头朝前的球头—截锥—球尾体时，往往可以通过选取球尾的形状达到避免出现倒向稳定性的要求。

2）制动参数的选择

制动参数包括制动速度和制动角。对于固定质量的返回器，制动速度取决于制动发动机所提供的总冲。对于固定的航天器运行轨道和制动速度，当制动角变化时，返回航天器的航程也随之变化。为了降低制动角偏差引起的航程偏差，可以通过仿真计算选择最佳的制动角，使得返回航天器的航程、落点散布、再入过载均满足设计要求。

3）起旋转速的选择

返回航天器在制动火箭工作期间存在推力偏斜等干扰，为了保证将制动火箭提供的速度增量加到所设计的方向，升力不控制的弹道式返回器在火箭工作期间往往采用自旋稳定的方式。如果不采取任何措施，则由于制动时返回航天器的姿态偏差过大，将使返回轨道偏差过大。利用反作用喷气装置使返回航天器绕其纵轴旋转，称为起旋。自旋角速度由可能存在的最大干扰量对返回轨道的影响状况确定。对于返回式航天器，当自旋角速度小于 70r/min 时，制动发动机工作期间抗干扰能力很差；当自旋角速度大于 90r/min 时，抗干扰能力明显增加。

4）消旋转速的选择

采用自旋稳定的返回航天器在再入之前必须消旋，使自旋角速度降低至 10r/min 左右。如果返回航天器不消旋，则攻角将衰减得很慢，将给防热设计带来很大困难。值得注意的是，不能将返回航天器消旋到自旋角速度接近于零，否则返回航天器将在某一子午面附近做长期的角运动，引起气动加热不均匀。

5）对运载火箭的要求

有机动变轨能力的返回式航天器，对运载火箭的入轨精度要求可以低一些。因为航天器的机动能力可以适当改变其轨道周期，使得返回圈的星下点轨迹正好与设计的返回圈的标称星下点轨迹重合，从而消除返回时的初始横向偏差。

对于无机动能力的航天器，为了保证在预定的运行期后，正好经过设计的返回圈星下点轨迹，则需要运载火箭具有较高的制导精度，同时要特别精确控制航天器入轨点的初始周期和近地点高度。

6）常用的返回轨道最大偏差量及其影响因素

（1）常用的返回轨道最大偏差量的种类及用途如表 14-1 所示。

表 14-1　常用的返回轨道最大偏差量的种类及用途

序号	最大偏差量的种类		用　途
	轨道参数	给定条件	
1	$\Delta h, \Delta v, \Delta Ma, \Delta\eta, \Delta n, \cdots$	随 t 的变化	用于返回舱总体和结构、回收等分系统设计
2	$\Delta n_x, \Delta n_{yz}, \Delta q$	随 h 的变化	用于回收系统的工作程序及控制方案分析与设计
3	$\Delta x, \Delta z$	当 h=0 时	用于理论回收区选择

（2）计算返回轨道最大偏差量时应考虑的干扰因素。

计算返回轨道最大偏差量时应考虑的干扰因素及其说明如表 14-2 所示。

表 14-2 干扰因素及其说明

序号	干扰因素	说 明
1	姿态角（俯仰角、偏航角和滚动角）调整误差	指在返回姿态调整和稳定阶段终点的姿态角误差
2	姿态调整和稳定结束时的角速度误差	
3	舱段间分离干扰	指舱段间和暗道间分离干扰，包括分离发动机干扰、从暗道中排出剩余气体的干扰等
4	返回段控制发动机性能参数及安装位置偏差	指起旋发动机和消旋发动机的总冲差、推力偏斜、安装位置偏差
5	制动发动机性能参数及安装位置偏差	制动发动机性能参数偏差，包括总冲差、推力偏斜、推力线横移等
6	制动发动机点火时刻偏差	主要由轨道测量和预报精度及程控指令和遥控指令发送时刻偏差引起
7	返回点位置偏差	指制动发动机点火时轨道高度及星下点经纬度的偏差。对于无变轨能力的航天器由入轨偏差（特别是初始轨道周期偏差）、大气密度偏差、气动参数偏差引起；对于有变轨能力的航天器，主要由测轨精度与变轨精度所引起
8	返回点速度矢量偏差	说明同序号 7
9	质量特性偏差	主要是航天器质心横移偏移、质心系数偏差、航天器转动惯量及惯量积偏差
10	气动特性偏差	包括升力系数偏差、阻力系数偏差、压力中心系数偏差
11	大气密度偏差	再入段实际大气密度对 GJB 365.1—1987《北半球标准大气（-2～80 公里）》中规定的标准大气密度偏差
12	风的影响	主要在回收轨道计算中考虑风的影响

2. 零攻角再入时运动参数的近似计算

一般来说，航天器是以任意姿态进入大气层的。但对于静稳定的再入航天器，当有攻角时，稳定力矩将使其减小，通常在气动力较小时就使航天器稳定下来。此时$\eta=0$，速度方向与航天器纵轴重合，航天器不再受到升力的作用，这样的再入称为零攻角再入。

对于零攻角再入，因为$\eta=0$，故$\boldsymbol{L}=0$，即$Y=Z=0$，则零攻角再入时的运动微分方程为

$$\begin{cases}\dfrac{\mathrm{d}V}{\mathrm{d}t}=-\dfrac{X}{m}-g\sin\Theta\\ \dfrac{\mathrm{d}\Theta}{\mathrm{d}t}=\left(\dfrac{V}{r}-\dfrac{g}{V}\right)\cos\Theta\\ \dfrac{\mathrm{d}r}{\mathrm{d}t}=V\sin\Theta\\ \dfrac{\mathrm{d}\beta_e}{\mathrm{d}t}=\dfrac{V}{r}\cos\Theta\end{cases} \tag{14-29}$$

1）再入段最小负加速度（最大过载）的近似计算

当返回航天器以高速进入稠密大气层时，在巨大的空气阻力作用下，使航天器受到一个很大的加速度。该加速度方向与速度方向相反，当加速度的绝对值达到最大时，称为最小负加速度。对于远程弹道导弹而言，最小负加速度可达到g的几十倍。

根据再入段的特点，零攻角条件下有如下假设。

（1）由于再入段的大部分弹道上空气阻力的作用要远远大于引力，因此可以忽略引力

作用，即 $g=0$。此时，再入段弹道为直线弹道。

（2）由于再入段射程角很小，可近似将球面看成平面，即当地水平线的转动角速度为零时，$\dot{\beta}_e=0, \dot{\theta}=0, \dot{\Theta}=0$。

（3）由于在飞行器达到最小负加速度以前，飞行速度还相当大，即马赫数 Ma 相当大，如图 14-11 所示。此时，阻力系数随 Ma 的变化很缓慢，故可以近似认为阻力系数 C_x 为常数。

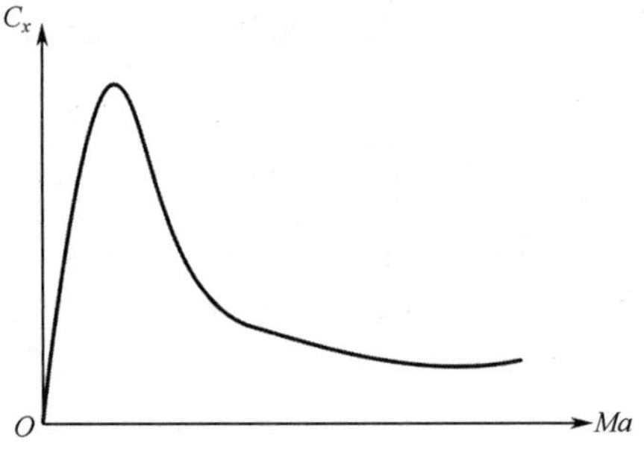

图 14-11　阻力系数随 M 变化的趋势

根据上述假设，再入段运动方程可简化为

$$\begin{cases} \dfrac{\mathrm{d}V}{\mathrm{d}t}=-\dfrac{X}{m} \\ \dfrac{\mathrm{d}r}{\mathrm{d}t}=V\sin\Theta_e \end{cases} \tag{14-30}$$

已知

$$X=\frac{1}{2}C_x S_{\mathrm{m}}\rho V^2 \tag{14-31}$$

假设再入段大气密度 ρ 的标准分布与主动段一样，即

$$\rho=\rho_0 \mathrm{e}^{-\beta h}$$

式中，β 为常数。由于密度是随高度变化的，所以通常将再入段运动方程改写为以高度 h 为自变量。

又已知 $r=R+h \Rightarrow \dot{r}=\dot{h}$，则有

$$\begin{cases} \dfrac{\mathrm{d}V}{\mathrm{d}t}=-B\rho_0 \mathrm{e}^{-\beta h}V^2 \\ \dfrac{\mathrm{d}h}{\mathrm{d}t}=V\sin\Theta_e \end{cases} \tag{14-32}$$

式中，$B=\dfrac{C_x S_{\mathrm{m}}}{2m}$，称为弹道系数。

考虑再入点高度较高，故可取 $\rho_e=0$，则可得到速度随高度变化的规律为

$$V=V_e\exp\left(\frac{B\rho_0}{\beta\sin\Theta_e}\mathrm{e}^{-\beta h}\right) \tag{14-33}$$

将 $\dot{V}$ 对 h 求导，并令 $\dfrac{\mathrm{d}\dot{V}}{\mathrm{d}h}=0$，可得最小负加速度发生时的高度为

$$h_m=\frac{1}{\beta}\ln\left(-\frac{C_x S_{\mathrm{m}}\rho_0}{m\beta\sin\Theta_e}\right) \tag{14-34}$$

可见，最小负加速度的高度与再入点速度 V_e 的大小无关。当 $m,|\Theta_e|$ 越大或 C_x, S_{m} 越小时，最小负加速度产生的高度就越低。

当 $h=h_m$ 时，可以得到

$$V_m=V_e \mathrm{e}^{-\frac{1}{2}}\approx 0.61V_e \tag{14-35}$$

可见，在前述假设条件下，航天器处于最小负加速度时，其速度与航天器的质量、尺寸及再入角 Θ_e 无关，而只与再入速度 V_e 有关。

综上，可得最小负加速度为

$$\dot{V}_m = \frac{\beta V_e^2}{2\mathrm{e}} \sin\Theta_e \tag{14-36}$$

可见，最小负加速度 $\dot{V}_m$ 只与航天器再入点的运动参数 V_e, Θ_e 有关，而与航天器的质量、尺寸无关。因此，为使 $|\dot{V}_m|$ 降低，可降低 V_e 或 $|\Theta_e|$。

2）运动参数的近似计算

当返回航天器达到最小负加速度以后，由于再入速度越来越慢，不能再忽略引力的作用，但可以忽略引力加速度的变化，即取 $g = g_0$。

（1）速度 V 和当地速度倾角 Θ 的近似计算。

$$\begin{gathered} rV\cos\Theta = r_e V_e \cos\Theta_e \mathrm{e}^{\frac{k}{\beta}\rho} \\ r\cos\Theta = \frac{r_e \cos\Theta_e}{\sqrt{1 + \dfrac{2g_0}{\beta V_e^2}[E(\eta) - E(\eta_e)]}} \end{gathered} \tag{14-37}$$

其中

$$k = \frac{C_x S_{\mathrm{m}}}{2m\sin\Theta} = \frac{B}{\sin\Theta} < 0$$

$$\eta = -\frac{2k}{\beta}\rho_0 \mathrm{e}^{-\beta h}$$

$$E(\eta) = \int_0^{\eta} \frac{\mathrm{e}^{\eta}}{\eta} \mathrm{d}\eta$$

（2）再入段射程 L_e 的近似计算。

整个再入段的射程为

$$L_e = R\cot\Theta_e \ln\frac{R}{R + h_e} \tag{14-38}$$

可见，再入段射程 L_e 只与再入高度和速度倾角有关。

14.2.4　升力式轨道再入段运动

升力式轨道可以分为以第一宇宙速度再入和以第二宇宙速度再入两种情况。从近地轨道上返回的航天器属于前者，从月球直接返回到地球大气层的航天器属于后者。本小节重点讨论前者按配平攻角飞行的运动方程。

1. 配平攻角的定义

在设计返回器（除球形外形以外）时，将其质心位置配置在偏离返回器纵轴的一段很小的距离 δ 处，同时使质心在返回器压心之前。则当返回器在大气中以固定的马赫数 Ma 在固定的高度 h 飞行时，若存在某一总攻角 η_{tr}，使得作用在返回器上的空气动力对质心的力矩为零，则称该总攻角为该返回器在 Ma 及 h 下的配平攻角。

配平攻角是由姿态控制系统保证的。在此状态下返回器还相应地产生一定的升力，不超过阻力的一半。在再入过程中，姿态控制系统以一定的逻辑程序控制滚动角，将返回器绕本身纵轴转动一个角度，改变升力在当地铅垂平面和水平平面的分量，就可以控制返回器在大气中的运动轨道，从而可以在一定范围内控制其返回着陆点位置。升力式返回器可以控制其着陆点在几千米至十几千米的范围内，同时其最大过载也远小于弹道式返回轨道。

2. 以配平攻角飞行的特性

以配平攻角飞行是指一种理想飞行状态，是指返回航天器返回再入大气层后，在无任何外力矩和内力矩的作用下，每时每刻都保持以当时的配平攻角飞行。它是实际飞行状态的一种有用近似，适用于研究和计算返回轨道的再入段。升力式返回器返回再入大气层后，仅受空气动力和重力作用时，存在配平攻角飞行状态。如图 14-12 所示，以配平攻角飞行具有如下特性。

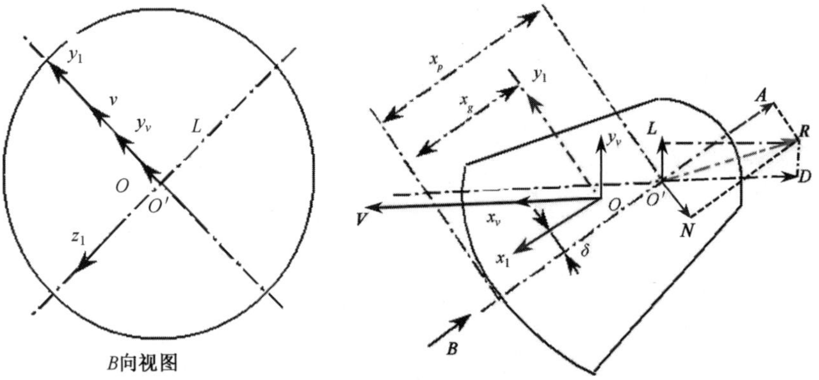

图 14-12　以配平攻角飞行时作用在返回器上的空气动力（见彩插）

1）作用于返回器的空气动力主矢量 $\boldsymbol{R}$ 通过返回器的压力中心及质心

根据压力中心的定义，作用在返回器上的空气动力可以化为一个作用在压力中心的气动主矢量 $\boldsymbol{R}$，所以 $\boldsymbol{R}$ 通过返回器的压力中心。如果 $\boldsymbol{R}$ 不通过返回器的质心，则 $\boldsymbol{R}$ 将对返回器的质心产生力矩，而这与配平攻角的定义矛盾。因此，$\boldsymbol{R}$ 必定通过返回器的质心和压心。

2）Oy_1 轴在 Ox_1x_v 平面内，即 $\beta=0$

因为 $\boldsymbol{R}$ 通过返回器的压力中心和质心，且由于返回器为旋成体，其压力中心在返回器的几何纵轴上，所以 $\boldsymbol{R}$ 在 Ox_1y_1 平面内，即 $\boldsymbol{R}$ 在 Oz_1 轴上的分量为零，$\boldsymbol{R}$ 在 Oz_1 轴上的分量为

$$-\frac{\sin\beta}{\sin\eta}N,\quad \eta\neq 0, N>0 \tag{14-39}$$

所以，有 $\beta=0$。

3）以配平攻角飞行时应满足

$$C_N(x_p-x_g)=C_A\delta \tag{14-40}$$

4）以配平攻角飞行时有 $\alpha>0$

以配平攻角飞行时，$\beta=0$。当 $\beta=0$ 时，Ox_v 轴在 Ox_1y_1 平面内，此时 Ox_v 的正向必在 Ox_1 轴正向及 Oy_1 轴正向所加的直角之内（否则，$\boldsymbol{R}$ 不能通过质心），故由 α 的定义，得到 $\alpha<0$。

3. 配平攻角的求解

C_N, C_A, x_p 为攻角 η、马赫数 Ma 及飞行高度 h 的函数。因此，在一定的 Ma 及 h 值下，若某一 η（或 α）值对应的 C_N, C_A, x_p 满足于式（14-40），则该 η（或 α）值就是返回器在该 Ma 及 h 下的配平攻角，记作 η_{tr}（或 α_{tr}）。

4. 以配平攻角飞行时的运动方程组及关系式

返回器以配平攻角飞行时，α, β, γ_v 均为已知的或确定的（其中 $\alpha = \alpha_{\text{tr}}$，$\beta = 0$，$\gamma_v$ 值由设计所确定）。由 12 个微分方程式组成的微分方程组简化为由 6 个微分方程式组成的微分方程组。在地面坐标系 O_e-xyz 中以配平攻角飞行的运动方程组及关系式为

$$\begin{cases} \dfrac{\mathrm{d}v_x}{\mathrm{d}t} = \dot{W}_{x_1}\cos\varphi\cos\psi + \dot{W}_{y_1}(\cos\varphi\sin\psi\sin\gamma - \sin\varphi\cos\gamma) + g_x + \\ \qquad a_{11}(x+R_{0x}) + a_{12}(y+R_{0y}) + a_{13}(z+R_{0z}) + b_{12}v_y + b_{13}v_z \\ \dfrac{\mathrm{d}v_y}{\mathrm{d}t} = \dot{W}_{x_1}\sin\varphi\cos\psi + \dot{W}_{y_1}(\sin\varphi\sin\psi\sin\gamma - \cos\varphi\cos\gamma) + g_y + \\ \qquad a_{21}(x+R_{0x}) + a_{22}(y+R_{0y}) + a_{23}(z+R_{0z}) + b_{21}v_x + b_{23}v_z \\ \dfrac{\mathrm{d}v_z}{\mathrm{d}t} = -\dot{W}_{x_1}\sin\psi + \dot{W}_{y_1}\cos\psi\sin\gamma + g_z + a_{31}(x+R_{0x}) + \\ \qquad a_{32}(y+R_{0y}) + a_{33}(z+R_{0z}) + b_{31}v_x + b_{32}v_y \end{cases} \tag{14-41}$$

$$\begin{cases} \dfrac{\mathrm{d}x}{\mathrm{d}t} = v_x \\ \dfrac{\mathrm{d}y}{\mathrm{d}t} = v_y \\ \dfrac{\mathrm{d}z}{\mathrm{d}t} = v_z \end{cases} \tag{14-42}$$

在式（14-41）及式（14-42）中，

$$\begin{cases} \dot{W}_{x_1} = -\dfrac{C_A qS}{m} \\ \dot{W}_{y_1} = -\dfrac{C_N qS}{m} \\ g_x = -\dfrac{x+R_{0x}}{r}g_r - \dfrac{\omega_x}{\omega}g_\omega \\ g_y = -\dfrac{y+R_{0y}}{r}g_r - \dfrac{\omega_y}{\omega}g_\omega \\ g_z = -\dfrac{z+R_{0z}}{r}g_r - \dfrac{\omega_z}{\omega}g_\omega \\ g_r = -\dfrac{f_M}{r^2} - \dfrac{\mu}{r^4}(5\sin^2\phi_e - 1) \\ g_\omega = \dfrac{2\mu}{r^4}\sin\phi_e \\ r = \sqrt{(x+R_{0x})^2 + (y+R_{0y})^2 + (z+R_{0z})^2} \\ \phi_e = \arcsin\left(\dfrac{x\omega_x + y\omega_y + z\omega_z}{r\omega} + \dfrac{R_0\sin\phi_{e_0}}{r}\right) \end{cases} \tag{14-43}$$

式中，R_0 为返回时刻星下点处的地球半径；ϕ_{e_0} 为返回时刻星下点处的地心纬度；ω 为地球自旋角速度；ϕ_e 为地心赤纬。

$$\begin{cases} \omega_x = \omega\cos B\cos A \\ \omega_y = \omega\sin B \\ \omega_z = -\omega\cos B\sin A \\ R_{0x} = -R_0\sin\gamma_p\cos A \\ R_{0y} = R_0\cos\gamma_p \\ R_{0z} = R_0\sin\gamma_p\sin A \end{cases} \tag{14-44}$$

式中，B 为返回时刻星下点 O_0 处的大地纬度；A 为返回时刻星下点 O_0 处 O_0x 轴的大地方位角；γ_p 为返回时刻星下点 O_0 与地心 O_e 连线的方向与 O_0 处地球引力方向的夹角。

$$B = \arctan\left(\frac{\tan\phi_e}{1-e_0^2}\right) \tag{14-45}$$

$$e_0 = \sqrt{1-\left(\frac{b}{a}\right)^2} \tag{14-46}$$

式中，a 为标准地球椭球的半长轴；b 为标准地球椭球的半短轴；e_0 为标准地球椭球的偏心率。

$$R = \frac{ab}{\sin\phi_e}\sqrt{\frac{1}{a^2+b^2\cot\phi_e}} \tag{14-47}$$

式中，R 为地心纬度 ϕ_0 处的地球半径。

$$R_0 = \frac{ab}{\sin\phi_{e_0}}\sqrt{\frac{1}{a^2+b^2\cot\phi_{e_0}}} \tag{14-48}$$

$$h = r - R \tag{14-49}$$

式中，h 为返回卫星的飞行高度。

$$g = \sqrt{g_x^2+g_y^2+g_z^2} \tag{14-50}$$

$$v = \sqrt{v_x^2+v_y^2+v_z^2} \tag{14-51}$$

$$\left.\begin{aligned} \sin\theta &= \frac{v_y}{\sqrt{v_x^2+v_y^2}} \\ \cos\theta &= \frac{v_x}{\sqrt{v_x^2+v_y^2}} \end{aligned}\right\}, \qquad -\pi \leqslant \theta \leqslant \pi \tag{14-52}$$

$$\sigma = \arctan\left(-\frac{v_z}{v}\right), \qquad -\frac{\pi}{2} \leqslant \sigma \leqslant \frac{\pi}{2} \tag{14-53}$$

$$Ma = \frac{v}{c} \tag{14-54}$$

式中，c 为声速。

$$q = \frac{1}{2}\rho v^2 \tag{14-55}$$

式中，ρ 为大气密度。

$$\delta_b = \arccos\left(\frac{R_0}{r} + \frac{R_{0x}x + R_{0y}y + R_{0z}z}{R_0 r}\right) \tag{14-56}$$

$$S_b = \bar{R}\delta_b \tag{14-57}$$

式中，S_b 为航程；$\bar{R}$ 为平均地球半径；δ_b 为航程地心角。

$$\begin{cases} n_{x_1} = \dfrac{\dot{W}_{x_1}}{g_0} \\ n_{y_1} = \dfrac{\dot{W}_{y_1}}{g_0} \end{cases} \tag{14-58}$$

式中，n_{x_1} 为沿 Ox_1 轴方向的过载系数；n_{y_1} 为沿 Oy_1 轴方向的过载系数；g_0 为地球表面平均地球引力加速度，$g_0 = 9.80665\text{m/s}^2$。

$$\lambda = \lambda_0 + \arctan\frac{x_q \sin A + z_q \cos A}{-X_q \sin\phi_{e_0}\cos A + (y_q + R_0)\cos\phi_{e_0} + z_q \sin\phi_{e_0}\sin A} \tag{14-59}$$

式中，λ 为返回器星下点的经度；λ_0 为返回器星下点的初始经度。

x_q, y_q, z_q 由式（14-60）求出

$$\begin{bmatrix} x_q \\ y_q \\ z_q \end{bmatrix} = \boldsymbol{C}\begin{bmatrix} x \\ y \\ z \end{bmatrix} \tag{14-60}$$

式中，$\boldsymbol{C}$ 为由地面坐标系到地球坐标系的转移矩阵。

$$\psi = \arcsin(\cos\alpha_{\text{tr}}\sin\sigma - \sin\alpha_{\text{tr}}\cos\sigma\sin\gamma_v),\qquad -\frac{\pi}{2} \leqslant \psi \leqslant \frac{\pi}{2} \tag{14-61}$$

$$\left.\begin{aligned} \sin\varphi &= \frac{1}{\cos\psi}(\cos\alpha_{\text{tr}}\sin\theta\cos\sigma + \sin\alpha_{\text{tr}}\sin\theta\sin\sigma\sin\gamma_v + \sin\alpha_{\text{tr}}\cos\theta\cos\gamma_v) \\ \cos\varphi &= \frac{1}{\cos\psi}(\cos\alpha_{\text{tr}}\cos\theta\cos\sigma + \sin\alpha_{\text{tr}}\cos\theta\sin\sigma\sin\gamma_v - \sin\alpha_{\text{tr}}\sin\theta\cos\gamma_v) \end{aligned}\right\}, \tag{14-62}$$

$$-\pi \leqslant \varphi \leqslant \pi$$

$$\left.\begin{aligned} \sin\gamma &= \frac{1}{\cos\psi}(\cos\alpha_{\text{tr}}\cos\sigma\sin\gamma_v + \sin\alpha_{\text{tr}}\sin\sigma) \\ \cos\gamma &= \frac{\cos\sigma\cos\gamma_v}{\cos\psi} \end{aligned}\right\},\quad -\pi \leqslant \gamma \leqslant \pi \tag{14-63}$$

以上就是以配平攻角 α_{tr} 飞行时，返回器再入段的运动方程及关系式。上面给出的关于 θ, φ, γ 的各一对表达式分别用于确定 θ, φ, γ 所在的象限及其数值。从以上关系式可看出，将 α, β, γ_v 作为设计给定值，而将 $\theta, \sigma, \varphi, \psi, \gamma$ 作为导出量的方法，其优点在于所有导出量都具有显表达式的形式，从而简化了计算。

上述配平攻角飞行的运动理论已在某弹道-升力式再入载人飞船返回轨道的初步设计中得到了应用，如图 14-13 和表 14-3 所示。在飞船再入角、再入速度和升阻比一定的情况下，通过改变不同的倾斜角，飞船以不同的姿态返回（见图 14-13），使得飞船在返回过程中受到的最大过载也不同，进而影响再入段的飞行距离（见表 14-3）。

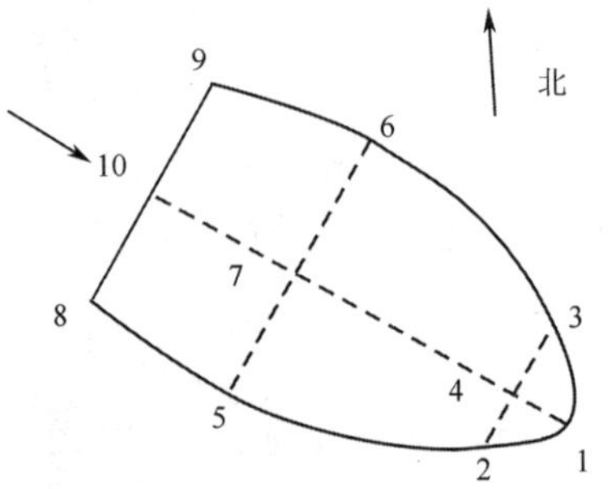

图 14-13　某飞船返回器的不同返回姿态

表 14-3　某飞船返回器的返回轨道的部分参数

方案号	参数		
	再入过程的倾斜角 γ_V	再入过程的最大过载系数 $n_{\max}$	返回时刻星下点至着陆点的地面航程 S_b/km
1	0°	−2.3	18386
2	20°	−2.3	18220
3	−20°	−2.4	18228
4	20°与−20°交替	−2.3	18230
5	40°	−2.6	17797
6	−40°	−3.0	17760
7	40°与−40°交替	−2.9	17795
8	60°	−3.4	17230
9	−60°	−3.9	17156
10	60°与−60°交替	−3.5	17231

注：表中各方案的再入速度相同，再入角相同，飞船返回的升阻比约为 0.3。

14.3　着陆段运动

14.3.1　着陆段运动方程

定义回收着陆坐标系如图 14-14 所示，O_L 为标称开伞点的星下点，O_Ly 轴通过返回舱的质心 O，O_Lx 轴在返回舱相对地球速度矢量与 O_Ly 轴构成的平面内，指向返回舱运动方向，O_Lz 轴按右手螺旋定则确定。假设：

（1）地球表面为一个过 O_L 点并垂直与 O_Ly 轴的平面，返回舱所受的地球引力方向平行于 O_Ly 轴。

（2）不计地球自转对返回舱运动的影响。

（3）取作用在返回舱上的阻力作为零攻角阻力，取舱伞系统的阻力作为返回舱的阻力与伞的阻力之和。

（4）将舱伞系统看成质点，其所受的阻力方向为其相对空气的运动速度矢量反方向。

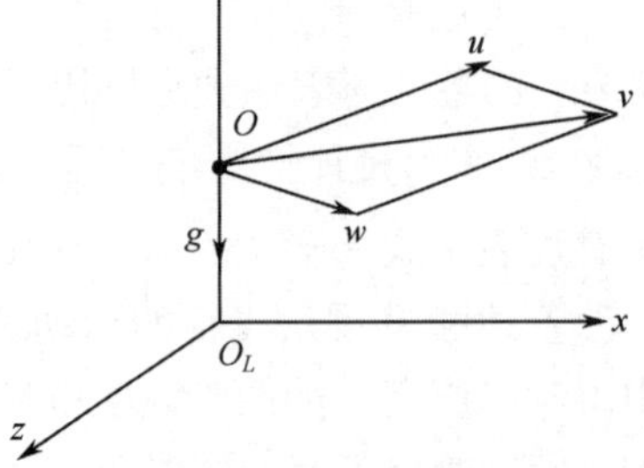

图 14-14　着陆坐标系

返回舱在上述坐标系中的位置和速度分量分别为

$(\boldsymbol{r})_L$, $(\boldsymbol{u})_L$，即

$$(\boldsymbol{r})_L=\begin{bmatrix}x\\y\\z\end{bmatrix},\quad (\boldsymbol{u})_L=\begin{bmatrix}u_x\\u_y\\u_z\end{bmatrix}$$

在上述假设下，返回舱的运动微分方程为

$$\ddot{\boldsymbol{r}}=\frac{1}{m}F_D+g \tag{14-64}$$

式中，g 为引力加速度，F_D 为大气阻力。根据假设有：

$$(\boldsymbol{g})_L=\begin{bmatrix}0\\-g\\0\end{bmatrix} \tag{14-65}$$

$$\boldsymbol{g}=\frac{r_{e_0}}{r_{e_0}+y}g_0 \tag{14-66}$$

式中，r_{e_0} 为 O_L 点地心距；g_0 为地面引力加速度，则有：

$$\boldsymbol{F}_D=-\frac{1}{2}\rho(h)[(C_DS)_S+(C_DS)_P]v\boldsymbol{v} \tag{14-67}$$

式中，C_D 为阻力系数；S 为参考面积；$(C_DS)_S,(C_DS)_P$ 分别为返回舱与降落伞的阻力特性系数；$\rho(h)$ 为随高度变化的大气密度；v 为返回舱相对于空气的速度。

设当地高度的风速为 w、风向角为α（从正北方向顺时针转至风速方向形成的夹角），则有：

$$\begin{cases}v_x=u_x+w\cos(A-\alpha)\\v_y=u_y\\v_z=u_z-w\sin(A-\alpha)\end{cases} \tag{14-68}$$

$$v=\sqrt{v_x^2+v_y^2+v_z^2}$$

式中，A 为初始方位角，即由 O_L 点的正北方向到 O_Lx 轴的夹角。

由此可以得到返回舱在着陆坐标系中的分量运动方程，即

$$\begin{cases}\dfrac{\mathrm{d}x}{\mathrm{d}t}=u_x\\\dfrac{\mathrm{d}y}{\mathrm{d}t}=u_y\\\dfrac{\mathrm{d}z}{\mathrm{d}t}=u_z\\\dfrac{\mathrm{d}u_x}{\mathrm{d}t}=-\dfrac{q}{m}\cdot\dfrac{v_x}{v}[(C_DS)_S+(C_DS)_P]\\\dfrac{\mathrm{d}u_y}{\mathrm{d}t}=-\dfrac{q}{m}\cdot\dfrac{v_y}{v}[(C_DS)_S+(C_DS)_P]-g\\\dfrac{\mathrm{d}u_z}{\mathrm{d}t}=-\dfrac{q}{m}\cdot\dfrac{v_z}{v}[(C_DS)_S+(C_DS)_P]\end{cases} \tag{14-69}$$

式中，q 为动压，且 $q=\frac{1}{2}\rho(h)v^2$；舱伞组合体的质量 m 及降落伞的阻力特性系数在回收着陆的不同时段是不同的。

14.3.2 对返回着陆及回收区的一般要求

根据国家的实际情况，标称着陆点的选择原则不尽相同。在我国，标称着陆点的选择原则如下。

（1）标称着陆点选择在陆地上，并远离大中城市。

（2）标称着陆点尽可能选在已有的回收区内。

（3）标称着陆点周围 10km 范围内要满足理论回收区选定中的各项条件。

（4）标称着陆点的选定应使返回段的测控尽可能利用已有的地面测控网。

理论回收区的选择准则各国也不尽相同。我国回收区的选定通常综合考虑以下条件：

（1）地势较平坦，无大型水库和大的江河湖泊，无大森林。

（2）交通方便，同时便于直升机起降。

（3）通信畅通。

（4）没有大型工矿企业的建筑设施和重要的军事设施，避开 110kV 以上的高压线。

练 习 题

1．描述航天器返回轨道的分段方法。

2．叙述影响卫星返回轨道精度的干扰因素。

3．利用球面三角形的知识，推导出总法向力 N 与法向力 Y_1、横向力 Z_1 之间的关系。

4．利用球面三角形的知识，推导出总升力 L 与升力 Y、侧力 Z 之间的关系。

5．解释“以配平攻角飞行”的含义及特点。

附录A 常用参数

序 号	参 数	取 值
1	地球平均赤道半径	6378.140km
2	地球平均半径	6371.004km
3	地球极半径	6356.755km
4	地球扁率	1/298.257
5	地球质量	5.977×10^{24}kg
6	太阳质量	1.9889×10^{30}kg
7	月球质量	7.35×10^{22}kg
8	万有引力常数	$6.670\times10^{-11}m^3/(kg\cdot s^2)$
9	地球引力常数	$3.986012\times10^{5}km^3/s^2$
10	太阳引力常数	$1.327154\times10^{11}km^3/s^2$
11	月球引力常数	$0.4902802627\times10^{4}km^3/s^2$
12	第一宇宙速度	7.905368km/s
13	第二宇宙速度	11.2km/s
14	第三宇宙速度	16.7km/s
15	地球引力势的二阶带谐系数	1.08263×10^{-3}
16	地球到太阳的平均距离	1.495996×10^{8}km
17	圆周率	3.1415926
18	地球自转角速度	7.2921158×10^{-5}rad/s
19	黄赤交角	23.433°
20	光速	299792458m/s
21	1平太阳日	24小时3分56.55536秒（恒星时）
22	1平恒星日	23小时56分4.09054秒（平太阳时）

附录 B 常用术语英汉对照表

序 号	英文术语	中文术语
1	Altitude	高度，高程
2	Apparent Solar Time	真太阳时
3	Apogee	远地点
4	Apsis	拱点
5	Area/Mass Ratio	面质比
6	Argument of Latitude	纬度幅角
7	Argument of Perigee	近地点幅角
8	Ascending Node	升交点
9	Atmospheric Drag	大气阻力
10	Azimuth（Angle）	方位角
11	Celestial Body	天体
12	Celestial Horizon	真地平
13	Celestial Latitude	黄纬
14	Celestial Longitude	黄经
15	Celestial Pole	黄极
16	Hour Angle	时角
17	Constellation	星座
18	Coverage	覆盖
19	Coordinate System	坐标系统
20	Coplanar Orbit	共面轨道
21	Critical Orbit	冻结轨道
22	Declination	赤纬
23	Descending Node	降交点
24	Drift Orbit	轨道漂移
25	Geostationary Orbit（GEO）	地球静止轨道
26	Earth Oblateness	地球扁率
27	Geosynchronous Orbit（GSO）	地球同步轨道
28	Eccentric Anomaly	偏近点角
29	Eccentricity	偏心率
30	ECF（Earth-Centered Fixed）	地固坐标系
31	ECI（Earth-Centered Inertial）	地心惯性坐标系
32	Ecliptic Plane	黄道平面
33	Elevation（Angle）	仰角（高度角）
34	Ephemeris	星历表
35	Ephemeris Time（ET）	历书时
36	Epoch	历元
37	Equator	赤道

续表

序 号	英文术语	中文术语
38	Exclusion Zone	盲区
39	Field of View（FOV）	视场
40	Finite Thrust	有限推力
41	Fixed Coordinate System	固定坐标系
42	Flight Path Angle（FPA）	航迹角
43	Sub-satellite Point	星下点
44	Formation Flying	编队飞行
45	Gravity	引力
46	Grazing Angle	擦地角
47	Greenwich Mean Time（GMT）	格林尼治平时
48	Greenwich Meridian	格林尼治子午线
49	Sub-satellite Track	星下点轨迹
50	Hohmann Transfer	霍曼转移
51	Horizon	地平（面）
52	Hour Zone	时区
53	Impulse	冲量
54	Inclination	轨道倾角
55	Temps Atomique International（International Atomic Time，TAI）	国际原子时
56	Julian Date（JD）	儒略日
57	Kepler’s Equation	开普勒方程
58	Keplerian Element	开普勒根数
59	Latitude	纬度
60	Launch Site	发射场
61	Local Apparent Time	当地真太阳时
62	Longitude	经度
63	Longitude of Ascending Node	升交点经度
64	Maneuver	机动
65	Mean Anomaly	平近点角
66	Average Angular Velocity of Motion	平均运动角速度
67	Mean Solar Time	平太阳时
68	Mercator Projection	墨卡托投影
69	Meridian	子午线
70	Molniya Orbit	闪电轨道
71	Nadir	天底
72	Nautical Almanac	天文年历
73	Node Rotation	交点进动
74	Nutation	章动
75	Obliquity of the Ecliptic	黄道倾角
76	Perigee	近地点
77	Perturbation	摄动
78	Precession（of Equinox）	岁差
79	Prime Meridian	本初子午线

续表

序　号	英文术语	中文术语
80	Prograde Orbit	顺行轨道
81	Radial Distance of Closest Plumb	铅垂线
82	Reference Ellipsoid	参考椭球
83	Recursive Orbit	回归轨道
84	Retrograde Orbit	逆行轨道
85	Right Ascension	赤经
86	Right Ascension of Ascending Node（RAAN）	升交点赤经
87	Semi-major Axis	半长轴
88	Sidereal Time	恒星时
89	Solar Radiation Pressure	太阳光压
90	Spherical Coordinate System	球坐标系
91	Sun Synchronous Orbit（SSO）	太阳同步轨道
92	Tracking and Data Relay Satellite（TDRS）	跟踪与数据中继卫星
93	Time Past Ascending Node	过升交点时刻
94	Tracking Station	跟踪站
95	Meridian Transit	中天
96	Tropical Year	回归年
97	True Anomaly	真近点角
98	Universal Time（UT）	世界时
99	Universal Time Coordinated（UTC）	协调世界时
100	Vernal Equinox	春分点
101	Winter Solstice	冬至
102	Zenith Distance	天顶距
103	Barycentric Dynamical Time（TDB）	质心力学时
104	Terrestrial Dynamical Time（TDT）	地球力学时

附录 C 坐标系间的四元数表示法

C.1 四元数的定义

设有一复数

$$Q = q_0 + \mathrm{i}q$$

式中，q_0 为 $\boldsymbol{Q}$ 的实数部分，q 为 $\boldsymbol{Q}$ 的虚数部分。如果将 $\mathrm{i}q$ 扩展到三维空间，即

$$\boldsymbol{Q} = q_0 + \boldsymbol{i}q_1 + \boldsymbol{j}q_2 + \boldsymbol{k}q_3$$

则称 $\boldsymbol{Q}$ 为四元数或超复数。其中，$\boldsymbol{i},\boldsymbol{j},\boldsymbol{k}$ 为单位矢量，q_0,q_1,q_2,q_3 均为实数。换句话说，四元数是由 1 个实数单位和 3 个虚数单位组成的数。有时，可以将四元数 $\boldsymbol{Q}$ 表示为

$$\boldsymbol{Q} = q_0 + \boldsymbol{q} \quad 或 \quad \boldsymbol{Q} = [q_0, q_1, q_2, q_3]^{\mathrm{T}}$$

C.2 四元数的运算法则

1．顺时针相乘为正，逆时针相乘为负，即

$$\begin{cases} \boldsymbol{ij} = \boldsymbol{k} = -\boldsymbol{ji} \\ \boldsymbol{jk} = \boldsymbol{i} = -\boldsymbol{kj} \\ \boldsymbol{ki} = \boldsymbol{j} = -\boldsymbol{ij} \end{cases}$$

且满足

$$\boldsymbol{i}^2 = \boldsymbol{j}^2 = \boldsymbol{k}^2 = -1$$

2．加法运算适合交换率和结合率

设有两个四元数

$$\boldsymbol{Q} = q_0 + \boldsymbol{q}$$
$$\boldsymbol{P} = p_0 + \boldsymbol{p}$$

则

$$\boldsymbol{Q} + \boldsymbol{P} = \boldsymbol{P} + \boldsymbol{Q}$$

3．乘法适合结合率、分配率，但是不适合交换率

设有两个四元数

$$\boldsymbol{Q} = q_0 + \boldsymbol{q} = q_0 + \boldsymbol{i}q_1 + \boldsymbol{j}q_2 + \boldsymbol{k}q_3$$
$$\boldsymbol{P} = p_0 + \boldsymbol{p} = p_0 + \boldsymbol{i}p_1 + \boldsymbol{j}p_2 + \boldsymbol{k}p_3$$

则

$$\begin{aligned} \boldsymbol{Q} \times \boldsymbol{P} &= (q_0 + \boldsymbol{i}q_1 + \boldsymbol{j}q_2 + \boldsymbol{k}q_3)(p_0 + \boldsymbol{i}p_1 + \boldsymbol{j}p_2 + \boldsymbol{k}p_3) \\ &= q_0 p_0 - (\boldsymbol{p} \cdot \boldsymbol{q}) + \boldsymbol{q}p_0 + q_0\boldsymbol{p} + (\boldsymbol{q} \times \boldsymbol{p}) \end{aligned}$$

$$\begin{aligned}P \times Q &= (p_0 + ip_1 + jp_2 + kp_3)(q_0 + iq_1 + jq_2 + kq_3) \\ &= p_0 q_0 - (q \cdot p) + p_0 q + p q_0 + (p \times q)\end{aligned}$$

因为

$$p \times q \neq q \times p$$

所以

$$P \times Q \neq Q \times P$$

四元数乘积的矩阵表示为

$$Q \times P = \begin{bmatrix} q_0 & -q_1 & -q_2 & -q_3 \\ q_1 & q_0 & -q_3 & q_2 \\ q_2 & q_3 & q_0 & -q_1 \\ q_3 & -q_2 & q_1 & q_0 \end{bmatrix} \begin{bmatrix} p_0 \\ p_1 \\ p_2 \\ p_3 \end{bmatrix} = \begin{bmatrix} p_0 & -p_1 & -p_2 & -p_3 \\ p_1 & p_0 & p_3 & -p_2 \\ p_2 & -p_3 & p_0 & p_1 \\ p_3 & p_2 & -p_1 & p_0 \end{bmatrix} \begin{bmatrix} q_0 \\ q_1 \\ q_2 \\ q_3 \end{bmatrix}$$

注意：上式的系数矩阵对角元素均为四元数的实数部分，非对角元素具有反对称形式，且第一行与第一列元素的下标取递增的形式。

4．单元、零元和负四元数

四元数单元：$I = 1 + 0i + 0j + 0k$

四元数零元：$O = 0 + 0i + 0j + 0k$

四元数负元：$-Q = -q_0 - q_1 i - q_2 j - q_3 k$

5．四元数的逆元

四元数逆元用 Q^{-1} 表示，即

$$Q^{-1} = \frac{1}{q_0 + iq_1 + jq_2 + kq_3} = \frac{Q^*}{N^2(Q)}$$

其中

$$\begin{cases} Q^* = q_0 - q_1 i - q_2 j - q_3 k \\ N(Q) = \sqrt{q_0^2 + q_1^2 + q_2^2 + q_3^2} \end{cases}$$

式中，Q^* 称为四元数 Q 的共轭四元数，$N(Q)$ 称为四元数的范数。若 $N(Q) = 1$，则逆四元数就等于其共轭四元数。

6．除法是唯一的

由于乘法是不可交换的，故除法分左乘和右乘。设有 4 个四元数 Q, P, R, S，且

$$\begin{cases} Q \times R = P \\ S \times Q = P \end{cases}$$

则

$$\begin{cases} R = Q^{-1} \times P \\ S = P \times Q^{-1} \end{cases}$$

显然 $R = S$。

C.3　四元数的主要性质

（1）四元数之和的共轭四元数等于共轭四元数之和，即

$$(\boldsymbol{Q}+\boldsymbol{P}+\boldsymbol{R})^*=\boldsymbol{Q}^*+\boldsymbol{P}^*+\boldsymbol{R}^*$$

（2）四元数之积的共轭四元数等于共轭四元数以相反顺序相乘之积

$$(\boldsymbol{Q}\times\boldsymbol{P}\times\boldsymbol{R})^*=\boldsymbol{R}^*\times\boldsymbol{P}^*\times\boldsymbol{Q}^*$$

（3）四元数之积的逆等于四元数之逆以相反顺序相乘之积

$$(\boldsymbol{Q}\times\boldsymbol{P}\times\boldsymbol{R})^{-1}=\boldsymbol{R}^{-1}\times\boldsymbol{P}^{-1}\times\boldsymbol{Q}^{-1}$$

（4）四元数之积的范数等于其因子范数之积

$$\|\boldsymbol{Q}\times\boldsymbol{P}\times\boldsymbol{R}\|=\|\boldsymbol{Q}\|\times\|\boldsymbol{P}\|\times\|\boldsymbol{R}\|$$

仅在因子中的一个等于零时，两个四元数之积才等于零。

C.4　用四元数旋转变换表示空间定点旋转

如图 C-1 所示，空间某矢量 $\boldsymbol{r}$ 绕定点 O 旋转至 $\boldsymbol{r}'$，设 $\boldsymbol{E}$ 为矢量 $\boldsymbol{r}$ 绕定点 O 旋转的瞬时欧拉轴，其旋转角度为 α，α 在垂直于 $\boldsymbol{E}$ 轴的平面 Q 上，P 为 $\boldsymbol{E}$ 轴在平面上的交点，且 $\overline{OM}=\boldsymbol{r}$。

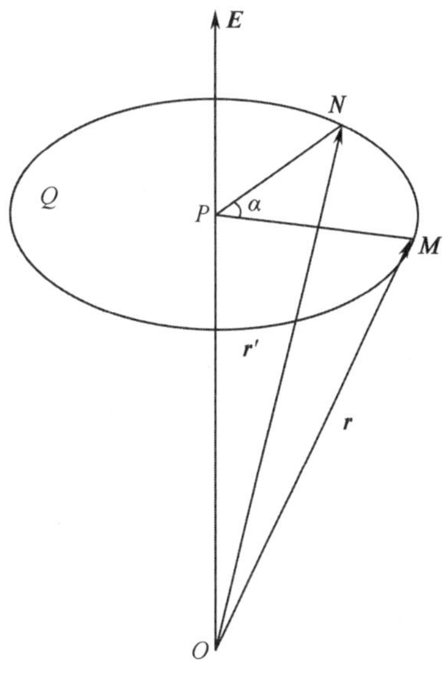

图 C-1　矢量旋转示意图

根据矢量 $\boldsymbol{E}$ 和角 α 定义四元数如下：

$$\boldsymbol{Q}=|\boldsymbol{E}|\left(\cos\frac{\alpha}{2}+\frac{\boldsymbol{E}}{|\boldsymbol{E}|}\sin\frac{\alpha}{2}\right)$$

则矢量 $\boldsymbol{r}$ 绕 $\boldsymbol{E}$ 轴旋转角 α 后得到的矢量 $\boldsymbol{r}'$ 与 $\boldsymbol{r}$ 之间的关系可以用下式来表示，即

$$\boldsymbol{r}'=\boldsymbol{Q}\times\boldsymbol{r}\times\boldsymbol{Q}^{-1}$$

式中，$\boldsymbol{Q}$ 称为 $\boldsymbol{r}'$ 对 $\boldsymbol{r}$ 的四元数，形式 $\boldsymbol{Q}\times(\ )\times\boldsymbol{Q}^{-1}$ 称为旋转算子，它确定角为 α 的旋转。

若旋转四元数 $\boldsymbol{Q}$ 是规范四元数，即 $\boldsymbol{N}(\boldsymbol{Q})=1$，则有

$$\boldsymbol{Q}^{-1}=\boldsymbol{Q}^*$$

则

$$\boldsymbol{r}'=\boldsymbol{Q}\times\boldsymbol{r}\times\boldsymbol{Q}^*$$

且

$$\begin{cases}\boldsymbol{Q}=\cos\dfrac{\alpha}{2}+\boldsymbol{E}\sin\dfrac{\alpha}{2}\\[2ex]\boldsymbol{Q}^*=\cos\dfrac{\alpha}{2}-\boldsymbol{E}\sin\dfrac{\alpha}{2}\end{cases}$$

设

$$\begin{cases}\boldsymbol{r}=0+r_1\boldsymbol{i}+r_2\boldsymbol{j}+r_3\boldsymbol{k}\\\boldsymbol{r}'=0+r_1'\boldsymbol{i}+r_2'\boldsymbol{j}+r_3'\boldsymbol{k}\\\boldsymbol{Q}=q_0+q_1\boldsymbol{i}+q_2\boldsymbol{j}+q_3\boldsymbol{k}\end{cases}$$

则历元旋转变换式，可得 $\boldsymbol{r}'$ 与 $\boldsymbol{r}$ 各分量之间的关系，即

$$\begin{bmatrix} r_1' \\ r_2' \\ r_3' \end{bmatrix} = \boldsymbol{A} \begin{bmatrix} r_1 \\ r_2 \\ r_3 \end{bmatrix}$$

其中

$$\boldsymbol{A} = \begin{bmatrix} q_0^2 + q_1^2 - q_2^2 - q_3^2 & 2(q_1q_2 - q_0q_3) & 2(q_1q_3 + q_0q_2) \\ 2(q_1q_2 + q_0q_3) & q_0^2 - q_1^2 + q_2^2 - q_3^2 & 2(q_2q_3 - q_0q_1) \\ 2(q_1q_3 - q_0q_2) & 2(q_2q_3 + q_0q_1) & q_0^2 - q_1^2 - q_2^2 + q_3^2 \end{bmatrix}$$

反之，若 $\boldsymbol{r}'$ 绕 $-\boldsymbol{E}$ 轴旋转 α 角，必然可得 $\boldsymbol{r}$，因此有

$$\boldsymbol{r} = \boldsymbol{Q}^* \times \boldsymbol{r}' \times \boldsymbol{Q}$$

四元数 $\boldsymbol{Q}^*$ 称为 $\boldsymbol{r}$ 对 $\boldsymbol{r}'$ 的四元数。

若 $\boldsymbol{r}$ 绕 $\boldsymbol{E}$ 轴旋转 α 角后得 $\boldsymbol{r}'$，$\boldsymbol{r}'$ 对 $\boldsymbol{r}$ 的四元数为 $\boldsymbol{Q}$；$\boldsymbol{r}'$ 再绕 $\boldsymbol{N}$ 轴旋转 β 角后得 $\boldsymbol{r}''$，且 $\boldsymbol{r}''$ 对 $\boldsymbol{r}'$ 的四元数为 $\boldsymbol{P}$，而 $\boldsymbol{r}''$ 对 $\boldsymbol{r}$ 的规范四元数为 $\boldsymbol{R}$，则

$$\boldsymbol{r}'' = \boldsymbol{P} \times \boldsymbol{r}' \times \boldsymbol{P}^* = \boldsymbol{P} \times \boldsymbol{Q} \times \boldsymbol{r} \times \boldsymbol{Q}^* \times \boldsymbol{P}^* = (\boldsymbol{P} \times \boldsymbol{Q}) \times \boldsymbol{r} \times (\boldsymbol{P} \times \boldsymbol{Q})^* = \boldsymbol{R} \times \boldsymbol{r} \times \boldsymbol{R}^*$$

即

$$\boldsymbol{R} = \boldsymbol{P} \times \boldsymbol{Q}$$

C.5 用四元数变换表示坐标变换

假设直角坐标系 $\boldsymbol{I}$ 内某不变矢量 $\boldsymbol{r}$ 为

$$\boldsymbol{r} = r_1\boldsymbol{i}_1 + r_2\boldsymbol{i}_2 + r_3\boldsymbol{i}_3$$

如果将坐标系 $\boldsymbol{I}$ 转到坐标系 $\boldsymbol{E}$ 的位置，此时不变矢量 $\boldsymbol{r}$ 将和坐标系 $\boldsymbol{I}$ 一起旋转成 $\boldsymbol{r}'$，且 $\boldsymbol{r}'$ 在原坐标系 $\boldsymbol{I}$ 中的分量为

$$\boldsymbol{r}' = r_1'\boldsymbol{i}_1 + r_2'\boldsymbol{i}_2 + r_3'\boldsymbol{i}_3$$

同 C.4 节，设 $\boldsymbol{r}'$ 与 $\boldsymbol{r}$ 之间的旋转四元数为规范四元数 $\boldsymbol{Q}$，则有

$$\begin{bmatrix} r_1' \\ r_2' \\ r_3' \end{bmatrix} = \boldsymbol{A} \begin{bmatrix} r_1 \\ r_2 \\ r_3 \end{bmatrix}$$

已知 $\boldsymbol{r}'$ 在坐标系 $\boldsymbol{E}$ 中的分量为

$$\boldsymbol{r}' = r_1\boldsymbol{e}_1 + r_2\boldsymbol{e}_2 + r_3\boldsymbol{e}_3$$

则

$$\begin{bmatrix} \boldsymbol{e}_1 & \boldsymbol{e}_2 & \boldsymbol{e}_3 \end{bmatrix} \begin{bmatrix} r_1 \\ r_2 \\ r_3 \end{bmatrix} = \begin{bmatrix} \boldsymbol{i}_1 & \boldsymbol{i}_2 & \boldsymbol{i}_3 \end{bmatrix} \begin{bmatrix} r_1' \\ r_2' \\ r_3' \end{bmatrix} = \begin{bmatrix} \boldsymbol{i}_1 & \boldsymbol{i}_2 & \boldsymbol{i}_3 \end{bmatrix} \boldsymbol{A} \begin{bmatrix} r_1 \\ r_2 \\ r_3 \end{bmatrix}$$

这与 2.1.1 节得到的结果一致。

可见，坐标系 $\boldsymbol{I}$ 与坐标系 $\boldsymbol{E}$ 单位矢量之间的坐标变换矩阵为

$$A=\begin{bmatrix} q_0^2+q_1^2-q_2^2-q_3^2 & 2(q_1q_2-q_0q_3) & 2(q_1q_3+q_0q_2) \\ 2(q_1q_2+q_0q_3) & q_0^2-q_1^2+q_2^2-q_3^2 & 2(q_2q_3-q_0q_1) \\ 2(q_1q_3-q_0q_2) & 2(q_2q_3+q_0q_1) & q_0^2-q_1^2-q_2^2+q_3^2 \end{bmatrix}$$

如果用 $\boldsymbol{R}_E$ 表示联系于坐标系 $\boldsymbol{E}$ 的四元数，$\boldsymbol{R}_I$ 表示联系于坐标系 $\boldsymbol{I}$ 的四元数，则坐标变换可用如下四元数形式表示，即

$$\boldsymbol{R}_E=\boldsymbol{Q}\times\boldsymbol{R}_I\times\boldsymbol{Q}^*$$

可见，两个坐标系单位矢量之间的坐标变换矩阵，即为同一坐标系内不变矢量绕定点旋转后的四元数变换矩阵。

若坐标系 $\boldsymbol{A}$ 转到坐标系 $\boldsymbol{B}$ 的四元数为 $\boldsymbol{Q}$，坐标系 $\boldsymbol{B}$ 转到坐标系 $\boldsymbol{C}$ 的四元数为 $\boldsymbol{P}$，坐标系 $\boldsymbol{A}$ 转到坐标系 $\boldsymbol{C}$ 的四元数为 $\boldsymbol{R}$，则存在如下关系：

$$\boldsymbol{R}=\boldsymbol{P}\times\boldsymbol{Q}$$

可见，矢量连续旋转和坐标系连续变换本质上是一样的。

下面就以箭体坐标系和发射坐标系之间的坐标转换为例，描述这两个坐标系之间欧拉角与旋转四元数之间的关系。

假设按照 3—2—1 顺序将发射坐标系旋转至箭体坐标系，即

$$o\text{-}xyz(\boldsymbol{A})\xrightarrow[\boldsymbol{Q}]{z\text{逆}\varphi}o\text{-}x'y'z'(\boldsymbol{B})\xrightarrow[\boldsymbol{P}]{y'\text{逆}\psi}$$

$$o\text{-}x''y''z''(\boldsymbol{C})\xrightarrow[\boldsymbol{R}]{x''\text{逆}\gamma}o\text{-}x_1y_1z_1(\boldsymbol{D})$$

则用欧拉角 (φ,ψ,γ) 表示的方向余弦阵为

$$\boldsymbol{D}_A=\boldsymbol{M}_1[\gamma]\boldsymbol{M}_2[\psi]\boldsymbol{M}_3[\varphi]$$

设上述各坐标系 $\boldsymbol{A}, \boldsymbol{B}, \boldsymbol{C}, \boldsymbol{D}$ 之间对应的旋转四元数为 $\boldsymbol{Q}, \boldsymbol{P}, \boldsymbol{R}$，即

$$\begin{cases} \boldsymbol{Q}=\cos\dfrac{\varphi}{2}+0\cdot\boldsymbol{i}_{1A}+0\cdot\boldsymbol{i}_{2A}+\boldsymbol{i}_{3A}\sin\dfrac{\varphi}{2} \\ \boldsymbol{P}=\cos\dfrac{\psi}{2}+0\cdot\boldsymbol{i}_{1B}+\boldsymbol{i}_{2B}\sin\dfrac{\psi}{2}+0\cdot\boldsymbol{i}_{3B} \\ \boldsymbol{R}=\cos\dfrac{\gamma}{2}+\boldsymbol{i}_{1C}\sin\dfrac{\gamma}{2}+0\cdot\boldsymbol{i}_{2C}+0\cdot\boldsymbol{i}_{3C} \end{cases}$$

则发射坐标系与箭体坐标系之间的旋转四元数 $\boldsymbol{N}$ 为

$$\boldsymbol{N}=\boldsymbol{R}\times\boldsymbol{P}\times\boldsymbol{Q}$$

即

$$\begin{bmatrix} N_0 \\ N_1 \\ N_2 \\ N_3 \end{bmatrix}=\begin{bmatrix} \cos\dfrac{\gamma}{2} & -\sin\dfrac{\gamma}{2} & 0 & 0 \\ \sin\dfrac{\gamma}{2} & \cos\dfrac{\gamma}{2} & 0 & 0 \\ 0 & 0 & \cos\dfrac{\gamma}{2} & -\sin\dfrac{\gamma}{2} \\ 0 & 0 & \sin\dfrac{\gamma}{2} & \cos\dfrac{\gamma}{2} \end{bmatrix}\begin{bmatrix} \cos\dfrac{\psi}{2} & 0 & -\sin\dfrac{\psi}{2} & 0 \\ 0 & \cos\dfrac{\psi}{2} & 0 & \sin\dfrac{\psi}{2} \\ \sin\dfrac{\psi}{2} & 0 & \cos\dfrac{\psi}{2} & 0 \\ 0 & -\sin\dfrac{\psi}{2} & 0 & \cos\dfrac{\psi}{2} \end{bmatrix}\begin{bmatrix} \cos\dfrac{\varphi}{2} \\ 0 \\ 0 \\ \sin\dfrac{\varphi}{2} \end{bmatrix}$$

$$
= \begin{bmatrix} \cos\frac{\gamma}{2}\cos\frac{\psi}{2}\cos\frac{\varphi}{2} - \sin\frac{\gamma}{2}\sin\frac{\psi}{2}\sin\frac{\varphi}{2} \\ \sin\frac{\gamma}{2}\cos\frac{\psi}{2}\cos\frac{\varphi}{2} + \cos\frac{\gamma}{2}\sin\frac{\psi}{2}\sin\frac{\varphi}{2} \\ \cos\frac{\gamma}{2}\sin\frac{\psi}{2}\cos\frac{\varphi}{2} - \sin\frac{\gamma}{2}\cos\frac{\psi}{2}\sin\frac{\varphi}{2} \\ \cos\frac{\gamma}{2}\cos\frac{\psi}{2}\sin\frac{\varphi}{2} + \sin\frac{\gamma}{2}\sin\frac{\psi}{2}\cos\frac{\varphi}{2} \end{bmatrix}
$$

则发射坐标系与箭体坐标系单位矢量之间的方向余弦阵关系式为

$$
\boldsymbol{D}_A = \begin{bmatrix} N_0^2 + N_1^2 - N_2^2 - N_3^2 & 2(N_1N_2 + N_0N_3) & 2(N_1N_3 - N_0N_2) \\ 2(N_1N_2 - N_0N_3) & N_0^2 - N_1^2 + N_2^2 - N_3^2 & 2(N_2N_3 + N_0N_1) \\ 2(N_1N_3 + N_0N_2) & 2(N_2N_3 - N_0N_1) & N_0^2 - N_1^2 - N_2^2 + N_3^2 \end{bmatrix}
$$

反之，欧拉角φ,ψ,γ与四元数(N_0, N_1, N_2, N_3)之间的关系式为

$$
\begin{cases} \tan\varphi = \dfrac{2(N_1N_2 + N_0N_3)}{N_0^2 + N_1^2 - N_2^2 - N_3^2} \\ \sin\psi = 2(N_0N_2 - N_1N_3) \\ \tan\gamma = \dfrac{2(N_0N_1 + N_2N_3)}{N_0^2 - N_1^2 - N_2^2 + N_3^2} \\ N_0^2 + N_1^2 + N_2^2 + N_3^2 = 1 \end{cases}
$$

附录D　开普勒方程的几种求解方法

D.1　图解法

将开普勒方程改写成如下形式：

$$\sin E = \frac{1}{e}(E - M)$$

令

$$y = \sin E \tag{D-1}$$

则

$$y = \frac{1}{e}(E - M) \tag{D-2}$$

根据式（D-1）、式（D-2）作图，如图D-1所示。

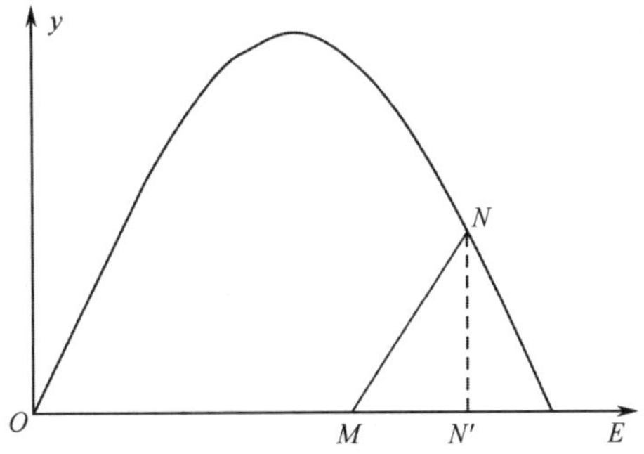

图D-1　图解法

先作 $y = \sin E$ 的正弦曲线；然后在 E 轴上取长度为 OM 的线段，过 M 点作一条斜率为 $1/e$ 的直线交正弦曲线于 N，再作 NN' 垂直于 E 轴并交于 N' 点，显然 ON' 即开普勒方程在已知 M 求 E 时的解。

D.2　迭代法

先初步估算出 E 的初始值 E_0，若其与精确值 E 之差为 ΔE，则

$$E = E_0 + \Delta E$$

将 E_0 代入开普勒方程，则得

$$M_0 = E_0 - e\sin E_0$$

而 M_0 又与给定的 M 有误差，即

$$\Delta M = M - M_0$$

然后利用牛顿迭代公式用ΔM去修正初始值E_0，修正量为ΔE_0，即

$$\Delta E_0=\frac{M-M_0}{\left.\frac{\partial M}{\partial E}\right|_0}=\frac{M-M_0}{1-e\cos E_0}$$

则得到一个近似的估值E_1，即

$$E_1=E_0+\Delta E_0$$

将E_1代入开普勒方程，则可得M_1，以此类推，直至

$$|M_1-M_0|\leqslant\varepsilon$$

式中，ε为给定的精度要求。

D.3 级数展开法

将开普勒方程

$$E=M+e\sin E$$

看成一个函数，即

$$E(M,e)=M+e\sin E(M,e)$$

由于e很小，将上式两端分别按e展成泰勒级数，并令e的同次幂对应相等，取到e^3项的E的展开式为

$$E=M+\left(e-\frac{e^3}{8}\right)\sin M+\frac{e^2}{2}\sin 2M+\frac{3}{8}e^3\sin 3M$$

可以证明，在$e<0.6627$的条件下，上式对M是收敛的。

参考文献

[1] 任萱. 人造地球卫星轨道力学[M]. 长沙：国防科技大学出版社，1988.

[2] 肖业伦. 航天器飞行动力学原理[M]. 北京：宇航出版社，1995.

[3] 贾沛然，陈克俊，何力. 远程火箭弹道学[M]. 长沙：国防科技大学出版社，1993.

[4] 王希季. 航天器进入与返回技术[M]. 北京：宇航出版社，1991.

[5] 杨嘉墀. 航天器轨道动力学与控制[M]. 北京：宇航出版社，2001.

[6] 赵汉元. 飞行器再入动力学和制导[M]. 长沙：国防科技大学出版社，1997.

[7] 张毅. 弹道导弹弹道学[M]. 长沙：国防科技大学出版社，1999.

[8] 郗晓宁. 近地航天器轨道基础[M]. 长沙：国防科技大学出版社，2003.

[9] 叶利谢耶夫 A C. 载人宇宙飞行[M]. 高邵伦，等译. 北京：国防工业出版社，1998.

[10] 汤锡生，陈贻迎，朱民才. 载人飞船轨道确定和返回控制[M]. 北京：国防工业出版社，2002.

[11] 钱冀. 空间技术基础[M]. 北京：科学出版社，1986.

[12] 章仁为. 静止卫星的轨道和姿态控制[M]. 北京：科学出版社，1987.

[13] 竺苗龙. 最佳轨道引论[M]. 北京：宇航出版社，1989.

[14] 刘林. 人造地球卫星轨道力学[M]. 北京：高等教育出版社，1992.

[15] VLADIMIR A C. Orbital Mechanics[M]. USA: American Institute of Aeronautics and Astronautic. Inc, 1996.

[16] BONG W. Space Vehicle Dynamics and Control[M]. American Institute of Aeronautics and Astronautic. Inc, 1998.

[17] RICHARD H B. An Introduction to the Mathematics and Method of Astrodynamics[M]. USA: American Institute of Aeronautics and Astronautic. Inc, 1999.

[18] VINTI J P. Orbit and Celestial Mechanics[M]. American Institute of Aeronautics and Astronautic. Inc, 1998.

[19] ERIC M S. Handbook of Geostationary Orbits[M]. Kluwer & Microcosm Press, 1994.

[20] WENTE J R, LARSON W J. Space Mission Analysis and Design[M]. Third Edition. Microcosm Press, 1999.

[21] VINCENZO P, ANDREA C, STEFANO S. Modern Spacecraft Guidance, Navigation and Control[M]. Elsevier, 2023.

[22] HOWARD D C. Orbital Mechanics for Engineering Students [M]. Fourth Edition. Oxford: Butterworth-Heinemann, 2020.

[23] ROGER R, BATE RR, DONALD D, et al. Fundamentals of Astrodynamics[M]. Second Edition. New York: Dover Publications, Inc. Mineola, 2020.

[24] 李智，张雅声. 地震监测 SAR 卫星轨道设计[J]. 大地测量与地球动力学，2005.

[25] 张雅声，李智. 地震电磁卫星星座轨道优化设计[J]. 大地测量与地球动力学，2005（2）：9-13.

[26] 张雅声，姚勇. 异构预警卫星星座设计与分析[J]. 装备指挥技术学院学报，2009.

[27] 张雅声，周海俊. 基于穿越点的多目标交会轨道设计方法[J]. 现代防御技术，2013.

[28] 张雅声，莫薇. σ 星座设计与仿真[J]. 装备学院学报，2016.

[29] 张雅声，冯飞. 基于目标运动特性的快响卫星轨道设计方法[J]. 导航与控制，2017.

[30] 冯飞，张雅声. 多约束条件下月球南极探测返回窗口设计[J]. 空间控制技术与应用，2017.

[31] 黄梓宸，张雅声，等. 基于“标准-3”动能拦截弹的顺轨拦截方法研究[J]. 计算机测量与控制，2018.

[32] 冯飞，张雅声，等. 月地转移轨道中应急调整异面着陆场的轨道控制及优化方法[J]. 空间控制技术与应用，2018.

[33] 赵双，张雅声，等. 基于快速响应的导航星座重构构型设计[J]. 空间控制技术与应用，2018.

[34] 周海俊，张雅声. 空间相对悬停轨道闭环控制方法研究[J]. 装备学院学报，2012.

[35] 李远飞，张雅声. 基于穿越点的非共面多目标交会轨道设计[J]. 航天控制，2013.

[36] 李延兴，张雅声. 空间飞行体地心坐标与大地坐标的快速精确转换[J]. 中国空间科学技术，2004.

[37] YU M Y, LUO Y Z. Attitude motion path planning on Lyapunov periodic orbits in the circular restricted three-body problem[J]. Acta Astronautica, 2021.

[38] YU M Y, LUO Y Z. Attitude Maneuver Path Planning at Lagrangian Periodic Orbits in the Circular Restricted Three Body Problem[C]. Advances in the Astronautical Sciences, 2020.

[39] 王卫杰，张雅声，等. 航天器轨道机动教学内容改革研究[J]. 高教学刊，2022.

[40] 王卫杰，张雅声，等. 基于 STK 的航天器轨道动力学仿真教学方法研究[J]. 实验技术与管理，2020.

[41] ZHANG Z B, LI X H, LI Y Y, et al. Modularity, reconfigurability, and autonomy for the future in spacecraft: a review[J]. Chinese Journal of Aeronautics, 2023.

[42] ZHANG J R, YANG K Y, QI R, et al. Robustness analysis method for orbit control[J]. Acta Astronautica, 2017.

[43] ZHANG G H, LI X H, WANG X, et al. Research on the prediction problem of satellite mission schedulability based on Bi-LSTM Model[J]. Aerospace, 2022.

[44] ZHANG Z B, LI X H, WANG X, et al. TDE-based adaptive integral sliding mode control of space manipulator for space-debris active removal[J]. Aerospace, 2022.

[45] WANG X, LI Y Y, ZHANG X Y, et al. Model predictive control for close-proximity maneuvering of spacecraft with adaptive convexification of collision avoidance constraints[J]. Advances in space research, 2023.

[46] 张学阳，张雅声，王训，等. 弹道与轨道基础课程思政探索与实践[J]. 高教学刊，2022（8）：88-92.

反侵权盗版声明

举报电话：（010）88254396；（010）88258888

传　　真：（010）88254397

E-mail：　dbqq@phei.com.cn

通信地址：北京市万寿路 173 信箱

电子工业出版社总编办公室

邮　　编：100036